中国志留纪

地层及标志化石图集

Silurian

Stratigraphy and Index Fossils of China

王光旭　詹仁斌　王　怿　黄　冰　吴荣昌　陈　清
唐　鹏　魏　鑫　方　翔　马俊业　燕　夔　袁文伟
周航行　闫冠州　张一弛　崔雨浓　◎　著

U0221558

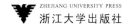

ZHEJIANG UNIVERSITY PRESS

浙江大学出版社

图书在版编目（CIP）数据

中国志留纪地层及标志化石图集 / 王光旭等著. --
杭州：浙江大学出版社，2020.7
ISBN 978-7-308-19842-4

Ⅰ.①中… Ⅱ.①王… Ⅲ.①志留纪－区域地层－中国－
图集 ②标志化石－中国－图集 Ⅳ.①P535.2-64 ②Q911.26-64

中国版本图书馆CIP数据核字（2019）第290783号

Silurian Stratigraphy and Index Fossils of China

WANG Guangxu   ZHAN Renbin   WANG Yi   HUANG Bing

WU Rongchang   CHEN Qing   TANG Peng   WEI Xin   FANG Xiang

MA Junye   YAN Kui   YUAN Wenwei   ZHOU Hanghang

YAN Guanzhou   ZHANG Yichi   CUI Yunong

中国志留纪地层及标志化石图集

王光旭　詹仁斌　王　怿　黄　冰　吴荣昌　陈　清

唐　鹏　魏　鑫　方　翔　马俊业　燕　夔　袁文伟

周航行　闫冠州　张一弛　崔雨浓　著

策划编辑	徐有智　许佳颖
责任编辑	伍秀芳（wxfwt@zju.edu.cn）　代小秋
责任校对	汪淑芳
封面设计	程　晨
出版发行	浙江大学出版社
	（杭州市天目山路148号　邮政编码：310007）
	（网址：http://www.zjupress.com）
排　　版	浙江时代出版服务有限公司
印　　刷	浙江海虹彩色印务有限公司
开　　本	889mm×1194mm　1/16
印　　张	23.5
字　　数	551千
版 印 次	2020年7月第1版　2020年7月第1次印刷
书　　号	ISBN 978-7-308-19842-4
定　　价	148.00元

审图号：GS（2020）3002号

作者名单

王光旭　中国科学院南京地质古生物研究所现代古生物学和地层学国家重点实验室暨中国科学院生物演化与环境卓越创新中心，210008　南京，gxwang@nigpas.ac.cn

詹仁斌　中国科学院南京地质古生物研究所现代古生物学和地层学国家重点实验室暨中国科学院生物演化与环境卓越创新中心，210008　南京；中国科学院大学，100049　北京，rbzhan@nigpas.ac.cn

王　怿　中国科学院南京地质古生物研究所现代古生物学和地层学国家重点实验室暨中国科学院生物演化与环境卓越创新中心，210008　南京，yiwang@nigpas.ac.cn

黄　冰　中国科学院南京地质古生物研究所现代古生物学和地层学国家重点实验室暨中国科学院生物演化与环境卓越创新中心，210008　南京，bhuang@nigpas.ac.cn

吴荣昌　中国科学院南京地质古生物研究所现代古生物学和地层学国家重点实验室暨中国科学院生物演化与环境卓越创新中心，210008　南京，rcwu@nigpas.ac.cn

陈　清　中国科学院南京地质古生物研究所现代古生物学和地层学国家重点实验室暨中国科学院生物演化与环境卓越创新中心，210008　南京，qchen@nigpas.ac.cn

唐　鹏　中国科学院南京地质古生物研究所现代古生物学和地层学国家重点实验室暨中国科学院生物演化与环境卓越创新中心，210008　南京，pengtang@nigpas.ac.cn

魏　鑫　中国科学院南京地质古生物研究所现代古生物学和地层学国家重点实验室暨中国科学院生物演化与环境卓越创新中心，210008　南京；中国科学院大学，100049　北京，xwei@nigpas.ac.cn

方　翔　中国科学院南京地质古生物研究所现代古生物学和地层学国家重点实验室暨中国科学院生物演化与环境卓越创新中心，210008　南京，xfang@nigpas.ac.cn

马俊业　中国科学院南京地质古生物研究所现代古生物学和地层学国家重点实验室暨中国科学院生物演化与环境卓越创新中心，210008　南京，jyma@nigpas.ac.cn

燕　夔　中国科学院南京地质古生物研究所现代古生物学和地层学国家重点实验室暨中国科学院生物演化与环境卓越创新中心，210008　南京，kuiyan@nigpas.ac.cn

袁文伟　中国科学院南京地质古生物研究所现代古生物学和地层学国家重点实验室暨中国科学院生物演化与环境卓越创新中心，210008　南京，wwyuan@nigpas.ac.cn

周航行　中国科学院南京地质古生物研究所现代古生物学和地层学国家重点实验室暨中国科学院生物演化与环境卓越创新中心，210008　南京，hhzhou@nigpas.ac.cn

闫冠州　中国科学院南京地质古生物研究所现代古生物学和地层学国家重点实验室暨中国科学院生物演化与环境卓越创新中心，210008　南京；中国科学院大学，100049　北京，gzyan@nigpas.ac.cn

张一弛　中国科学院南京地质古生物研究所现代古生物学和地层学国家重点实验室暨中国科学院生物演化与环境卓越创新中心，210008　南京；中国科学技术大学，230026　合肥，zhangyc@nigpas.ac.cn

崔雨浓　中国科学院南京地质古生物研究所现代古生物学和地层学国家重点实验室暨中国科学院生物演化与环境卓越创新中心，210008　南京；中国科学院大学，100049　北京，yncui@nigpas.ac.cn

前　言

志留纪是古生代历时最短的一个纪，约24.6百万年（443.8~419.2 Ma）（Ogg *et al.*，2016；樊隽轩等，2018）。然而，在过去数十年中，随着基础地层古生物资料的大量积累，以及对沉积学、地球化学、区域地质构造等方面的探索，人们认识到这一时段并非如早前想象的那么"平静"，而是一个区域性乃至全球性生物事件、地质事件频发的关键地质时期（Munnecke *et al.*，2010；Cramer *et al.*，2011；Melchin *et al.*，2012；Trotter *et al.*，2016）。

我国幅员辽阔，地质构造复杂，志留纪涵盖或涉及十余个大小不一的构造单元（Metcalfe，2013；Torsvik and Cocks，2017；戎嘉余等，2019），每一块体都有其独特的古地理位置、区域地质背景、环境背景及演化发展历程，沉积记录千差万别（Rong *et al.*，2003；戎嘉余等，2019）。从李希霍芬（Richthofen，1882）首次报道算起，我国志留系的研究历史已逾百年，对其有了相当大程度的了解。然而，要全面而准确地解读各构造单元的志留纪地质发展历程仍任重道远，特别是作为基础和前提的地层学工作，需要基于最新的学科理念，不断提高地层划分和对比的精度，从而为深刻揭示这一时段地球系统的演变作出中国学者应有的贡献。

前人对我国的志留系有过多次系统总结（Grabau，1924；尹赞勋，1949；Yin，1966；穆恩之，1964；林宝玉等，1984，1998；Rong *et al.*，2003），曾在不同阶段对我国乃至全球志留系的研究起到积极作用。本书较为系统地梳理与总结了我国主要块体的志留纪地层学研究新进展（尤其是近十几年来），希望能为志留系研究的继续深化提供有益参考。

本书包括中国志留纪地层和标志化石图集两部分内容。

第一部分（即地层部分）的编制遵循多重地层划分原则。这一原则最早由美国学者赫德伯格（Hedberg）于20世纪30年代提出（Chang，1974），70年代以来以两版《国际地层指南》的形式成为国际地层划分和对比的重要参考标准（Hedberg，1976；Salvador，1994；Murphy and Salvador，1999）。该原则也得到了我国全国地层委员会的积极响应（全国地层委员会，1981，2001，2015，2017），为国内广大地学工作者所遵从。

在年代地层学方面，为了便于深入探索志留纪一系列重大事件，我们主张与国际接轨，采用国际上通行的4统7阶划分方案，不建议另立一套自己的年代地层序列（详见第1章讨论）。

在岩石地层学和生物地层学方面，经过几代学者的努力，我国境内各构造单元志留系的划分日趋精细，区域内及各区域之间地层对比精度得到不同程度的提升（林宝玉等，1998；Rong *et al.*，2003；戎嘉余等，2019）。尤其是近20年来，志留纪晚期地层在华南扬子台地内部得到广泛识别（耿良玉等，1999；王怿等，2010，2011；黄冰等，2011；马会珍和王雪华，2014；赵文金等，2016；王怿等，2017a，2018a，2018b，2018c），为深刻揭示广西运动的真实过程和整个华南板块志留纪区域地质构造演变以及岩相、生物相发展奠定了基础。由于志留纪不同块体之间以及同一块体的不同时期在岩相、生物相方面存在巨大差异，迄今为止还未在任何块体上建立起成熟的综合生物地层序列，使得区内、区外志留系的精确对比存在诸多不确定性。

我国志留纪化学地层学研究尚处于起步阶段。国际上，自20世纪80年代晚期以来，已经在志留纪中、晚期发现数次全球性碳同位素漂移事件，包括温洛克世申伍德早期艾尔韦肯事件（Ireviken Event）、温洛克世侯墨中期墨尔德事件（Mulde Event）及罗德洛世晚期的劳事件（Lau Event）（Cramer *et al.*，2011；Ogg *et al.*，2016），在志留纪兰多维列世也有望识别出更多区域性乃至全球性的碳同位素异常事件（Cramer *et al.*，2011；Hammarlund *et al.*，2019）。我国目前仅在四川盐边稗子田（王怿等，2016）和云南曲靖（Zhang YD *et al.*，2014）等地进行过志留纪化学地层学研究，对该领域的研究亟待深入。

第一部分由第1~6章组成。第1章简述了国际志留纪年代地层划分及研究现状。第2章对中国志留纪地层区划进行概述。第3~6章分别介绍了华南、塔里木、中泰缅马及兴安等4个块体的志留系发育情况及其各自的代表性剖面（或综合剖面），其中华南板块包括湖北宜昌大中坝、重庆秀山溶溪、云南曲靖、贵州石阡雷家屯、贵州桐梓代家沟、四川广元宣河、江西武宁－修水等剖面（或综合剖面），塔里木、中泰缅马及兴安分别选取了新疆柯坪铁热克阿瓦提、云南保山老尖山和黑龙江黑河等剖面（或综合剖面）作为各自的参照标准。

第二部分即标志化石图集。该部分实际上属于生物地层学的范畴，鉴于其在地层学研究及野外实践中的重要性而单独成章。考虑到我国志留纪各化石门类研究程度上的差别，该部分仅涉及生物地层学研究较精细的11个化石门类，它们（及其撰写者）分别是：笔石（陈清）；牙形类（吴荣昌、闫冠州）；几丁虫（唐鹏）；腕足类（黄冰、周航行、詹仁斌）；三叶虫（魏鑫、袁文伟）；皱纹珊瑚（王光旭、崔雨浓）；鹦鹉螺类（方翔）；苔藓虫（马俊业）；古植物与孢粉（王怿）；疑源类（燕夔）；遗迹化石（王怿）。

本书是"中国古生代地层及标志化石图集"系列丛书之一，可作为地质调查、油气和矿产资源的勘探和开发及地质学等领域研究的重要参考书和工具书，也可供高等院校和研究院所教学使用。本书的出版得到科技部基础性工作专项（项目编号：2013FY111000）以及现代古生物学和地层学国家重点实验室的资助与大力支持，陈旭对初稿提出部分修改意见，王健、陈中阳提供部分野外照片，在此一并致谢。

目　录

1 国际志留纪年代地层划分

20世纪80年代中期，经国际地层委员会批准，志留系4统7阶的划分方案成为全球志留纪年代地层划分的统一标准（Bassett，1985），即志留系自下而上划分为兰多维列统（Llandovery Series）、温洛克统（Wenlock Series）、罗德洛统（Ludlow Series）和普里道利统（Pridoli Series），其中兰多维列统再分为鲁丹阶（Rhuddanian Stage）、埃隆阶（Aeronian Stage）和特列奇阶（Telychian Stage），温洛克统分为申伍德阶（Sheinwoodian Stage）和侯墨阶（Homerian Stage），罗德洛统分为高斯特阶（Gorstdian Stage）和卢德福特阶（Ludfordian Stage），而普里道利统未作进一步划分（插图1.1）。

不过，由于在建立之初并未充分考虑全球广泛对比的潜力，大多数统、阶底界的全球年代地层界线层型剖面和点位（即GSSP，俗称"金钉子"）的确立存在明显缺陷。除了普里道利统，7个阶底界的金钉子全部基于英国传统的岩石地层序列而确立，尽管全部以笔石的生物分带为基础，但多数金钉子剖面以壳相化石为主，其笔石生物带序列常常不连续，甚至缺失带化石（戎嘉余，2005；Melchin et al.，2012）。鉴于此，国际地层委员会志留系分会于2000年开始有步骤地启动了金钉子的再研究工作，并率先完成了对志留系底界层型的修订（即将原定义*Parakidograptus acuminatus*的首现变更为*Akidograptus ascensus*的首现），并获得国际地层委员会的批准（Rong et al.，2008）。目前，志留系分会设有3个工作组，正在分别推进埃隆阶、特列奇阶和申伍德阶底界层型的再研究工作。我国四川长宁地区和湖北神农架地区的志留系兰多维列统含笔石地层发育，具有很好的对比潜力，或有望在埃隆阶和特列奇阶底界金钉子的再研究中作出贡献（ISSS Siluiran Times，2019，志留系分会通讯）。

泥盆系	下泥盆统	洛赫考夫阶	年龄值（Ma）
志留系	普里道利统	（未分阶）	419.2
			423.0
	罗德洛统	卢德福特阶	
			425.6
		高斯特阶	
			427.4
	温洛克统	侯墨阶	
			430.5
		申伍德阶	
			433.4
	兰多维列统	特列奇阶	
			438.5
		埃隆阶	
			440.8
		鲁丹阶	
			443.8
奥陶系	上奥陶统	赫南特阶	

插图 1.1 国际志留纪年代地层划分标准（Ogg *et al.*，2016；樊隽轩等，2018）

需要指出，关于是否应该在我国建立自己的一套志留纪年代地层序列，学者们仍有不同意见。过去，我国以华南为标准建立过一批地方性的统和阶（Yin，1949；穆恩之，1962；林宝玉，1979；穆恩之等，1982；傅力浦，1983；傅力浦和宋礼生，1986；傅力浦等，2000，2006；汪啸风等，2004；金淳泰等，2005；王传尚等，2005）。这些已建立的年代地层单元中，许多因研究不充分而未能得到广泛采用，而那些定义清楚的则与国际划分标准几乎完全一致，失去了存在的必要性，若继续使用反倒不利于国际交流（尹赞勋，1980；戎嘉余，1985；戎嘉余等，2000；王成源，2013）。为便于深入探索志留纪一系列重大事件，我们主张应与国际接轨，采用国际标准。

2　中国志留纪地层区划概述

　　板块构造格局是地层发育的基本控制因素，从板块构造的角度划分构造单元并恢复当时的古地理格局，是了解不同地区志留系发育特征及其划分与对比的重要前提。我国地层工作者曾强调不同板块对地层发育的控制作用，并以此作为志留纪地层区划的主要依据（王鸿祯，1978；陈旭和戎嘉余，1988；林宝玉等，1998）。自20世纪80年代以来板块构造概念的广泛应用（Şengör et al.，1993；Şengör and Natal'in，1996；Ren et al.，1999），我国志留纪构造单元的识别与划分、古地理位置恢复也随之取得了长足进步。

　　在构造单元的划分方面，我国境内在志留纪时期至少包含或涉及华北（North China）、塔里木（Tarim）、华南（South China）等三个主要块体，以及兴安（Xing'an或Hinggan）、松辽（Songliao）、额尔古纳（Erguna）、兴凯－佳木斯－布列亚（Khanka-Jiamusi-Bureya）、额尔齐斯（Ertix）、阿拉善（Alxa）、敦煌（Dunhuang）、伊犁（Ili）、西藏地体群［Tibetan terranes，包括南羌塘地体（South Qiangtang）和拉萨地体（Lhasa）］、印支［Indochina，或称安南（Annamia）］、中泰缅马（Sibuma）等诸多相对较小的块体（Cocks and Torsvik，2013；Metcalfe，2013；Xiao et al.，2015；Torsvik and Cocks，2017）（插图2.1）。

　　在古地理位置恢复方面，目前一般认为：我国北方的一些块体（包括东北地区的兴安地体、松辽地体、额尔古纳地体和兴凯－佳木斯－布列亚地体及新疆东北部的额尔齐斯地体）与西伯利亚板块联系密切，伊犁属哈萨克斯坦块体的一部分，其他构造单元至少在早古生代与当时的东冈瓦纳关系密切（如华南、华北、塔里木、印支、中泰缅马、西藏等）（Rong et al.，1995，2003；周志毅等，2008；Metcalfe，2013；Torsvik and Cocks，2017）（插图2.1）。

　　受古地理位置、沉积环境背景等因素的控制，上述各构造单元志留系的发育情况差别明显，研究程度也大有不同。那些地处偏远、自然条件恶劣的块体，由于长期交通不便、野外工作条件相对艰苦等原因，直到20世纪50年代（甚至更晚），随着全国范围内大规模区域地质调查工作的开展，才得以被发现和报道。如华北板块尽管地域辽阔，但主体普遍缺失志留系，直到20世纪50年代才在其北缘部分地区（如内蒙古达茂旗、吉林伊通）首次确认志留系（吴望始，1958；莽东鸿和裴士强，1964），到了80年代以后才建立起基本的地层框架（李文国等，1985；郭胜哲等，1992），但对比精度仍不够。又如，西藏地区志留系主要出露于拉萨地体（如申扎、班戈）和印度板块北缘的喜马拉雅山区（如聂拉木、普兰），其研究工作始于20世纪70年代（穆恩之等，1973；西藏地质局综合普查大队，1980），地层划分与对比工作已经有了一定的基础（林宝玉等，1984；饶靖国等，1988；梁定益等，1991），亦亟待深化。

　　有鉴于此，本书选择了国内志留系发育较全、出露较好、研究程度相对较高和/或具有区域代表性的11条志留系（或综合）剖面作为区域地层划分和对比的参考标准，分属于华南、塔里木、中泰缅马及兴安等4个块体（插图2.2）。为更清晰地阐明各剖面志留系发育特征及划分与对比情况，下文以其所属构造单元的不同分4部分论述，每部分均由区域综合地层概况和典型剖面介绍等两方面的内容组成。

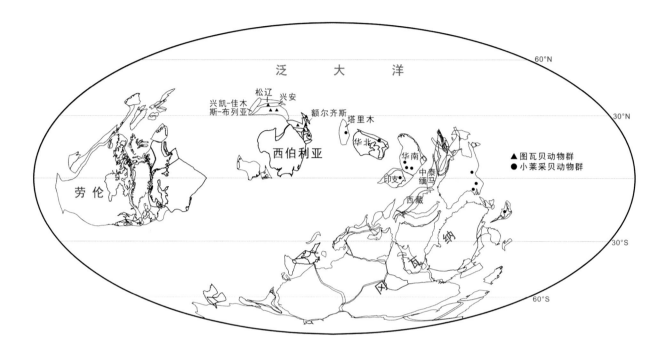

插图 2.1　志留纪晚期（罗德洛世和普里道利世）中国境内主要板块构造单元的古地理复原图。图瓦贝腕足动物群和小莱采贝腕足动物群的分布资料引自 Rong *et al.*（1995），底图修改自 Torsvik and Cocks（2017）

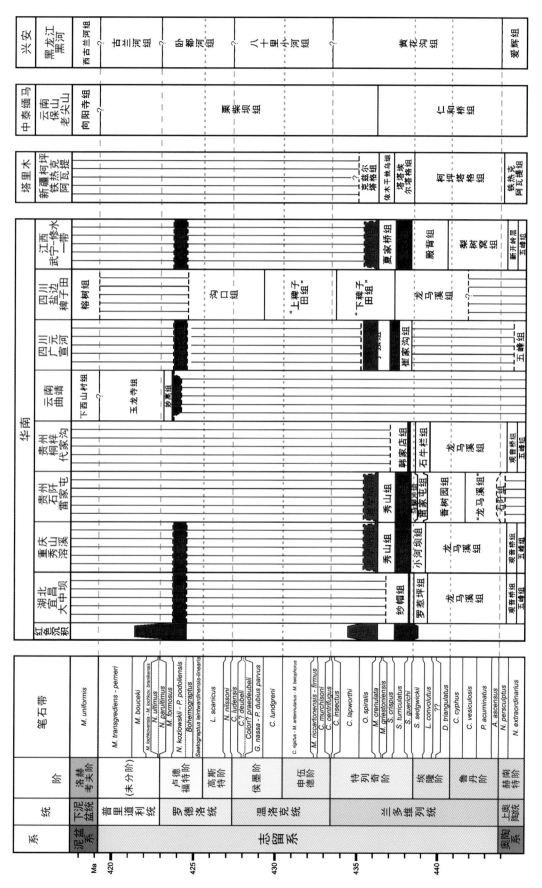

插图 2.2 中国境内 11 条典型志留系剖面（或综合剖面）地层划分与对比

3 华南志留纪区域综合地层

通常认为，华南板块北以秦岭－大别山造山带及郯庐断裂带、西以龙门山断裂带、西南以哀牢山－马江古缝合线为界（Metcalfe，2013）。新的研究表明，扬子板块结晶基底实际上可延伸至松潘－甘孜东缘的巨厚沉积物之下，因此华南板块的西界或许不在龙门山断裂带，而在其西部约200 km的龙日坝断裂带（Guo *et al.*，2013，2014，2015）。

关于华南板块在早古生代的古地理位置，学者们普遍认为其在当时的中－低纬度地区。在华南与冈瓦纳的关系问题上，目前仍未达成共识。或认为其在早古生代一直是东冈瓦纳的一个组成部分，直到泥盆纪随着古特提斯洋的打开，才同华北、塔里木及印支等块体一起漂离冈瓦纳超级大陆（Metcalfe，2011，2013）；或认为其作为独立的块体（或与印支板块相连）至少在志留纪（或更早）已经漂离冈瓦纳（Rong *et al.*，2003；Cocks and Torsvik，2013；Torsvik and Cocks，2017）。

3.1 概述

华南志留系广泛发育，厚度大、出露好，尽管大范围缺失温洛克世甚至前后更多的沉积记录，但对其研究历史较久，各化石门类生物带序列及地层发育情况了解最详，是我国志留系研究的标准地区（Richthofen，1882；Grabau，1924；谢家荣和赵亚曾，1925a，1925b；尹赞勋，1949；穆恩之，1964；林宝玉等，1984；Rong *et al.*，2003；戎嘉余等，2019）（插图3.1）。

大体而言，华南志留纪沉积主要在扬子区，即位于板块北部、西北部的广大地区。在其南部，除部分地区（如广西钦州、玉林）发育一套碎屑沉积外，大部分区域被当时的华夏古陆所占据，缺失志留系甚至更多的沉积记录（Rong *et al.*，2003）。结合现有资料，下文专就扬子区志留系发育情况做简要概述。

首先，扬子台地主体广泛发育兰多维列统，以一套厚度较大的浅水碎屑沉积为代表，一"黑"二"红"是特色，其中一"黑"指下部（鲁丹阶至特列奇阶底部）以龙马溪组为代表的黑色页岩相沉积（陈旭等，2015，2017），二"红"分别指特列奇阶下部的"下红层"（戎嘉余等，2012a；Zhang XL *et al.*，2014；Liu *et al.*，2016）和中部的"上红层"（Rong *et al.*，2003；Zhang *et al.*，2018）。过去，这套地层的最高层位（如川北、陕南的宁强组以及黔北的迴星哨组）被归入温洛克统，但随着对比精度的大幅提高，其层位不断被"下压"至特列奇阶中部（王成源，2011，2013；戎嘉余等，2019）。

其次，温洛克世沉积记录仍未在扬子台地内部得到确认。川北广元（万正权和金淳泰，1991；金淳泰等，1992）、川西二郎山（金淳泰等，1989）曾一度被认为发育温洛克世沉积，后被证实并不存在（陈旭和戎嘉余，1996；金淳泰等，1997；王成源等，2011）。目前仅在陕西紫阳（傅力浦和宋礼生，1986；傅力浦等，2006）、四川盐边（何原相等，2001；金淳泰等，2005；王成源等，2009）等扬子台地边缘地带有确凿的温洛克世沉积证据，其中前者以盆地笔石相地层为代表，后者为一套以碳酸盐沉积为主的地层。需要指出，盐边地区的大地构造属性还存有争论，多数大地构造学家视之为华

系	统	阶/年龄(Ma)	笔石带	牙形类带	几丁虫带	腕足类组合或动物群	三叶虫组合	皱纹珊瑚组合	鱼类动物群及组合	
志留系	普里道利统	419.2 （未分阶）	*M. transgrediens*	*Delotaxis* sp.?	?	小莱采贝动物群 *Reiziella* Fauna ／ 仿无洞贝动物群 *Atrypoidea* Fauna	?	?	西屯动物群	廖角山组合
			?		*Urnochitina thyrae*					
		423.0	*Neoc. ultimus*	?						?
	罗德洛统	卢德福特阶	*Monograptus formosus*	*Ozarkodina crispa*	*Angochitina sinica*		*Warburgella rugulosa sinensis*	*Pseudocystiphyllum - Zelophyllum* / *Diplochone - Phailactis*	潇湘动物群	红庙组合
				Ozarkodina snajdri	*Sphaerochitina* sp.		*Acanthopyge*	*Micula - Ketophyllum - Kyphophyllum*		扬子组合
			?	*P. siluricus*						
		425.6		*A. ploeckensis*						
		高斯特阶	*Lobograptus scanicus*	*Kockella stauros?*						
		427.4	*Neod. nilssoni*							
	温洛克统	侯墨阶	*Colonogr. ludensis*	*O. bohemica*	?					
			C. praedeubeli							
			Gorthogr. parvus	?						
			C. lundgreni							
		430.5								
		申伍德阶	*C. rigidus*	*K. patula*			?	?	?	?
			?	*K. walliseri*		?				
			C. murchisoni	*P. p. procerus*	*C. visbyensis*					
		443.4		*Ps. bicornis*						
	兰多维列统	特列奇阶	*C. centrifugus*	*Pterospathodus a. amorphognathoides*	*Angochitina longicollis*					茅山组合
			Cyrtogr. insectus							
			C. lapworthi							
			O. spiralis - Stomat. grandis	?						
			Monoclim. crenulata	*P. a.* cf. *lennarti* / *P. celloni*		*Nalivkinia magna - Xinanospirifer* ／ 西南石燕动物群	王冠虫动物群 *Coronocephalus - Kailia - Rongxiella*	*Idiophyllum Gyalophyoides Chonophyllum*	张家界动物群	坟头组合
			Monoclimacis griestoniensis	*P. a. angulatus*		*Salopinella - Spinochonetes*				
			Monoclimacis crispus	*Pterospathodus eopennatus*						
			Spirograptus turriculatus							
			Spirograptus guerichi	*D. cathayensis* / *O. parahassi* （*Ozarkodina guizhouensis*）	*Plectochitina brevicollis*	*Nalivkinia elongata - Nucleospira calypta*	*Latiproetus latilimbatus*	*Protoketophyllum Pseudophaulactis Crassilasma*		温塘组合
		438.5	*Stimulograptus sedgwickii*	*O. pirata*	*C. truncata*	*Zygospiraella - Spirigerina* ／ *Sulcipenta- merus*	*'Encrinuroides' - Ptillilaenus - Latiproetus*	*Miikottia - Stauria - Kodonophyllum*		
		埃隆阶	*Lituigraptus convolutus*		*Conochitina rossica*	*Paracon- chidium*		*Dinophyllum - Eostauria - Pilophyllia*		
		440.8	*Demirastrites triangulatus*	*Ozarkodina obesa*	*Bursachitina rectangularis*		*'Encrinuroides' zhenxiongensis - Meitanillaenus binodosus*			
		鲁丹阶	*Coronograptus cyphus*		*Conochitina electa*	*Athyrisi- noides- Beitaia- Eospirifer* / *Eostropheo- donta- Levenea*	*Brachyelasma - Briantelasma - Cystiphyllum*			
			Cystograptus vesiculosus		*Belonechitina postrobusta*	*Dicoelosia*				
			Parakidograptus acuminatus	*Ozarkodina* aff. *hassi*		*Hindella - Sulcatospira* ?	?	?		
		443.8	*Akidograptus ascensus*			华夏正形贝动物群 *Cathaysiorthis* Fauna	*Curriella* ?			

插图 3.1　华南志留系主要化石门类生物带序列及对比，修改自戎嘉余等（2019）

南板块的一部分，但有学者提出其可能是独立于华南板块的微地体（王怿等，2016）。由于缺乏确凿的构造证据（如缝合线的存在），本书暂从第一种观点，视其为华南板块的西南缘。

再者，志留纪晚期（以罗德洛世晚期为主）碎屑沉积在扬子台地分布广泛。过去认为，除滇东等少数地区外，扬子区主体志留系最高层位限于兰多维列统，直接上覆以泥盆系或更高层位，缺失志留纪中、晚期沉积（戎嘉余等，1990）。然而，人们的认识在近20年来发生了重要转变，以罗德洛统上部为主的一套碎屑沉积在扬子台地广大地区得到确认，包括川北广元（万正权和金淳泰，1991；金淳泰等，1992；金淳泰等，1997；唐鹏等，2010）、川西北北川（金淳泰等，1996，1997）、川西二郎山地区（金淳泰等，1989，1997；陈旭和戎嘉余，1996）、黔西赫章（黄冰等，2011）、黔东北贵州石阡和印江（马会珍和王雪华，2014）、湘西北张家界和澧县（王怿等，2010；赵文金等，2016）、渝东南秀山（王怿等，2011）、鄂西南宜昌（王怿等，2018c）、鄂东南通山（王怿等，2017a）、皖西南宿松（王怿等，2018a）及赣西北武宁和修水（王怿等，2018b）等。因此，华南志留纪古地理格局及其演变需要重新考量。

3.2 典型剖面

华南扬子区的志留系发育广泛，出露好，研究程度高，是区域内乃至我国其他块体志留系划分和对比的参考。为充分体现其发育特征及最新研究成果，本书选取了8条志留系典型剖面（或综合剖面）加以介绍，它们分别是宜昌大中坝剖面、重庆秀山溶溪剖面、贵州石阡雷家屯剖面、贵州桐梓代家沟剖面、云南曲靖西郊综合剖面、四川广元宣河综合剖面、四川盐边稗子田剖面以及江西武宁–修水综合剖面（前7条属上扬子区，最后1条属下扬子区）（插图3.2）。

3.2.1 宜昌大中坝志留系剖面

宜昌大中坝剖面位于湖北省宜昌市北约35 km的分乡镇大中坝村附近（插图3.2A），自王家湾往东至马鞍山一线自下而上依次出露龙马溪组、罗惹坪组、纱帽组及小溪组；该剖面是罗惹坪组和纱帽组的命名剖面，是华南志留系最具代表性的剖面之一（葛治洲和戎嘉余，1979；汪啸风等，1987；戎嘉余等，1990；林宝玉等，1998；王怿等，2018c）。

谢家荣和赵亚曾（1925a，1925b）最早研究了该地的志留系，将其自下而上划分为龙马页岩、罗惹坪系及纱帽山层，尹赞勋（1949）把这三个地层单元分别称作龙马溪组、罗惹坪组及纱帽组，并得到长期沿用（如穆恩之，1964；葛治洲和戎嘉余，1979；汪啸风等，1987；林宝玉等，1998；Rong et al.，2003；王传尚等，2005）。其间，中国科学院南京地质古生物研究所（1974）曾创名彭家院组和石屋子组，以分别代表罗惹坪组下部及纱帽组中下部，但均未得到广泛采纳。最近，王怿等（2018c）对纱帽组的划分提出了与传统观点不同的看法：基于纱帽组第4段（汪啸风等，1987）与下伏地层在岩性及化石内容上的差异，将之归入志留纪晚期的小溪组。不过，在这段地层中部厚层砂岩的粉砂质泥岩夹层中，陈孝红等（2018）发现一枚疑似*Conochitina acuminate*的几丁虫标本，其共生

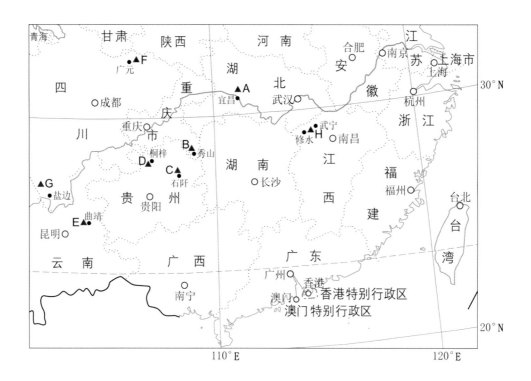

插图 3.2　华南板块 8 条志留系典型剖面地理位置图。A，宜昌大中坝剖面；B，重庆秀山溶溪剖面；
C，贵州石阡雷家屯剖面；D，贵州桐梓代家沟剖面；E，云南曲靖西郊综合剖面；F，四川广元
宣河综合剖面；G，四川盐边稗子田剖面；H，江西武宁 – 修水综合剖面

分子 *Eisenackitina causiata* 在下伏的第 3 段上部亦有发现，初步建立 *C. acuminate* 带（特列奇阶上部），
从而认为纱帽组第 4 段的时代仍限于特列奇期。鉴于标本产出层位少、数量有限，且带化石又存疑，
C. acuminate 几丁虫带的存在与否有待进一步工作确认。

　　结合新的研究进展，将该剖面的基本情况介绍如下（插图 3.3 和 3.4）。

　　龙马溪组包括下段黑色页岩（厚约 52 m）和上段黄绿色页岩夹粉砂岩（厚约 571 m）两部分（汪
啸风等，1987），与下伏上奥陶统赫南特阶观音桥组整合接触（Chen *et al*., 2006）。该组（尤其是
下部）笔石发育，可识别出从上奥陶统赫南特阶上部 *Metabolograptus persculptus* 带至兰多维列统埃
隆阶上部 *Stimulograptus sedgwickii* 带的一系列生物带（倪寓南，1978；闫国顺和汪啸风，1978；汪
啸风等，1987）。在不远的普溪河地区，龙马溪组下段至上段下部的几丁虫可划分为 *Belonechitina*?
postrobusta、*Conochitina alargada*、*Armoricochitina* sp. 和 *Conochitina emmastensis* 4 个生物带，指示鲁丹
阶上部至埃隆阶上部（陈孝红等，2017a）。

　　罗惹坪组下段多为黄绿色钙质粉砂岩、页岩，夹瘤状灰岩，厚约 103 m（汪啸风等，1987），含
丰富的壳相化石，笔石较少，仍指示 *S. sedgwickii* 带（闫国顺和汪啸风，1978；倪寓南，1978；汪啸
风等，1987）。罗惹坪组上段岩性仍以黄绿色钙质粉砂岩为主，但薄层灰岩明显增多，厚约 46 m；
壳相化石丰富，未见笔石。曾有学者依据下伏笔石而推测其时代可上延至特列奇阶下部（汪啸风等，
1987），但后来的几丁虫研究表明，其层位仍大致对应于 *S. sedgwickii* 笔石带（耿良玉，1986；耿良玉

年代地层				岩石地层				生物地层		
系	统	阶	厚度(m)	组与段	岩性柱	分层	岩性描述	笔石带	几丁虫带	其他化石
志留系	普里道利统	（未分阶）	175.6	小溪组		39-41	灰黄色至黄褐色中-厚层细砂岩、泥质粉砂岩		*Conochitina acuminata*?	植物化石碎片、植物类表皮及大型虫管遗迹
	罗德洛统	卢德福特阶								
		高斯特阶								
	温洛克统	侯墨阶								
		申伍德阶								
	兰多维列统	特列奇阶	670.5	纱帽组 三段		31-32	黄绿色泥岩、页岩偶夹粉砂质页岩		*Eisenackitina causiata*	秀山动物群?（壳相化石）
						29-30	黄绿色、青灰色泥岩、粉砂质泥岩夹薄层灰绿色薄层粉砂岩		*Eisenackitina dolioliformis*	
						28	黄绿色页岩			
				二段		26-27	灰绿色页岩与砂岩，顶部含钙质细砂岩		*Plectochitina pseudoagglutinans*	
						23-25	黄绿色页岩、泥质粉砂岩			
				一段		22	黄绿色粉砂质泥岩夹薄层泥质粉砂岩		*Conochitina malleus*	
						21	上部黄绿色泥岩，下部灰色粉砂岩			
						20	黄绿色泥岩			
		埃隆阶	148.9	罗惹坪组 上段		17-19	黄绿色薄层钙质粉砂岩和泥岩夹瘤状灰岩、灰色薄层灰岩	*S. sedgwickii*	*Conochitina rossica*	
				下段		16	灰绿色钙质粉砂质泥岩夹瘤状灰岩			
						15	黄绿色薄层粉砂质泥岩夹瘤状灰岩			
						14	灰绿色粉砂质泥岩，底部夹泥灰岩			
						13	黄绿色泥岩，下部含粉砂质页岩			
						12	青灰色、黄绿色泥岩夹薄层粉砂岩			
		鲁丹阶	622.9	龙马溪组		5-11	黄绿色页岩、泥岩夹少许粉砂质泥岩和泥质粉砂岩	*L. convolutus* *D. triangulatus* *C.cyphus* *C. vesiculosus* *P. acuminatus* *A. ascensus* *M. persculptus*		
						1-4	灰黑色页岩夹炭质硅质页岩，底部为灰褐色泥岩			
奥陶系	上奥陶统	赫南特阶		观音桥组			灰褐色钙质泥岩（注：该组厚度未按比例）			

插图 3.3　宜昌大中坝志留系剖面综合柱状图。岩石地层资料据汪啸风等（1987）和王怿等（2018c），笔石带据汪啸风等（1987），几丁虫带据陈孝红等（2017b，2018），其他化石据汪啸风等（1987）和王怿等（2018c）

和蔡习尧，1988；Geng *et al.*，1997；陈孝红等，2017b）。也就是说，罗惹坪组的时代为兰多维列世埃隆晚期。

纱帽组依据岩性可区分为3段，第1段和第3段以泥岩为主，第2段则以粉砂岩和砂岩为主；第1段和第2段化石较丰富，第3段的稀少（汪啸风等，1987；王怿等，2018c）。鉴于所含的壳相化石并不属于典型的秀山动物群（一般见于渝东南、黔东北及鄂西一带秀山组上段），其层位一般被认为与秀山组下段及下伏溶溪组大致相当，时代为特列奇早期（葛治洲等，1979；戎嘉余等，1990；陈旭和戎嘉余，1996；黄冰等，2017）。在附近的龚家冲溪沟，陈孝红等（2018）在这套地层中自下而上识别出 *Conochitina malleus*、*Plectochitina pseudoaggltinans*、*Eisenackitina dolioliformis*、*Eisenackitina causiata* 等几丁虫生物带，认为其时代为埃隆最晚期至特列奇早期，与壳相化石资料得出的结论基本一致。此外，这一时代意见也得到了第2段顶部的牙形类资料的进一步支持。汪啸风等（1987）曾将这些牙形类归为 *Pterospathodus celloni* 组合，而陈孝红等（2017b）的再研究并没有见到真正的 *Pterospathodus celloni* 及典型的 *P. eopennatus*，而是发现了 *Ozarkodina guizhouensis*。若如此，那么这一含牙形类的地层可对比到 *Ozarkodina guizhouensis* 牙形类带（王成源和王志浩，2016），该带上部可对比到特列奇阶下部（戎嘉余等，2019）。不过，这里要指出的是，在第3段距顶24.5 m的泥岩中报道有秀山动物群中标志性的王冠虫 *Coronocephalus*（汪啸风等，1987），暗示纱帽组顶部或可与秀山组上段的底部对比。

小溪组以灰黄色、黄褐色中厚层砂岩为主，夹黄褐色和紫红色薄层粉砂岩，厚约176 m；与下伏纱帽组的岩性呈突变关系，指示假整合接触关系，与上覆中泥盆统云台观组亦呈假整合接触（王怿等，2018c）。其砂岩层面广泛发育虫管遗迹化石，粉砂岩夹层中发现有植物碎片，顶部产有植物类表皮化石，与上扬子区其他地点的小溪组化石内容相似，时代应与之相当，为罗德洛晚期至普里道利早期（王怿等，2018c）。不过，陈孝红等（2018）在这套地层中部厚层砂岩的粉砂质泥岩夹层中发现了少量几丁虫，认为其中一枚疑似特列奇阶上部 *Conochitina acuminate* 带的带化石，但这一生物带的建立还有赖于更多的化石证据。

3.2.2 重庆秀山溶溪志留系剖面

重庆秀山溶溪剖面位于重庆市秀山县城西北约15 km的溶溪镇附近（插图3.2B），大体沿溶溪镇至秀山县城的公路（X077）展布，自镇东南约2 km的关家溪（GPS：28° 29' 56.4" N，107° 54' 0.6" E）起，至迴星哨村（GPS：28° 29' 49.3" N，108° 54' 0.2" E）结束，是溶溪组、秀山组及迴星哨组的标准剖面（葛治洲等，1979；王怿等，2011）。

葛治洲等（1979）首先实测了该剖面，将志留系自下而上依次划分为龙马溪组、小河坝组、溶溪组、秀山组和迴星哨组。此后，这一划分意见在相当长的时期内被广为采用，只是将该剖面志留系顶部的时代不断"下拉"，由最初的温洛克世（葛治洲等，1979）到兰多维列世特列奇晚期（戎嘉余等，1990；Rong *et al.*，2003），再到特列奇中期（戎嘉余等，2012a；王成源，2011）。王怿等（2011）对该剖面的迴星哨组进行厘定，厘定后的含义仅相当于原迴星哨组的下部，时代为兰多维列世特列奇中期；原迴星哨组上部被归入小溪组，时代为志留纪晚期（罗德洛世和普里道利世）。

插图 3.4　宜昌大中坝志留系剖面野外照片。A，剖面全景图，示意完整的志留纪沉积序列；B，龙马溪组（底部）与下伏地层的接触；C，龙马溪组上部灰绿色泥岩；D，小溪组灰黄色砂岩；E，小溪组与上覆泥盆系云台观组的假整合接触

剖面情况介绍如下（插图3.5和3.6）。

龙马溪组总厚度约372 m，可分为三部分。底部为黑色页岩，出露不好，厚21.6 m，与下伏产赫南特贝腕足动物群的观音桥组呈整合接触；下部为灰黑色、深灰色粉砂质页岩，含丰富笔石，厚103.6 m；上部为暗灰至黄绿色粉砂质泥页岩，笔石较少，厚246.8 m（葛治洲等，1979）。组内所产笔石自下而上可识别出相当于 *M. persculptus* 到 *S. sedgwickii* 带的完整序列（葛治洲等，1979），指示从晚奥陶世赫南特晚期至兰多维列世埃隆晚期的时间跨度。

小河坝组为灰黄色泥质粉砂岩、粉砂质泥岩、黄绿色页岩，厚343.3 m，含少量腕足类、三叶虫（葛治洲等，1979）。依据上、下层位，其时代大致为埃隆末期至特列奇最早期。

溶溪组为一套紫红色、灰绿色泥质粉砂岩、泥岩，厚258.3 m，化石稀少，见少量腕足类、三叶虫，偶含笔石（葛治洲等，1979）。属"下红层"，依据区域对比，其时代为特列奇早期（戎嘉余等，2012a）。

秀山组分上、下两段：下段为黄绿色细砂岩、粉砂岩、粉砂质泥岩，厚217.4 m，产少量壳相化石；上段为黄绿色、灰色粉砂质泥岩、泥岩，其中上部多夹薄层或透镜状泥质灰岩，厚298.3 m，含较为丰富的壳相化石，属秀山动物群，偶见笔石（葛治洲等，1979）。在附近的大田坝（向斜的另一翼，溶溪镇东南8.5 km），其下段和上段中所含的牙形类均属 *Pterospathodus eopennatus* 带，近顶部见有 *P. sinensis*，或指示上延至 *P. celloni* 带（Chen *et al.*，2016）。

迴星哨组主要为暗紫红色、灰绿色粉砂质泥岩，厚约92 m，与下伏秀山组呈连续沉积，产少量双壳类和腹足类（王怿等，2011）。属"上红层"，其时代为特列奇中期（Zhang *et al.*，2018；戎嘉余等，2019）。

小溪组主要由灰绿色薄层至中层粉砂岩、泥质粉砂岩组成，伴有灰色泥质粉砂岩、粉砂质泥岩夹层，局部可见少量紫红色泥岩，厚49.9 m；与下伏迴星哨组、上覆泥盆系云台观组均呈假整合接触；产植物类表皮碎片、植物管状体、疑源类、广翅鲎及大型虫管遗迹化石，指示其时代为志留纪晚期（罗德洛晚期至普里道利早期）（王怿等，2011）。

3.2.3 贵州石阡雷家屯志留系剖面

贵州石阡雷家屯剖面位于贵州省东北部铜仁市石阡县城以北约7 km的雷家屯附近（插图3.2C），自香树园村西山坡起，大致沿雷家屯村至白沙镇方向的公路（S305）展布，是香树园组、雷家屯组及马脚冲组等岩石地层单元的命名剖面，代表了黔东北典型的志留纪沉积序列（葛治洲等，1979）。

杨玉刚、戎嘉余在20世纪70年代首先测制了该剖面（葛治洲等，1979）。他们将这里的志留系自下而上依次划分为"龙马溪组"、香树园组、雷家屯组、马脚冲组、溶溪组、秀山组及迴星哨组，各组之间为连续沉积（插图3.7）。这一划分方案得到了国内同行的广泛认同并沿用至今（林宝玉等，1998；Rong *et al.*，2003；戎嘉余等，2019）。

"龙马溪组"为深灰色页岩，夹薄层灰岩或灰岩透镜体，厚3.3 m，产笔石及丰富的壳相化石（葛治洲等，1979；倪超等，2015）；下伏（上奥陶统赫南特阶上部）石阡组（过去曾称作"观音桥

年代地层			岩石地层					生物地层		
系	统	阶	厚度(m)	组与段	岩性柱	分层	岩性描述	笔石带	牙形类带	其他化石
志留系	普里道利统	（未分阶）	49.9	小溪组		58-60	下部灰绿色中-薄层粉砂岩，含少量紫红色泥岩，上部灰绿色薄层泥质粉砂岩夹砂质泥岩			植物类表皮及大型虫管遗迹
	罗德洛统	卢德福特阶								
		高斯特阶								
	温洛克统	侯墨阶								
		申德阶								
	兰多维列统	特列奇阶	92	迴星哨组		55-58	暗紫红色泥岩、泥质粉砂岩夹灰绿色中-薄层粉砂质泥岩、泥质粉砂岩			
			298.3	秀山组 上段		54	灰绿色薄层泥质石英粉砂岩夹少量粉砂质页岩		P. sinensis	Coronocephalus - Sichuanoceras - Salopina - Stomatograptus动物群 (即秀山动物群)
						51-53	深灰色页岩，夹灰色薄层中粒灰岩			
						46-50	黄绿色至灰绿色石英砂岩、粉砂质页岩和灰绿色页岩、夹砂岩透镜体，最上部含深灰色灰质结核		Pterospathodus eopennatus	
			217.4	秀山组 下段		40-45	黄绿色至灰绿色泥质石英粉砂岩、石英粉砂质页岩			
			258.3	溶溪组		38-39	黄绿色夹紫红色薄层泥质粉砂岩			
						35-37	暗紫红色泥质粉砂岩、黄绿色页岩夹砂质页岩			
						28-34	黄绿色、灰绿色中厚层泥质粉砂岩、粉砂质页岩			
						27	紫红夹黄绿色薄层粉砂质泥岩			
		埃隆阶				26	灰黄色薄层泥质粉砂岩			
			343.3	小河坝组		22-25	黄绿色页岩含薄层含泥质砂岩			
						19-21	灰黄绿色含石英粉砂质页岩	S. sedgwickii		
						15-18	灰绿色薄层至中厚层石英细砂岩			
						14	粉砂质泥岩			
						9-13	暗灰绿色薄至中厚层泥质粉砂岩、石英粉砂岩			
			372	龙马溪组		5-8	灰绿色粉砂质页岩夹薄层泥质粉砂岩	L. convolutus		
								D. triangulatus		
						2-4	深灰色粉砂质页岩	C.cyphus		
								C. vesiculosus		
		鲁丹阶						P. acuminatus		
						1b	灰黑色粉砂质页岩	A. ascensus		
								M. persculptus		
奥陶系	上奥陶统	赫南特阶		观音桥组		1a	黄褐色泥灰岩 (注：该组厚度未按比例)			

插图 3.5　重庆秀山溶溪志留系剖面综合柱状图。岩石地层及笔石带据葛治洲等（1979），牙形类带据 Chen et al.（2016），其他化石生物地层资料据葛治洲等（1979）和王怿等（2011）

插图 3.6　重庆秀山溶溪一带志留系剖面野外照片。A，龙马溪组与下伏地层为连续沉积；B，"下红层"溶溪组岩性特征；C，秀山组上部泥岩夹瘤状灰岩；D，"上红层"迴星哨组及其与小溪组的假整合接触；E，小溪组与上覆泥盆系云台观组的假整合接触。A 来自大田坝剖面，其余照片来自溶溪剖面（A 和 C 由陈中阳提供）

组"）灰岩顶面起伏不平，并见有风化壳，指示两者之间存在沉积间断（胡兆珣等，1983；Wang GX et al.，2015）（插图3.8A和B）。组内所含笔石指示*acuminatus*到*vesiculosus*带（戎嘉余和詹仁斌，2004），附近白沙筷子山剖面上该组底部的笔石可归入*Akidograptus ascensus*带（陈旭等，2001），因此其时代应为鲁丹早中期。组内不产牙形类，但依据其层位关系，暂归入*Ozarkodina* aff. *hassi*带（Wang and Aldridge，2010；王成源，2013）。

香树园组为浅灰色中厚层生物碎屑灰岩、黄色瘤状泥灰岩，厚75.7 m，产珊瑚、层孔虫、腕足类等（葛治洲等，1979）。底部的牙形类或可归入*Ozarkodina* aff. *hassi*带，中上部的则属*Ozarkodina*

年代地层			岩石地层					生物地层		
系	统	阶	厚度(m)	组与段	岩性柱	分层	岩性描述	笔石带	牙形类带	其他化石
志留系	兰多维列统	温洛克统 申伍德阶		迥星哨组						
		特列奇阶	39.0			46	黄色含砂质泥页岩		Pterospathodus eopennatus	Coronocephalus-Sichuanoceras-Salopina-Stomatograptus 动物群(即秀山动物群)
						45	紫红色含砂质泥页岩			
						44	黄色粉砂岩			
						43	紫红色砂质页岩			
						42	蓝灰色页岩夹粉砂岩			
				上段		40-41	黄绿色页岩			
						39	黄色含砂质页岩		Ozarkodina guizhouensis - Distomodus cathayensis	
						38	蓝灰色页岩			
			450.9	秀山组		37	上部为黄绿色页岩；下部为蓝灰色砂质页岩			
						36	黄绿色页岩			
				下段		30-35	黄绿色页岩夹灰色薄层粉砂岩		Ozarkodina parahassi	
						29	黄绿色页岩			
						28	紫红色页岩			
						26-27	灰绿色泥岩			
						25	紫红色泥岩			
			179.2	溶溪组		21-24	紫红色、灰绿色泥岩或粉砂质泥岩			
						20	紫红色、粉红色泥岩		Ozarkodina guizhouensis - O. pirata	Maikottia - Stauria - Kodonophyllum（珊瑚组合）
		埃隆阶	47.9	马脚冲组		19	灰绿色泥岩			Dinophyllum - Eostauria - Pilophyllia（珊瑚组合）
			32.3	雷家屯组		13-18	上部为灰色生物碎屑灰岩，下部为黄绿色页岩		Ozarkodina obesa	
			75.7	香树园组		4-12	灰色生物碎屑灰岩			Brachyelasma - Briantelasma - Cystiphyllum（珊瑚组合）
		鲁丹阶	3.3	"龙马溪组"		3	黑灰色泥页岩，含少量泥质灰岩夹层	P. acuminatus C.vesiculosus A. ascensus	Ozarkodina aff. hassi	
奥陶系	上奥陶统	赫南特阶	1.1	石阡组		2	灰色生物碎屑灰岩			

插图 3.7　贵州石阡雷家屯志留系剖面综合柱状图。岩石地层据葛治洲等（1979），笔石带据陈旭等（2001）以及戎嘉余和詹仁斌（2004），牙形类带据王成源（2013），其他化石生物地层据何心一和陈建强（2006）和葛治洲等（1979）

*obesa*带（王成源，2013）。结合牙形类资料，并依据上下层位判断，其时代应为鲁丹晚期至埃隆早期。何心一和陈建强（2006）将下部和中上部的珊瑚动物群分别称作*Brachyelasma – Briantelasma – Cystiphyllum*和*Dinophyllum – Eostauria – Pilophyllia*组合。

雷家屯组下部以灰绿色页岩为主，夹薄层粉砂质泥岩或泥质灰岩，含少量腕足类和珊瑚，厚约24 m；上部为灰绿色页岩、深灰色泥质灰岩、灰岩，靠近顶部发育生物礁，产大量珊瑚、腕足类和三叶虫等，厚8.3 m（葛治洲等，1979）（插图3.8C和D）。下部的牙形类属*Ozarkodina obesa*带，中上部属*Ozarkodina guizhouensis*带下部（王成源，2013），所产几丁虫被归入*truncata*带（耿良玉，1990；Geng *et al.*，1997），表明其时代为埃隆阶中晚期。本组上部的珊瑚动物群被归入*Maikottia – Stauria – Kodonophyllum*组合（雷家屯组）（何心一和陈建强，2006）。

马脚冲组为灰绿色页岩，厚47.9 m，化石极少（葛治洲等，1979）。偶见腕足类*Nalivkinia elongata*和*Nucleospira calypta*（陈旭和戎嘉余，1996）；底部所发现的几丁虫与下伏雷家屯组的类似，被认为仍属*truncata*带（耿良玉，1990；Geng *et al.*，1997）；不产牙形类，但依据其层位，应属*Ozarkodina parahassi*带（王成源，2013）。根据层位关系，其时代应为特列奇最早期。

溶溪组为紫红色、灰绿色泥质粉砂岩、泥页岩，厚179.2 m，化石稀少，上部偶见少量腕足类、瓣鳃类（葛治洲等，1979）。中部产出几丁虫*Eisenackitina daozhenensis*，属*brevicollis*带，指示特列奇早期（耿良玉，1990；Geng *et al.*，1997）。不产牙形类，但认为可与*Ozarkodina parahassi*带对比（王成源，2013）。属"下红层"，依据区域对比，其时代为特列奇早期（戎嘉余等，2012a）。

秀山组总厚450.9 m，分上、下两段。下段由灰绿色页岩组成，夹灰黄色薄层粉砂岩、泥质粉砂岩，含少量腕足类、三叶虫和双壳类；上段为泥页岩、粉砂质泥岩，夹薄层灰岩或灰岩透镜体，化石丰富，除腕足类、三叶虫、鹦鹉螺类等壳相化石外，还见有少量笔石（葛治洲等，1979）。牙形类在本组下部和上部均有发现，分别被归入*Ozarkodina guizhouensis*和*Pterospathodus eopennatus*带（王成源，2013），上部所产壳相化石属典型的秀山动物群（葛治洲等，1979），均指示该组时代为特列奇中期。

迴星哨组主要为紫红色、灰绿色粉砂质泥岩，夹有薄层泥岩、粉砂岩，厚约39 m；化石稀少，仅见少量双壳类、珊瑚以及板足鲎碎片；与下伏秀山组呈连续沉积，与上覆二叠系呈假整合接触（葛治洲等，1979）（插图3.8E）。未有笔石、牙形类和几丁虫的报道。属"上红层"，依据区域对比，其时代应为特列奇中期（Zhang *et al.*，2018）。

插图 3.8　贵州石阡雷家屯志留系剖面野外照片。A，"龙马溪组"与下伏石阡组的假整合接触；B，"龙马溪组"岩性；C，雷家屯组与马脚冲组的接触；D，雷家屯组顶部礁灰岩；E，"上红层"迥星哨组和二叠系的假整合接触

3.2.4 贵州桐梓代家沟志留系剖面

桐梓代家沟剖面位于贵州省北部遵义市桐梓县城南约7 km的燎原镇代家沟村附近（GPS：28º4′50″N，106º46′46″E）（插图3.2D），Zhan and Jin（2007）对该剖面进行过详细测量、描述和报道。剖面起点为代家沟村，朝县城方向沿县道（X318）出露，是黔北地区乃至华南上扬子区志留系经典剖面之一（插图3.9和3.10A）。

龙马溪组下部为黑色页岩，厚17.5 m，含丰富的笔石，底部笔石属*C. vesiculosus*带（鲁丹阶中部），与下伏上奥陶统赫南特阶观音桥组呈假整合接触（插图3.10B）；上部为灰绿色、深灰色粉砂质泥岩、页岩，含笔石及少量腕足类，厚62.5 m（Zhan and Jin，2007；戎嘉余等，2010）。该组中上部的几丁虫属*Bursachitina rectangularis*带，暗示其时代已经进入埃隆期（张淼等，2012）。

石牛栏组可分上、下两段：下段为灰黄色粉砂岩、钙质粉砂岩或泥岩，夹薄层泥质灰岩或灰岩瘤，化石较少，底部见少量腕足类和笔石，厚65.6 m；上段以深灰色薄至中层泥质灰岩、生物碎屑灰岩为主，夹深灰色钙质泥岩、粉砂岩，壳相化石较丰富，厚110.9 m（Zhan and Jin，2007）。其下段及上段底部产出几丁虫，被归入*Bursachitina rectangularis*带，最高可与*L. convolutus*笔石带对比；上段下部的几丁虫则指示*Eisenachitina dolioliformis*带，大致与*S. sedgwickii*笔石带相当（张淼等，2012）。石牛栏组顶面凹凸不平（插图3.10C），可能代表古喀斯特风化剥蚀面，被作为华南上扬子区在埃隆晚期的一次隆升事件即桐梓上升的一个证据（戎嘉余等，2012b）。据目前资料，这次隆升事件影响范围主要波及了位于上扬子区南部的黔北、黔东北广大地区（邓小杰等，2012；戎嘉余等，2012b；王怿等，2013）。

韩家店组下部为灰绿色、黄绿色粉砂质泥岩、泥岩，偶见泥质灰岩透镜体，未见化石，厚18.6 m，与下伏石牛栏组呈假整合接触；中部为紫红色、黄绿色粉砂质泥岩，厚59.2 m；上部为黄绿色粉砂质泥岩，近顶部发育钙质成分增多，壳相化石较发育，见有腕足类、珊瑚、三叶虫及苔藓虫等，厚30.5 m。该组直接上覆以二叠系栖霞组，地层缺失甚多（Zhan and Jin，2007）（插图3.10D）。从区域对比的角度，该组下部、中部及上部分别相当于黔东北石阡一带的马脚冲组、溶溪组及部分秀山组下段地层，时代宜归入特列奇早期。

3.2.5 云南曲靖西郊志留系综合剖面

滇东曲靖市西郊广泛发育志留纪晚期地层，其研究始于1914年丁文江的地质调查（丁文江和王曰伦，1937），已逾百年历史，是华南志留系研究的经典地区之一。该地区不仅岩石地层序列比较完整，还产有丰富多样的壳相生物化石（方润森等，1985），其中早期鱼类化石对于深入探讨鱼类的起源与早期演化具有重要意义，得到国内外同行的广泛关注（赵文金和朱敏，2014）。

本区志留系在研究之初被自下而上划分为关底组、妙高组、玉龙寺组（丁文江和王曰伦，1937；尹赞勋，1949），该划分方案被广泛采纳，沿用至今（如葛治洲等，1979；方润森等，1985；林宝玉等，1998；Zhang YD *et al.*，2014；戎嘉余等，2019）。研究早期曾有不少其他地层名称出现，均遭到否定［参见戎嘉余和杨学长（1981）的讨论］。20世纪70年代以来又有一些新的名称见诸文献，这里

年代地层			岩石地层					生物地层	
系	统	阶	厚度(m)	组与段	岩性柱	分层	岩性描述	笔石带	几丁虫带
志留系	温洛克统	申伍德阶							
	兰多维列统	特列奇阶	108.35	韩家店组		36	黄绿色粉砂质泥岩		
						35	紫红色粉砂质泥岩		
						33-34	黄绿色泥岩		
		埃隆阶	176.5	石牛栏组 上段		32	深灰色泥质灰岩		Eisenachitina dolioliformis
						31	深灰色钙质粉砂岩		
						30	灰色泥质灰岩		
						29	深灰色钙质泥岩		
						28	深灰色生物碎屑灰岩		
						27	深灰色泥质灰岩		
						26	深灰色生物碎屑灰岩		
						24-25	深灰色介壳层		
						23	深灰色介壳层		
						22	灰色泥质灰岩		
				下段		20-21	灰黄色钙质粉砂岩、泥岩夹泥质灰岩透镜体		Bursachitina rectangularis
						19	灰黄色钙质泥岩、粉砂岩夹深灰色泥质灰岩透镜体		
		鲁丹阶	80	龙马溪组		12-18	黄绿色、灰绿色泥岩、页岩		
						11	黑灰色页岩	C. vesiculosus	
奥陶系	上奥陶统	赫南特阶	3.2	观音桥组		6-10	深灰色钙质泥岩及泥质灰岩		

插图 3.9　贵州桐梓代家沟志留系剖面综合柱状图。笔石带据 Zhan and Jin（2007）和戎嘉余等（2010），几丁虫带据张淼等（2012）

插图 3.10　贵州桐梓代家沟志留系剖面野外照片。A，剖面全景图，示意完整的志留系下部地层序列；B，龙马溪组与下伏观音桥组的假整合接触；C，石牛栏组与韩家店组的假整合接触，注意石牛栏组顶面凹凸不平，或指示古喀斯特风化剥蚀面；D，韩家店组与二叠系栖霞组的假整合接触

做简要讨论。比如，曾有学者将原关底组下部划出，称作岳家山组（方润森等，1985）或岳家大山组（曹仁关，1994），原关底组上部改称潇湘组（曹仁关，1994），但因两部分在岩性上实难区分，这些名称均未得到承认（丁春鸣，1988；张远志，1996；林宝玉等，1998；黄冰等，2011；Zhang YD et al.，2014）；也有学者将关底组的下部和上部分别称作岳家山段和关底段（林宝玉等，1998；Zhang YD et al.，2014），但这种将同一地理专名应用于两个地层单元（即关底组和关底段）的做法有违地层命名规范（Salvador，1994；Murphy and Salvador，1999；全国地层委员会，2017），亦不可取。此外，有学者曾因时代的不同，把玉龙寺组上部的"上易剥页岩"独立成组（即面店村组）（云崖，1978；杨武旭和李光暄，1978），亦未被多数学者认可（戎嘉余和杨学长，1981；丁春鸣，1988；方宗杰等，1994；Zhang YD et al.，2014；彭辉平等，2016）。

区域内志留系所产化石门类丰富，多数得到了不同程度的研究，包括牙形类（王成源，1980，

1981，2001；Walliser and Wang，1989；方宗杰等，1994）、几丁虫（耿良玉和李再平，1984；Geng et al.，1997）、腕足类（戎嘉余和杨学长，1978，1980；王雪，1995）、三叶虫（伍鸿基，1977；罗惠麟等，1985）、鹦鹉螺类（陈均远，1981）、皱纹珊瑚（方润森等，1985；丁春鸣，1988；何心一和陈建强，2004）、床板珊瑚（邓占球，1986）、苔藓虫（杨敬之和夏凤生，1976）、介形虫（方润森等，1985；王尚启等，1992）、鱼类（赵文金和朱敏，2014）等。

本区志留系的时代归属在过去曾被认为下（关底组）可到温洛克统（孙云铸和王鸿祯，1946；陈均远等，1981；方润森等，1985）、上（玉龙寺组）可跨过志留 – 泥盆系界线（伍鸿基，1977；潘江等，1978；方润森等，1985；候鸿飞等，1988）。不过，随着20世纪80年代微体化石（尤其是牙形类）生物地层学研究的开展，学者们发现从关底组下部（未到底）一直到玉龙寺组近顶部的牙形类均属*O. crispa*带，而玉龙寺组顶部（"上易剥页岩"的灰岩透镜体）产出的牙形类指示普里道利世，这套地层因此应全部归入志留纪晚期（罗德洛世晚期到普里道利世）（王成源，1980，1981，2001；Walliser and Wang，1989；方宗杰等，1994）。目前，各家对这一结论均表示赞同（Rong et al.，2003；何心一和陈建强，2004；Zhang YD et al.，2014；赵文金和朱敏，2014）。

现在争论的焦点转移到了志留 – 泥盆系的界线问题上，其具体位置究竟是在玉龙寺组和下西山村组之间（如方润森等，1985；王俊卿，2000；Zhao et al.，2011），还是位于更高的层位（下西山村组或西屯村组）（Tian et al.，2011；Zhang YD et al.，2014），仍无定论。各方观点似都有理，但各自又缺少力证［参见Zhang YD et al.（2014）和彭辉平等（2016）的讨论］。在共识达成之前，本书暂从第一种说法。

区内志留系出露于云南曲靖市区西郊的潇湘水库、红庙、廖角山等地（插图3.2E），曾被数次实测（丁文江和王曰伦，1937；葛治洲等，1979；方润森等，1985；丁春鸣，1988）。下文的综合剖面资料主要参考了葛治洲等（1979）、方润森等（1985）和Zhang YD et al.（2014）（插图3.11和3.12）。

关底组下部为灰绿、黄绿色泥页岩、泥质粉砂岩，发育薄层泥灰岩或粉砂岩夹层，局部可见紫红色泥岩，厚192.4 m，与下伏寒武系龙王庙组呈假整合接触；上部为紫红、灰绿色粉砂质泥岩、泥页岩，厚576.6 m。妙高组为深灰至浅灰色瘤状灰岩，夹灰绿色泥质粉砂岩、泥岩，厚334.7 m，以瘤状灰岩的出现为其底，与下伏关底组为连续沉积。玉龙寺组以泥页岩、泥质灰岩为主，底、顶各发育一套黑色页岩，与下伏妙高组及上覆下西山村组区分，厚340.1 m。各岩石地层的化石内容及时代意见参见上文讨论。

3.2.6 四川广元宣河志留系综合剖面

川陕交界广元、宁强地区的志留系非常发育，相关研究始于19世纪末的李希霍芬（Richthofen，1882），但在此后的近一个世纪里，其岩石地层的划分比较粗，时代亦没能精细确定（Grabau，1924；侯德封和王现衍，1939；尹赞勋，1949）。自20世纪70年代以来，区域内志留系的划分与对比上了新的台阶（中国科学院南京地质古生物研究所，1974；陈旭，1984；俞昌民等，1988；陈旭等，

系	统	阶	厚度(m)	组与段	分层	岩性描述	牙形类	孢粉	几丁虫与皱纹珊瑚	δ¹³C (‰)
泥盆系	下泥盆统	洛赫考夫阶	>400	西屯组	52	灰绿色泥岩、灰色泥灰岩		Ambitisporites dilutus-Apiculiretusispora synorea (DS) 组合带		
			236.5	下西山村组	51	灰白色石英砂岩、灰绿色泥岩		Synorisporites verrucatus-Apiculiretusispora plicata (VP) 组合带		
		?	?		50	上部黑色页岩含泥质灰岩透镜体，中部黄绿色页岩，下部黄绿色粉砂质泥岩	cf. detorta	Apiculiretusispora minuta-Leiotriletes ornatus (MO) 组合带	Margachitina elegans 带 (几丁虫)	
志留系	普里道利统	(未分阶)	340.1	玉龙寺组	47-49	灰黄色至黄绿色页岩、泥质粉砂岩含瘤状泥质灰岩			Ancyrochitina sinica 带 (几丁虫)	
					44-46	灰蓝色或灰黑色泥岩含瘤状泥质灰岩			Pseudocystiphyllum-Zelophyllum 组合 (皱纹珊瑚)	
					42-43	黑色至棕色泥页岩含泥质灰岩透镜体				
			334.7	妙高组	39-41	黄绿色粉砂质泥岩，含薄层钙质粉砂质泥岩	Ozarkodina crispa			
					38	灰色顶部极薄细粒砂岩，上部为钙质砂岩下部为黄绿色薄层粉砂岩				
					36-37	黄绿色页岩、泥质粉砂岩含瘤状灰岩			Diplochone-Phaulactis 组合 (皱纹珊瑚)	
					35	浅灰色薄层泥质灰岩含黄绿色页岩				
					33-34	浅灰色或黄绿色泥页岩，含瘤状灰岩				
					32	浅灰色瘤状灰岩，含多层黄绿色页岩				
	罗德洛统	卢德福特阶	576.6	关底组 上部	30-31	灰绿色和紫红色钙质页岩、泥岩				
					27-29	灰黄色或紫红色薄层至中层泥质灰岩				
					26	浅灰色薄层至中层石英砂岩				
					24-25	紫红色或黄绿色页岩含薄层泥质灰岩			Micula-Ketophyllum-Kyphophyllum 组合 (皱纹珊瑚)	
					23	浅灰色薄层至中层泥质灰岩				
					22	紫红色页岩含砂岩				
					18-21	黄绿色页岩含泥质灰岩透镜体夹灰黑色泥质灰岩				
			192.4	关底组 下部	16-17	灰色或紫色页岩夹细粒砂岩				
					15	上部棕黄色砂岩，下部黄绿色页岩				
					12-14	灰绿色页岩				
					11	浅灰色到黑色页岩，夹薄层灰质粉砂岩				
					7-10	灰色、灰绿色细砂岩，粉砂质泥岩	?		?	
					3-6					
寒武系				龙王庙组	1-2	浅灰色至黄色细砂岩、粉砂岩				

化学地层 δ¹³C (‰) 曲线横坐标: -6 -4 -2 0 2

插图 3.11　云南曲靖西郊志留系剖面综合柱状图。牙形类带据王成源（2013），孢粉生物地层资料据 Tian et al.（2011），皱纹珊瑚组合据何心一和陈建强（2004），化学地层数据据 Zhang YD et al.（2014）

插图 3.12　云南曲靖西郊志留系剖面野外照片。A，关底组岩性；B，关底组丰富的壳相化石；C，妙高组近顶部岩性；D，玉龙寺组底部黑色页岩。A 来自龙王庙采石场，其余来自红庙剖面

1991）；90年代又获重要进展，首次确认了志留纪晚期沉积的存在（万正权和金淳泰，1991；金淳泰等，1992），对其的认识也不断深入（唐鹏等，2010；王怿等，2017b）。下文从区域内志留系地层划分及时代归属两方面，对目前已有的认识作简要概括。

中国科学院南京地质古生物研究所（1974）首次对区内志留系进行了精细划分，自下而上依次为龙马溪组、崔家沟组、王家湾组、杨坡湾组和宁强组，但由于杨坡湾组和宁强组在岩性上区分不明显，陈旭等（1991）扩大了宁强组的含义，将原杨坡湾组和宁强组分别视作其下段（杨坡湾段）和上段（神宣驿段），即认为囊括了王家湾组和泥盆系云台观组之间的所有地层。与此同时，在广元羊模、车家坝一带，万正权和金淳泰（1991）在宁强组之上、云台观组之下又识别出一套碎屑沉积；次年金淳泰等（1992）依次建立金台观组、车家坝组和中间梁组，不过，这三个岩石地层单元因岩性上难以区分，此后被统称为车家坝组（Rong and Chen，2003；Rong et al.，2003；唐鹏等，2010）。也就是说，区内志留系包含了龙马溪组、崔家沟组、王家湾组、宁强组（包括杨坡湾段和神宣驿段）和车家坝组等地层单元。

对上述各地层单元时代的认识进展很快，尤其是以下两点值得注意。

首先是宁强组的时代问题。在没有发现车家坝组之前，宁强组曾被认为代表了区内志留系最高层位，属温洛克统（中志留统）（中国科学院南京地质古生物研究所，1974；李耀西等，1975；林宝玉等，1984；陈旭，1984），后基于笔石及牙形类证据被改归至特列奇阶上部（丁梅华和李耀泉，1985；俞昌民等，1988；戎嘉余等，1990；陈旭等，1991；金淳泰等，1997）。近年来研究发现其上段（神宣驿段）中的牙形类属*P. amorphognathoides lennarti*亚带（*P. celloni*带中部），宁强组的层位又被进一步"下压"至特列奇阶中上部（Wang and Aldridge，2010；王成源等，2010；王成源，2013）。

其次，车家坝组的时代归属也曾历经较大变动。先是被笼统地归入温洛克统至普里道利统，认为其与下伏宁强组之间为连续沉积（万正权和金淳泰，1991；金淳泰等，1992）；后被修订为罗德洛统至普里道利统下部，与下伏地层之间存在明显沉积缺失（金淳泰等，1997）。鉴于车家坝组中部和上部［即金淳泰等（1992）的车家坝组和中间梁组］所产牙形类属*Ozarkodina snajdri*带，同时结合腕足类、几丁虫、微体植物等资料，唐鹏等（2010）将车家坝组更精确地限定为罗德洛世卢德福特晚期。

考虑到区域内兰多维列世早中期沉积序列（包括龙马溪组、崔家沟组及王家湾组）与扬子台地多数地区相似，且出露较为局限（主要见于陕西宁强一带）（陈旭等，1991；金淳泰等，1992），本书仅关注具有明显区域性的特列奇中期及更晚的志留纪沉积（宁强组神宣驿段和车家坝组）。这套地层以广元宣河一带出露最好，研究程度最高，但由于其沉积厚度大，很难找到单一剖面连续完整出露，因此，本书选择广元宣河一带的凤凰嘴剖面及马家－龙硐背剖面（插图3.2F）以分别展示宁强组和车家坝组的典型地层序列。

1. 广元宣河凤凰嘴剖面

广元宣河凤凰嘴剖面位于宣河乡以北温家沟至付家湾之间，又称为宣河温家沟至付家湾剖面（陈旭等，1991），或凤凰嘴－尖包剖面（金淳泰等，1992）。该剖面主要出露宁强组神宣驿段（插图3.13），是其标准地点，曾先后被陈旭等（1991）和金淳泰等（1992）详细实测。

凤凰嘴剖面的宁强组神宣驿段以黄绿色和紫红色页岩、泥岩为主，夹数套富含化石的泥质条带灰岩和薄层瘤状灰岩，在灰岩层之间还发育数层生物礁或生物层，其中以底部的一套大型生物礁在区域内稳定分布为特色（插图3.14A），厚约1783 m；与下伏杨坡湾段为连续沉积，与上覆泥盆系云台观组呈假整合接触（陈旭等，1991；陈旭和戎嘉余，1996）。需要指出的是，金淳泰等（1992）认为该剖面存在明显地层重复，神宣驿段实际厚度只有847 m，但陈旭和戎嘉余（1996）并不认同这一说法，因为神宣驿段中的五层灰岩所含化石并不相同。

该剖面上神宣驿段化石极为丰富。牙形类（如前所述）属*P. amorphognathoides lennarti*亚带（*P. celloni*带中部）（Wang and Aldridge，2010；王成源等，2010），为确定宁强组的时代提供了关键证据。此外，珊瑚、腕足类、三叶虫、鹦鹉螺类、笔石等也都得到了研究（陈旭和戎嘉余，1996）。

2. 广元宣河马家－龙洞背剖面

广元宣河马家－龙洞背剖面（下文简称马家）位于广元宣河乡西南约2 km的后山梁，由金淳泰等（1997）首次实测。剖面起自马家碑碑梁，止于龙洞背的松林里，自老到新依次出露宁强组上部、车家坝组，是目前区内已知车家坝组出露最好、最完整的剖面（唐鹏等，2010）（插图3.13）。

在马家，车家坝组为黄绿、绿色粉砂质泥岩与紫红色粉砂质泥岩互层，夹中薄层灰、灰绿色含钙质粉砂岩（插图3.14B），厚391.7 m；与下伏宁强组、上覆泥盆系云台观组均为假整合接触（金淳泰等，1997）。该组化石较丰富，包括腕足类、几丁虫、微体植物化石及虫管遗迹化石等。其中，腕足类属小莱采贝动物群（*Retziella* fauna），组内从底到顶均有见及（金淳泰等1997；唐鹏等，2010）；几丁虫为*Sphaerochitina* sp.组合的分子，发现于顶部（唐鹏等，2010）；微体植物化石包括了隐孢子、三缝孢、植物管状体、植物类表皮及植物碎片，产自下部（马家山脚下G108国道边）（王怿等，2004；Wang *et al.*，2005）。此外，在附近的陈家坝（马家以北约1 km），该组下部还发现了扬子区内小溪组中常见的线形植物化石（王怿等，2017b）。

3.2.7 四川盐边稗子田志留系剖面

该剖面位于川西南盐边县岩口乡古德村稗子田附近（GPS：27º 04' 19.7" N，101º 20' 28.0" E）（插图3.2G），沿S216省道连续出露，是攀西丽江、盐源一带具代表性的志留系剖面。

稗子田的志留系最早由四川省第一区调队于1972年粗略地分作下志留统龙马溪组、中志留统石门坎组和上志留统，此后的很长一段时间里，除了名称略有变化［即石门坎组改称稗子田群（组）、上志留统称作中槽组］（四川省区域地层表编写组，1978；林宝玉等，1984，1998），并没有出现更深入的地层学研究。何原相和钱咏臻（2000）首次对其进行了详细岩石地层划分，由下至上依次称作龙马溪组、国胜组、乡涧组、下稗子田组、上稗子田组、沟口组和岩口组，奠定了志留系岩石地层划分的基础。后来国胜组、乡涧组未被采用，但未说明理由（金淳泰等，2005）；岩口组一名因被占用而无效（王成源等，2009），这套地层序列相应变更为龙马溪组、下稗子田组、上稗子田组和沟口组（王成源等，2009；王怿等，2016）。要指出的是，下稗子田组和上稗子田组两名实际上并不符合地层命名规范，宜另立新名，因为"上""中""下"等描述性术语不应当用于岩石地层单元的正式划分（Salvador，1994；Murphy and Salvador，1999；全国地层委员会，2017）。本书暂分别以"下稗子田组"和"上稗子田组"称之。

除下部略有沉积缺失外，稗子田剖面的志留系一度被认为是连续、完整的，上可连续过渡至泥盆系（何原相和钱咏臻，2000；金淳泰等，2005）。不过，这一认识自2009年以来发生了较大变化。无论是牙形类生物地层、化学地层，还是野外沉积学观察，都表明这个地区很可能缺失普里道利统甚至更多（罗德洛统上部）（王成源等，2009；王成源，2013；王怿等，2016；闫冠州，2019）。除牙形类外，本剖面还见有笔石及少量的腕足类、有孔虫、放射虫等（王成源等，2009），尚未得到系统研究。

综合已有资料，将该剖面情况简述如下（插图3.15）。

年代地层			岩石地层				生物地层	
系	统	阶	厚度(m)	组与段	岩性柱	分层	岩性描述	牙形类带	腕足类

系	统	阶	厚度(m)	组与段	岩性柱	分层	岩性描述	牙形类带	腕足类
志留系	普里道利统	（未分阶）							
	罗德洛统	卢德福特阶	391.62	车家坝组		16	紫色、黄色砂质泥岩夹薄板状泥质石英粉砂岩	*Ozarkodina snajdri*	*Retziella* 腕足动物群
						15	黄灰色石英泥质粉砂岩夹黄褐色泥质长石石英砂岩		
						11-14	黄绿色泥岩		
						10	浅黄灰色长石石英砂岩		
						8-9	黄绿色粉砂质泥岩		
	温洛统	高斯特阶							
		侯墨阶							
		申伍德阶							
	兰多维列统	特列奇阶	3015.5	宁强组 神宣驿段		53	灰绿色粉砂岩	*P. a. lennarti* 亚带 （*P. celloni* 带）	
						49-52	绿灰色页岩		
						48	灰色灰岩，具泥质条带		
						44-47	土黄色页岩		
						40-43	灰色泥质条带灰岩，为神宣驿段第五段灰岩		
						39	土黄色页岩夹薄层瘤状灰岩		
						33-38	灰色瘤状灰岩，为神宣驿段第四段灰岩		
						31-32	土黄色页岩		
						30	紫红色页岩夹少量绿灰色页岩		
						28-29	灰色生物碎屑灰岩，为神宣驿段第三段灰岩		
						26-27	紫红色页岩		
						24-25	绿灰色、土黄色页岩		
						19-23	灰色瘤状灰岩，为神宣驿段第二段灰岩		
						16-18	土黄色页岩		
						15	土黄色细砂岩		
						12-14	灰绿色、紫红色页岩		
						6-11	块状不规则障积岩		
						1-5	灰色瘤状灰岩，为神宣驿段第一段灰岩		
				杨坡湾段		21	绿灰色页岩与紫红色页岩互层		
						19-20	绿灰色页岩		
						18	灰绿色页岩夹粉砂岩薄层及灰岩薄层		
						12-17	绿灰色页岩		
						11	小型生物岩礁，夹灰绿色页岩及薄层灰岩		
						10	蓝灰、绿灰色页岩		
			343.7	王家湾组		1-9	绿灰色、土黄色页岩		

插图 3.13　四川广元宣河志留系剖面综合柱状图。牙形类带据王成源（2010）和唐鹏等（2010），腕足类生物地层据唐鹏等（2010）

插图 3.14　四川广元宣河凤凰嘴剖面及马家－龙洞背志留系剖面野外照片。A，凤凰嘴剖面宁强组神宣驿段下部紫红色礁灰岩；B，马家－龙洞背剖面车家坝组下部紫红色、灰绿色粉砂质泥岩

　　龙马溪组为黑色薄层硅质页岩，产丰富的笔石，厚64.7 m，与下伏"大箐组"直接接触（何原相和钱咏臻，2000）。顶部6.5 m地层中的笔石指示*S. turriculatus*带（特列奇阶中部）（金淳泰等，2005），其下地层所含笔石带的划分情况不明，还有待深入工作。

　　"下稗子田组"的下部为灰绿色泥灰岩、灰绿色泥岩或粉砂质泥岩，中部为灰色厚层瘤状灰岩，上部为深灰色厚层灰岩，厚42.5 m（金淳泰等，2005）。王成源等（2009）在该组内自下而上识别出*Pterospathodus eopennatus*、*P. celloni*、*P. amorphognathoides amorphognathoides*、*P. pennatus procerus*等一系列牙形类带，认为指示兰多维列统特列奇阶中、上部，或可进入温洛克统申伍德阶。此后，王怿等（2016）在该组中下部识别出一次明显的碳同位素漂移，认为是温洛克世申伍德早期艾尔韦肯事件（Ireviken Event）的反应。不过，闫冠州（2019）最近将这套地层的牙形类分带由下而上修订为*Pterospathodus eopennatus*、*P. amorphognathoides angulatus*、*P. a.* cf. *lennarti*和*P. a. amorphognathoides*等带，由此认为"下稗子田组"的时代限于特列奇期。若如此，那么王怿等（2016）所识别的碳同位素漂移是否代表艾尔韦肯事件值得商榷。

　　"上稗子田组"为黑色炭质灰岩夹泥质灰岩，厚约58 m（金淳泰等，2005）。早前仅在组内识别出*Ozarkodina sagitta rhenana*牙形类带（王成源等，2009）。最近闫冠州（2019）在其中下部自下而上划分出*Pseudooneotodus bicornis*、*Kockelella walliseri*和*Kockelella patula*等一系列牙形类带，指示温洛克统申伍德阶，但其上部牙形类带归属仍不清楚。鉴于上覆沟口组底部识别出了指示侯墨阶中上部的*Ozarkodina bohemica*带（见下文），"上稗子田组"上部因此可大致对比到侯墨阶中下部。这一结论与化学地层资料吻合，在"上稗子田组"的上部和沟口组下部记录了温洛克世侯墨中期的墨尔德事件（Mulde Event）（王怿等，2016）。

　　沟口组的下部为深灰色厚层泥质灰岩，中部为黑色炭质灰岩，上部为泥质灰岩，顶部是灰色泥岩，总厚64.7 m，与上覆榕树组呈假整合接触（金淳泰等，2005）。所产牙形类自下而上包括

年代地层			岩石地层				生物地层	化学地层
系	统	阶	厚度(m)	组	岩性柱	岩性描述	牙形类带	δ¹³C(‰)
泥盆系	下泥盆统	洛考夫阶（赫夫阶）		榕树组		黑色中层状含砾屑泥晶灰岩	*C. woschmidti*（牙形类）	
志留系	普里道利统	（未分阶）						
	罗德洛统	卢德福特阶	64.7	沟口组		下部深灰色厚层泥质灰岩，中部黑色炭质灰岩，上部泥质灰岩，顶部灰色泥岩	*P. siluricus*（牙形类） *P. ploeckensis*（牙形类） *K. stauros*（牙形类）	
		高斯特阶						
	温洛克统	侯墨阶	58	「上稗子田组」		黑色炭质灰岩夹泥质灰岩	*O. bohemica*（牙形类） ? *K. patula*（牙形类） *K. walliseri*（牙形类） *P. p. procerus*（牙形类） *Ps. bicornis*（牙形类）	墨尔德事件 (Mulde Event)
		申伍德阶						
	兰多维列统	特列奇阶	42.5	「下稗子田组」		下部灰绿色泥灰岩灰绿色泥岩或粉砂质泥岩，中部灰色厚层瘤状灰岩，上部深灰色厚层灰岩	*P. a. amorphognathoides*（牙形类） *P. a. cf. lennarti*（牙形类） *P. a. angulatus*（牙形类） *P. eopennatus*（牙形类）	艾尔韦肯事件? (Ireviken Event)
		埃隆阶	64.7	龙马溪组		黑色硅质页岩夹泥岩，底部具有70~85cm厚的风化壳	*Spirograptus turriculatus*（笔石）	
		鲁丹阶						
奥陶系	上奥陶统	赫南特阶						

10 m

-3 -2 -1 0 1 2 3

插图 3.15　四川省盐边稗子田志留系剖面综合柱状图。笔石带据金淳泰等（2005），牙形类带据王成源等（2009）和闫冠州（2019）、无机碳同位素化学地层资料据王怿等（2016）

Ozarkodina bohemica、*Kockelella stauros*、*Ancoradella ploeckensis*和*Polygnathoides siluricus*等一系列化石带，指示温洛克统侯墨阶中上部至罗德洛统卢德福特阶中部。上覆榕树组底部的牙形类属泥盆系最底部的*Caudicriodus woschmidti*带，表明两者之间缺失卢德福特阶上部和整个普里道利统（王成源等，2009）。该组下部记录了墨尔德事件（部分），但中上部未见明显的碳同位素漂移，即不存在卢德福特中－晚期劳事件（Lau Event）的记录，表明沟口组最高或不到卢德福特阶中上部，与牙形类生物地层学研究结论一致（王怿等，2016）。

3.2.8 江西武宁－修水志留系综合剖面

赣西北武宁、修水一带志留系发育，为一套近岸、浅水环境的巨厚碎屑岩沉积，总厚度可达数千米（江西省地质矿产局，1984），属下扬子区典型的志留纪沉积序列。

区内志留纪岩石地层的划分经历过不少变化。20世纪30年代研究初期，曾出现过"崖山页岩"、"腾崖页岩"和"阳扶尖砂岩"等名称（王竹泉，1930；李毓尧，1933）；随着60年代初区域地质调查的大规模开展，该地区的志留系得到更深入的研究，从下至上依次划分为梨树窝群、殿背组、清水组、夏家桥组、浬溪组和西坑组（江西省区域地层表编写组，1980；江西省地质矿产局，1984）。其后，除了从夏家桥组上部分出的浬溪组因岩性不易区分没被接受外，这一套划分方案得到广泛使用（戎嘉余等，1990；陈旭和戎嘉余，1996；林宝玉等，1998；Rong *et al.*，2003）。也有学者建议分别用坟头组和茅山组取代夏家桥组和西坑组（刘亚光，1997），但没被认可。王怿等（2018b）最近把西坑组"一分为二"，下部属厘定后的西坑组（特列奇中期），上部划归小溪组（志留纪晚期），与以前的认识有很大的不同。

区内志留系过去曾长期被认为连续沉积且发育齐全（江西省地质矿产局，1984；邵卫根和万红，1993；刘亚光，1997；张雄华等，1998）。20世纪90年代以来人们的认识发生了变化，先是将其全部归入兰多维列统，即区内整体缺失志留纪中晚期沉积（戎嘉余等，1990；陈旭和戎嘉余，1996；Rong *et al.*，2003；赵文金和朱敏，2014），最近又从原西坑组上部分出小溪组，属志留纪晚期沉积（王怿等，2018b）。

结合最新的研究进展，将区内各岩石地层单元的基本情况和时代依据概述如下。

梨树窝组为页岩、粉砂质页岩，中下部（尤其底部）含丰富的笔石，常与下伏赫南特阶新开岭层呈整合接触（俞剑华等，1976，1984；方一亭等，1990）。在武宁官塘源和西垅一带，该组中下部可识别出从*Diplograptus bohemicus*到*Pristiograptus leei*的一系列笔石带，指示晚奥陶世赫南特期至兰多维列世鲁丹末期（方一亭等，1990）；张雄华和章泽军（2000）研究了修水部分地区相当层位的笔石，得出了大致相同的结论。上部不产笔石的地层或可归入埃隆阶中下部（林宝玉等，1998）。

殿背组和上覆清水组均为碎屑沉积，化石稀少。其中清水组发育紫红色沉积，且层位在含秀山动物群的夏家桥组之下，属"下红层"范畴（江西省地质矿产局，1984；戎嘉余等，1990），时代宜归入特列奇早期（戎嘉余等，2012a）。相应地，殿背组可依据其上下地层的时代，大致归于埃隆阶中上部（林宝玉等，1998；本书）。

插图 3.16　四川省盐边稗子田志留系剖面野外照片。A，龙马溪组黑色泥页岩；B，龙马溪组与"下稗子田组"的接触；C，"下稗子田组"；D，"上稗子田组"；E，沟口组；D，沟口组与泥盆系榕树组的接触关系

夏家桥组主体仍为碎屑岩，仅部分层位含壳相化石，如瑞安丁坳报道的腕足类（王怿等，2018b）和武宁浬溪产出的三叶虫（张全忠，1982）指示其归属秀山动物群，因此可与秀山组上部对比，时代为特列奇中期（戎嘉余等，2019）。西坑组发育红色碎屑沉积，产鱼类化石，被归入茅山组合（赵文金和朱敏，2014）；属"上红层"，宜归入特列奇中期（王怿等，2018b）。再往上的小溪组产有线性植物、微体植物和大型虫管遗迹等化石，依据区域对比，其时代应为志留纪晚期（王怿等，2018b）。

鉴于赣西北志留系厚度大（可达数千米），单一剖面往往只出露局部，本书综合武宁殿背、桥头、浬溪和修水西坑等4条剖面（插图3.2H）的实测资料，以展示区内完整的志留纪沉积序列（插图3.17）。

武宁殿背剖面位于武宁县西约41 km的船滩镇殿背，连续出露梨树窝组和殿背组，是两者的标准地点。梨树窝组底部为黑色页岩，含丰富的笔石；中上部由灰色、灰黄色粉砂岩、粉砂质页岩、页岩组成，不产化石；总厚1230.5 m。上覆殿背组为灰绿色、黄绿色粉砂质泥岩、泥岩，以薄层石英砂岩的出现作为其底，与下伏梨树窝组呈连续沉积，仅见少量瓣鳃类与三叶虫；厚约756 m。再往上为清水组，以紫红色页岩的出现为其底界标志（江西省地质矿产局，1984）。

武宁桥头剖面位于修水县东北约19 km的四都镇清水至武宁县西约50 km的东林乡桥头之间，出露完整的清水组地层序列，是该岩石地层单元的标准地点。这里的清水组为一套紫红、灰绿色泥岩，局部发育黄绿、紫红色石英砂岩，厚943.4 m，以紫红色泥岩的出现和消失分别为其底、顶标志（江西省地质矿产局，1984）。

武宁浬溪剖面位于武宁县以西约25 km的浬溪镇附近。这里的夏家桥组出露较好，顶、底界线清楚，化石丰富。其岩性主要是灰绿、黄绿色粉砂质泥页岩，夹薄层粉砂岩，底部以厚层砂岩为主，厚681.2 m；产较丰富的壳相化石，包括腕足类、三叶虫、腹足类、瓣鳃类等，属秀山动物群（江西省地质矿产局，1984）。

修水西坑剖面位于修水县东北约18 km的三都镇西坑。曾完整出露西坑组和小溪组，但目前植被覆盖严重（江西省地质矿产局，1984；王怿等，2018b）。结合前人资料，王怿等（2018b）认为，这里的西坑组主要由黄绿色、紫红色薄—中层长石石英砂岩和泥岩组成，厚142.1 m，产鱼类化石 *Xiushuiaspis jiangxiensis*、*Sinogaleaspis xikengensis* 及棘鱼类碎片，时代为特列奇中期；小溪组的岩性为黄绿色、灰绿色厚层长石石英砂岩，厚约139 m，产植物化石 *Prototaxites*? sp.，时代为志留纪晚期（罗德洛世至普里道利世）。

年代地层				岩石地层			生物地层		
系	统	阶	厚度(m)	组与段	分层	岩性描述	笔石带	壳相化石	其他化石
志留系	普里道利统	（未分阶）	139	小溪组	18-19	灰绿色凝灰质细砂岩			线性植物 *Prototaxites*? sp.、植物类表皮及大型虫管遗迹
	罗德洛统	卢德福特阶			13-17	黄绿色凝灰质粗粉砂岩			
		高斯特阶			11-12	灰绿色凝灰质细砂岩			
	温洛克统	侯墨阶							
		申伍德阶							
	兰多维列统	特列奇阶	142.1	西坑组	7-10	紫红色凝灰质粉砂岩		秀山动物群	茅山组合（鱼类）
					6	黄绿色长石石英砂岩			
					1-5	紫红色凝灰质粗粉砂岩			
			681.2	夏家桥组	13	黄绿色长石石英细砂岩			
					12	黄绿色砂质页岩夹粉砂岩			
					11	泥质砂岩夹砂质页岩			
					9-10	黄绿色砂质页岩			
					7-8	黄绿色页岩			
					6	灰绿色、灰黑色砂质页岩			
					4-5	蓝绿色页岩夹砂质页岩			
					3	灰绿色泥质砂岩夹页岩			
					2	黄绿色页岩			
					1	灰绿色砂岩			
			943.4	清水组	23-29	紫红色砂岩夹页岩			
					17-22	黄绿色石英砂岩夹紫红色页岩			
					15-16	黄绿色砂岩夹页岩			
					9-14	黄绿色、紫红色石英砂岩			
					7-8	紫红色砂质页岩与页岩			
					6	中厚层石英砂岩			
					2-5	黄绿色砂质页岩			
					1	紫红色与黄绿色泥岩互层			
		埃隆阶	756	殷背组	26	紫红色页岩			
					25	黄绿色页岩夹砂质页岩			
					22-24	灰绿色页岩，夹薄层状砂岩			
					19-21	黄绿色页岩，夹薄层状砂岩			
					18	灰绿色砂质页岩			
					16-17	灰绿色页岩			
					14-15	灰绿色砂质页岩夹薄层状砂岩			
		鲁丹阶	1230.5	梨树窝组	12-13	灰黄色砂质页岩夹薄层状砂岩			
					11	砂岩与砂质页岩互层			
					8-10	灰黄色砂质页岩			
					7	石英砂岩			
					6	暗灰、浅黄色砂质页岩			
					5	暗绿色泥质砂岩			
					4	石英砂岩与页岩互层	*C. cyphus*		
					3	黄绿色粗砂岩夹页岩	*C. vesiculosus*		
					2	深灰色砂岩与灰色页岩，局部页岩相变为砂质页岩	*P. acuminatus* / *A. ascensus*		
奥陶系	上奥陶统	赫南特阶		梨树窝组	1	黑灰色粉砂岩与页岩互层	*M. persculptus*		
				新开岭层		灰黑色泥质灰岩			

插图 3.17　江西武宁－修水一带志留系综合剖面柱状图。岩性柱由武宁殷背剖面（梨树窝组和殷背组）、武宁桥头剖面（清水组）、武宁浬溪剖面（夏家桥组）及修水西坑剖面（西坑组和小溪组）等 4 个剖面资料综合而成（江西省地质矿产局，1984；王怿等，2018b）。生物地层资料亦属区内综合，包括笔石（方一亭等，1990）、壳相化石（秀山动物群）（林宝玉等，1998；王怿等，2018b）、鱼类（赵文金和朱敏，2014）和植物（王怿等，2018b）等

4 塔里木志留纪区域综合地层

塔里木板块，北以南天山造山带、南以西昆仑造山带、东南以阿尔金造山带为界（如Metcalfe，2013）。与华南类似，塔里木在志留纪与东冈瓦纳关系密切，处于当时的低纬度地区，或认为其独立于冈瓦纳（Rong et al.，2003；Cocks and Torsvik，2013；Torsvik and Cocks，2017），或认为其在早古生代一直是东冈瓦纳的一个组成部分，直到泥盆纪才同华北、印支等块体一起漂离出去（Metcalfe，2013）。

4.1 概述

塔里木板块志留系最主要的出露区位于塔里木盆地西北缘的柯坪－巴楚一带，属典型的近岸浅水碎屑沉积，海相红层发育（陈旭等，1990；张师本，1992；张师本等，2001）。盆地东北缘的库鲁克塔格却尔却克及阿尔特梅什布拉克一带发育一套碎屑沉积（土什布拉克组），长期被归入志留系，主要依据是在却尔却克地区发现志留纪笔石分子*Monograptus priodon*（林宝玉等，1984；钟端等，1990；张师本，1992；张师本等，2001；贾承造等，2004），但也有意见认为其可能属上奥陶统（曹仁关，1993）。志留系还沿昆仑山脉出露，为一套碳酸盐、碎屑或火山碎屑沉积，属塔里木南缘活动带，但了解不多（陈旭等，1990）。此外，在塔北、塔中等覆盖区也确认有志留系的存在（贾承造等，2004；蔡习尧等，2012；张智礼等，2018）。

比较而言，柯坪－巴楚一带的志留系序列最完整，研究历史可追溯到20世纪30年代中瑞考察团的地质考察，因而研究程度也最高，是塔里木板块志留系研究的标准地区。

柯坪－巴楚地区的志留系最初由苏联地质学家西尼村于1943年统称作柯坪岩系。20世纪50年代中期，地质部十三大队对该套地层进行细分，自下而上依次为柯坪塔克岩系（现称柯坪塔格组）、塔得尔塔克岩系（现称塔塔埃尔塔格组）、伊姆岗塔乌岩系（现称依木干他乌组）及克兹尔塔克岩系（现称克兹尔塔格组）（张日东等，1959），该划分方案此后得到广泛使用。近年来，基于奥陶－志留系界线位置的新意见（见下文讨论）及两系划分的需要，黄智斌等（2009）将原柯坪塔格组第一段单独出来建立铁热克阿瓦提组，将原柯坪塔格组第二段和第三段分别改称为厘定后的柯坪塔格组下段和上段。这一岩石地层划分意见已经得到多数学者和相关产业部门的认可，亦为本书所采用。

柯坪－巴楚地区志留系的年代地层划分历经数次重大变化。最初认为属石炭系（Norin，1941），后被西尼村在1943年笼统地归入志留系中部至泥盆系（张日东等，1959），20世纪50年代以后的很长一段时间里仅柯坪塔格组被视为志留纪沉积（如张日东等，1959；新疆维吾尔自治区区域地层表编写组，1981；林宝玉等，1984；张师本，1992）。自20世纪90年代以来，人们对该地区志留系的认识又发生了重大转变。

首先，柯坪塔格组之上原本归入泥盆系的一套红色碎屑沉积几乎全部被"下拉"进了志留系，且多限于兰多维列统，导致志留系的顶界一直"上移"。这些地层包括了塔塔埃尔塔格组（王朴等，1988；陈旭等，1990；夏树芳等，1991；刘时藩，1993，1995；李军等，1997；Zhao and Zhu，2010；王俊卿等，1996；王俊卿和王士涛，2002；卢立伍等，2007；赵文金等，2009；赵文金和朱敏，2014）、依木干他乌组（刘时藩，1995；张师本和王成源，1995；王俊卿等，1996；张师本和席与华，1998；赵文金等，2009；Zhao and Zhu，2010；赵文金和朱敏，2014），以及克兹尔塔格组（耿良玉，1993；王念忠和张师本，1998；张师本，2001；赵文金等，2009；Zhao and Zhu，2010；赵文金和朱敏，2014；刘玉海等，2019）。

塔塔埃尔塔格组和依木干他乌组归入兰多维列统已无争论，主要依据来自其中所产的鱼类和牙形类。塔塔埃尔塔格组上段和依木干他乌组所产鱼类化石可分别与华南扬子区溶溪组顶部（及相当层位）和坟头组上段（及相当层位）直接对比，因此其时代分别为特列奇早期和中期（赵文金和朱敏，2014）。巴楚北闸库木勒克一带依木干他乌组下部发现的少量牙形类指示其时代为埃隆期到特列奇期，或可上延至温洛克世（张师本和王成源，1995；王成源，2013），与鱼类资料不相冲突。

克兹尔塔格组（至少下段）归入志留系已趋于共识，但具体时代归属还有不同看法。有学者依据该组下段产出的疑源类、孢子、几丁虫以及上段发现的一块鱼类化石，认为其时代可能为志留纪晚期至泥盆纪早期（耿良玉，1993；张师本，2001；刘玉海等，2019）。然而，考虑到克兹尔塔格组与下伏依木干他乌组为连续沉积，而后者与扬子区特列奇阶中部的秀山组可对比，赵文金及其合作者（赵文金等，2009；Zhao and Zhu，2010）认为该组的时代不会晚于特列奇晚期。此后，联系到克兹尔塔格组上段的这种节甲鱼类化石在滇东关底组下部及湘西北后来厘定为小溪组的地层中亦有发现，赵文金和朱敏（2014）指出其时代应与它们相当，即很有可能为罗德洛世晚期。不过，刘玉海等（2019）在重新研究了这块鱼类标本后，认为其实际上属于盔甲鱼类，而非节甲鱼类；鉴于其化石记录仅限于早泥盆世，他们将克兹尔塔格组上段的时代归入早泥盆世，并结合其下段的几丁虫和疑源类证据，认为克兹尔塔格组的时代从志留纪晚期至泥盆纪早期。由此可见，上述各种时代意见所依据的化石证据均不充分。同时，鉴于克兹尔塔格组沉积速率大，且与下伏地层连续沉积、上段和下段之间亦未见明显沉积间断，本书暂将克兹尔塔格组全部置于特列奇阶。

其次，志留系的底界位置也较大幅度地"上移"了。因铁热克阿瓦提组和柯坪塔格组化石稀少，且研究不够充分，过去一般将铁热克阿瓦提组与下伏印干组（上奥陶统凯迪阶下部）的岩性界线作为志留系的底界（新疆维吾尔自治区区域地层表编写组，1981；张师本，1992；林宝玉等，1998；蔡土赐，1999；赵治信等，2000）。此后曾出现过两种不同观点。由于在草湖1井铁热克阿瓦提组顶部发现了奥陶系顶部赫南特阶典型的三叶虫*Dalmanitina* sp.及几丁虫*Spinachitina taugourdeaui*（耿良玉和蔡习尧，1996；袁文伟和周志毅，1997），而在柯坪塔格组下段产出志留纪早期常见的壳相化石，有学者据此认为志留系的底界很可能位于铁热克阿瓦提组上部（张师本等，1996，2001），但从生产应用的角度，一些学者将其放在两组的岩性界线上（张师本等，2001；贾承造等，2004；黄智斌等，2009）。另一种观点由江大勇等（2001）提出，他们研究了柯坪塔格组底部化学元素变化，并结合其中1 m多厚的泥质灰岩层中所含壳相化石的基本面貌，认为奥陶－志留系的界线应从这套泥质灰岩中穿过。

近年来，随着笔石资料的积累，后一种观点（即奥陶 – 志留系的界线在柯坪塔格组底部的意见）得到了更多的支持，故而暂为本书所采纳。在柯坪一带（大湾沟和铁热克阿瓦提），柯坪塔格组底部（未到底界）的笔石应对比到更低层位的*A. acensus*和*P. acuminatus*带（鲁丹阶下部）（Wang WH *et al.*，2015），而非早前认为的*Coronograptus cyphus*到*C. gregarius*带（鲁丹阶顶部至埃隆阶底部）（江大勇等，2006）。在阿合奇县东的一个剖面上，相当层位所产笔石被归入了*M. persculptus*带（上奥陶统赫南特阶上部）（王庆同等，2014）。

插图 4.1　塔里木志留系典型剖面（新疆柯坪铁热克阿瓦提剖面）交通位置图

4.2　典型剖面

4.2.1 铁热克阿瓦提志留系剖面

铁热克阿瓦提剖面位于新疆柯坪县城以北约25 km的玉尔其乡铁热克阿瓦提村（插图4.1），自下而上连续出露柯坪塔格组、塔塔埃尔塔格组、依木干他乌组及克兹尔塔格组，是塔里木板块志留系出露最好、发育最连续、了解较详的代表性剖面（插图4.2和4.3）。

柯坪塔格组分上下两段：下段以灰绿色泥页岩、粉砂质泥岩为主，夹粉砂岩和泥质粉砂岩，厚125.3 m，产有笔石、三叶虫、腕足类、双壳类及几丁虫等；上段岩性为灰绿、暗紫色厚层粉砂、细砂岩，薄层泥质粉砂岩，及灰绿色、深灰色页岩，厚133.7 m，化石稀少（张师本，1992；张师本等，2001）。该组与下伏铁热克阿瓦提很可能为整合接触（见上文讨论），底部（未到底界）所产笔石属*A. acensus*带和*P. acuminatus*带，指示鲁丹期早期（Wang WH *et al.*，2015）。

塔塔埃尔塔格组以紫红色沉积的增多及岩性变粗为其底界标志，总厚187.7 m，与下伏柯坪塔格组

年代地层			岩石地层					生物地层	
系	统	阶	厚度(m)	组与段	岩性柱	分层	岩性描述	笔石带	鱼类
志留系	温洛克统	申伍德阶							
	兰多维列统	特列奇阶	885.8	克兹尔塔格组 上段		104-149	紫红色、棕红色厚层、块状中细粒杂砂岩、粉砂岩夹含砾砂岩，顶部含薄层灰白色块状细、中粒杂砂岩		一枚盔甲鱼类化石
			389.5	下段		79-103	紫红色厚层、块状细砂岩夹泥质粉砂岩		
			257.4	依木干他乌组 上段		70-78	紫红色泥岩、粉砂质泥岩、泥质粉砂岩夹灰绿色薄层状细砂岩		
			261.6	下段		57-69	紫红色泥岩、粉砂质泥岩、泥质粉砂岩与灰绿色薄层粉砂岩、细砂岩不等厚互层，顶部夹浅灰色薄层亮晶含陆屑鲕灰岩		依木干他乌组合
			87	塔塔埃尔塔格组 上段		44-56	紫红色、浅灰色薄-中层状细砂岩、粉砂岩夹紫红色泥岩		塔塔埃尔塔格组合
		埃隆阶	100.7	下段		37-43	紫红色、绿灰色薄-中层状细砂岩，粉砂岩与紫红色泥岩互层		?
			133.7	柯坪塔格组 上段		27-36	灰绿色、暗紫色厚层状粗粉-细砂岩，薄层状泥质粉砂岩及灰绿色、深灰色页岩		
		鲁丹阶	125.3	下段		22-26	灰绿色泥页岩、粉砂质泥岩夹粉砂岩和泥质粉砂岩	*P. acuminatus* *A. acensus*	
奥陶系	上奥陶统	赫南特阶	275.1	铁热克阿提组		1-21	灰绿色、深灰色中-厚层状粗粉-细砂岩、泥质粉砂岩与泥页岩互层		

插图 4.2　新疆柯坪铁热克阿瓦提志留系剖面综合柱状图。岩石地层据张师本（1992）和张师本等（2001），笔石生物地层据 Wang WH *et al.*（2015），鱼类生物地层据赵文金和朱敏（2014）和刘玉海等（2019）

插图 4.3　新疆柯坪铁热克阿瓦提剖面野外照片。A，柯坪塔格组和塔塔埃尔塔格组的岩性特征及接触关系；B，塔塔埃尔塔格组和依木干他乌组的岩性特征，及两者的接触关系；C，依木干他乌组及克兹尔塔格组的岩性特征，及两者的接触关系；D，克兹尔塔格组的岩性特征；E，克兹尔塔格组与上覆石炭系康克林组的假整合接触

为连续沉积（张师本等，2001）。可区分为两段：下段为紫红色、绿灰色薄至中层细砂岩、粉砂岩，与紫红色泥岩、粉砂质泥岩互层，厚100.7 m；上段为紫红色、浅灰色薄至中层细砂岩、粉砂岩，夹紫红色泥页岩，厚约87 m；两段均产疑源类和几丁虫，基本面貌均与下伏柯坪塔格组中的类型相似（张师本等，2001）。上段还报道有鱼类化石（王俊卿和王士涛，2002；卢立伍等，2007），属塔塔埃尔塔格组合，可与扬子区溶溪组顶部（及相当层位）所产动物群对比（Zhao and Zhu，2010；赵文金和朱敏，2014）。

　　依木干他乌组以大套紫红色泥岩和粉砂岩的出现作为其底界，与下伏塔塔埃尔塔格组为连续沉积，总厚约519 m（张师本等，2001）。可分为两段：下段为紫红色泥岩、粉砂质泥岩、泥质粉砂岩与灰绿色薄层粉砂岩不等厚互层，顶部夹浅灰色薄层灰岩，厚261.6 m，产有牙形类、腹足类及鱼类等；上段紫红色泥岩、粉砂质泥岩、泥质粉砂岩，夹灰绿色薄层粉砂岩，厚257.4 m，产少量腹足类（张师本等，2001）。依木干他乌组的鱼类化石属依木干他乌组合，可与扬子区坟头组上段（及相当层位）所产动物群对比（Zhao and Zhu，2010；赵文金和朱敏，2014）。

克兹尔塔格组以紫红色厚层石英粉砂岩的出现为其底界，与下伏依木干他乌组之间为连续沉积，总厚1275.3 m；与上覆石炭系康克林组呈假整合接触（张师本等，2001）。包括上下两段：下段为紫红色厚层至块状粉砂至细砂岩，夹泥质粉砂岩，厚389.5 m；上段为紫红、棕红色厚层至块状中、细粒杂砂岩、粉砂岩，夹含砾砂岩，顶部为灰白色块状中、细粒杂砂岩，厚885.8 m（张师本等，2001）。下段个别层位见有少量疑源类、孢粉和几丁虫，认为可指示志留纪晚期（耿良玉，1993；张师本等，1996，2001）；上段仅发现一枚盔甲鱼类化石，认为属泥盆纪早期分子（卢立伍等，2007；刘玉海等，2019）。本书暂将克兹尔塔格组全部置于特列奇阶（见上文讨论）。

5　中泰缅马志留纪区域综合地层

中泰缅马（Sibuma）一名源自中泰缅马苏（Sibumasu）。后一名称由Metcalfe（1984）提出，意指该地体所涉及的地理分布范围：Si指中国（Sino）和泰国（Siam），Bu指缅甸（Burma），Ma指马来亚（Malaya），Su指印尼苏门答腊（Sumatra）。但考虑到苏门答腊实为其新识别的伊洛瓦底（Irrawaddy）块体的一部分，Ridd（2016）将中泰缅马苏改称中泰缅马，暂为本书采纳。

在我国境内，一般将昌宁-孟连缝合线以西的滇西地区划归中泰缅马，包括保山块体和腾冲块体两部分，缝合线以东为印支块体（Rong *et al.*，2003；Metcalfe，2009，2013；Zhang YD *et al.*，2014；Torsvik and Cocks，2017）。也有学者最近指出，保山块体很可能归属伊洛瓦底块体（Ridd，2016；Ridd *et al.*，2019）。

过去出现过很多的Sibumasu中文译名，如滇缅马、滇缅泰马、中缅马苏、暹缅马苏等，都不够贴切。此外，不少学者常将Bunopas（1982）引入的掸泰（Shan-Thai）与中泰缅马苏混用，但其原始定义实际上并不包括中国和苏门答腊，与后者内涵有所不同，应停止使用以避免更多的混乱（Metcalfe，2009，2013）。

与华南、塔里木类似，中泰缅马在志留纪与东冈瓦纳联系紧密，这一点已成共识，但学者们对其究竟是冈瓦纳的组成部分（Cocks and Torsvik，2013；Metcalfe，2013；Torsvik and Cocks，2017），还是远离冈瓦纳的一个独立块体（Fang，1994；Rong *et al.*，2003），仍各执一词。因缺乏可靠的古地磁资料，该块体在志留纪的古地理位置亦无定论，或认为其在低纬度地区（Cocks and Torsvik，2013；Metcalfe，2013；Torsvik and Cocks，2017），或认为其大致在南半球更高的纬度（Rong *et al.*，2003；Loydell and Aung，2017）。

5.1　概述

中泰缅马地体的志留系出露于我国云南西部（张远志，1996；Zhang YD *et al.*，2014）、缅甸掸邦高原（Aung and Cocks，2017）、泰国西部（Ridd，2011）、泰国南部以及马来西亚半岛西北部（Cocks *et al.*，2005；Lee，2009）。

在滇西，志留系大致呈南北向条带状展露于保山、施甸、芒市（曾称作潞西）、镇康等地（张远志，1996；张元动和Lenz，2001）。各地区志留系研究程度不同。保山、施甸一带的研究历史最久（Brown，1913；Reed，1917；尹赞勋和路兆洽，1937），了解最详（Zhang YD *et al.*，2014；阎春波等，2019），是区内（乃至整个中泰缅马）志留系研究的经典地区。芒市的志留系发现于20世纪40年代，深入研究始于60年代中期（王举德，1977），近年来取得了一些新的认识（吕勇等，2014）。镇康地区的志留系研究起步最晚，直到20世纪60年代中期才对其有所了解（王举德，1977；张远志，1996），此后并无大的研究进展。

从目前掌握的资料看，区域内各地志留系发育有所差别，但其地层序列大体相似：下部岩性为泥页岩，含丰富的笔石；上部为一套以碳酸盐岩为主的地层，壳相化石丰富（王举德，1977；张远志，1996；吕勇等，2014；Zhang YD *et al.*，2014）。然而，在岩石地层的具体划分及名称的使用上，曾几经变化（尹赞勋和路兆洽，1937；孙云铸和司徒穗卿，1947；王举德，1977；倪寓南等，1982；谭雪春等，1982），目前仍未达成广泛共识。

对于仁和桥组的概念，目前一般多采用张远志（1996）厘定后的定义。张远志认为，尽管下仁和桥组为笔石页岩相，上仁和桥组为混合相和壳相，两者容易区分，但"用同一地理名称命名两个岩石地层单位，不符合地层指南要求"，因此建议放弃使用，而仍沿用仁和桥组一名［由尹赞勋和路兆洽（1937）创立的"仁和桥系"而来］，但含义有所缩小，仅相当于孙云铸和司徒穗卿（1947）的下仁和桥组的一套碎屑沉积。

仁和桥组之上志留系岩石地层的划分目前主要有两种不同意见。一种意见（张远志，1996）将这套地层统称为栗柴坝组，以杂色灰岩和泥页岩的出现与消失分别为其底和顶，包含了上仁和桥组（孙云铸和司徒穗卿，1947）和牛屎坪组（谭雪春等，1982），与下伏仁和桥组、上覆向阳寺组均为整合接触。另一种意见（Zhang YD *et al.*，2014）则认为上仁和桥组和牛屎坪组从岩性上均可独立于栗柴坝组，但考虑到上仁和桥组和栗柴坝组原始含义不清，暂将它们分别称作"上仁和桥组"和"栗柴坝组"。实际上，"上仁和桥组"在区域内大多地点（如老尖山剖面）是不易识别的，而且牛屎坪组的原始定义（王举德，1977）似与"栗柴坝组"有极大的重叠。鉴于这些不确定因素，本书暂采纳第一种划分意见，即将仁和桥组之上与向阳寺组之间的碳酸盐岩为主的地层全部置于栗柴坝组。

近年来区内志留纪生物地层与年代地层方面的工作进展不小，但限于保山、施甸一带，芒市略有涉及，仁和桥组和栗柴坝组的穿时情况仍待进一步探明。这里将现阶段的认识概述如下。

仁和桥组含丰富的笔石，时代可以较好地得到控制。在距离施甸仁和桥（标准剖面）不远的响水凹一带，组内可识别出从*Diplograptus bohemicus*到*Monoclimacis griestoniensis*的完整笔石带序列（倪寓南等，1982；倪寓南，1984），指示从晚奥陶世赫南特期至兰多维列世特列奇中期的时间跨度。在保山老尖山，Zhang YD *et al.*（2014）在仁和桥组的中下部建立了从*Metabolograptus extraordinarius*到*Lituigraptus convolutus*的一系列笔石带，其时间跨度从赫南特期到埃隆中期（Zhang YD *et al.*，2014），其上部被覆盖，未能识别更高的笔石带。另据山克强等（2013）的初步报道，保山熊洞村的仁和桥组（未见底）也识别出了从鲁丹阶到特列奇阶下部的笔石。

栗柴坝组时限的确定主要依靠牙形类。在保山老尖山，Zhang YD *et al.*（2014a）在该组（即相当于他们的"栗柴坝组"和牛屎坪组）自下而上依次识别出了从特列奇阶上部到普里道利统的一系列牙形类带，但没有识别出泥盆系底部的*Caudicriodus woschmidti*带，故而暂将志留 – 泥盆系界线置于栗柴坝组和向阳寺组之间。在保山熊洞村，阎春波等（2019）在栗柴坝组中下部也建立了较为完整的从温洛克阶下部到罗德洛统上部牙形类带序列，但其出露不全，与上覆向阳寺组呈断层接触。不过，在施甸向阳寺，谭雪春等（1982）在该组的上部（原称牛屎坪组）发现了*Ozarkodina eosteinhornensis*和*Icriodus woschmidti*两个牙形类带的带化石，认为其指示志留纪最晚期到泥盆纪最早期。若如此，那么志留 – 泥盆系界线则从栗柴坝组顶部穿过。这一认识似与仁和桥剖面大致同层位（不到顶）牙形类的研究结果一致，因为那里也发现有*Ozarkodina eosteinhornensis*带的带化石（倪寓南等，1982；王成源，2013）。

由此可见，栗柴坝组时限可从兰多维列世晚期一直到志留纪最末期，或可跨入泥盆纪。不过，王成源（2013）曾指出，*Caudicriodus woschmidti*的出现并不能真正代表泥盆纪的开始，因为在泥盆系底界的金钉子剖面上，该种的首现要比笔石*Monograptus uniformis*的首现低2.2 m。如此看来，栗柴坝组是否能跨越志留–泥盆系界线仍有待进一步研究。

栗柴坝组亦产有笔石，但仅限于其中下部，其时代意见与牙形类资料没有冲突。在施甸仁和桥，该组下部（原称作上仁和桥组）的泥页岩中产丰富笔石，详细的研究确认了温洛克统申伍德阶中上部的两个笔石带（*Monograptus flexilis*带和*Cyrtograptus rigidus*带）的存在（倪寓南等，1982；倪寓南和林尧坤，2000）。在施甸响水凹，该组中部（原称中槽组）的一层约2 m厚的暗紫色页岩中见有温洛克世侯墨晚期的笔石（倪寓南等，1982；倪寓南，1997），另外，保山熊洞村的栗柴坝组中、下部断续产出少量笔石，或指示温洛克世晚期到罗德洛世晚期（山克强等，2013）。

5.2 典型剖面

5.2.1 保山老尖山志留系剖面

本书选择云南保山老尖山剖面作为中泰缅马块体的代表剖面。剖面位于云南省西部保山市区西约15 km的杨柳白族彝族乡平掌村附近（插图5.1），志留系沿保山市到瓦房彝族苗族乡的公路（沙瓦公

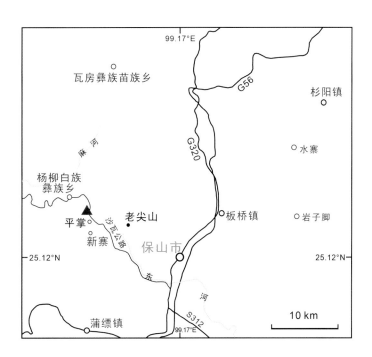

插图5.1　中泰缅马志留系典型剖面（云南保山老尖山剖面）交通位置图

路）连续出露，化石较为丰富，是区域内研究程度较高的剖面之一。

Zhang YD *et al.*（2014）将这套地层划分为仁和桥组、"栗柴坝组"和牛屎坪组。不过，基于上文所述理由，本书将Zhang YD *et al.*（2014）所称的"栗柴坝组"和牛屎坪组合称栗柴坝组，分别相当于后者的下部和上部。参考Zhang YD *et al.*（2014），将该剖面的情况介绍如下（插图5.2）。

仁和桥组的岩性为黑色、灰黑色页岩，厚约256 m；与下伏蒲缥组呈假整合接触（另参见Fang *et al.*，2018）（插图5.3A和B）。该组上部地层被覆盖，中下部所产笔石包含了从*Metabolograptus extraordinarius*到*Lituigraptus convolutus*的完整生物带序列，指示晚奥陶世赫南特期到兰多维列世埃隆中期，即表明奥陶－志留系界线从仁和桥组底部穿过。

栗柴坝组下部由灰色中厚层网纹状灰岩组成，偶夹灰绿色钙质页岩，厚约179 m。其下部出露完整，上部覆盖较多，仅断续可见。组内含鹦鹉螺类、几丁虫及牙形类等化石，其中鹦鹉螺类包括*Geisonoceras* sp.、*Harrisoceras* sp.、*Michelinoceras* cf. *michelini*、*Kopaninoceras* cf. *docsatum*和*Kopaninoceras* sp.，几丁虫有*Conochitina edjelensis*和*Ancyrochitina*? sp.。底部产牙形类*Pterospathodus amorphognathoides amorphognathoides*、*Pterospathodus pennatus pennatus*和*P. p. procerus*，属特列奇阶顶部的*Pterognathodus amorphognathoides*带。

栗柴坝组上部以紫红色网纹状泥质灰岩为主，夹有灰绿色粉砂质页岩，总厚约253 m（插图5.3C），产海百合类、牙形类、腕足类、腹足类、软舌螺及介形类等，其中海百合类*Scyphocrinites*（过去曾误认为是海林檎类）在个别层位富集，极具特色。牙形类自下而上区分出*Kockelella variabilis*、*Polygnathoides siluricus*、"*Ozarkodina crispa*"和"*Ozarkodina eosteinhornensis*"4个生物带，指示其时代从罗德洛世早期到普里道利世。与上覆向阳寺组整合接触，志留－泥盆系的界线暂时放在栗柴坝组和向阳寺组之间，确切位置还有待进行深入细致的生物地层学研究。

年代地层			岩石地层				生物地层	
系	统	阶	厚度(m)	组与段	岩性柱	岩性描述	笔石带	牙形类带
泥盆系	下泥盆统	洛赫考夫阶		向阳寺组				
志留系	普里道利统	(未分阶)	253	栗柴坝组 上部		紫红色网纹状泥质灰岩为主，夹有灰绿色粉砂质页岩	?	'O. eosteinhornensis'
	罗德洛统	卢德福特阶						'O. crispa'
								P. siluricus
		高斯特阶						K. variabilis
								?
	温洛克统	侯墨阶	179	栗柴坝组 下部	覆盖	灰色中厚层网纹状灰岩组成，偶夹灰绿色钙质泥岩		?
		申伍德阶						
	兰多维列统	特列奇阶	256	仁和桥组	覆盖	黑色页岩	?	P. amorphognathoides
		埃隆阶					L. convolutus	?
							D. triangulatus	
		鲁丹阶					C.cyphus	
							C. vesiculosus	
							P. acuminatus	
							A. ascensus	
奥陶系	上奥陶统	赫南特阶					M. persculptus	
							M. extraordinarius	

插图 5.2　云南保山老尖山志留系剖面综合柱状图。生物地层据 Zhang YD *et al.*（2014）

插图5.3　云南保山老尖山志留系剖面野外照片。A，仁和桥组与下伏蒲缥组的假整合接触关系；B，仁和桥组灰黑色页岩；C，栗柴坝组上部紫红色网纹状泥质灰岩（王健供图）

6　兴安志留纪区域综合地层

兴安地体地处我国东北地区，那里地质构造复杂，曾长期被称为"北方槽区"，自20世纪80年代以来才开始从板块构造的角度对其进行大地构造单元的划分。现在一般将索伦克缝合线作为华北板块的北界，该缝合线以北可进一步划分为松辽、兴安、额尔古纳、兴凯－佳木斯－布列亚等块体（或有不同的名称）（Wilde，2015；Xu *et al.*，2015；Liu *et al.*，2016；Torsvik and Cocks，2017）。兴安夹于松辽和额尔古纳之间，分别以贺根山－黑河缝合线和新林－喜贵图缝合线与两者为界（Wilde，2015；Xu *et al.*，2015）；其向西可与蒙古境内Nuhetdavaa地体相接（Badarch *et al.*，2002），因而也有学者将两者合称为Nuhetdavaa地体（Cocks and Torsvik，2013；Torsvik and Cocks，2017）。

兴安地体产志留纪中晚期图瓦贝（*Tuvaella*）腕足动物群，属蒙古－鄂霍茨克生物地理区（Rong and Zhang，1982；Rong *et al.*，1995），这被视作它在当时与西伯利亚板块关系密切的重要依据（Rong *et al.*，1995；Rong *et al.*，2003；Wang *et al.*，2011；Torsvik and Cocks，2017）。兴安与其他地体至少在早古生代还是相互独立的块体，它与西伯利亚板块以蒙古－鄂霍茨克海相隔但相去不远，而与华北板块隔着宽阔的古亚洲洋，到了晚古生代它们已经与北部的蒙中地体一起形成稳定统一的地体，称为Amuria或蒙古地体（Wilde，2015；Xiao *et al.*，2015；Torsvik and Cocks，2017）。

6.1　概述

区域内志留系呈北东－南西向零星分布，主要出露于黑龙江北部黑河、嫩江一带，为一套厚度较大的碎屑岩，夹少量火山岩和火山碎屑岩，总厚度可达千余米（林宝玉等，1984；苏养正，1987）。

马家骏在1963年依据腕足类化石（即图瓦贝动物群）确认了区域内志留系的存在，建立卧都河群。20世纪六七十年代，随着区域地质调查工作的深入，这套地层自下而上依次划分为黄花沟组、八十里小河组、卧都河组和古兰河组，各组间均为连续沉积，与上下地层亦呈整合接触（唐克东和苏养正，1966；黑龙江省区域地层表编写组，1979；薛春汀等，1980；林宝玉等，1984）。此后，苏养正等（1987）综合区测资料，对各岩石地层单元的含义进行了厘定，为林宝玉等（1998）沿用，亦为本书所采纳。其中，黄花沟组主要为泥质、粉砂质板岩、粉砂岩夹细砂岩，厚度为450~700 m，与下伏上奥陶统爱辉组呈整合接触；八十里小河组以黄绿、灰绿色中细粒砂岩、粉砂岩夹紫红色变质粉砂岩为主，以长石石英砂岩的大量出现为其底，厚度为200~626 m；卧都河组为中粗粒石英砂岩、钙质粉砂岩，以中粗粒石英砂岩的出现和石英砂岩的消失分别为其底、顶标志，厚度为50~370 m；古兰河组以灰绿色墨绿色粉砂岩、板岩为主，局部夹含砾砂岩，厚度为0~170 m。

整套地层化石稀少，主要产腕足类（苏养正，1981；苏养正等，1987；林宝玉等，1998）。其中，黄花沟组产腕足类*Chonetoidea*、*Leangella*等，以及少量三叶虫；八十里小河组产*Tuvaella rackovskii*腕足类组合；卧都河组下部和上部所产腕足类分别被归入*Tuvaella rackovskii － T. gigantea*和*Tuvaella gigantea*组合；古兰河组只含腕足类*"Lingula"*。由于缺少关键化石证据，各组的时代归属并不精确，一般粗略地将黄花沟组、八十里小河组、卧都河组、古兰河组分别归于兰多维列统、温洛克统、罗德洛统和普里道利统（林宝玉等，1998）。

6.2 典型剖面

区域内没有任何单一剖面出露完整的志留系，其中位于黑河市爱辉区的裸河东岸剖面和大河里河下游西岸剖面出露志留系较多，序列较连续，两者相互补充，可反映区内完整的志留纪沉积序列（苏养正等，1987）（插图6.1和6.2）。

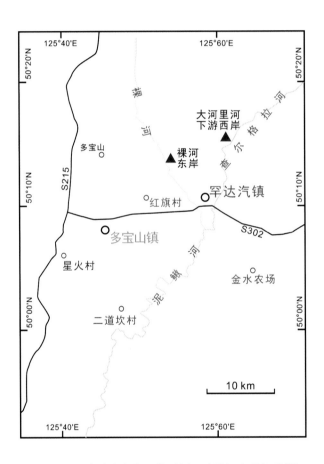

插图 6.1 兴安地体志留系典型剖面（黑河市爱辉区裸河东岸剖面和大河里河下游西岸剖面）交通位置图

6.2.1 裸河东岸志留系剖面

剖面位于黑龙江省黑河市爱辉区西缘，西与嫩江市多宝山镇为邻，相距约15 km（插图6.1）。自下而上连续出露黄花沟组、八十里小河组和卧都河组下部，是黄花沟组的标准地点，也是八十里小河组的参考剖面（苏养正等，1987；林宝玉等，1998）（插图6.2）。该剖面上，黄花沟组主要为泥质、粉砂质板岩、粉砂岩夹细砂岩，厚495.9 m，下部见腕足类*Chonetoidea*和*Meifodia*；与下伏上奥陶统爱

年代地层				岩石地层			生物地层
系	统	阶	厚度(m)	组	岩性柱	岩性描述	腕足类
泥盆系	下泥盆统	洛赫考夫阶		西古兰河组		灰绿色夹深灰色绿泥石泥岩	?
志留系	普里道利统	(未分阶)	6.1	古兰河组		底部灰绿色泥岩，上部灰绿色粉砂岩（注：该组厚度未按比例）	Tuvaella gigantea组合
	罗德洛统	卢德福特阶	256.4	卧都河组		灰绿色泥岩，夹粉砂岩或砂岩，顶部含灰绿色薄层细粒石英砂岩	
		高斯特阶				灰绿色中粗粒石英砂岩夹紫红色粉砂岩	Tuvaella rackovskii - T. gigantea组合
	温洛克统	侯墨阶	488.89	八十里小河组		灰绿色中细粒石英砂岩、粉砂岩夹紫红色粉砂岩	Tuvaella rackovski组合
		申伍德阶				灰绿色中细石英砂岩夹粉砂岩	
	兰多维列统	特列奇阶	495.94	黄花沟组		灰绿色泥岩夹粉砂岩	?
		埃隆阶				灰绿色泥岩夹石英砂岩	
						灰绿色泥岩夹粉砂岩	
		鲁丹阶				下部灰黑色粉砂岩与泥岩互层，上部灰黑色泥岩夹粉砂岩	
奥陶系	上奥陶统	赫南特阶		爱辉组		灰黑色泥页岩	

插图 6.2 黑龙江黑河西缘志留系综合剖面柱状图。黄花沟组和八十里小河组地层资料来自裸河东岸剖面（苏养正等，1987），卧都河组和古兰河组地层资料来自大河里河下游西岸剖面（苏养正等，1987），腕足类生物地层资料据苏养正（1981）的区内综合

辉组和上覆八十里小河组均为整合接触。八十里小河组为灰绿色中细粒砂岩、粉砂岩，夹紫红色变质粉砂岩，底部为一套灰绿色中细粒砂岩夹粉砂岩，总厚488.9 m，未见化石。卧都河组仅下部出露较好，岩性为灰绿色中粗粒、中细粒石英砂岩、粉砂岩，以灰绿色中粗粒石英砂岩夹紫红色粉砂岩为其底界标志，含腕足类*Tuvaella rackovskii*、*T. gigantea*等。

6.2.2 大河里河下游西岸志留系剖面

剖面位于黑龙江省黑河市爱辉区西缘，嫩江市多宝山东约25 km、裸河东岸剖面以东约10 km（插图6.1）。其志留系中、上部完整而连续，自下而上依次为八十里小河组、卧都河组和古兰河组，与上覆泥盆系西古兰河组整合接触，各组之间界线清楚，是八十里小河组、卧都河组和古兰河组的参考剖面（苏养正等，1987；林宝玉等，1998）（插图6.2）。这里的八十里小河组以黄绿、灰绿色中细砂岩、粉砂岩夹紫红色变质粉砂岩为主，厚约281 m，未见化石；卧都河组以灰绿色泥岩夹粉砂岩为主，以灰绿色中细粒石英砂岩的出现为其底，厚256.4 m，产腕足类*Tuvaella gigantea*等；古兰河组以灰绿、墨绿色粉砂岩、板岩为主，局部夹含砾砂岩，厚度小，仅有6.1 m，未有化石报道。

7　标志化石图集

7.1　笔石

7.1.1 结构术语解释及插图

笔石（graptolite）是半索动物门（Hemichordata）笔石纲（Graptolithina）动物的通称，是一类已经灭绝的海生群体生物。笔石化石为其虫体分泌的外骨骼（即虫体软体居住的房室），一般由一条或若干条笔石枝组成，大小多为几厘米长，较大的可达几十厘米。笔石一般根据其分枝结构分为若干目，其中最主要的为树形笔石目（Dendroidea）和正笔石目（Graptoloidea）。笔石化石常呈细条形黑色碳质薄膜保存，很像用铅笔在岩石上书写的痕迹，由此得名。笔石一般营浮游或漂浮生活，其地质时代主要为寒武纪至石炭纪早期，在奥陶纪和志留纪尤其发育，是用于地层划分与对比的重要化石类群。

1. 基本形态结构特征

笔石是群体动物，其最早分泌形成的外骨骼呈长锥形，称为胎管（sicula），由原胎管（prosicula）和亚胎管（metasicula）组成；之后由胎管出芽产生长管形的个体外骨骼，称为胞管（theca），由原胞管（protheca）和亚胞管（metatheca）组成；许多胞管接连生长，形成笔石枝（stipe）（插图7.1）。树形笔石类有三种胞管，分别为正胞管（autotheca）、副胞管（bitheca）和茎胞管（stolotheca），而正笔石类一般仅有一种胞管，即相当于树形笔石类的正胞管。正笔石的胞管形状变化很大，通常包含多种型式：均分笔石式、纤笔石式、雕笔石式、栅笔石式、叉笔石式、瘤笔石式、中国笔石式、单笔石式、卷笔石式、半耙笔石式和耙笔石式等（插图7.2），胞管上可能具有刺状等附连物。笔石由一根或若干根笔石枝组成，其分枝伸展的方向和彼此之间的交角可能不同，以胎管尖端向上为准，可以将笔石枝的伸展方向划分为：上攀式、上斜式、上曲式、平伸式、下曲式、下斜式和下垂式等（插图7.3）。笔石可以进行多级次的分枝，其分枝方式亦有多种。除形态外，笔石各项度量指标也是笔石分类的重要依据，特别常用于"种"一级笔石分类鉴定。常用的笔石方位和度量指标见插图7.4。

2. 主要结构术语名词解释

树形笔石类（dendroids）：对树形笔石目化石的统称，笔石体一般含相对较多的笔石枝，由三种胞管（正胞管、副胞管、茎胞管）组成，以三分岔式出芽，分枝方式多为均分枝或不规则；营固着海底生活，寒武纪至石炭纪早期，全球分布。

正笔石类（graptoloids）：对正笔石目化石的统称，笔石体一般仅含较少的笔石枝，均仅由一种胞管（正胞管）组成，未见硬化的茎系，笔石枝下垂到上攀；营漂浮或浮游生活，早奥陶世至早泥盆世，全球分布。

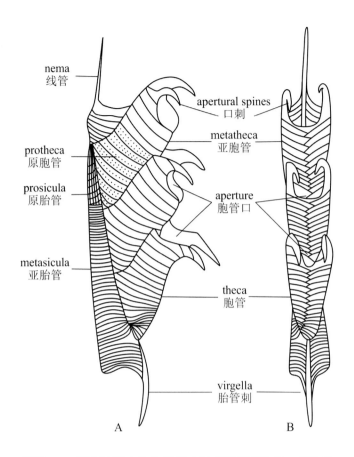

插图 7.1　笔石的基本构造图解［以单列笔石为例；修改自 Clarkson（1998）］。A，侧视；B，口视

　　双笔石类（diplograptids）：对双笔石次目和新笔石次目中双列笔石的统称，主要特征为具胎管刺，双列胞管，双肋式排列；营漂浮或浮游生活，奥陶纪至志留纪，全球分布。

　　单笔石类（monograptids）：对单笔石科和弓笔石科等单列笔石的统称，主要为单列上攀笔石，其第一个胞管向上生长；营漂浮或浮游生活，志留纪兰多维列世至早泥盆世，全球分布。

　　细网笔石类（retiolitids）：对细网笔石科化石的统称，其表皮简化为网线或网格状；奥陶纪晚期至志留纪晚期，全球分布。

　　笔石体（rhabdosome或tubarium）：整个笔石生物群体的硬化外骨骼。

　　笔石枝（stipe）：笔石胞管依次相连形成的一条枝。

　　双列（biserial）：两列胞管上攀围绕线管生长，在志留纪，此两列胞管均为"背靠背"双肋式排列。

　　单列（uniserial）：笔石体或笔石枝仅由一列胞管组成。

　　幼枝（cladium）：从笔石的胞管或胎管口部生出的笔石枝。自胞管口部生出的称为胞管幼枝，自笔石胎管口部生出的幼枝称为胎管幼枝。

　　胎管（sicula）：笔石群体最初虫体的外骨骼（或称房室），由始部锥状的原胎管（prosicula）和

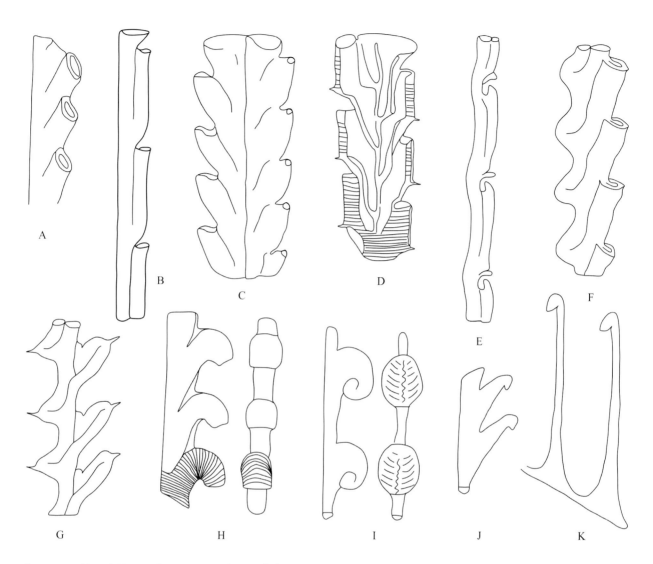

插图 7.2 笔石胞管形态（据张永辂等（1988））。A，均分笔石式（dichograptid type），胞管呈直管状；B，纤笔石式（leptograptid type），胞管细长，腹缘轻微弯曲；C，雕笔石式（glyptograptid type），胞管腹缘波状弯曲；D，栅笔石式（climacograptid type），胞管强烈曲折，形成膝角，膝上腹缘与枝平行；E，叉笔石式（dicellograptid type），胞管弯曲形成膝角，胞管口部略孤立，向内弯曲；F，瘤笔石式（tylograptid type），胞管始部背褶，口部略向内转；G，中国笔石式（sinograptid type），胞管强烈弯曲，始部背褶，末部腹褶；H，单笔石式（monograptid type），胞管向外弯曲呈钩状；I，卷笔石式（streptograptid type），胞管向外卷曲呈球状；J，半耙笔石式（demirastritid type），胞管呈三角形，向外突出，大部分孤立，基部相连；K，耙笔石式（rastritid type），胞管向外拉长，完全孤立

末部管状亚胎管（metasicula）组成。

　　胎管刺（virgella）：由胎管口侧向下垂伸的刺状物。

　　胎管口刺（sicular apertural spine）：从胎管口部延伸出来的、胎管刺以外的刺状物。

　　线管（nema）：自胎管尖端伸出的丝状体，其一般细弱，可能自由伸展于笔石体外，或包围在笔石体内，或在单笔石类中沿笔石枝背侧伸展，直至露出体外。

　　胞管（theca）：笔石群体中单个虫体个体的外骨骼（或称房室），包括原胞管（protheca，胞管

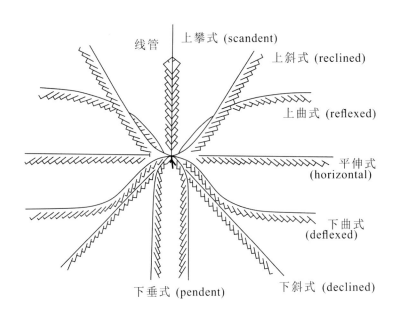

插图 7.3　笔石枝的生长方向（修改自 Bulman，1970；门凤岐和赵祥麟，1993）。上攀式（scandent）：笔石枝向上直立生长，包围线管；上斜式（reclined）：笔石枝向斜上方直或近直生长；上曲式（reflexed）：笔石枝先向上斜，后转为平伸生长；平伸式（horizontal）：笔石枝水平伸展生长；下曲式（deflexed）：笔石枝先向下斜，后转为平伸生长；下斜式（declined）：笔石枝向斜下方直或近直生长；下垂式（pendent）：笔石枝自胎管向下近于垂直、平行生长

分生出下一个胞管之前的始端部分）和亚胞管（metatheca，胞管的末端部分）。

胞管间壁（interthecal septum）：相邻胞管之间的隔壁。

膝角（geniculum）：胞管在生长过程中于腹侧形成的角状弯曲。

膝刺（genicular spine）：从胞管膝角上生出的刺。

膝上腹缘（supragenicular wall）：膝角之上的胞管腹缘。

膝下腹缘（infragenicular wall）：膝角之下到前一个胞管口之间的胞管腹缘。

胞管口（thecal aperture）：胞管末端的向外开口，通常用于笔石虫体的摄食、活动等。

胞管口刺（thecal aperture spine）：胞管口腹缘或侧缘生出的刺。

胞管口穴（thecal excavation）：在部分笔石中，由胞管口部与其后一个胞管的膝下腹缘围成的区域。

大网（clathria）：由笔石体壁退化，局部胶原蛋白质集中形成的网状骨架。

细网（reticula）：大网之间更细的网状构造。

刺网（lacinia）：由胞管口刺末部连接而成的网状构造。

腹侧（ventral）：笔石枝上胞管口所在的一侧。

背侧（dorsal）：腹侧的对侧。

始端（proximal end）：笔石体最先形成的部分，通常指靠近胎管的一端。

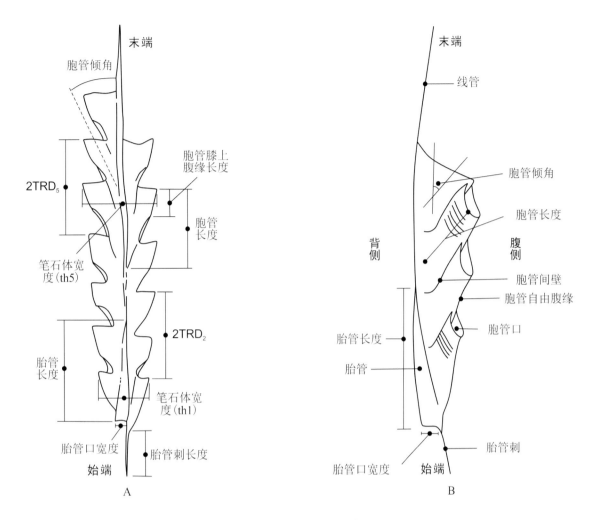

插图 7.4　笔石体方位、结构和度量。A，双笔石类，修改自 Štorch *et al.*（2011）；th1，第一对胞管；th5，第五对胞管；2TRD₂，第二个胞管处的 2TRD；2TRD₅，第五个胞管处的 2TRD。B，单笔石类，修改自 Rickards and Wright（2003）

末端（distal end）：笔石体最后形成的部分，通常指远离胎管的一端。

胞管掩盖（thecal overlapping）：相邻胞管间的重叠现象，通常用胞管腹缘被前一个胞管的掩盖部分占整个腹缘的比例来衡量。

胞管密度（thecal spacing）：胞管排列的紧密程度，通常以沿笔石枝一定长度内所包含的胞管数量或 2TRD 来衡量。

2TRD（two thecae repeat distance）：第 $N-1$ 与第 $N+1$ 个胞管对应位置之间的距离。

7.1.2 图版及图版说明

除特殊注明外，所有标本（图版 7-1~7-11）均保存于中国科学院南京地质古生物研究所，比例尺均为 1 mm。

图版 7-1 说明

1—2 适度新双笔石 *Neodiplograptus modestus*（Lapworth，1876）

主要特征：双列攀合笔石，宽0.85~3.2 mm；胞管由栅笔石式渐变为雕笔石式，10 mm内有12.5~13个胞管。产地：四川城口田坝；层位：志留系兰多维列统鲁丹阶双河场组（1.葛梅钰，1990，图版1，图13；采集号：CF-I-92，标本编号：NIGP21061。2.葛梅钰，1990，图版2，图24；采集号：CF-I-93，标本编号：NIGP90370）。

3—4 尖削拟尖笔石 *Parakidograptus acuminatus*（Nicholson，1867）

主要特征：笔石体细长，直或略弯曲，最大宽度1.5~1.6 mm；胎管细长，胎管刺常分叉；始部胞管可见内凹的口，之后胞管变直、略斜、近直笔石式，10 mm内有11个胞管。产地：安徽宁国胡乐；层位：志留系兰多维列统鲁丹阶高家边组（3.李积金和葛梅钰，1981，图版1，图9；采集号：SA581，标本编号：NIGP54217。4.李积金和葛梅钰，1981，图版1，图10；采集号：SA585，标本编号：NIGP54219）。

5 伸长里卡兹笔石 *Rickardsograptus elongatus*（Churkin and Carter，1970）

主要特征：双列攀合笔石，宽0.8~1.8 mm；始部胞管为栅笔石式，末部变为雕笔石式，10 mm内有10~12个胞管。产地：安徽泾县；层位：志留系兰多维列统鲁丹阶高家边组（Li *et al.*，1984，图版12，图14；采集号：WZ31，标本编号：NIGP82645）。

6 休斯次栅笔石 *Metaclimacograptus hughesi*（Nicholson，1869）

主要特征：双列攀合笔石，笔石体细小，宽约0.8 mm；胞管近栅笔石式，口穴窄而深；中隔壁完整，波状弯曲。产地：贵州桐梓韩家店；层位：志留系兰多维列统鲁丹阶上部龙马溪组（陈旭和林尧坤，1978，图版6，图13；采集号：AAE101，标本编号：NIGP35989）。

7 安徽新双笔石 *Neodiplograptus anhuiensis*（Li，1982）

主要特征：双列攀合笔石，笔石体呈楔形，宽0.8~2.2 mm；胞管由栅笔石式渐变为雕笔石式，10 mm内有14个胞管。产地：安徽石台；层位：志留系兰多维列统鲁丹阶高家边组（穆恩之等，2002，图版146，图19；标本编号：NIGP54139）。

8 纯正拟栅笔石 *Paraclimacograptus innotatus*（Nicholson，1869）

主要特征：双列攀合笔石，笔石体窄小，最大宽度约1.3 mm；胞管近围笔石式，膝部具刺，5 mm内有7~8个胞管。产地：湖南新化炉观；层位：志留系兰多维列统鲁丹阶天马山组（陈旭等，2004，图3H；采集号：AGG114，标本编号：NIGP159032）。

9，12 狭窄柯氏笔石 *Korenograptus angustifolius*（Chen and Lin，1978）

主要特征：双列攀合笔石，宽1.0~1.7 mm；胞管腹缘直，口缘平，在10 mm内有11~12个胞管。产地：贵州桐梓凉风垭、贵州松桃陆地坪；层位：志留系兰多维列统鲁丹阶上部龙马溪组（9.陈旭和林尧坤，1978，图版7，图14；采集号：AAE607，标本编号：NIGP36019。12.陈旭和林尧坤，1978，图版7，图12；采集号：AAE326，标本编号：NIGP36017a）。

10—11 疏刺拟围笔石 *Paramplexograptus paucispinus*（Li，1982）

主要特征：双列攀合笔石，笔石体细小，宽0.85~1.40 mm；胞管为直管状，具短小的腹刺，5 mm内有7个胞管。产地：安徽青阳；层位：志留系兰多维列统鲁丹阶高家边组（10.穆恩之等，2002，图版200，图16；标本编号：NIGP67260。11.穆恩之等，2002，图版200，图15；标本编号：NIGP67259）。

13—14 直角正常笔石 *Normalograptus rectangularis*（M'Coy，1850）

主要特征：双列攀合笔石，始端尖削，宽0.7~2.0 mm；栅笔石式胞管，10 mm内始部有11~12个胞管，末部有8~9个胞管。产地：湖北宜昌分乡、王家湾；层位：志留系兰多维列统鲁丹阶龙马溪组（13. Li *et al.*，1995，图版9，图10；采集号：WH61，标本编号：NIGP100577。14. Li *et al.*，1995，图版9，图9；采集号：WM48，标本编号：NIGP100576）。

图版 7-2 说明

1，3 龙马柯氏笔石 *Korenograptus lungmaensis*（Sun，1933）

主要特征：双列攀合笔石，宽0.7~2.0 mm；胞管雕笔石式，10 mm内始部有10~12个胞管，末部有8~11个胞管。产地：安徽泾县；层位：志留系兰多维列统鲁丹阶高家边组（1. Li，1984，图版17，图13；采集号：WZ19，标本编号：NIGP82713。3.Li，1984，图版5，图11；采集号：WZ13，标本编号：NIGP82543）

2 西氏蓬松笔石 *Hirsutograptus sinitzini*（Chaletzkaya，1960）

主要特征：双列攀合笔石，笔石体细长，宽0.7~1.5 mm；胞管为栅笔石式，其膝缘加厚，具单根或成对的膝刺，10 mm内始部有11~12个胞管，末部有10~11个胞管。产地：湖北宜昌王家湾；层位：志留系兰多维列统鲁丹阶龙马溪组（Li *et al.*，1995，图版10，图10；采集号：WM49，标本编号：NIGP100591）。

4，9 双尾中间笔石 *Metabolograptus bicandatus*（Chen and Lin，1978）

主要特征：双列攀合笔石，笔石体小，细而直，宽0.6~2.0 mm；胎管刺向下并分叉；胞管近栅笔石式，5 mm内有6~7个胞管。产地：贵州桐梓韩家店；层位：志留系兰多维列统鲁丹阶龙马溪组（4.陈旭和林尧坤，1978，图版5，图11；采集号：AAE111c，标本编号：NIGP35957。9.陈旭和林尧坤，1978，图版5，图10；采集号：AAE111c，标本编号：NIGP35956）。

5 初发原始笔石 *Atavograptus primitivus*（Li，1983）

主要特征：单列笔石，略背弯，宽度均一，约0.3 mm；胞管与笔石枝低角度相交，腹缘近直，略外斜，口缘平，5 mm内有4~4.5个胞管。产地：安徽青阳张村徐；层位：志留系兰多维列统鲁丹阶高家边组（地质矿产部南京地质矿产研究所，1983，图版173，图13；标本编号：NIGP54188）。

6，8 细条裂柯氏笔石 *Korenograptus laciniosus*（Churkin and Carter，1970）

主要特征：双列攀合笔石，笔石体狭窄，宽0.6~1.7 mm；胞管雕笔石式，口缘平，10 mm内始部有11.5~13个胞管，末部有10~11个胞管。产地：安徽泾县、湖北宜昌棠垭；层位：志留系兰多维列统鲁丹阶高家边组、龙马溪组（6.穆恩之等，2002，图版161，图3；标本编号：NIGP82524。8.Li *et al.*，1995，图版2，图17；采集号：WM189，标本编号：NIGP100458）。

7 安吉正常笔石 *Normalograptus anjiensis*（Yang，1964）

主要特征：双列攀合笔石，笔石体细小，宽0.6~1.4 mm；胎管刺向下，在其基部分出两根侧刺；胞管为典型的栅笔石式，5 mm内有5~6个胞管。产地：贵州毕节燕子口；层位：志留系兰多维列统鲁丹阶龙马溪组（陈旭和林尧坤，1984，图版6，图6；采集号：AAE653，标本编号：NIGP35971）。

10 南京两形笔石 *Dimorphograptus nankingensis*（Su，1933）

主要特征：笔石体始部单列胞管，向背侧弯曲，宽0.3~0.9 mm，中末部双列胞管，宽1.7~2.0 mm；胞管为雕笔石式，膝角圆滑或不明显，5 mm内有5个胞管。产地：贵州印江合水；层位：志留系兰多维列统鲁丹阶龙马溪组（陈旭和林尧坤，1978，图版8，图12；采集号：HS1-1，标本编号：NIGP36054a）。

11 向上尖笔石 *Akidograptus ascensus* Davies，1929

主要特征：笔石体细长，始部尖削，或略弯，最大宽度约0.7 mm；胎管刺常分叉；胞管为栅笔石式，膝上腹缘直或略斜，4 mm内有4个胞管。产地：安徽石台丁香；层位：志留系兰多维列统鲁丹阶高家边组（李积金和葛梅钰，1981，图版1，图2；采集号：IG137-Du2-11，标本编号：NIGP54214）。

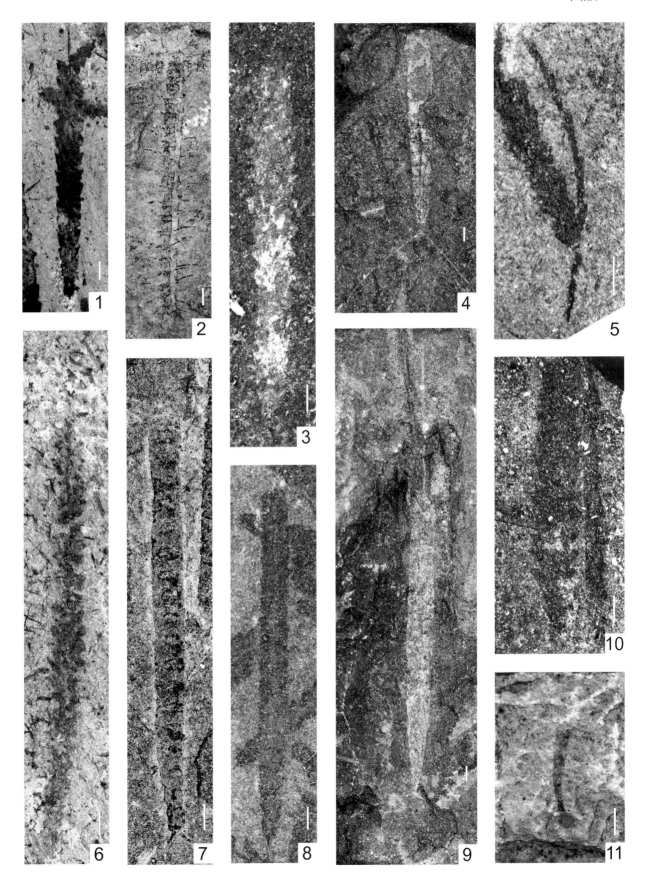

图版 7-3 说明

1　休斯次栅笔石 *Metaclimacograptus hughesi*（Nicholson，1869）

主要特征：双列攀合笔石，笔石体细小，宽约0.8 mm；胞管近栅笔石式，口穴窄而深；中隔壁完整，波状弯曲。产地：贵州桐梓红花园；层位：志留系兰多维列统鲁丹阶上部龙马溪组（陈旭和林尧坤，1978，图版6，图14；采集号：AAE360H，标本编号：NIGP35990）。

2　车轴里卡兹笔石 *Rickardsograptus tcherskyi*（Obut and Sobolevskaya，1967）

主要特征：双列攀合笔石，始部尖削，迅速增宽，后增速变缓，宽度0.8~2.8 mm；始部胞管为栅笔石式，膝角明显，后渐变缓，10 mm内始部有10~12个胞管，末部有8~9个胞管。产地：贵州桐梓韩家店；层位：志留系兰多维列统鲁丹阶龙马溪组（陈旭和林尧坤，1984，图版1，图14；采集号：AAE111，标本编号：NIGP35861）。

3　向上尖笔石 *Akidograptus ascensus* Davies，1929

主要特征：笔石体细长，始部尖削，或略弯，最大宽度约0.7 mm；胎管刺常分叉；胞管为栅笔石式，膝上腹缘直或略斜，4 mm内有4个胞管。产地：安徽青阳张村徐；层位：志留系兰多维列统鲁丹阶高家边组（李积金和葛梅钰，1981，图版1；图1，采集号：SA219，标本编号：NIGP54212）。

4　曲背冠笔石 *Coronograptus cyphus*（Lapworth，1876）

主要特征：单列笔石，笔石体背弯呈弓形，宽0.5~1.0 mm；胞管细长，直管状，略有口尖，5 mm内有5个胞管。产地：贵州桐梓红花园；层位：志留系兰多维列统鲁丹阶龙马溪组（陈旭和林尧坤，1978，图版10，图1；采集号：AAE360i，标本编号：NIGP36104）。

5　祖先祖先笔石 *Avitograptus avitus*（Davies，1929）

主要特征：双列攀合笔石，笔石体细长，宽度0.8~1.6 mm；第一对胞管拉长，因此始端显得尖削，胞管形态介于雕笔石式与栅笔石式之间，具有圆滑的膝和外斜的膝上腹缘，10 mm内始部有12个胞管，末部有9个胞管。产地：安徽泾县北贡庄里；层位：志留系兰多维列统鲁丹阶高家边组（李积金，1999，图版1，图5；采集号：SA26，标本编号：NIGP67163）。

6，8　扭胞柯氏笔石 *Korenograptus tortithecatus*（Hsü，1934）

主要特征：双列攀合笔石，宽0.4~2.0 mm，胎管刺粗大；胞管腹缘弯曲，后渐变直，10 mm内有8~10个胞管。产地：贵州桐梓红花园、贵州凤冈八里溪；层位：志留系兰多维列统鲁丹阶龙马溪组（6.陈旭和林尧坤，1978，图版1，图9；采集号：AAE360H，标本编号：NIGP35857。8.陈旭和林尧坤，1978，图版1，图11；采集号：Bs13-1，标本编号：NIGP35859）。

7，10　轴囊囊笔石 *Cystograptus vesiculosus*（Nicholson，1907）

主要特征：双列攀合笔石，笔石体长大，宽度均一，约3.2~3.5 mm；胞管"S"形弯曲，10 mm内有8个胞管；中轴膨大，伸出体外。产地：西藏申扎刚木桑沟、贵州桐梓韩家店；层位：志留系兰多维列统鲁丹阶德悟卡下组、龙马溪组（7.倪寓南，1987，图版4，图8；采集号：ADG148，标本编号：NIGP77001。10.陈旭和林尧坤，1978，图版7，图24；采集号：AAE111，标本编号：NIGP21423）。

9　原始原始笔石 *Atavograptus atavus*（Jones，1909）

主要特征：单列笔石，宽度0.4~0.8 mm；胞管近直管状，与笔石枝低角度相交，腹缘略凸，10 mm内有8~9个胞管。产地：湖北宜昌黄花场；层位：志留系兰多维列统鲁丹阶龙马溪组（Li *et al.*，1995，图版17，图9；采集号：E275，标本编号：NIGP100583）。

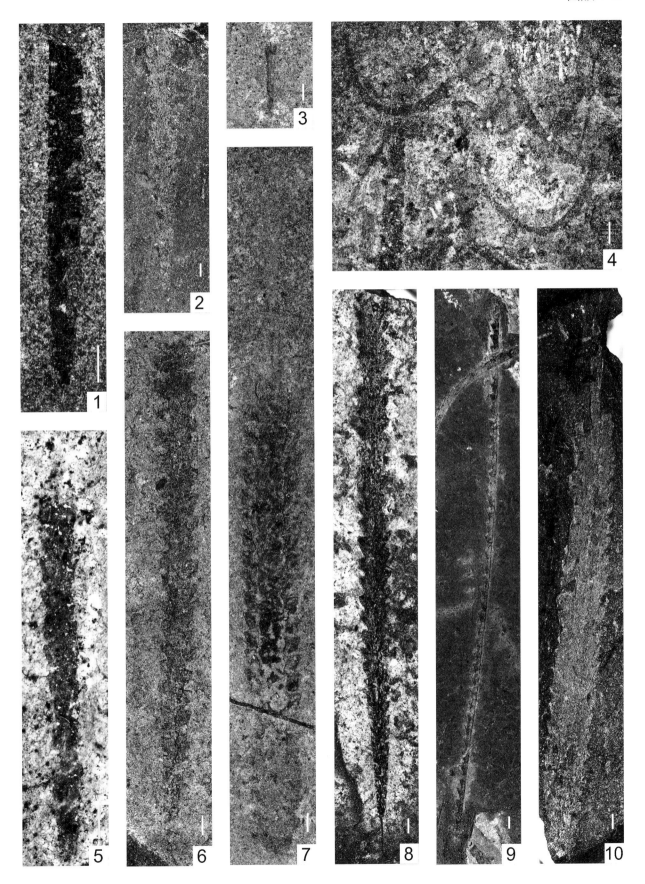

图版 7-4 说明

1—2　弓形湖北笔石 *Hubeigraptus arcuata*（Mu *et al*., 1974）

主要特征：单列笔石，笔石体细小，背弯呈弓形，宽0.6 mm；第一个胞管向外侧开口，口部孤立，后续胞管口部逐渐向后退缩，背缘线残留，5 mm内有6个胞管。产地：湖北宜昌彭家院、湖北宜昌大中坝；层位：志留系兰多维列统埃隆阶罗惹坪组、龙马溪组（1.中国科学院南京地质古生物研究所，1974，图版99，图10；标本编号：NIGP21441。2.倪寓南，1978，图版3，图11；采集号：WS9-1，标本编号：NIGP45385）。

3, 10　可爱里氏笔石 *Rivagraptus bellulus*（Törnquist, 1890）

主要特征：双列攀合笔石，始部尖削，迅速增宽至2 mm；胞管腹缘及口缘直或略外凸，可能具细小口刺，10 mm内始部有14个胞管，末部有11~12个胞管。产地：贵州桐梓韩家店；层位：志留系兰多维列统埃隆阶龙马溪组（3.陈旭和林尧坤，1984，图版6，图18；采集号：AAE81，标本编号：NIGP35999a。10.陈旭和林尧坤，1984，图版6，图22；采集号：AAE82，标本编号：NIGP36002）。

4　虫形假直笔石 *Pseudorthograptus insectiformis*（Nicholson, 1869）

主要特征：双列攀合笔石，始端尖削，快速增宽后保持稳定；胞管为直笔石式，具口刺，10 mm内有10~12个胞管。产地：贵州桐梓韩家店；层位：志留系兰多维列统埃隆阶龙马溪组（陈旭和林尧坤，1978，图版7，图3；采集号：AAE83，标本编号：NIGP36008）。

5—6　页状花瓣笔石 *Petalolithus folium*（Hisinger, 1837）

主要特征：双列攀合笔石，长而宽，始端尖削，很快达到最大宽度约5 mm，后保持；胎管刺分叉；胞管细长呈束状，腹缘直或微曲，10 mm内有7~8个胞管。产地：贵州桐梓韩家店；层位：志留系兰多维列统埃隆阶龙马溪组（5.陈旭和林尧坤，1984，图版8，图3；采集号：AAE76，标本编号：NIGP36039。6.陈旭和林尧坤，1984，图版8，图4；采集号：AAE76，标本编号：NIGP36040）。

7, 15　长尾两形笔石 *Dimorphograptus longicaudatus* Chen and Lin, 1978

主要特征：笔石体细长，始部仅第一个胞管呈单列，后续均为双列胞管，最大宽度为1.5 mm；胞管为雕笔石式，10 mm内有11~12个胞管。产地：贵州桐梓韩家店；层位：志留系兰多维列统埃隆阶龙马溪组（7.陈旭和林尧坤，1978，图版8，图14；采集号：AAE90，标本编号：NIGP36056。15.陈旭和林尧坤，1978，图版8，图15；采集号：AAE90，标本编号：NIGP36057）。

8　祖先祖先笔石 *Avitograptus avitus*（Davies, 1929）

主要特征：双列攀合笔石，笔石体细长，宽度0.8~1.6 mm；第一对胞管拉长，因此始端显得尖削，胞管形态介于雕笔石式与栅笔石式之间，具有圆滑的膝和外斜的膝上腹缘，10 mm内始部有12个胞管，末部有9个胞管。产地：安徽宁国万福村；层位：志留系兰多维列统鲁丹阶高家边组（李积金，1999，图版1，图3；采集号：T4606-A1，标本编号：NIGP67161）。

9　齿状扭口笔石 *Torquigraptus denticulatus*（Törnquist, 1899）

主要特征：单列笔石，笔石体背弯，宽0.7~1.0 mm；胞管向外伸展，掩盖极少，口部向后折曲，5 mm内有4.5~5.0个胞管。产地：贵州桐梓韩家店；层位：志留系兰多维列统埃隆阶龙马溪组（陈旭和林尧坤，1978，图版15，图2；采集号：AAE91，标本编号：NIGP36177）。

11　赛氏具刺笔石 *Stimulograptus sedgwickii*（Portlock, 1843）

主要特征：单列笔石，笔石体直，最大宽1.8~2.1 mm；胞管近单笔石式，腹缘略外凸，具口刺，10 mm内有7个胞管。产地：湖北恩施太阳河；层位：志留系兰多维列统埃隆阶龙马溪组（葛梅钰，1990，图版14，图10；采集号：CF-III-236，标本编号：21181a）。

12　秀山锯笔石 *Pristiograptus xiushanensis*（Mu *et al*., 1974）

主要特征：单列笔石，始部略背弯，末部变直，最大宽度0.6~0.7 mm；胞管直管状，腹缘直或微凸，口缘平，10 mm内有11~13个胞管。产地：重庆秀山；层位：志留系兰多维列统埃隆阶石牛栏组（中国科学院南京地质古生物研究所，1974，图版100，图8；标本编号：NIGP21446）。

13　柽柳雕笔石 *Glyptograptus tamariscus*（Nicholson, 1868）

主要特征：双列攀合笔石，细小，宽0.6~0.9 mm；胞管为雕笔石式，5 mm内有5~6个胞管。产地：贵州桐梓韩家店；层位：志留系兰多维列统埃隆阶龙马溪组（陈旭和林尧坤，1978，图版3，图5；采集号：AAE81，标本编号：NIGP35896）。

14　湖北次栅笔石 *Metaclimacograptus hubeiensis*（Mu *et al*., 1974）

主要特征：双列攀合笔石，宽1.3 mm；胞管膝角发育，膝上腹缘向内倾斜，5 mm内有6~7个胞管；中隔壁锯齿状折曲。产地：贵州桐梓韩家店；层位：志留系兰多维列统埃隆阶龙马溪组（中国科学院南京地质古生物研究所，1974，图版6，图17；采集号：AAE62a，标本编号：NIGP35997）

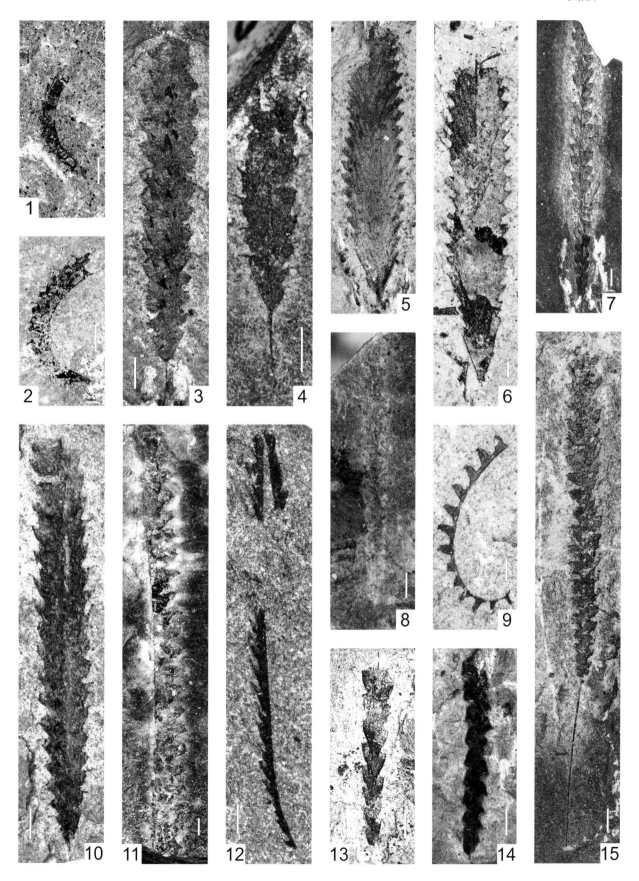

图版 7-5 说明

1, 5 三角半耙笔石 *Demirastrites triangulatus*（Harkness，1851）

主要特征：单列笔石，背弯呈弓形，始部呈环状，向末部变直，宽度0.7~1.5 mm；始部胞管孤立，末部呈三角形，5 mm内有5个胞管。产地：贵州桐梓韩家店；层位：志留系兰多维列统埃隆阶龙马溪组（1.陈旭和林尧坤，1978，图版15，图6；采集号：AAE82，标本编号：NIGP36185。5.陈旭和林尧坤，1978，图版15，图8；采集号：AAE83，标本编号：NIGP36186）。

2—3 弓形单笔石 *Monograptus arciformis*（Chen and Lin，1978）

主要特征：单列笔石，笔石体细小，背弯呈弓形，宽0.25~0.75 mm；胞管细长，腹缘略外凸，口部先外伸后向下垂伸，5 mm内有4~5个胞管。产地：贵州桐梓韩家店；层位：志留系兰多维列统埃隆阶龙马溪组（2.陈旭和林尧坤，1984，图版13，图13；采集号：AAE76，标本编号：NIGP36154。3.陈旭和林尧坤，1984，图版13，图14；采集号：AAE76，标本编号：NIGP36155）。

4 毛发单笔石 *Monograptus capillaris*（Carruthers，1868）

主要特征：单列笔石，笔石体纤细，宽0.3~0.5 mm；胞管细长，呈长三角形，口部向外伸展，呈向下的钩形，10 mm内有9个胞管。产地：四川城口田坝；层位：志留系兰多维列统埃隆阶双河场组（葛梅钰，1990，图版13，图10；采集号：CF-I-14，标本编号：NIGP21193）。

6 城口单栅笔石 *Monoclimacis chengkouensis* Ge，1990

主要特征：单列笔石，始部背弯明显，末部呈宽弧形，宽0.4~1.0 mm；始部胞管为卷笔石式，末部为单栅笔石式，5 mm内始部有6.5个胞管，末部有4个胞管。产地：四川城口田坝；层位：志留系兰多维列统埃隆阶双河场组（葛梅钰，1990，图版19，图23；采集号：CF-I-79，标本编号：NIGP90657）。

7 齿状扭口笔石 *Torquigraptus denticulatus*（Törnquist，1899）

主要特征：单列笔石，笔石体背弯，宽0.7~1.0 mm；胞管向外伸展，掩盖极少，口部向后折曲，5 mm内有4.5~5个胞管。产地：贵州桐梓韩家店；层位：志留系兰多维列统埃隆阶龙马溪组（陈旭和林尧坤，1978，图版15，图1；采集号：AAE91，标本编号：NIGP36176）。

8 车轴里卡兹笔石 *Rickardsograptus tcherskyi*（Obut and Sobolevskaya，1967）

主要特征：双列攀合笔石，始部尖削，迅速增宽，后增速变缓，宽度0.8~2.8 mm；始部胞管为栅笔石式，膝角明显，后渐变缓，10 mm内始部有10~12个胞管，末部有8~9个胞管。产地：贵州桐梓韩家店；层位：志留系兰多维列统鲁丹阶龙马溪组（陈旭，1984，图版1，图2；采集号：NL105，标本编号：NIGP59585）。

9—10 回环奥氏笔石 *Oktavites contortus*（Perner，1897）

主要特征：单列笔石，笔石体背弯平旋，最大直径可达27 mm，笔石枝宽0.35~1.60 mm；胞管呈三角形，末部向外弯曲，突出呈钩状，10 mm内有9~11个胞管。产地：四川南江桥亭；层位：志留系兰多维列统特列奇阶南江组（9.陈旭，1984，图版14，图9；采集号：BA033，标本编号：NIGP59825。10.陈旭，1984，图版14，图6；采集号：BA033，标本编号：NIGP59824a）。

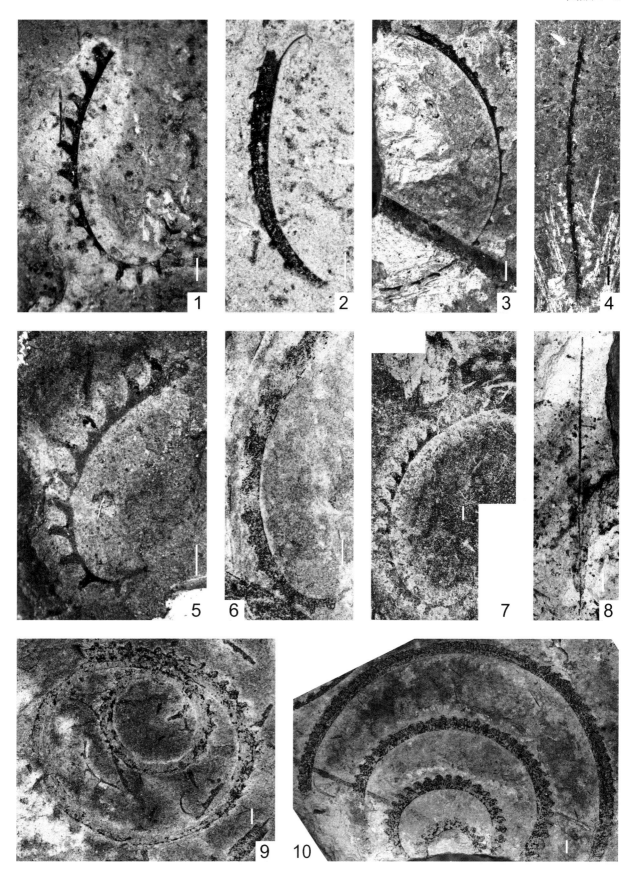

图版 7-6 说明

1—2　通常弯曲笔石 *Campograptus communis*（Lapworth，1876）

主要特征：单列笔石，笔石体背弯，宽1.0~1.2 mm；胞管口部向笔石始端方向转曲，呈钩状，相互间掩盖极少，5 mm内有5~6个胞管。产地：贵州桐梓韩家店；层位：志留系兰多维列统埃隆阶龙马溪组（1.陈旭和林尧坤，1978，图版16，图1；采集号：AAE81，标本编号：NIGP36188。2.陈旭和林尧坤，1978，图版16，图3；采集号：AAE83，标本编号：NIGP36190）。

3，6　群集冠笔石 *Coronograptus gregaris*（Lapworth，1876）

主要特征：单列笔石，笔石体背弯，宽度0.4~0.7 mm；胎管细长；胞管近直管状，口部略向外扩张，相邻胞管掩盖少，5 mm内有5个胞管。产地：贵州遵义董公寺、贵州桐梓韩家店；层位：志留系兰多维列统埃隆阶龙马溪组（3.陈旭和林尧坤，1978，图版10，图7；采集号：365a，标本编号：NIGP21439。6.陈旭和林尧坤，1978，图版10，图9；采集号：AAE83，标本编号：NIGP36112）

4，10　管状头笔石 *Cephalograptus tubulariformis*（Nicholson，1867）

主要特征：双列攀合笔石，始部窄，向上逐渐增宽，最大宽度约3.5 mm；胞管为细长直管状，倾角小，腹缘近直或略内凹，口缘平，相邻胞管大部分掩盖。产地：湖北恩施太阳河；层位：志留系兰多维列统埃隆阶龙马溪组（4.中国科学院南京地质古生物研究所，1974，图版98，图13；标本编号：NIGP21431。10.葛梅钰，1990，图版8，图8；采集号：CF-III-214，标本编号：NIGP21116）。

5　环形冠笔石 *Coronograptus annellus*（Li in Xia，1982）

主要特征：单列笔石，笔石体小，背弯呈环形，宽0.3~0.8 mm；胞管为细长直管状，有口尖，10 mm内有10个胞管。产地：安徽贵池；层位：志留系兰多维列统埃隆阶高家边组（穆恩之等，2002，图版216，图9；标本编号：NIGP54152）。

7　耳轮状卷笔石 *Campograptus lobiferus*（M'Coy，1859）

主要特征：单列笔石，始部背弯，末部近直，宽0.5~1.2 mm；胞管向外向下卷曲，呈瘤状，10 mm内有6~9个胞管。产地：湖北恩施太阳河；层位：志留系兰多维列统埃隆阶龙马溪组（葛梅钰，1990，图版21，图18；采集号：CF-III-208，标本编号：NIGP90683）。

8—9　瑞察汉半耙笔石 *Demirastrites raitzhainiensis*（Eisel，1899）

主要特征：单列笔石，背弯呈弓形，始部呈环状，向末部变直，最大宽度约1.5 mm；始部胞管孤立，之后基部变宽大，呈三角形，相互间掩盖很少，5 mm内始部有6个胞管，末部有5个胞管。产地：贵州桐梓韩家店；层位：志留系兰多维列统埃隆阶龙马溪组（8.陈旭和林尧坤，1978，图版15，图9；采集号：AAE100，标本编号：NIGP36180。9.陈旭和林尧坤，1978，图版15，图11；采集号：AAE100，标本编号：NIGP36182）。

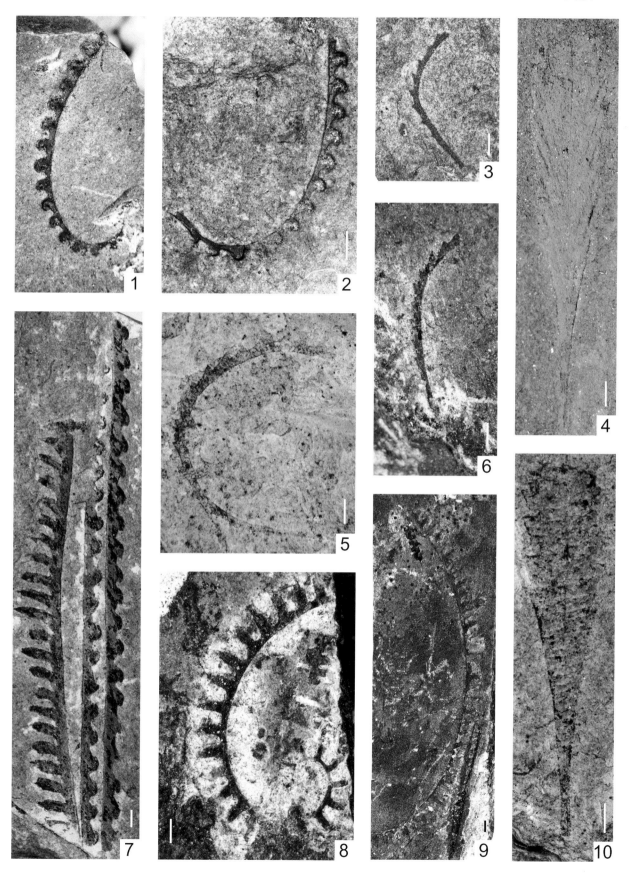

图版 7-7 说明

1，5　混生耙笔石 *Rastrites hybridus* Lapworth，1876
主要特征：单列笔石，笔石体小，始部背弯呈钩状，最大宽度1.7 mm；胞管孤立，长0.4~1.5 mm，相邻胞管间距0.4 mm左右，5 mm内有5~6个胞管。产地：贵州桐梓韩家店；层位：志留系兰多维列统埃隆阶龙马溪组（1.陈旭和林尧坤，1984，图版18，图4；采集号：AAE82，标本编号：NIGP36221。5.陈旭和林尧坤，1984，图版18，图5；采集号：AAE86，标本编号：NIGP36222）。

2，6　贵州耙笔石 *Rastrites guizhouensis* Mu *et al.*，1974
主要特征：单列笔石，笔石体向背部弯曲成环，宽0.6~2.2 mm；胞管细直，向外放射状伸出，长0.5~2.0 mm，胞管间距近等，5 mm内有7~8个胞管。产地：贵州桐梓韩家店；层位：志留系兰多维列统埃隆阶龙马溪组（2.陈旭和林尧坤，1978，图版17，图2；采集号：AAE91，标本编号：NIGP36203。6.陈旭和林尧坤，1978，图版17，图5；采集号：AAE91a，标本编号：NIGP36206）。

3　内卷扭口笔石 *Torquigraptus involutus*（Lapworth，1876）
主要特征：单列笔石，笔石体细长，背弯至平旋，宽0.15~0.80 mm；始部胞管细长，口部略向外突出，末部胞管近三角形，口部向外弯曲呈钩状，10 mm内有9.5~10个胞管。产地：陕西南郑中梁寺；层位：志留系兰多维列统特列奇阶崔家沟组（陈旭，1984，图版15，图1；采集号：NL122，标本编号：NIGP59835）。

4　柽柳雕笔石 *Glyptograptus tamariscus*（Nicholson，1868）
主要特征：双列攀合笔石，细小，宽0.6~0.9 mm；胞管为雕笔石式，5 mm内有5~6个胞管。产地：贵州桐梓韩家店；层位：志留系兰多维列统埃隆阶龙马溪组（陈旭和林尧坤，1978，图版3，图4；采集号：AAE81，标本编号：NIGP35895）。

7，10　迷惑半耙笔石 *Demirastrites decipiens*（Törnquist，1899）
主要特征：单列笔石，始部背弯呈钩状，末部近直，宽约1.5 mm；始部胞管孤立，为耙笔石式，渐变为三角形，10 mm内有9.5个胞管。产地：四川城口田坝；层位：双河场组，志留系兰多维列统埃隆阶（7.葛梅钰，1990，图版15，图2；采集号：CF-I-22，标本编号：NIGP21262。10.葛梅钰，1990，图版14，图4；采集号：CF-I-24，标本编号：NIGP21258）。

8，12　新奇耙笔石 *Rastrites peregrinus*（Barrande，1850）
主要特征：单列笔石，笔石体微向背弯，宽0.8~2.1 mm；胞管孤立，长0.7~2.0 mm，相邻胞管间近等距，5 mm内有6~6.5个胞管。产地：贵州桐梓韩家店；层位：志留系兰多维列统埃隆阶龙马溪组（8.陈旭和林尧坤，1984，图版17，图13；采集号：AAE83，标本编号：NIGP36215。12.陈旭和林尧坤，1984，图版17，图10；采集号：AAE86，标本编号：NIGP36212）。

9，13　近似耙笔石 *Rastrites approximatus* Perner，1899
主要特征：单列笔石，笔石体呈钩状，宽0.7~2.5 mm；胞管孤立，圆柱形，长0.6~2.5 mm，间隔0.6~0.8 mm，5 mm内有6~7个胞管。产地：贵州桐梓韩家店；层位：志留系兰多维列统埃隆阶龙马溪组（9.陈旭和林尧坤，1978，图版18，图3；采集号：AAE86，标本编号：NIGP36219。13.陈旭和林尧坤，1978，图版18，图1；采集号：AAE88，标本编号：NIGP36217）。

11　刻痕单栅笔石 *Monoclimacis crenulata*（Elles and Wood，1912）
主要特征：单列笔石，仅始部略背弯，后体直，宽0.6~0.8 mm；始部胞管为卷笔石式，之后为单栅笔石式，10 mm内有11个胞管。产地：湖北恩施太阳河；层位：志留系兰多维列统埃隆阶龙马溪组（葛梅钰，1990，图版21，图14；采集号：CF-III-218，标本编号：NIGP21226）。

14　长刺耙笔石 *Rastrites longuspinus* Perner，1897
主要特征：单列笔石，笔石体长大，背弯，笔石枝细；胞管孤立，放射状伸出，长可达3.5 mm，相邻胞管间隔1.2~1.6 mm，5 mm内有3个胞管。产地：湖北恩施太阳河；层位：志留系兰多维列埃隆阶龙马溪组（葛梅钰，1990，图版22，图20；采集号：CF-III-265，标本编号：NIGP21282）。

15　林氏耙笔石 *Rastrites linneai* Barrande，1850
主要特征：单列笔石，笔石体长大，略弯曲，笔石枝和胞管均细长，宽0.6~0.7 mm；胞管孤立，与笔石枝高角度相交，10 mm内有5个胞管。产地：陕西宁强崔家沟；层位：志留系兰多维列统埃隆阶龙马溪组（陈旭，1984，图版13，图15；采集号：ABY48，标本编号：NIGP59811）。

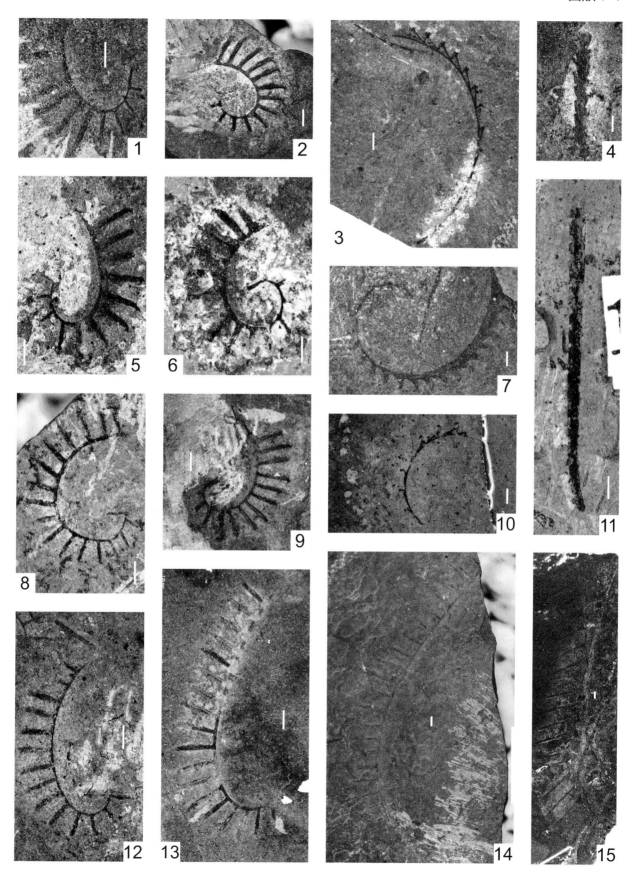

图版 7-8 说明

1 盘旋喇叭笔石 *Lituigraptus convolutus*（Hisinger，1837）

主要特征：单列笔石，笔石体向背部旋转弯曲，宽可达3.0 mm；始部胞管孤立，末部渐变为三角状，胞管口部可见扩张并分叉，10 mm内有8~9个胞管。产地：湖北五峰小河村；层位：志留系兰多维列统埃隆阶龙马溪组（陈旭等，2014，图3G；采集号：GHH242，标本编号：NIGP159031）。

2，5 螺旋奥氏笔石 *Oktavites spiralis*（Geinitz，1842）

主要特征：单列笔石，笔石体背弯平旋，最大直径可达40 mm，笔石枝宽0.5~3.5 mm；胞管始部呈三角形，末部向外弯曲，突出呈钩状，5 mm内有4~5个胞管。产地：陕西紫阳龙潭；层位：志留系兰多维列统埃隆阶–特列奇阶陡山沟组（2.王欣等，2017，插图3k；标本编号：Gr21422。5.王欣等，2017，插图3l；标本编号：Gr21424，保存于中国地质调查局西安地质调查中心）。

3 萨克马尔弓笔石 *Cyrtograptus sakmaricus* Koren，1968

主要特征：单列多枝笔石，主枝背向旋绕，有数个胞管幼枝，规则相间生出，枝宽0.3~2.0 mm；胞管为单笔石式，有口刺，5 mm内有5~8胞管。产地：陕西紫阳；层位：志留系兰多维列统特列奇阶五峡河组（穆恩之等，2002，图版250，图3；标本编号：NIGP116005）。

4，7 回环奥氏笔石 *Oktavites contortus*（Perner，1897）

主要特征：单列笔石，笔石体背弯平旋，最大直径可达27 mm，笔石枝宽0.35~1.60 mm；胞管呈三角形，末部向外弯曲，突出呈钩状，10 mm内有9~11个胞管。产地：陕西紫阳龙潭；层位：志留系兰多维列统埃隆阶–特列奇阶陡山沟组（4.王欣等，2017，插图4h；标本编号：Gr21454。7.王欣等，2017，插图4i；标本编号：Gr21745，保存于中国地质调查局西安地质调查中心）。

6 中国孔笔石 *Stomatograptus sinensis* Wang，1965

主要特征：细网笔石，始部尖，之后两侧近平行，最大宽度2.5~3.0 mm；表皮退化为大网和细网，大网长方形，细网呈多边形网状，笔石体中部有一排椭圆形的网孔；10 mm内有11~14个胞管。产地：贵州石阡；层位：志留系兰多维列统特列奇阶秀山组（穆恩之等，2002，图版211，图14；标本编号：NIGP21453）。

8 绒毛卷笔石 *Streptograptus plumosus*（Baily，1871）

主要特征：单列笔石，笔石体腹弯呈钩状，宽度0.5~1.0 mm；胞管向腹缘卷曲，贴于腹缘之上，呈球状，10 mm内有9~10个胞管。产地：四川广元磨刀垭；层位：志留系兰多维列统特列奇阶"崔家沟组"（陈旭，1984，图版16，图8；标本编号：NIGP21438）。

9 马氏单笔石 *Monograptus marri* Perner，1897

主要特征：单列笔石，笔石体直，仅始部略背弯，宽0.7~0.8 mm；胞管呈钩状，向始部弯曲，10 mm内有8~10个胞管。产地：四川南江桥亭；层位：志留系兰多维列统特列奇阶南江组（陈旭，1984，图版9，图1；采集号：BA036，标本编号：NIGP59732）。

图版 7-9 说明

1，6　城口大巴山笔石 *Dabashangraptus chengkouensis* Ge，1990

主要特征：细网笔石，最大宽度4.5 mm；大网发育，呈五角形，细网呈六角形或五角形，有口刺，无刺网。产地：四川城口田坝；层位：志留系兰多维列统特列奇阶双河场组（1.葛梅钰，1990，图版10，图9；采集号：CF-I-87，标本编号：NIGP21128。6.葛梅钰，1990，图版10，图11/12；采集号：CF-I-87，标本编号：NIGP21147a-b）。

2，7　标准湖南笔石 *Hunanodendrum typicum*（Mu *et al.*，1974）

主要特征：多枝笔石，茎由数个细长胞管组成，宽约0.5 mm，依次分生出若干次枝；胞管为简单直管状，细长密集，末部孤立。产地：贵州凤冈龙台、湖南桑植洪家峪；层位：志留系兰多维列统特列奇阶溶溪组（2.中国科学院南京地质古生物研究所，1974，图版101，图10；标本编号：NIGP21459。7.中国科学院南京地质古生物研究所，1974，图版101，图11；标本编号：NIGP21458）。

3　棕榈拟花瓣笔石 *Parapetalolithus palmeus*（Barrande，1850）

主要特征：双列攀合笔石，最大宽度约3.0 mm，末部略收缩；胞管直。产地：四川南江桥亭；层位：志留系兰多维列统特列奇阶南江组（陈旭，1984，图版4，图14；采集号：BA033，标本编号：NIGP59682）

4—5　棒状拟花瓣笔石 *Parapetalolithus clavatus*（Bouček and Přibyl，1941）

主要特征：双列攀合笔石，始部迅速增宽至3~4 mm，之后逐渐缩小至2 mm内；胞管近直管状。产地：四川南江桥亭；层位：志留系兰多维列统特列奇阶南江组（4.陈旭，1984，图版5，图12；采集号：BA034，标本编号：NIGP21432。5.陈旭，1984，图版5，图3；采集号：BA036，标本编号：NIGP59685）

8　小型花瓣笔石 *Petalolithus minor* Elles，1908

主要特征：双列攀合笔石，笔石体短小，长度一般不超过10 mm，最大宽度约3 mm；胎管刺可分叉呈锚状；胞管近直管状，始部略腹弯，相邻胞管掩盖明显。产地：四川南江桥亭；层位：志留系兰多维列统特列奇阶南江组（陈旭，1984，图版3，图7；采集号：BA034，标本编号：NIGP59643）。

9，11　宽型花瓣笔石 *Petalolithus latus*（Barrande，1850）

主要特征：双列攀合笔石，始部迅速增宽至约4 mm，末部略有收缩；胞管为细长直管状，掩盖多，10 mm内始部有12~13个胞管，末部有8~11个胞管。产地：四川南江桥亭；层位：志留系兰多维列统特列奇阶南江组（9.陈旭，1984，图版5，图11；采集号：BA034，标本编号：NIGP59689。11.陈旭，1984，图版5，图13；采集号：BA034，标本编号：NIGP59690）。

10，14　纺锤拟花瓣笔石 *Parapetalolithus fusiformis* Chen，1984

主要特征：双列攀合笔石，宽度1.0~2.5 mm，末部收缩，呈纺锤形；线管可能膨大；胞管直，10 mm内始部有10个胞管，末部有9个胞管。产地：四川南江桥亭；层位：志留系兰多维列统特列奇阶南江组（10.陈旭，1984，图版4，图10；采集号：BA033，标本编号：NIGP59663。14.陈旭，1984，图版4，图13；采集号：BA033，标本编号：NIGP59666）。

12—13　拉氏弓笔石 *Cyrtograptus lapworthi* Tullberg，1883

主要特征：单列多枝笔石，主枝缓慢背弯，有1~3个幼枝，枝宽均为1.0~1.5 mm；胞管呈短三角形，口部后弯，10 mm内有10~12个胞管。产地：陕西紫阳瓦房店；层位：志留系兰多维列统特列奇阶吴家河组（12.傅力浦和宋礼生，1986，图版18，图4；采集号：80IP1F-9，标本编号：Gr10182。13.傅力浦和宋礼生，1986，图版18，图9；采集号：80IP1F-9，标本编号：Gr10187。标本均保存于中国地质调查局西安地质调查中心）。

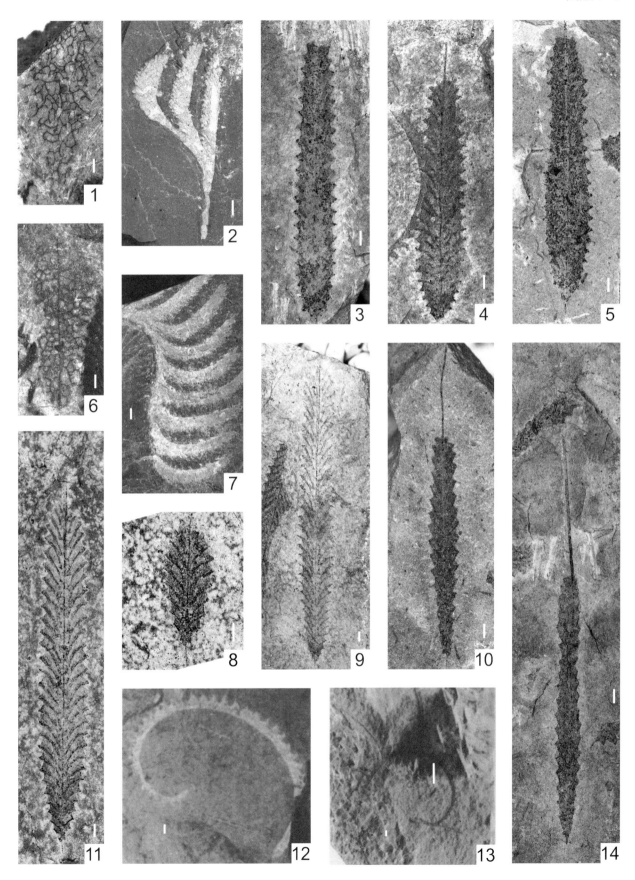

图版 7-10 说明

1 规则锯笔石 Pristiograptus regularis（Törnquist，1899）

主要特征：单列笔石，笔石体细长，宽0.3~1.5 mm；胞管为细长的直管状，腹缘斜，口缘平，10 mm内始部有9个胞管，末部有6.5个胞管。产地：四川南江桥亭；层位：志留系兰多维列统特列奇阶南江组（陈旭，1984，图版10，图10；采集号：BA033，标本编号：NIGP59762）。

2 裸露锯笔石 Pristiograptus nudus（Lapworth，1876）

主要特征：单列笔石，笔石体细长，宽0.5~1.5 mm；胞管为直管状，至笔石末部腹缘微凸，10 mm内始部有10~12个胞管，末部有9个胞管。产地：四川南江桥亭；层位：志留系兰多维列统特列奇阶南江组（陈旭，1984，图版10，图14；标本编号：NIGP59766）。

3 肥大假绞笔石 Pseudoplegmatograptus obesus（Lapworth，1876）

主要特征：细网笔石类，笔石体长大而均宽，约8 mm；笔石体主要由细网构成，大网不清楚，中轴清晰，末端加粗，具刺网；胞管轮廓近于直管状，10 mm内有8~9个胞管。产地：四川南江桥亭；层位：志留系兰多维列统特列奇阶南江组（陈旭，1984，图版7，图8；采集号：BA036，标本编号：NIGP59714）。

4 塔形螺旋笔石 Spirograptus turriculatus（Barrande，1850）

主要特征：单列笔石，笔石体螺旋呈塔形，最大高20 mm，宽11 mm，笔石枝宽约1 mm；胞管为单笔石式，腹缘斜而略外凸，口部呈喙状，有一劲直口刺，10 mm内有14个胞管。产地：四川南江桥亭；层位：志留系兰多维列统特列奇阶南江组（陈旭，1984，图版15，图9；采集号：BA034，标本编号：NIGP59845）。

5，12 大罗假细网笔石 Pseudoretiolites daironi（Lapworth，1877）

主要特征：细网笔石类，笔石体直而长大，宽1.4~7.0 mm；笔石体壁全部退化，有大网和细网组成；10 mm内有7~12个胞管。产地：四川南江桥亭；层位：志留系兰多维列统特列奇阶南江组（5.陈旭，1984，图版6，图9；采集号：BA033，标本编号：NIGP59707。12.陈旭，1984，图版6，图12；采集号：BA033，标本编号：NIGP59708）。

6 秀山锯笔石 Pristiograptus xiushanensis（Mu et al.，1974）

主要特征：单列笔石，始部略背弯，末部变直，最大宽度0.6~0.7 mm；胞管直管状，腹缘直或微凸，口缘平，10 mm内有11~13个胞管。产地：贵州务川龙井坡；层位：志留系兰多维列统特列奇阶马脚冲组（陈旭等，2014，图3J；采集号：GWL33，标本编号：NIGP159034）。

7，10 中国卷笔石 Streptograptus sinicus Ge，1974

主要特征：单列笔石，笔石体腹弯呈钩状，宽度0.4~0.9 mm；胞管向腹缘卷曲，5 mm内有7个胞管。产地：陕西宁强王家湾；层位：志留系兰多维列统特列奇阶王家湾组（7.陈旭，1984，图版17，图12；采集号：ABY206，标本编号：NIGP59873。10.陈旭，1984，图版17，图13；采集号：ABY206，标本编号：NIGP21437）。

8—9 大型孔笔石 Stomatograptus grandis（Suess，1851）

主要特征：细网笔石，笔石体宽大，宽度1.2~5.5 mm；胞管直管状，皆为细网覆盖，细网十分发育，由多边形大小相近的网孔组成；笔石体中部有一排六角形的网孔；10 mm内始部有14~15个胞管，末部有8个胞管。产地：内蒙古阿拉善左旗杭乌拉；层位：志留系兰多维列统特列奇阶圆包山组（8.葛梅钰等，1990，图版61，图1；采集号：yd137，标本编号：NIGP106445。9.葛梅钰等，1990，图版61，图16；采集号：yd137，标本编号：NIGP106446）。

11 干氏细网笔石 Retiolites geinitzianus（Barrande，1850）

主要特征：笔石体长大，宽约5 mm；胞管直管状，体壁退化，见大网和细网，10 mm内始部有13个胞管，末部有10个胞管。产地：四川南江桥亭；层位：志留系兰多维列统特列奇阶南江组（陈旭，1984，图版6，图3；采集号：BA043，标本编号：NIGP59697）。

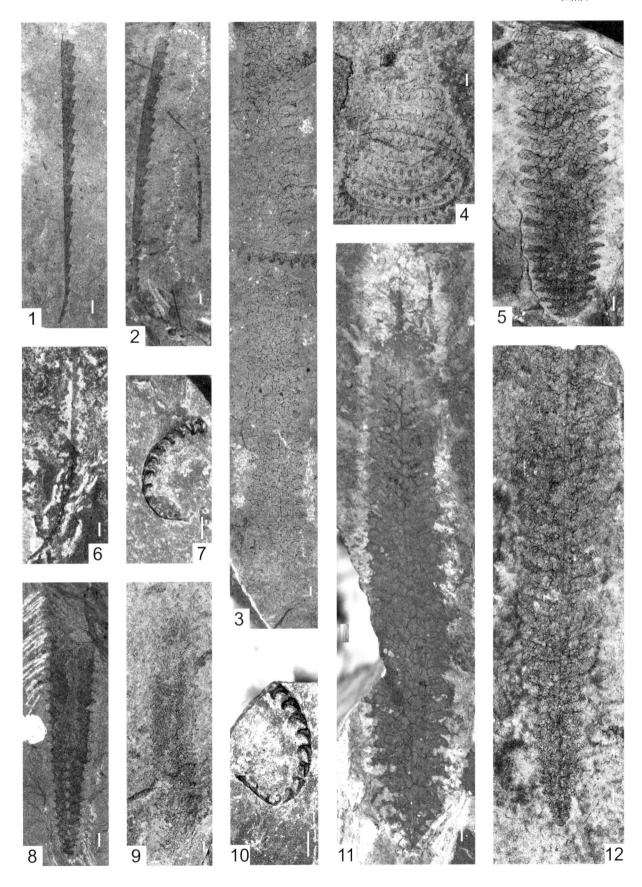

图版 7-11 说明

1，4 葛氏螺旋笔石 *Spirograptus guerichi* Loydell *et al.*，1993

主要特征：单列笔石，笔石体螺旋呈塔形，最大高10 mm，宽6~7 mm，笔石枝宽约1 mm；胞管为单笔石式，腹缘斜而略外凸，口部呈喙状，有一劲直口刺，5 mm内有8个胞管。产地：四川南江桥亭、陕西南郑中梁寺；层位：志留系兰多维列统特列奇阶南江组、崔家沟组（1.陈旭，1984，图版16，图3；采集号：BA032，标本编号：NIGP59848。4.陈旭，1984，图版16，图7；采集号：NL121，标本编号：NIGP59850）。

2，5 平坦扭口笔石 *Torquigraptus planus*（Barrande，1850）

主要特征：单列笔石，笔石体背弯成钩状，宽0.4~1.5 mm；始部胞管口部向后折曲，呈钩状，末部呈三角形，胞管间掩盖大，10 mm内始部有7~9个胞管，末部9~10个胞管。产地：四川南江桥亭；层位：志留系兰多维列统特列奇阶南江组（2.陈旭，1984，图版13，图14；采集号：BA034，标本编号：NIGP59817。5.陈旭，1984，图版14，图1；采集号：BA034，标本编号：NIGP59818）。

3 米尔尼正常笔石 *Normalograptus mirnyensis*（Obut and Sobolevskaya，in Obut *et al.*，1967）

主要特征：双列攀合笔石，笔石体细小，宽0.7~1.1 mm；胞管为典型的栅笔石式，10 mm内始部有11~12个胞管，末部有10个胞管。产地：陕西南郑中梁寺；层位：志留系兰多维列统鲁丹阶龙马溪组（陈旭，1984，图版2，图13；采集号：NL102b，标本编号：NIGP59617）。

6 梯形正常笔石 *Normalograptus scalaris*（Hisinger，1837）

主要特征：双列攀合笔石，宽0.8~1.5 mm；胞管为典型的栅笔石式，口穴明显交错排列，10 mm内始部有12个胞管，末部有9~10个胞管。产地：陕西南郑中梁寺；层位：志留系兰多维列统埃隆阶龙马溪组（陈旭，1984，图版2，图6；采集号：NL106，标本编号：NIGP59619）。

7 弯曲单笔石 *Monograptus flexilis*（Elles，1900）

主要特征：单列笔石，始部背弯，后近直，宽0.7~1.8 mm；胞管呈钩状，10 mm内始部有11个胞管，末部有9个胞管。产地：云南施甸仁和桥；层位：志留系温洛克统申伍德阶上仁和桥组（倪寓南和林尧坤，2000，图版3，图5；采集号：ACJ256，标本编号：NIGP132099）。

8 狭窄正常笔石 *Normalograptus angustus*（Perner，1895）

主要特征：双列攀合笔石，笔石体细小，宽0.8~1.1 mm；胞管为典型的栅笔石式，5 mm内有6个胞管。产地：陕西南郑中梁寺；层位：志留系多维列统鲁丹阶南郑组（陈旭，1984，图版2，图9；采集号：O3，标本编号：NIGP59612）。

9，13—14 劲直弓笔石 *Cyrtograptus rigidus* Tullberg，1883

主要特征：单列笔石，由主枝和1个幼枝组成，两者相对生长，枝宽0.6~1.5 mm；始部胞管的基部呈三角形，末部后弯呈钩状，末部胞管渐变为直管状，10 mm内始部有9~10个胞管，末部有8~9个胞管。产地：云南施甸仁和桥；层位：志留系温洛克统申伍德阶上仁和桥组（9.倪寓南和林尧坤，2000，图版1，图1；采集号：SR-G4，标本编号：NIGP132065。13.倪寓南和林尧坤，2000，图版1，图2；采集号：SR-G1，标本编号：NIGP132066。14.倪寓南和林尧坤，2000，图版1，图4；采集号：ACJ245，标本编号：NIGP132067）。

10 钩状单笔石 *Monograptus uncinatus* Tullberg，1883

主要特征：单列笔石，直或始部微弯，宽0.8~1.7 mm；胎管具背舌和胎管刺；胞管始部近直，与轴向交角为45°，末部的背缘向外延伸成孤立的裂片，胞管间相互掩盖1/3~1/2，10 mm内有10~12个胞管。产地：内蒙古额济纳旗小狐狸山；层位：志留系温洛克统上部至罗德洛统下部公婆泉群（倪寓南和宋礼生，2002，图版1，图12；插图2G；采集号：36PI12-27，标本编号：NIGP133729）。

11 德贝利群居笔石 *Colonograptus deubeli*（Jaeger，1959）

主要特征：单列笔石，始部略背弯，末部近直，宽度0.8~1.8 mm；胎管口部扩张，背舌发育，胎管刺细直；第1~3个胞管腹缘微弯，口缘突起，后续胞管近直管状，倾角30°~40°，相互掩盖约1/2，5 mm内始部有5~6个胞管，末部有4~5个胞管。产地：云南施甸响水凹；层位：志留系温洛克统侯墨阶上部中槽组下部（倪寓南，1997，图版1，图A；插图2H；标本编号：NIGP128112）。

12 普通锯笔石 *Pristiograptus vulgaris*（Wood，1900）

主要特征：单列笔石，笔石体近直，宽1.2~2.5 mm；胞管直或微弯，口缘近直，胞管间相互掩盖1/2~2/3，倾角40°左右，10 mm内有7~8个胞管。产地：陕西紫阳焕古滩黄鸡垭；层位：志留系温洛克统上部至罗德洛统下部竹溪组（倪寓南和宋礼生，2002，图版1，图1a；采集号：F54，标本编号：NIGP133715）。

15 多枝中华反向笔石 *Sinodiversograptus multibrachiatus* Mu and Chen，1962

主要特征：多枝单列笔石，具主枝和胎管幼枝，两者又具胞管幼枝，胞管幼枝不再分枝，笔石枝宽约0.8 mm；胞管为卷笔石式，10 mm内主枝有11~12个胞管，其他有8~9个胞管。产地：四川南江桥亭；层位：志留系兰多维列统特列奇阶南江组（穆恩之和陈旭，1962，图版1，图1；采集号：BA033，标本编号：NIGP11580a）。

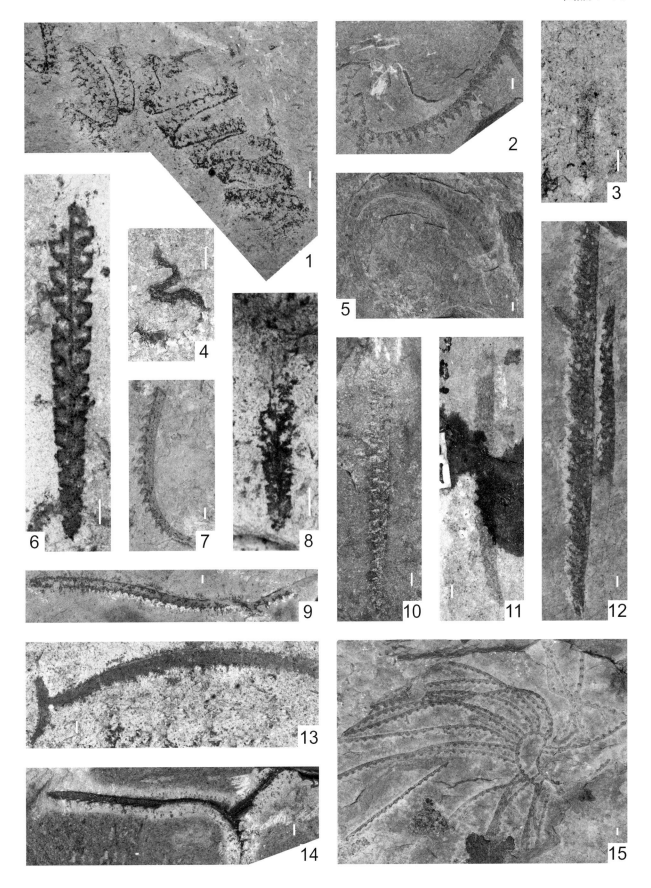

7.2 牙形类

7.2.1 结构术语解释及插图

牙形类，又称牙形刺或牙形石，是已灭绝了的牙形动物的骨骼器官成分，广泛分布于寒武纪晚期至三叠纪的海相地层中。其个体较小，通常为0.2~2.0 mm；形态多样，一般呈刺状或齿状。

1. 牙形类的形态类型

根据牙形类的外部形态，一般可将其分为锥形、枝形、耙形和刷形分子（Sweet，1988）。这4种类型的分子，在志留纪均较为常见（插图7.5）。

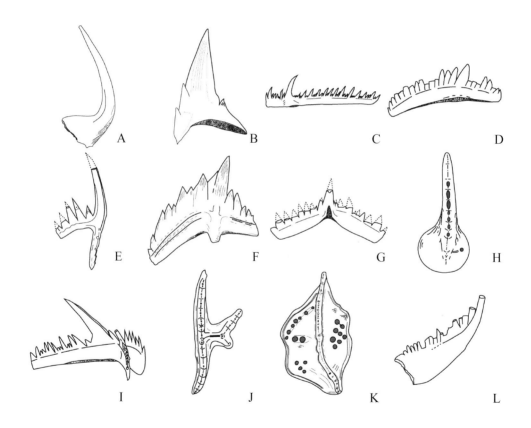

插图 7.5　志留纪常见牙形类分子的形态类型。A，锥形分子；B，三角状刷形分子；C，双羽状枝形分子；D，梳状刷形分子；E，锄状枝形分子；F，三角状刷形分子；G，指掌状枝形分子；H，梳舟状刷形分子；I，翼状枝形分子；J，星舟状枝形分子；K，梳台状刷形分子；L，耙形分子

锥形牙形类侧视为简单锥状，通常由主齿（也称齿锥）和基部两部分构成，也可仅由主齿构成（插图7.6）。单个分子两侧对称或不对称。根据口缘（基部上缘）与主齿后缘的连接形态，可进一步将单锥型牙形类分为膝曲状锥形分子和非膝曲状锥形分子。膝曲状锥形分子的口缘和主齿后缘呈锐角，非膝曲状锥形分子的口缘和主齿后缘逐渐过渡。锥形分子的刺体表面通常较为光滑，或具有肋脊、齿沟和齿纹等构造；刺体前方或后方边缘具有脊。

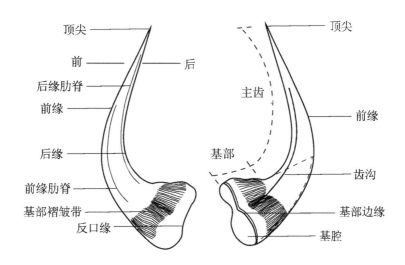

插图 7.6　锥形分子的定向和形态构造

枝形分子通常具有相对粗壮的主齿和大小不同的细齿，由主齿和若干个突起组成，突起上可发育细齿，有时不具有细齿。根据突起形态的差异，可进一步将枝形分子分为翼状、三脚状、双羽状、指掌状、锄状、四枝状和多枝状枝形分子。

耙形分子由单锥形分子演化而来。其刺体通常具有相对粗壮的主齿，主齿是刺体的主要组成部分。刺体后缘通常不具有后突起，发育细齿，似耙状。形如膝曲状锥形分子的耙形分子，也可不具有齿踵和主齿顶尖之间的细齿。

刷形分子形态多变，可似齿片状，也可具有齿台，可分为星状、三突状、梳状、三角状和单片状分子。根据齿台有无，可将星状、三突状、梳状和三角状刷形分子区分出星舟状、星台状、三突舟状、三突台状、梳舟状、梳台状、三角舟状和三角台状刷形分子。对于单片状分子，根据有无齿台以及突起发育情况，可分为单片舟状、单片台状、双片舟状和三片舟状分子（插图7.7）。

2. 牙形类的器官分类

每个牙形类器官可包含不同形态和种类的分子。牙形类的分类以器官分类为主，而对于尚未重建其器官构成的牙形类，仍采用形式分类。根据器官分类建立的属种称为器官属种，可分为多分子器官和单分子器官属种。多分子器官表示该器官具有两个以上形态不同的牙形类分子，单分子器官属种是指只有一种分子，可以成对组成。

实际研究中，根据以自然集群方式保存的标本建立的器官属种，能反映器官中不同分子的真实比例。由于在岩石样品中获得的牙形类分子多以分散形式出现，人们根据自然集群的规律，按照不同形态分子的一定比例，将几对或几种分离的牙形类组合在一起，建立器官属种，力求接近自然分类。

在研究以刷形分子和枝形分子为主的器官属种时，通常采用P、M和S分子等来表示各类形态分子在器官中的不同位置。一般地，P分子位于牙形类器官的后方两侧，M分子在中部两侧，S分子位于牙形类器官的前部（插图7.8）。符号记法可以反映相应的器官类型，如：对于未发现自然集群的器官属

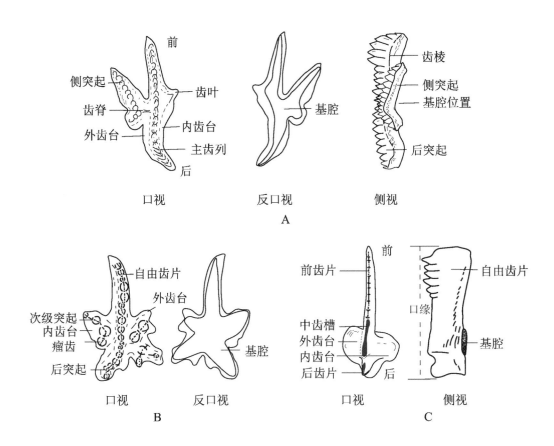

插图 7.7　刷形分子的定向和形态。A–B，星台状刷形分子；C，梳舟状刷形分子

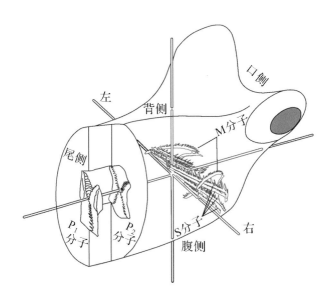

插图 7.8　奥泽克刺类牙形类的器官构成重建及符号记法
（据 Purnell et al.，2000）

种，采用Pa、Pb、M、Sa、Sb、Sc和Sd的符号记法；对于依据或参照自然集群重建的器官属种，采用P$_1$、P$_2$、M、S$_0$、S$_{1-2}$和S$_{3-4}$的符号记法。例如，在奥泽克刺类（Ozarkodinids）的器官中便采用这种记法（插图7.8）。志留纪牙形类中，Pa或P$_1$分子常为星状和梳状刷形分子，Pb或P$_2$分子多为三角状刷形分子，M分子多为锄状枝形分子，S分子通常为枝形分子。

对于锥形分子组成的器官，通常采用pt、qt、ae和qg等符号来表示相应的同源物。

3. 结构术语名词解释

主齿：位于基腔顶尖之上的齿状构造。

基部：通常指锥形分子接近刺体反口面的部分。

肋脊：锥形分子刺体侧面凸出的脊状构造。

齿沟：刺体表面的沟或槽状构造。

基腔：齿层的生长中心，在刺体中凹陷。

基部褶皱带：接近刺体底缘的、由很多长度相近的纵向肋脊或齿沟组合形成的区域。

自由齿片：具有齿台的刷形分子中，向前方延伸超出齿台的部分。

突起：又称齿突，是刷形分子的齿台、主齿或主齿列之外发育的构造，具有细齿或不具有细齿。

齿叶：叶片状的突起，通常见于刷形分子中，可具有或不具有细齿，可能是分叉的。

初级突起：与主齿相邻，由主齿延伸出的突起。

次级突起：初级突起的分枝。

后突起：在主齿后方至刺体后端的部分，有细齿或无细齿。

瘤齿：刺体口面的装饰，通常在齿台上方，凸起而似瘤状。

生长中心：刺体生长围绕的中心点，基腔的顶尖点。

龙脊：锥形分子中的龙脊是指刺体前缘或后缘较为锐利的脊；刷形分子中的龙脊是指刺体反口面上的脊状构造。

口方：基腔相对的一面。

齿台：刷形分子中刺体在基腔内、外两侧或其中一侧膨大的台状构造。

反口缘：反口方，即基腔所在一面，侧视轮廓的边缘。

7.2.2 图版及图版说明

除特殊注明外，所有标本均保存于中国科学院南京地质古生物研究所，比例尺为100 μm（图版7-12~7-25）。

图版 7-12 说明

1—5　弯曲瓦利塞尔齿刺 _Walliserodus curvatus_（Branson and Branson，1947）

1. NIGP149625，P分子，内侧视与外侧视；2. NIGP149623，M分子，内侧视与外侧视；3. NIGP149629，Sa分子，侧视；4. NIGP149628，Sb分子，内侧视与外侧视；5. NIGP149634，Sc分子，外侧视与内侧视。主要特征：该种M分子主齿后弯，与基部口缘成锐角（约60°）；P分子主齿前倾，前、后缘锐利，横截面呈透镜状；S分子均发育明显的肋脊，断面为不对称的三角形。产地：贵州石阡县雷家屯；层位：志留系兰多维列统鲁丹阶香树园组（Wang and Aldridge，2010，图版1，图1–2，5–6，11–14，22–23）。

6—11　长基陈齿刺 _Chenodontos makros_ Wang and Aldridge，2010

6. NIGP149656，Pa分子，侧视；7. NIGP149655，Pb分子，侧视；8. NIGP149666，M分子，内侧视；9. NIGP149660，Sa分子，侧视；10. NIGP149662，Sb分子，外侧视与内侧视；11. NIGP149658，Sc分子，外、内侧视。主要特征：M分子膝曲状，基部口缘与主齿后缘呈45°夹角；P分子基部较长，主齿两侧发育微弱肋脊；S分子侧面发育2~5条明显的肋脊，肋脊向基部延伸，但未达到反口缘。产地：贵州石阡县雷家屯；层位：志留系兰多维列统埃隆阶雷家屯组（Wang and Aldridge，2010，图版3，图1，3，7–8，11–12，14–15，29）。

12—14　贝克曼假奥尼克刺 _Pseudooneotodus beckmanni_（Bischoff and Sannemann，1958）

12. NIGP149649，侧视与口视；13. NIGP149650，侧视与口视；14. NIGP149652，侧视与口视。主要特征：该种呈锥状，基部形态呈亚三角形。产地：四川广元市宣河；层位：志留系兰多维列统特列奇阶宁强组神宣驿段（Wang and Aldridge，2010，图版2，图19–22，25–26）。

15　双尖假奥尼克刺 _Pseudooneotodus bicornis_ Drygant，1974

PVIII'WH26/135852，侧视。主要特征：该种锥体低矮，底部边缘呈三角形，顶部具2个分离的顶尖。产地：西藏申扎县5118高地东南坡；层位：志留系罗德洛统卢德福特阶扎弄俄玛组（王成源等，2004，图版2，图14）。

16　舌台假奥尼克刺 _Pseudooneotodus linguiplatos_ Wang，2013

正模，Bs15-10/149120，同一标本后方口视与侧视。主要特征：锥体横截面呈透镜状，锥体前缘向前凸起，后缘较平，其顶尖略向后弯曲。产地：四川盐边县稗子田；层位：志留系温洛克统申伍德阶"上稗子田组"（王成源等，2009，图版1，图7–8）。

17—18　横尖假奥尼克刺 _Pseudooneotodus transbicornis_ Wang，2013

17. PXXIV2/135826，正模，同一标本口视与侧视；18. PXXIV2/135827，口视。主要特征：锥体矮，反口缘轮廓呈三角形，锥体顶端发育一个横脊，无顶尖。产地：西藏申扎县5118高地东南坡；层位：志留系兰多维列统特列奇阶德悟卡下组（王成源等，2004，图版1，图1–3）。

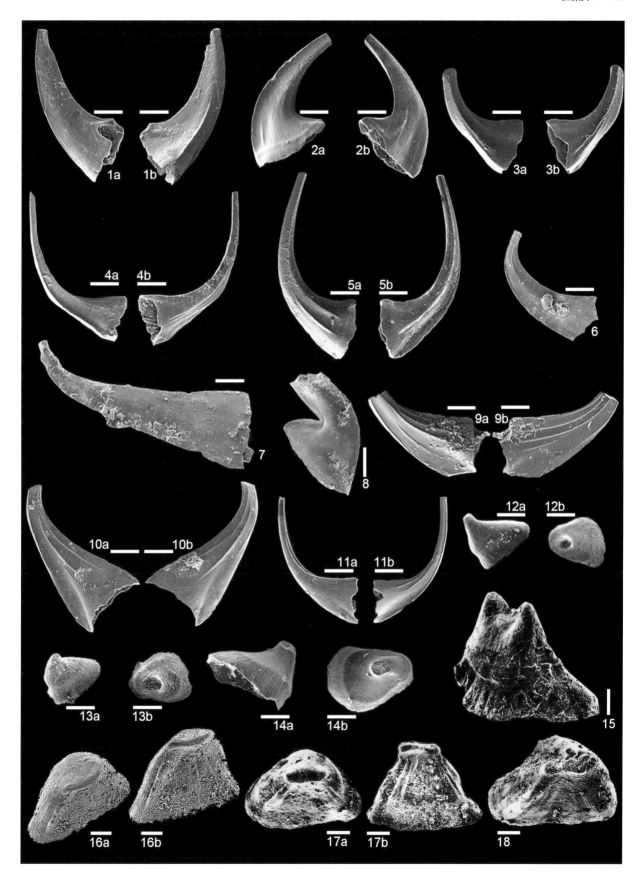

图版 7-13 说明

1 脆饰锥刺 *Decoriconus fragilis*（Branson and Mehl，1933）

NIGP149654，S分子，内侧视。主要特征：主齿前倾，主齿两侧近后缘处发育小齿沟，该齿沟伸向基部且逐渐变宽、深，刺体两侧发育纵向细齿纹（或齿线）。产地：贵州石阡县雷家屯；层位：志留系兰多维列统鲁丹阶上部至埃隆阶香树园组（Wang and Aldridge，2010，图版2，图29）。

2—6 大脊潘德尔刺 *Panderodus amplicostatus* Wang and Aldridge，2010

2. NIGP149672，qt分子，侧视；3. NIGP149673，pf分子，侧视；4. NIGP149674，pt分子，侧视；5. NIGP149675，qa分子，正模，侧视；6. NIGP149681，qg分子，侧视。主要特征：各个分子较为粗壮，p和q分子常发育有肋脊；q分子基部较长、主齿后弯；pf分子基部较短、主齿后弯强烈。产地：陕西宁强县玉石滩；层位：志留系兰多维列统特列奇阶宁强组神宣驿段（Wang and Aldridge，2010，图版4，图1–8，20–21）。

7—12 潘德尔氏潘德尔刺 *Panderodus panderi*（Stauffer，1940）

7. NIGP149683，qt分子，侧视；8. NIGP149682，pf分子，侧视；9. NIGP149685，pt分子，侧视；10. NIGP149689，qa分子，侧视；11. NIGP149688，qg分子，侧视；12. NIGP149684，ae分子，侧视。主要特征：各分子较为纤细，qt分子主齿强烈后弯，pf分子主齿近直立，各分子主齿前、后缘脊锐利，基腔为锥体高的一半。产地：贵州石阡县雷家屯；层位：志留系兰多维列统特列奇阶秀山组（Wang and Aldridge，2010，图版5，1–2，4–9，14–17）。

13—17 锯齿潘德尔刺 *Panderodus serratus* Rexroad，1967

13. NIGP149691，qt分子，侧视；14. NIGP149690，pf分子，侧视；15. NIGP149692，pt分子，侧视；16. NIGP149694，qa分子，侧视；17. NIGP149695，qg分子，侧视。主要特征：该种各分子较为纤细，最显著特征为qa分子的基部口缘发育微弱的锯齿状构造。产地：贵州石阡县雷家屯；层位：志留系兰多维列统埃隆阶雷家屯组（Wang and Aldridge，2010，图版5，图18–23，26–30）。

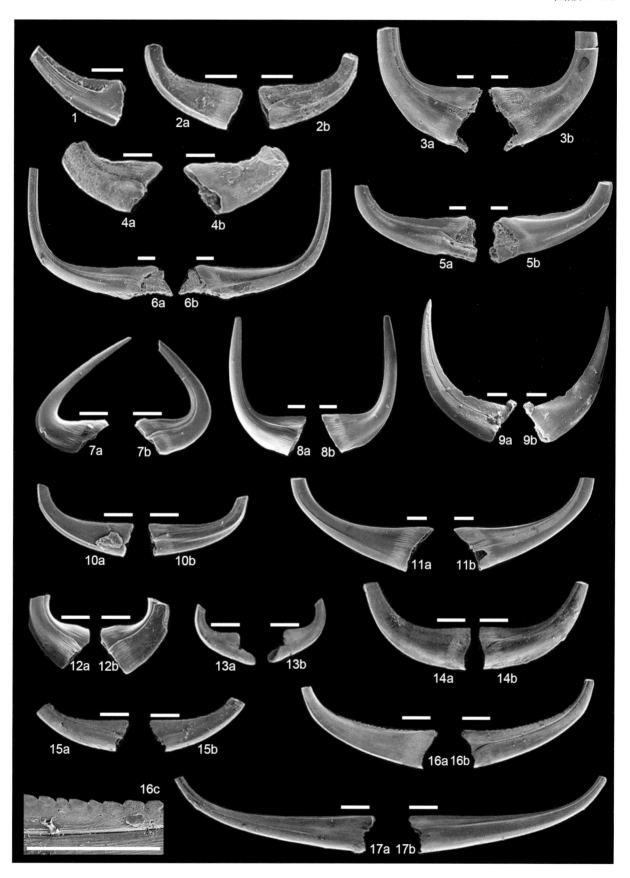

图版 7-14 说明

1—6　单肋脊潘德尔刺 *Panderodus unicostatus*（Branson and Mehl，1933）

1. NIGP149697，qt分子，侧视；2. NIGP149699，pf分子，侧视；3. NIGP149702，pt分子，侧视；4. NIGP149700，qa分子，侧视；5. NIGP149705，qg分子，侧视；6. NIGP149698，ae分子，侧视。主要特征：qt分子不对称，内侧发育细沟，齿沟贯穿基部及主齿，主齿稍后弯，基部近反口缘处发育细纹；pf分子主齿稍后弯，刺体内侧发育细沟并贯穿基部及主齿，主齿前缘钝圆、后缘锐利，基部反口缘与口缘成锐角；pt分子主齿前倾，前、后缘圆润，基部与主齿大致等长，内侧发育延伸反口缘的细沟，基部口缘与反口缘交角近90°；qa分子主齿向内扭曲，刺体内侧发育明显的肋脊，外侧发育细沟，口缘与反口缘成约45°夹角；qg分子主齿近直立，基部内侧发育肋脊，外侧发育细沟，口缘与反口缘成约45°夹角；ae分子对称，主齿近直立，前后缘圆润，两侧发育细沟口缘与反口缘成约60°夹角。产地：贵州石阡县雷家屯；层位：志留系兰多维列统特列奇阶秀山组上部（Wang and Aldridge，2010，图版6，图1–8，11–12，17–18）。

7—11　窄平片假小针刺 *Pseudobelodella spatha*（Zhou *et al*.，1981）

7. NIGP149718，?P分子，侧视；8. NIGP149716，S分子，外、内侧视；9. NIGP149717，S分子，外、内侧视；10. NIGP149719，S分子，内、外侧视；11. NIGP149722，S分子，外、内侧视。主要特征：?P分子主齿前倾，前、后缘较为锐利，主齿横截面呈透镜状，主齿外侧肋脊较为明显，基部相对较短但相对较高，口缘发育细齿，且靠近主齿方向呈增大趋势，近反口缘处无细齿；S分子基部较长，口缘发育细齿，但较?P分子口缘细齿小，S分子口缘细齿底部常发育细沟，且伸向反口缘。产地：陕西宁强县玉石滩；层位：志留系兰多维列统特列奇阶宁强组（Wang and Aldridge，2010，图版8，3–7，9–11，16–17）。

12—20　陕南盔颚刺 *Coryssognathus shaannanensis* Ding and Li，1985

12. NIGP149731，Pa分子，侧视和口视；13. NIGP149733，Pb分子，侧视；14. NIGP149740，Pc分子，侧视；15. NIGP149735，M分子，后视；16. NIGP149741，Sa分子，侧视和口视；17. NIGP149744，Sb，后视；18. NIGP149745，Sc分子，内、外侧视；19. NIGP149747，锥状分子，侧视；20. NIGP149748，锥状分子，后视。主要特征：Pa分子，舟状，发育有2~3个片状细齿，基腔浅，无内侧突起；Pb分子为三突分子，主齿粗壮、前倾，在内侧发育一小的细齿，基部呈三角形；Pc分子主齿呈片状，略扭曲，前、后缘锐利，在主齿的一侧发育一个凸起，凸起上发育1~2个明显的细齿，反口缘呈椭圆形；M分子主齿粗壮、直立或略有弯曲，前、后缘锐利，基部短，基腔浅、向两侧张开；Sa翼状分子，两侧对称，主齿粗壮，后突起发育1~2个细齿，两侧突起短且发育1~2个细齿；Sb分子不对称，主齿粗壮，直立，发育两个肋脊，且向反口缘延伸，形成两个侧突起，侧突起具细齿，后突起短，具1~2个细齿，基腔较大且深；Sc分子主齿略后弯，横截面为平凸形，后突起具1~5个细齿，主齿前缘向后下方延伸，形成前突起，具细齿，基部呈三角形，基腔深；锥形分子主齿近直立，主齿前、后缘锐利，基部呈三角形，基腔小且浅，有的分子基腔外翻。产地：贵州石阡县雷家屯；层位：志留系兰多维列统特列奇阶秀山组上段（Wang and Aldridge，2010，图版9，图1–2，5，8，13–15，18，20–21，24，26）。

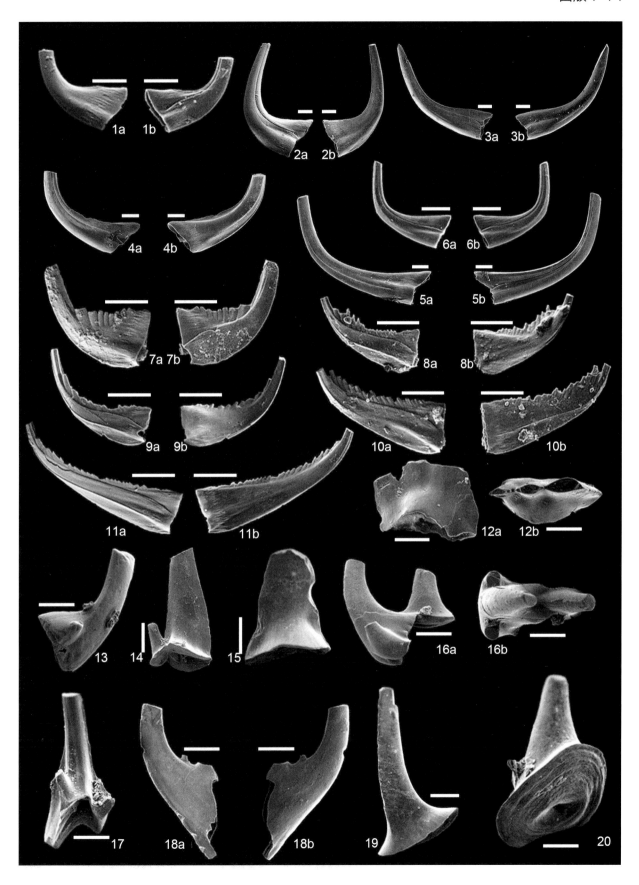

图版 7-15 说明

1—8　华夏异齿刺 *Distomodus cathayensis* Wang and Aldridge，2010

1. NIGP117112，Pa分子，正模，口视；2. NIGP149754，Pb分子，后视；3. NIGP149756，Pc分子，后视；
4. NIGP149764，M分子，后视；5. NIGP149760，Sa分子，后视；6. NIGP149757，Sb分子，后视；7. NIGP149765，Sc分子，侧视；8. NIGP149761，Sd分子，后视。主要特征：Pa分子具有5个突起，各突起发育中脊，各中脊交汇于3个点；其中1个突起较长，该突起齿脊由分离的细齿或瘤组成，细齿高度向远端呈增加趋势；其余4个突起长度相当，大致为最长突起的1/3。Pb分子为三脚状分子，主齿扭曲，前、后缘锐利，发育前、后以及内侧突起，其中前突起向下延伸、向外偏，前突起最长且发育4个细齿，基腔加大，呈三角形。Pc分子为三突形分子，主齿近直立、略扭曲，具1个侧肋脊，基腔张开、宽且浅。M分子为三角状分子，主齿略后倾，前、后缘锐利，内侧具较明显的隆脊，后突起较长，具细齿。基部呈三角形，内侧肿胀，基腔较大。产地：贵州石阡县雷家屯；层位：志留系兰多维列统特列奇阶秀山组下段（Wang and Aldridge，2010，图版10，图1、6、10–14、16）。

9—14　北极穹窿颚刺（亲近种）*Apsidognathus* aff. *arcticus* Armstrong，1990

9. NIGP149794，台形分子，口视；10. NIGP149795，lyriform分子，口视；11. NIGP149796，ambalodontan分子，侧视。12. AXU800/151279，lyriform分子，反口视和口视；13. AXU808/151280，astrognathodontan分子，口方侧视；14. AXU800/151281，台形分子，口视。主要特征：该亲近种区别于*A. arcticus*的主要特征在于lyriform分子的齿台两侧边缘发育显著的隆脊。产地：湖北秭归县杨林、陕西宁强县大竹坝；层位：志留系兰多维列统特列奇阶纱帽组顶部杨林段、宁强组（Wang and Aldridge，2010，图版13，图2–4；王成源等，2010，图版2，图2–5）。

15　结瘤穹窿颚刺 *Apsidognathus tuberculatus* Walliser，1964

NIGP149793，台形分子，口视。主要特征：该种lyriform分子较为特征，发育短而游离的前齿片，其后方的齿台是扁的椭圆形，后边缘直，前方、侧方齿台边缘发育网状或横脊装饰。台形分子有短的自由齿片和瘤状齿脊，齿脊由齿台中心向外辐射、大致呈弧形。产地：四川广元市宣河；层位：志留系兰多维列统特列奇阶宁强组神宣驿段（Wang and Aldridge，2010，图版13，图1）。

16—17　皱纹穹窿颚刺（比较种）*Apsidognathus* cf. *ruginosus* Mabillard and Aldridge，1983

16. AXU811/151290，台形分子，口视；17. AXU811/151291，扁的分子，口视。主要特征：台型分子齿台圆，自由齿片短，齿脊粗壮，由中前部延伸至齿台后端。产地：湖北秭归县杨林；层位：志留系兰多维列统特列奇阶纱帽组顶部杨林段（王成源等，2010，图版2，图17–18）。

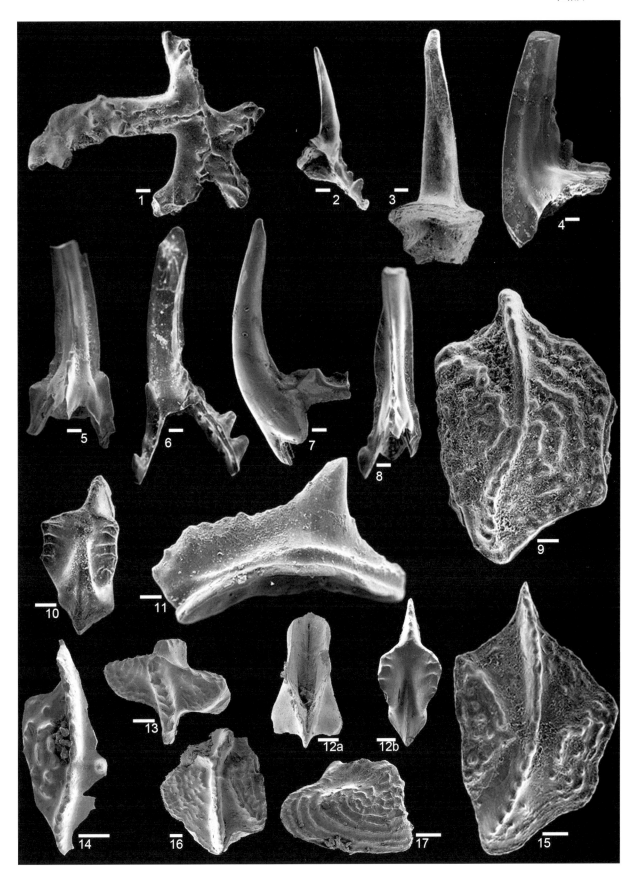

图版 7-16 说明

1—8　犁沟穹窿颚刺 *Apsidognathus aulacis* Zhou，Zhai and Xian，1981

1. AXU805/151285，lyriform分子，口视和侧视；2. AXU805/151286，astrognathodontan分子，侧视；3. NIGP149767，台形分子，口视和侧视；4. NIGP149769，台形分子，口视和侧视；5. NIGP149779，ambalodontan分子，侧视和口视；6. NIGP149771，lyriform分子，口视；7. NIGP149773，扁的分子1，内、外侧视；8. NIGP149775，扁的分子1，内、外侧视。主要特征：lyriform分子刺体拱曲，近对称，前端自由齿片发育1~3个底部愈合的细齿；齿台向后伸展，末端具细齿，且成脊状；两侧脊发育底部愈合的细齿，两侧脊之间凹陷且平滑，侧脊下方具薄的侧齿鞘，该分子基腔宽阔。Astrognathodontan分子，舟状，齿片呈拱形，对称，突起较短，齿片具底部愈合的细齿；突起排列与齿脊的两侧垂直，常具有中脊，在主齿下方基腔较深且宽。台形分子，舟状，宽，自由齿片短，穿过齿台形成弯曲的齿脊，齿脊高度向后逐渐变低，而成年标本则在中间近齿尖处最低。内齿台较外齿台窄，具明显的前方肩角；外齿台具2个齿叶，一般后方齿叶较为强壮；齿台口面发育瘤齿，瘤齿在齿台边缘更明显。Ambalodontan分子，三角舟形，主齿粗壮，前后突起发育细齿，两突起之间成140°~170°夹角；基腔较大，两侧张开，内齿叶一般光滑，大的标本中可能发育小瘤齿，外齿叶较窄，光滑。扁的分子1，刺体侧扁，前视呈浑圆的三角形到椭圆形，表面发育瘤齿和齿脊，但变化较大，弯曲、低的齿列与外齿面边缘平行；内齿面较短、光滑，底缘直；基腔窄、深。产地：湖北秭归县杨林、四川广元市宣河；层位：志留系兰多维列统特列奇阶纱帽组顶部杨林段、宁强组神宣驿段（王成源等，2010，图版2，图10－12；Wang and Aldridge，2010，图版11，图1-2，6-7，10，14–16，22–23）。

9—15　皱纹穹窿颚刺盾形亚种 *Apsidognathus ruginosus scutatus* Wang and Aldridge，2010

9. NIGP149781，台形分子，口视；10. NIGP149782，lyriform分子，口视、侧视；11. NIGP149785，扁的分子1，正模，口视、反口视；12. NIGP149786，ambalodontan分子，侧视；13. ?扁的分子2，外、内侧视；14. NIGP149791，astrognathodontan分子，后方口视；15. NIGP149790，astrognathodontan分子，口视。主要特征：台形分子，舟状，自由齿片穿过齿台成为齿脊，齿脊在顶尖处折曲；自由齿片和齿脊具愈合的细齿；外齿台较宽，具2个齿叶；内齿台轮廓近长方形，具瘤齿状的前侧脊，与齿脊呈30°夹角，后侧具不明显的瘤齿列。Lyriform分子，两侧近对称，前方自由齿片短；后方具宽大的齿台，齿台具中槽，齿台发育横向的脊，且穿过中槽；两侧具细齿，细齿下方平滑。Ambalodontan分子，主齿后倾，基腔大，前突起较长，发育细齿，后突起较短。扁的分子1，外侧面向下延伸，较长；内侧面较短，仅为外侧面的1/4；内侧面表面平滑，具凸出的底缘；外侧面侧视大致呈三角形，成盾状，表面发育大致平行的脊状构造。扁的分子2，主齿后倾，主齿两侧发育隆脊，且向基部延伸；刺体前缘表面具有瘤齿状构造；刺体后缘较平滑，近反口缘处常见单个瘤齿；基腔较大、深。Astrognathodontan分子，星舟形，前后突起相连呈拱曲的脊，无明显主齿；两个侧突起长度不一，内侧突起较长，2倍于外侧突起，内侧突起具不规则瘤齿状构造。产地：四川广元市宣河、云南大关县黄葛溪；层位：志留系兰多维列统特列奇阶宁强组神宣驿段、大路寨组（Wang and Aldridge，2010，图版12，图1-3，6，10–11，12–13，17–18）。

图版 7-17 说明

1—8 始羽翼片刺 *Pterospathodus eopennatus* Männik，1998

1. NIGP149815，Pb分子，侧视；2. NIGP149818，Pc分子，侧视；3. NIGP149811，Pa分子，口视；4. NIGP149813，Pa分子，侧视；5. NIGP149819，M分子，后视；6. NIGP149817，Sa／Sb分子，后视；7. NIGP149820，Sc分子，外侧视；8. NIGP149821，carniodiform分子，侧视。主要特征：Pa分子形态变化较大，具内侧突起；Pb分子主齿直立、粗壮，前、后缘锐利，前突起较长，夹角约110°；Pc分子主齿前倾，前后突起通常具2~3个细齿。产地：贵州石阡县雷家屯；层位：志留系兰多维列统特列奇阶秀山组上段（Wang and Aldridge，2010，图版14，图3、5、7、9、11–14）。

9 羽状翼片刺羽状亚种 *Pterospathodus pennatus pennatus*（Walliser，1964）

PXXIV4/135830，Pa分子，口视。主要特征：前后突起直，发育细齿，前突起较长，后突起较短且向下延伸；刺体中部发育内、外侧突起，外侧突起较内侧突起长。产地：西藏申扎县5118高地东南坡；层位：志留系兰多维列统特列奇阶德悟卡下组（王成源等，2004，图版1，图8）。

10—11 伸展翼片刺 *Pterospathodus procerus*（Walliser，1964）

10. NIGP149829，Pa分子，侧视、口视；11. NIGP149830，Pb分子，侧视。主要特征：Pa分子，前突起长、直，略向前下方伸展，宽度向前变窄，具细齿，靠近主齿的细齿较大；后突起较前突起稍短，末端略弯曲，具细齿，靠近主齿的细齿较大；发育外侧突起，外侧突起具细齿，且向远端变小；基腔小，具微弱的齿台凸棱。Pb分子，具明显的主齿，直立，前后突起发育细齿，细齿底部与反口缘之间具凸棱，前后突起夹角约130°。产地：四川广元市宣河；层位：志留系兰多维列统特列奇阶宁强组神宣驿段（Wang and Aldridge，2010，图版15，图1–3）。

12—18 中华翼片刺 *Pterospathodus sinensis* Wang and Aldridge，2010

12–13. NIGP149844，Pa分子，正模，侧视、顶视；14. NIGP149847，Pb分子，侧视；15. NIGP149850，Pc分子，侧视；16. NIGP149851，M分子，后视；17. NIGP149853，Sa／Sb分子，侧视；18. NIGP149852，Sc分子，外侧视。主要特征：Pa分子短，拱曲，主齿明显；前突起较长，发育细齿；前后突起夹角约110°；基腔两侧膨胀，口视近圆形。Pb分子，前后突起具细齿，前突起较大、长，与后突起夹角约90°。Pc分子具前后突起，且发育细齿，主齿强壮，稍前倾，前、后缘锐利；基腔向两侧张开。产地：四川广元市宣河；层位：志留系兰多维列统特列奇阶宁强组神宣驿段（Wang and Aldridge，2010，图版15，图18–19、22–23、26–28）。

19—20 似变颚翼片刺角亚种（比较亚种）*Pterospathodus amorphognathoides* cf. *angulatus*（Walliser，1964）

19. AXU808/151275，Pa分子，侧视、口视；20. AXU811/151272，Pb分子，侧视、口视。主要特征：与典型的*P. a. angulatus*相比，当前的Pa分子细齿较少，不到20个细齿。产地：湖北秭归县杨林；层位：志留系兰多维列统特列奇阶纱帽组杨林段（王成源等，2010，图版1，图9–10、15–16）。

21 似变颚翼片刺角亚种 *Pterospathodus amorphognathoides angulatus*（Walliser，1964）

Sx34cn79，Pa分子，口视。主要特征：Pa分子较长，具内侧突起，齿片中部细齿较低。产地：四川广元市宣河；层位：志留系兰多维列统特列奇阶宁强组（金淳泰等，1992，图版3，图5；标本保存于中国地质调查局成都地质调查中心）。

22 似变颚翼片刺似变颚亚种 *Pterospathodus amorphognathoides amorphognathoides* Walliser，1964

Bs11-4/149094，Pa分子，口视。主要特征：所有分子具有宽阔的基部齿台或齿台凸棱。产地：四川盐边县稗子田；层位：志留系兰多维列统特列奇阶"下稗子田组"（金淳泰等，2005，图版1，图5）。

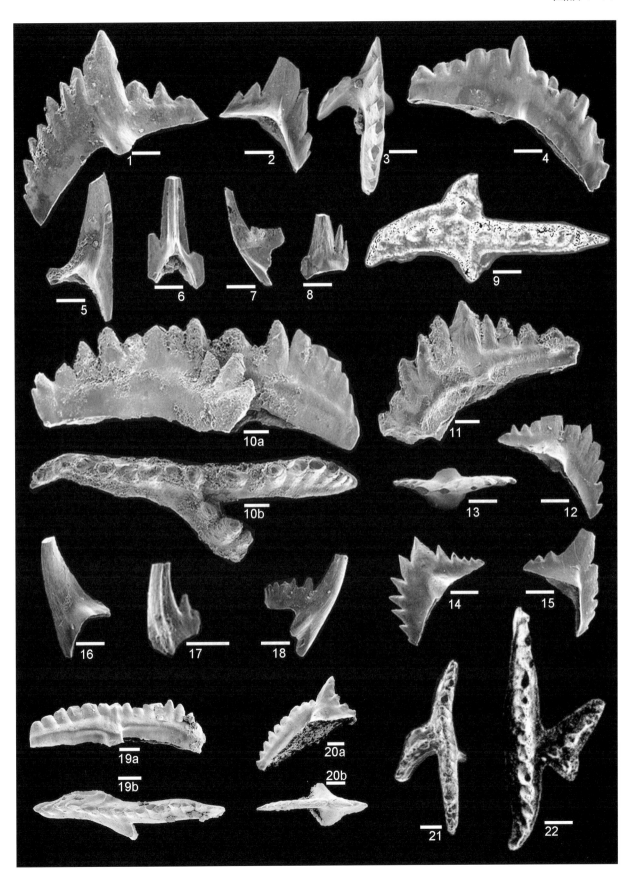

图版 7-18 说明

1—8 大穴盔齿刺 *Galerodus macroexcavatus*（Zhou *et al.*，1981）

1-2. NIGP149874，Pa分子，侧、口视；3. NIGP149877，Pa分子，侧视；4. NIGP149880，?Pc分子，侧视；5. NIGP149878，M分子，侧视；6. NIGP149883，Sa分子，侧视；7. NIGP149888，Sb分子，侧视；8. NIGP149886，Sc分子，内侧视。主要特征：Pa分子，侧视拱曲，口视缓慢弯曲，基腔开阔，口缘具6~12个直立的细齿；?Pc分子，主齿粗壮，前、后缘锐利，后突起较短，前突起向侧下方延伸，具细齿。M分子，主齿前倾，前后缘锐利，中间具隆脊，前突起无细齿，后突起具数个细齿，基腔较小。产地：贵州石阡县雷家屯；层位：志留系兰多维列统特列奇阶秀山组上段（Wang and Aldridge，2010，图版17，图1–2，5–6，8，11，16，18）。

9—10 多变小贝刺 *Icriodella inconstans* Aldridge，1972

PVIII WH14/135848，反口视、口视。主要特征：刺体台状，窄、长，齿台上发育不规则瘤齿或瘤齿列；主齿较大，主齿前方的细齿较大，后方的细齿呈瘤状，或成横脊。产地：西藏申扎县5118高地东南坡；层位：志留系兰多维列统特列奇阶德悟卡下组（王成源等，2004，图版2，图8–9）。

11—14 石阡扭曲刺 *Oulodus shiqianensis*（Zhou，Zhai and Xian，1981）

11. NIGP149904，Pa分子，后视；12. NIGP149903，Pb分子，后视；13. NIGP149906，Sa分子，后视；14. NIGP149908，Sc分子，内侧视。主要特征：Sa分子最具特征，该分子两个侧突起较宽、拱曲，且发育细齿；后突起较长，具细齿。Sc分子前侧突起较短，向后下方延伸；后突起较长，后突起上的细齿相间较宽。产地：四川广元市宣河；层位：志留系兰多维列统特列奇阶宁强组神宣驿段（Wang and Aldridge，2010，图版18，图12–13，15，17）。

15—18 安古隆扭曲刺（亲近种）*Oulodus* aff. *angullongensis* Bischoff，1986

15. NIGP149892，Pa分子，后视；16. NIGP149893，Pb分子，后视；17. NIGP149894，Sb分子，后视；18. NIGP149896，M分子，后视。主要特征：Pa分子，指掌状，具突出的主齿和近等长的侧突起；内侧突起较长，向前扭转，具8个细齿；外突起相对短，具6个细齿；主齿下方基腔浅。Pb分子，不如Pa分子扭曲，具显著主齿；两个突起近等长，内突起向前弯；外突起较直，突起下缘强烈拱曲；基腔浅。Sb分子，拱曲，不对称；侧突起稍扭曲，具5个分离的细齿，细齿横截面呈圆形。M分子，主齿基部加厚，横截面呈圆形；外侧突起较长，具6个细齿；内侧突起短，具1~2个细齿；基腔浅。产地：贵州石阡县雷家屯；层位：志留系兰多维列统鲁丹阶上部至埃隆阶香树园组（Wang and Aldridge，2010，图版18，图1–3，5）。

19—21 帕努阿扭曲刺（亲近种）*Oulodus* aff. *panuarensis* Bischoff，1986

19. NIGP149898，Pb分子，后视；20. NIGP149899，M分子，后视；21. NIGP149900，Sa分子，后视。主要特征：M分子最为特征，主齿近直立，前、后缘平滑，横截面呈椭圆形，基部呈三角形，后突起上发育粗壮的细齿；基腔较大。该亲近种与*O. panuarensis*的主要区别在于，M分子的基腔膨大及前缘向侧下方伸展。Sa分子，对称，主齿后弯，两侧具锐利的棱脊，且向两侧下方延伸，分别形成2个侧突起；侧突起具细齿；基腔小。Pb分子，主齿侧扁，前、后缘具棱脊，两侧相对平滑，两侧突起具细齿；后突起较短，无细齿；基腔较宽，后翻。产地：贵州石阡县雷家屯；层位：志留系兰多维列统鲁丹阶香树园组（Wang and Aldridge，2010，图版18，图7–9）。

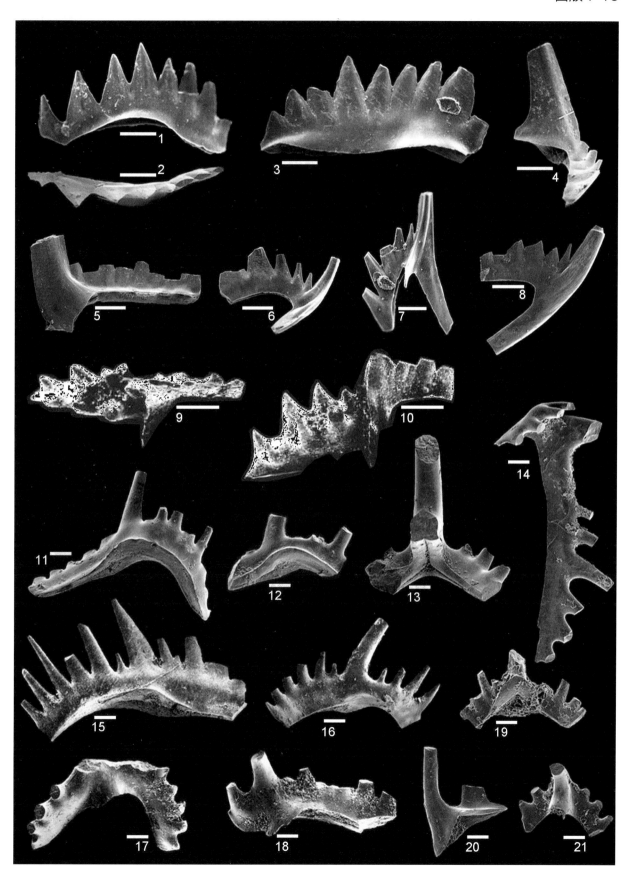

图版 7-19 说明

1—5　三脚状扭曲刺 *Oulodus tripus* Wang and Aldridge，2010

1. NIGP149912，Pa分子，后视；2. NIGP149915，Pb分子，后视；3. NIGP149920，M分子，后视；4. NIGP149922，Sa分子，正模，后视；5. NIGP149923，Sb分子，后视。主要特征：所有分子的基腔较宽、浅；Pa分子，刺体较直，主齿直立，突起扭转。Sa和Sb分子主齿稍后弯，横截面呈三角形；Sa分子主齿后缘锐利，无后突起；Sb分子的突起末端强烈弯曲。产地：贵州石阡县雷家屯；层位：志留系兰多维列统特列奇阶秀山组下段（Wang and Aldridge，2010，图版19，图1，4，9，11，14）。

6　膨胀假矛刺 *Pseudolonchodina expansa*（Armstrong，1990）

NIGP149928，Pb分子，后视。主要特征：Pb分子，指掌状分子，主齿直立，前后突起具细齿，前后突起呈90°。产地：贵州石阡县雷家屯；层位：志留系兰多维列统埃隆阶雷家屯组（Wang and Aldridge，2010，图版20，图1）。

7—12　弗吕格尔假矛刺 *Pseudolonchodina fluegeli*（Walliser，1964）

7. NIGP149929，Pa分子，后视；8. NIGP149937，Pb分子，后视；9. NIGP149939，M分子，内侧视；10. NIGP149935，Sa分子，后视；11. NIGP149943，Sb分子，后视；12. NIGP149940，Sc分子，内侧视。主要特征：该种各分子基腔较窄，细齿侧扁；Pa、Pb、M、Sb和Sc分子的突起具不同程度的扭曲，其中Sb分子变化较大。产地：贵州石阡县雷家屯；层位：志留系兰多维列统特列奇阶秀山组（Wang and Aldridge，2010，图版20，图2，8，12，14–15）。

13—18　肯塔基雷克斯鲁德刺（亲近种）*Rexroadus* aff. *kentuckyensis*（Branson and Branson，1947）

13. NIGP149954，Pa分子，内侧视；14. NIGP149955，?Pb分子，内侧视；15. NIGP149956，?M分子，后视；16. NIGP149957，?Sa分子，后视；17. NIGP149958，?Sb分子，侧视；18. NIGP149959，?Sc分子，内侧视。主要特征：Pa分子，梳状或指掌状分子，弯曲并稍拱曲，细齿横截面呈透镜状，基部侧扁，基腔浅。?Pb分子，三角状分子，主齿粗壮，前、后缘锐利；前突起向侧下方延伸，具细齿。?M分子，主齿近直立，前、后缘锐利；前突起向内侧稍弯曲，具细齿，基腔向内张开。?Sa分子，翼状分子，两侧突起对称，无后突起，主齿横截面呈三角形，后缘锐利。?Sb分子，主齿稍扭曲前后缘隆起，具两个侧突起；基腔在主齿下方略张开，且向侧突起延伸。?Sc分子，主齿后弯，前突起后向内弯曲，基腔较窄且浅。产地：贵州石阡县雷家屯；层位：志留系兰多维列统特列奇阶秀山组上段（Wang and Aldridge，2010，图版21，图7–12）。

19—20　布劳恩伦德奥泽克刺 *Ozarkodina broenlundi* Aldridge，1979

19. AXU808/151268，P₁分子，侧视；20. NIGP149964，P₁分子，侧视。主要特征：该种各分子基腔浅，且局限。P₁分子，梳状，具突出主齿，主齿前具一个大的细齿，齿片前端的细齿高。产地：湖北秭归县杨林、陕西宁强县玉石滩；层位：志留系兰多维列统特列奇阶纱帽组杨林段和王家湾组（王成源等，2010，图版1，图5；Wang and Aldridge，2010，图版22，图1）。

21—22　似变颚翼片刺勒纳特亚种（亲近亚种）*Pterospathodus amorphognathoides* aff. *lennarti* Männik，1998

21. NIGP149809，Pa分子，口视；22. NIGP149810，Pa分子，口视。主要特征：Pa分子，三突状舟形分子，个体较大，齿片直；外侧突起短，具底的轴脊，远端为一瘤齿；内侧突起，指向前方，与齿脊之间区域较为平滑；前分支较长，具5个小瘤齿，后分支较短，仅有1个瘤齿。产地：四川广元市宣河；层位：志留系兰多维列统特列奇阶宁强组神宣驿段（Wang and Aldridge，2010，图版14，图1–2）。

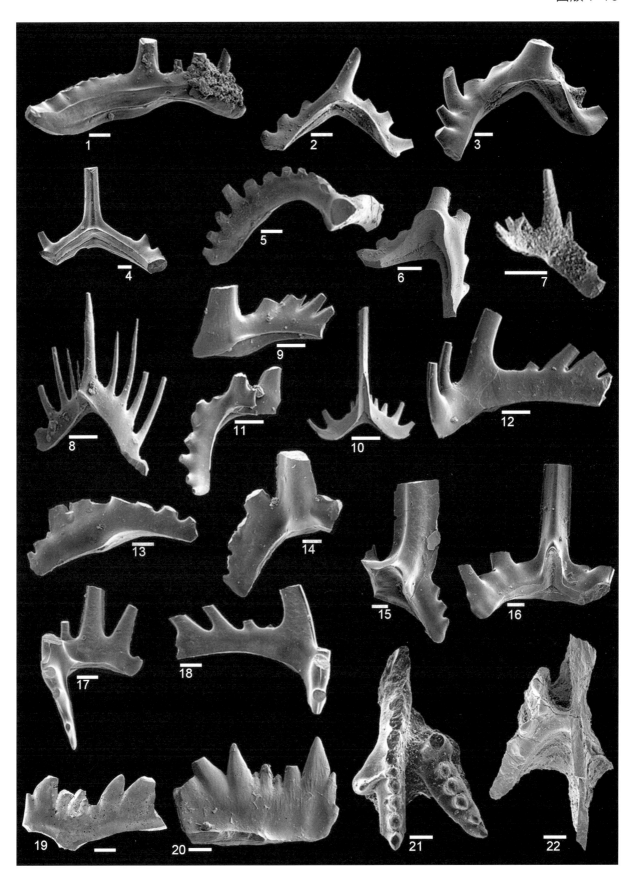

图版 7-20 说明

1—4 波西米亚奥泽克刺 *Ozarkodina bohemica*（Walliser，1964）

1. TGC320-30032，P$_1$分子，口视；2. TGC320-30033，P$_1$分子，口视；3. TGC320-30031，P$_1$分子，侧视；4. TGC320-30030，P$_1$分子，反口视。主要特征：基腔位于齿片后方，基腔轮廓近圆形，基腔上方细齿愈合。产地：西藏定日县帕卓区；层位：志留系温洛克统可德组（邱洪荣，1985，图版2，图3；邱洪荣，1988，图版1，15–17；标本保存于中国地质科学院地质研究所）。

5—6 卡迪亚奥泽克刺（比较种）*Ozarkodina* cf. *cadiaensis* Bischoff，1986

5. NIGP149966，P$_1$分子，侧视；6. NIGP149968，P$_2$分子，内侧视。主要特征：P$_1$分子，梳状，基腔较小，齿唇与齿片垂直，齿片口缘细齿大小均一；后突起稍长，末端稍内弯。P$_2$分子，主齿大，侧偏，稍后倾，前、后缘锐利；基部呈三角形，主齿前方具一细齿，后突起具5个细齿；基腔小。产地：四川广元市宣河；层位：志留系兰多维列统特列奇阶宁强组神宣驿段（Wang and Aldridge，2010，图版22，图3，5）。

7—15 皱奥泽克刺 *Ozarkodina crispa*（Walliser，1964）

7. NIGP149976，P$_1$分子，口视；8. NIGP149972，P$_2$分子，口视；9. NIGP149969，P$_1$分子，口视；10. NIGP149979，M分子，侧视；11. NIGP149970，S$_0$分子，后视；12. CD514-1/NIGP74933，口视、侧视；13. CD515/NIGP74932，侧视、口视；14. CD548/NIGP74925，口视、侧视。15. Ecn85-04674，P$_2$分子，侧视。主要特征：P$_1$分子具不对称、宽阔膨大的基腔，齿片口缘直，有的标本前端稍高，有的标本具中齿槽，齿片终止于基腔后缘或后缘前方。P$_2$分子，主齿较大，前、后缘锐利；前、后齿片具细齿，前齿片较长；基腔位于主齿下方，较小。产地：云南曲靖市廖角山和四川天全县鸳鸯岩–麻柳桥；层位：志留系罗德洛统卢德福特阶妙高组和洒水岩组（金淳泰等，1989，图版8，图7，标本保存于中国地质调查局成都地质调查中心；Walliser and Wang，1989，图版1，图3，10–11；Wang and Aldridge，2010，图版22，图6–7，9，13，16）。

16 似变颚翼片刺勒纳特亚种 *Pterospathodus amorphognathoides lennarti* Männik，1998

IISX0cnf9，Pa分子，口视。主要特征：Pa分子，分叉的内侧突起第一个瘤齿离开主齿列，并与主齿列之间由窄而高的齿脊连接。产地：四川广元市宣河；层位：志留系兰多维列统特列奇阶宁强组（金淳泰等，1992，图版3，图6；标本保存于中国地质调查局成都地质调查中心）。

17 瘦波拉尼刺 *Pranognathus tenuis*（Aldridge，1972）

AXU-617/154026，Pa分子，口视。主要特征：Pa分子，台形分子，具前、后、外侧以及分叉的内侧突起；外侧突起较内侧突起长，但不分叉；内侧突起，前方二级次突起较后方的长；刺体呈五角星状；齿台反口面具长而宽的齿槽，齿槽向远端变窄。产地：贵州沿河县大毛垭；层位：志留系兰多维列统埃隆阶小河坝组（王成源等，2010，图3A）。

18 后瘦波拉尼刺 *Pranognathus posteritenuis*（Uyeno，1983）

Pa分子，口视。主要特征：Pa分子，台形分子，具前、后、外侧和分叉的内侧突起。前后突起的齿脊较直，在同一直线上；外侧突起短，无瘤齿或齿脊；内侧突起宽大，具2个齿叶，每个齿叶上具有瘤齿组成的齿脊。产地：宁夏同心县塌石头沟；层位：志留系兰多维列统埃隆阶照花井组（安泰庠和郑昭昌，1990，图版XV，图2；保存于北京大学地球与空间科学学院）。

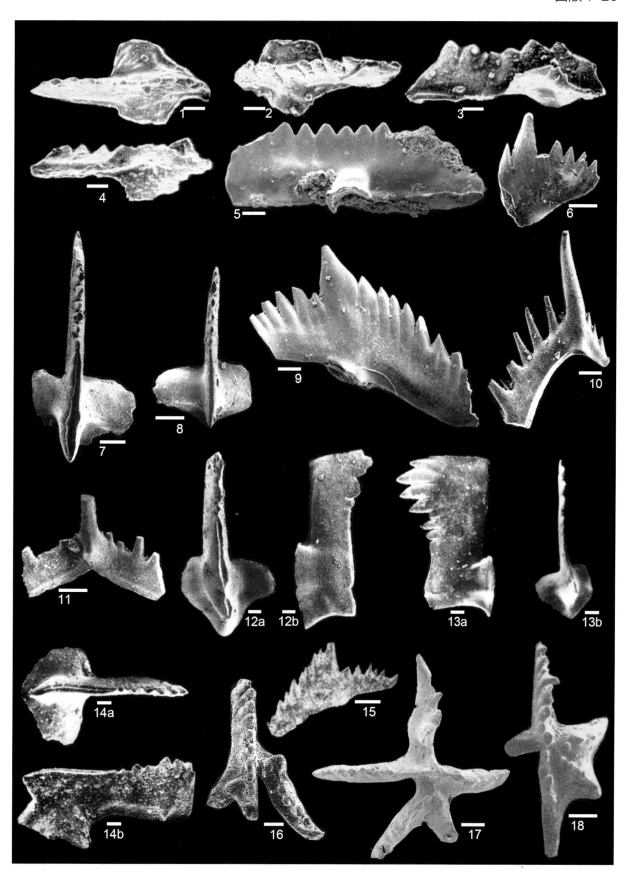

图版 7-21 说明

1—6　贵州奥泽克刺 *Ozarkodina guizhouensis*（Zhou，Zhai and Xian，1981）

1. NIGP149983，P$_1$分子，侧视；2. NIGP149991，P$_1$分子，内侧视；3. NIGP149993，P$_2$分子，外侧视；4. NIGP149986，S$_{1-2}$分子，后视；5. NIGP149989，S$_{3-4}$分子，内侧视；6. NIGP149987，M分子，内侧视。主要特征：该种的各分子均粗壮，基腔浅，且具有窄缝状的齿槽，主齿下方基腔翻转。P$_1$分子前突起较长，向下方延伸，具8个底部愈合的细齿，后突起较短，仅为前突起的1/3，具2~4个细齿。S$_0$分子具有短而细的后突起。产地：贵州石阡县雷家屯；层位：志留系兰多维列统特列奇阶秀山组下段（Wang and Aldridge，2010，图版23，图1，4，5–7，12）。

7—11　哈斯奥泽克刺（亲近种）*Ozarkodina* aff. *hassi*（Pollock *et al.*，1970）

7. NIGP150003，P$_1$分子，侧视；8. NIGP150000，P$_2$分子，侧视；9. NIGP150005，M分子，侧视；10. NIGP150007，S$_0$分子，后视；11. NIGP150008，S$_{3-4}$分子，内侧视。主要特征：P$_1$分子，梳状分子，齿片直或微弯曲，前突起较后突起长，具4~7个细齿；主齿后倾；后突起短，具2~4个细齿，基腔小；P$_2$分子，主齿较大，前突起向前下方延伸，具2~4个细齿，基腔小。产地：贵州石阡县雷家屯；层位：志留系兰多维列统鲁丹阶龙马溪组（Wang and Aldridge，2010，图版23，图15，19，24，26–27）。

12—13　泸定奥泽克刺 *Ozarkodina ludingensis* Yu，1989

12. Ecn85-04377，Pb分子，正模，侧视；13. Ecn85-04459，Pb分子，副模，侧视。主要特征：Pb分子，刺体侧扁，向内侧弯曲，底缘呈弧形；主齿大、后倾，前后缘锐利；前齿片具7~9个后倾的细齿，后齿片稍短，具5~7个细齿。产地：四川泸定县罗圈湾；层位：志留系兰多维列统特列奇阶驷狗岩组和兴隆组（金淳泰等，1989，图版4，图15–16；标本保存于中国地质调查局成都地质调查中心）。

14—15　肥胖奥泽克刺 *Ozarkodina obesa*（Zhou，Zhai and Xian，1981）

14. NIGP150009，P$_1$分子，侧视；15. NIGP150012，P$_1$分子，侧视。主要特征：P$_1$分子，齿片最前端细齿较大、高；主齿与细齿大小相近；基腔浅、较长，向后方逐渐变窄。产地：云南大关县黄葛溪；层位：志留系兰多维列统埃隆阶黄葛溪组（Wang and Aldridge，2010，图版24，图1，4）。

16—23　拟哈斯奥泽克刺 *Ozarkodina parahassi*（Zhou，Zhai and Xian，1981）

16. NIGP150017，P$_1$分子，侧视；17. NIGP150019，P$_1$分子，侧视；18. NIGP150020，P$_1$分子，侧视；19. NIGP150021，P$_2$分子，侧视；20. NIGP150023，?M分子，内侧视；21. NIGP150026，?S$_0$分子，后视；22. NIGP150025，?S$_{1-2}$分子，后视；23. ?S$_{3-4}$分子，内侧视。主要特征：P$_1$和P$_2$分子前突起和后突起均具有明显的主齿，细齿较少；P$_1$分子前端有一个大的细齿；主齿位于主齿下方、外翻，具齿唇。P$_2$分子，三角状；主齿较大；前、后缘锐利；前突起具4~5个愈合的细齿，且向远端变高；后突起稍短，具4~5个细齿，大小不一；基腔小，位于主齿之下，具齿唇。产地：云南大关县黄葛溪；层位：志留系兰多维列统埃隆阶黄葛溪组（Wang and Aldridge，2010，图版24，图10，12–13，16–19）。

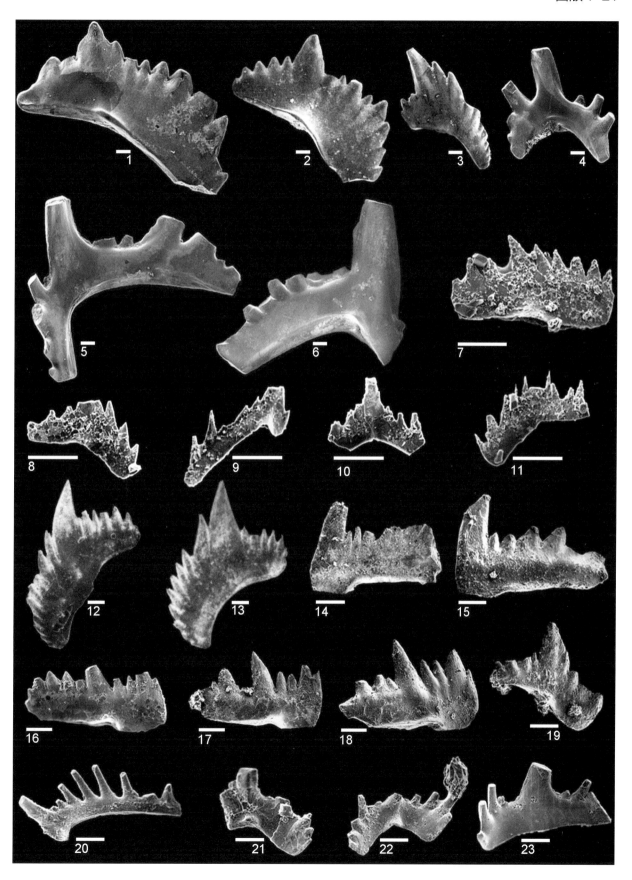

图版 7-22 说明

1—7　王竹奥泽克刺 *Ozarkodina wangzhunia* Wang and Aldridge，2010

1. NIGP150050，P_1分子，侧视；2. NIGP150074，P_1分子，正模，侧视；3. NIGP150073，P_2分子，侧视；4. NIGP150072，M分子，内侧视；5. NIGP150076，S_0分子，后视；6. NIGP150075，S_{1-2}分子，后视；7. NIGP150077，S_{3-4}分子，内侧视。主要特征：P_1分子，齿片前端具较其他细齿高、直立的细齿；其他细齿顶尖呈一个拱曲的上缘，细齿一般后倾；细齿高度先增加，后逐渐降低；基腔浅、张开，前端最宽。P_2分子，主齿较大、后倾；前突起前下方延伸，具近等大的细齿；后突起具细齿、稍短；基腔位于主齿下方、具齿唇，主齿下方最宽，且向前后收缩呈齿槽状。产地：贵州石阡县雷家屯；层位：志留系兰多维列统埃隆阶雷家屯组（Wang and Aldridge，2010，图版26，图14–15，17，19，21–23）。

8—10　拟薄片状奥泽克刺 *Ozarkodina paraplanussima*（Ding and Li，1985）

8. NHMX1142，P_1分子，侧视；9. NIGP150045，M分子，内侧视；10. NIGP150047，?S_0分子，后视。主要特征：P_1分子，反口缘直，侧方表面下方具一凹槽且与反口缘平行，基腔位于中部，略向两侧膨胀，口缘具10~15个细齿，细齿上具明显的齿线。M分子，双羽状分子；主齿明显；前后突起呈近90°夹角。产地：贵州石阡县雷家屯；层位：志留系兰多维列统特列奇阶秀山组上段（Wang and Aldridge，2010，图版26，图13，24，26）。

11—16　水盗奥泽克刺 *Ozarkodina pirata* Uyeno and Barnes，1983

11. NIGP150058，P_1分子，侧视；12. NIGP150063，P_2分子，侧视；13. NIGP150065，M分子，内侧视；14. NIGP150066，S_0分子，后视；15. NIGP150067，S_{1-2}分子，后视；16. NIGP150069，S_{3-4}分子，内侧视。主要特征：P_1分子，下边缘轮廓直，基腔收缩、小，口缘发育7~10个的细齿，主齿最大，后倾。Pb分子，主齿大，前后缘锐利，后倾；前突起稍长，具4个细齿，后突起短，具2~3个细齿，基腔小。产地：贵州石阡县雷家屯；层位：志留系兰多维列统埃隆阶雷家屯组（Wang and Aldridge，2010，图版26，图1，6，8–10，12）。

17—21　沃古拉奥泽克刺 *Ozarkodina waugoolaensis* Bischoff，1986

17. NIGP150078，P_1分子，侧视；18. NIGP150083，M分子，内侧视；19. NIGP150082，P_2分子，侧视；20. NIGP150089，S_{3-4}分子，内侧视；21. NIGP150086，S_0分子，后视。主要特征：P_1分子，梳状分子，齿片长、直；主齿较宽，后倾，位于齿片的后端；前齿片较后齿片高，具5~8个宽且直立的细齿；后齿片具6个细齿；基腔浅，具矛状齿唇。P_2分子，三角状分子；主齿大；前齿片较长，具5~6个细齿；后齿片稍短，具6个细齿，细齿较小；基腔浅，具矛形齿唇。M分子，锄状分子，主齿突出，前突起稍侧弯，具密集排列的细齿；后突起短，一般无细齿或具2个愈合的细齿；基腔浅，位于主齿和前突起下方。S_0分子，翼状分子；主齿直立，横截面呈透镜型；具后突起以及2个侧突起；2个侧突起较高，呈80°夹角，侧突起发育细齿，细齿下部愈合；基腔小，位于主齿之下。产地：陕西宁强县玉石滩；层位：志留系兰多维列统特列奇阶王家湾组（Wang and Aldridge，2010，图版27，图1，5–6，9，12）。

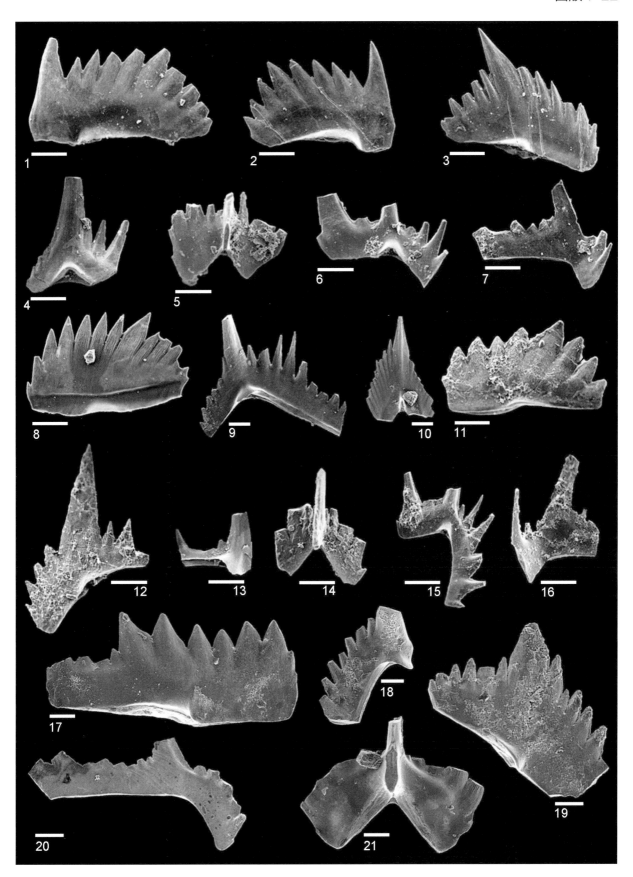

图版 7-23 说明

1 斯纳德尔奥泽克刺 *Ozarkodina snajdri*（Walliser，1964）

P₁分子同一标本的口方侧视、口视与反口视。主要特征：该种P₁分子基腔内、外齿叶大略有不同，近对称，其齿片向后延伸，在基腔后缘形成一个短的齿片。产地：四川广元市宣河；层位：志留系罗德洛统卢德福特阶车家坝组（金淳泰等，1992，图版3，图13，17；标本保存于中国地质调查局成都地质调查中心）。

2—4 天泉奥泽克刺 *Ozarkodina tianquanensis* Yu，1989

2. Ecn85-04660，正模，同一标本侧视、口视；3. Ecn85-04662，P₁分子，侧视；4. Ecn85-04659，P₁分子，侧视。主要特征：该种P₁分子前齿片直，具有5~6个细齿，最前端2~3细齿较大；主齿大、宽，主齿前方发育一个与主齿等高的细齿；后突起较短，发育2个较小的细齿；基腔位于中后部，两侧稍膨大。产地：四川天全县两路乡；层位：志留系兰多维列统特列奇阶爆火岩组（金淳泰等，1989，图版3，图7a–7b；图版3，图10–11；标本保存于中国科学院南京地质古生物研究所）。

5 无边缘似多颚刺 *Polygnathoides emarginatus*（Branson and Mehl，1933）

Bs18-23/149101，同一标本侧视、反口视、口视。主要特征：Pa分子，主齿较大，后倾，前后浑圆，刺体不对称；齿脊较直，前齿片具5个细齿，后齿片具3个细齿；外侧具较大的齿台，齿台外缘不平整，具不规则的、微弱的脊状隆起；基腔较小，且向前后齿片以及侧齿台延伸，呈窄的沟槽状。产地：四川盐边县稗子田；层位：志留系罗德洛统高斯特阶沟口组（金淳泰等，2005，图版1，17–19；图版2，图3）。

6 志留似多颚刺 *Polygnathoides siluricus* Branson and Mehl，1933

Bs18-26/149104，同一标本反口视、口视、侧视。主要特征：Pa分子，台形，顶视轮廓呈菱形，不对称；齿台前端较后端长，具明显的齿脊，位于大致中间位置，略弯曲；齿脊由细齿组成，前端及后端细齿较高，中间细齿较低，细齿横截面呈圆形；刺体边缘略加厚，具褶脊，中间部位具一明显的"V"字形凹陷；基腔小、略微张开，且向前后延伸形成齿沟，齿沟位于脊状构造的中部。产地：四川盐边县稗子田；层位：志留系罗德洛统高斯特阶和卢德福特阶沟口组（金淳泰等，2005，图版2，图4–5）。

7—12 普斯库乌尔姆刺 *Wurmiella puskuensis*（Männik，1994）

7. NIGP150116，P₂分子，内侧视；8. NIGP150115，P₁分子，侧视；9. NIGP150118，S₀分子，后视；10. NIGP150122，S₁₋₂分子，后视；11. NIGP150123，S₃₋₄分子，内侧视；12. NIGP150119，M分子，内侧视。主要特征：P₁分子，主齿前倾，前后缘锐利；前突起稍长，向前下方伸展，具多个（近10个）密集的细齿，细齿底部愈合；后突起较前突起稍短，口缘具7个细齿，比前突起上的细齿小；前后突起夹角约120°；基腔浅且窄。P₂分子，主齿较大，前后缘锐利；前突起向前下方延伸，稍向内侧弯曲，且发育细齿；后突起与前突起近等长，发育细齿；基腔小，位于主齿下方。产地：陕西宁强县玉石滩；层位：志留系兰多维列统特列奇阶王家湾组（Wang and Aldridge，2010，图版28，图20–21，23–24，27–28）。

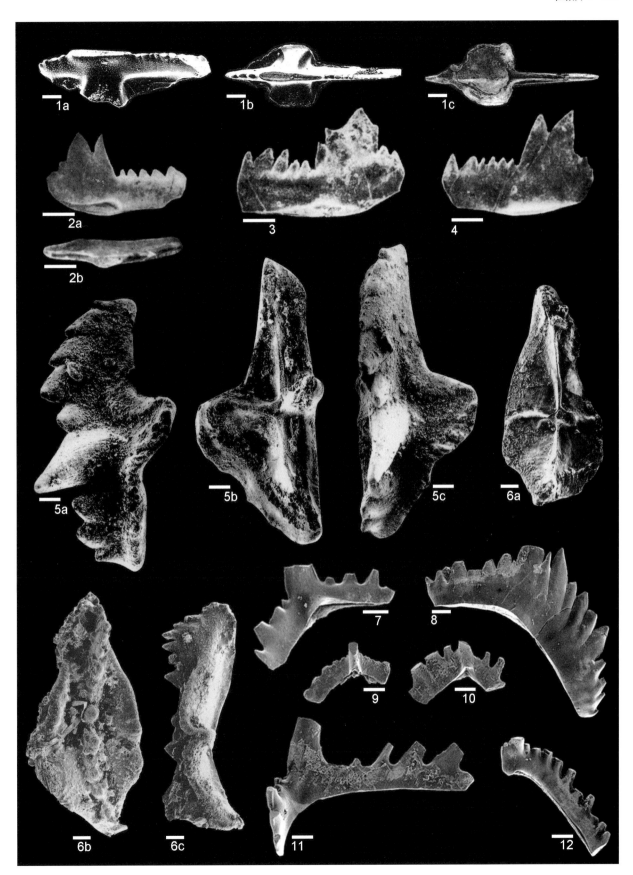

图版 7-24 说明

1—4　短乌尔姆刺 *Wurmiella curta* Wang and Aldridge，2010

1. NIGP150105，P_1分子，正模，侧视；2. NIGP150106，P_2分子，内侧视；3. NIGP150110，S_0分子，后视；4. NIGP150111，S_{3-4}分子，内侧视。主要特征：P_1分子，刺体较直，具1个明显的主齿和1个短的后突起；前突起较长，具多个细齿；基腔较窄、浅。P_2分子，主齿大，后倾，具前后2个突起，每个突起均具有4~5个细齿，后突起较前突起长，夹角约120°；基腔较小，位于主齿之下，两侧张开，在内侧具较发育的齿唇。S_0分子，翼状，具锐利的侧缘脊；两个侧突起呈110°~40°的夹角。S_3分子，主齿大、宽、扁，前突起向侧下方弯曲，前后突起均发育细齿。产地：四川广元市宣河；层位：志留系兰多维列统特列奇阶宁强组神宣驿段（Wang and Aldridge，2010，图版28，图10–11，15–16）。

5—9　凹穴乌尔姆刺 *Wurmiella excavata*（Branson and Mehl，1933）

5. PXXIV2/135832，Pa分子，侧视；6. PXXIV2/135836，Pb分子，侧视；7. PXXIV2/135838，Sa分子，后视；8. PXXIV2/135837，Sb分子，侧视；9. PXXIV2/135841，M分子，侧视。主要特征：Pa分子，刺体直，前齿片长，口缘发育9个细齿，大小一致，前齿片口缘与细齿连接处略有膨胀；后齿片短，具5个细齿；基腔小，两侧张开，具齿唇。Pb分子，主齿较大、高，前后缘锐利；具前后突起，各个突起上均发育5~6个细齿；前后突起夹角约140°；基腔小。Sa分子，基腔小，且向主齿后方张开。Sb分子在主齿基部后方具明显的隆起。M分子，前突起长，具15个左右的细齿，后突起不明显，具2个细齿。产地：西藏申扎县5118高地东南坡；层位：志留系兰多维列统特列奇阶德悟卡下组（王成源等，2004，图版1，图10，14–16，19）。

10—12　倾斜乌尔姆刺倾斜亚种 *Wurmiella inclinata inclinata*（Rhodes，1953）

10. PVIII WH 23/135849，Pa分子，侧视；11. PVIII WH 23/135833，Pa分子，侧视；12. PVIII WH 23/135834，Pa分子，侧视。主要特征：Pa分子，刺体直或微弯，主齿明显，后倾；前齿片稍长，具6~8个细齿；后齿片稍短，具5~6个细齿；前后齿片上发育的细齿大小一致，前后齿片远端的细齿均明显变小；反口缘微拱，近基部（主齿下方）略膨大；基腔小，前后方拉长。产地：西藏申扎县5118高地东南坡；层位：志留系罗德洛统卢德福特阶扎弄俄玛组（王成源等，2004，图版1，图11–12；图版2，图10）。

13—17　大齿乌尔姆刺 *Wurmiella amplidentata* Wang and Aldridge，2010

13. NIGP150098，P_2分子，内侧视；14. NIGP150096，P_1分子，正模，侧视；15. NIGP150100，M分子，内侧视；16. NIGP150101，S_0分子，后视；17. NIGP150103，S_{3-4}分子，内侧视。主要特征：P_1分子，侧视缓慢拱曲，具粗壮的细齿，前后齿片远端的细齿较小；主齿与其他细齿大小相当；前齿片具5个细齿，后齿片具4个细齿；前后齿片在细齿下方明显加厚，具凸棱；基腔具齿唇，在前齿片后端张开，向前后逐渐变窄。P_2分子，主齿大，后倾，前后缘脊锐利，两侧略隆起；基腔小，向内侧张开，具齿唇。M分子，具大的主齿以及细齿的反主齿。产地：云南大关县黄葛溪；层位：志留系兰多维列统特列奇阶大路寨组（Wang and Aldridge，2010，图版28，图1，3，5–6）。

18—23　凹乌尔姆刺 *Wurmiella recava* Wang and Aldridge，2010

18. NIGP150124，P_1分子，正模，侧视；19. NIGP150126，P_2分子，内侧视；20. NIGP150127，M分子，内侧视；21. NIGP150128，S_0分子，后视；22. NIGP150129，S_{1-2}分子，后视；23. NIGP150131，S_{3-4}分子，内侧视。主要特征：P_1分子，刺体拱曲，主齿明显；前齿片较长，向下侧方伸展，具8~9个细齿；后齿片较短，具3个细齿；基腔尽在主齿下方张开，向前后齿片延伸呈反基腔。P_2分子，主齿明显、较大，前后缘脊锐利；前突起较长，具细齿；后突起短，具2~3个细齿；基腔在主齿下方向两侧张开，具齿唇，且向前后突起延伸。产地：四川广元市宣河；层位：志留系兰多维列统特列奇阶宁强组神宣驿段（Wang and Aldridge，2010，图版29，图1，3–6，8）。

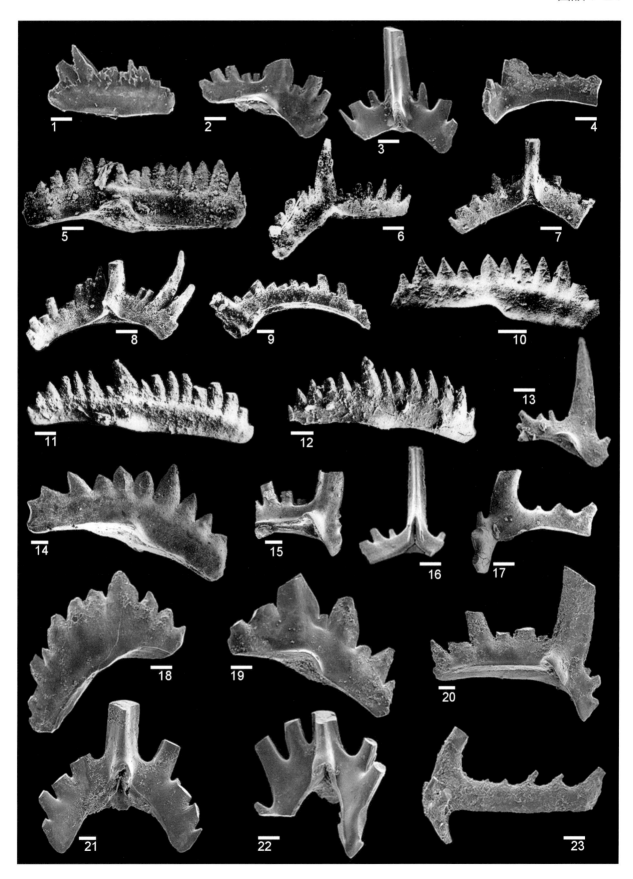

图版 7-25 说明

1 普勒肯山口小锚刺 *Ancoradella ploeckensis* Walliser，1964

Bs18-26/149097，同一标本反口视、口视。主要特征：Pa分子，台形分子，主齿脊较直，位于近中间，后齿片末端略微弯曲，齿脊由细齿组成；具2个前侧突起，与前齿片齿脊呈45°夹角；两个侧齿脊根部发育分别发育1个次级突起，外侧次级突起较长，具明显的由细齿组成的齿脊，内侧次突起较短，无齿脊，仅为1个较小的齿台；次齿脊与主齿脊不相连。前后齿片以及2个前侧突起、外侧次突起的反口面均发育龙脊，基腔在中间呈五边形，且向龙脊延伸，在龙脊中间形成狭窄的凹槽。产地：四川盐边县稗子田；层位：志留系罗德洛统卢德福特阶沟口组（金淳泰等，2005，图版1，图9–10）。

2—3 膨胀犁沟颚刺 *Aulacognathus bullatus*（Nicoll and Rexroad，1969）

2. NIGP150093，P₁分子，口视；3. NIGP150092，P₁分子，口视。主要特征：P₁分子，星舟形，齿台局限，齿脊较长，齿脊在齿台的前后方均是游离的；侧突起较宽，且发育有瘤齿组成的弯曲的脊。产地：贵州正安县詹家湾；层位：志留系兰多维列统特列奇阶韩家店组（Wang and Aldridge，2010，图版27，图15–16）。

4—9 黔南梳颚齿刺？ *Ctenognathodus? qiannanensis*（Zhou *et al.*，1981）

4. NIGP150146，P₂分子，内侧视；5. NIGP150143，P₁分子，侧视；6. NIGP150148，M分子，内侧视；7. NIGP150149，S₀分子，后视；8. NIGP150154，S₁₋₂分子，后视；9. NIGP150152，S₃₋₄分子，内侧视。主要特征：P₁分子，三角状分子，主齿近直立；前突起较长，具数个细齿（10个左右），口缘呈锯齿状；后突起较短，仅为前突起的1/3左右，具4个细齿；前后突起呈110°夹角；基腔在主齿下方，略微张开。P₂分子，主齿较大，近直立，前后缘脊锐利；后突起较短，发育3~4个分离的细齿；前突起向下侧方延伸，比后突起长，具6个分离的细齿，基腔浅，且向前后突起延伸，形成齿沟。产地：贵州石阡县雷家屯；层位：志留系兰多维列统特列奇阶秀山组下段（Wang and Aldridge，2010，图版30，图1，4，6–7，10，12）。

10 宽展克科尔刺 *Kockelella patula* Walliser，1964

Bs15-23/149100，Pa分子，同一标本反口视、口视。主要特征：Pa分子，基腔膨大，齿台上具有4个侧齿列；自由齿片直，发育数个瘤齿；主齿向齿台后方延伸，形成一个不明显的、短且内弯的突起；内侧齿台发育1个齿列；外侧齿台侧发育3个齿列，各齿列由瘤齿组成。产地：四川盐边县稗子田；层位：志留系温洛克统申伍德阶"上稗子田组"（金淳泰等，2005，图版1，图15–16）。

11 可变克科尔刺艾其奴萨亚种 *Kockelella variabilis ichnusae* Serpagli and Corradini，1999

Bs18-26/149098，Pa分子，口视、反口视。主要特征：Pa分子，前齿片长、较厚、直，具9~14个细齿；齿台宽，内侧齿台短，浑圆，有1个侧突起；外侧齿台较宽，具3~8个细齿；后齿片短，向下拱曲且略微向内侧弯曲。基腔较大，且向前齿片反口缘延伸，呈沟槽状。产地：四川盐边县稗子田；层位：志留系温洛克统侯墨阶"上稗子田组"（金淳泰等，2005，图版1，图11–12）。

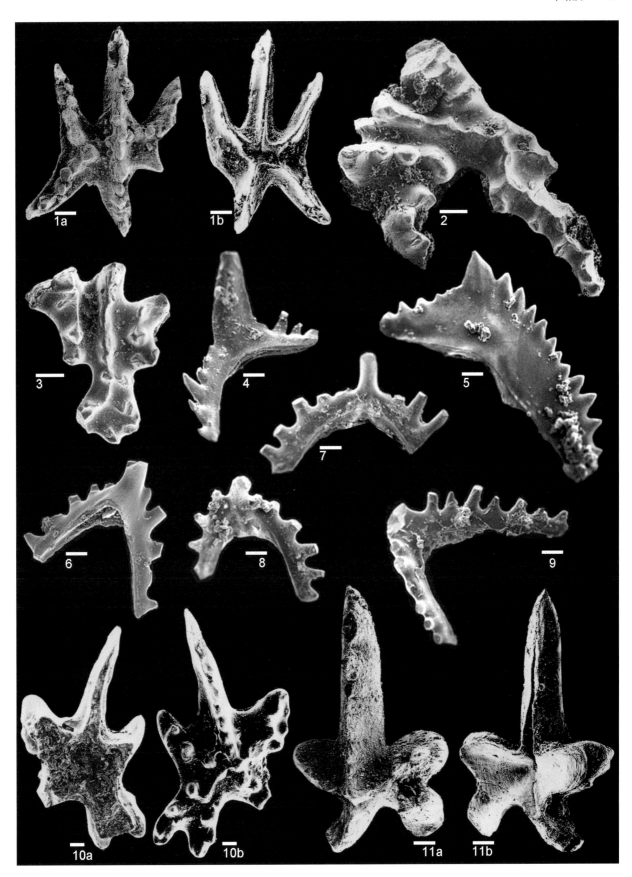

7.3 几丁虫

7.3.1 结构术语解释及插图

几丁虫（chitinozoa），又称几丁石或胞石，由Eisenack（1931）在波罗的海沿岸的漂砾中报道并正式命名，是一类已灭绝的、具轴向辐射对称有机质壳体的海洋微体生物。其基本形状有烧瓶形、棒状、瓦罐状等；大小为50~2000 µm，目前已报道的最长壳体为2700 µm（Nõlvak *et al.*, 2019），但一般为100~500 µm；常单个或聚集保存；广泛出现在早奥陶世（特马豆克早中期）至晚泥盆世（法门末期）的海相沉积中。目前，几丁虫的形态术语主要采用Paris *et al.*（1999）在厘定和完善几丁虫分类系统时给出的一套系统术语。根据颈（或前体与口盖）的发育与否（插图7.9），几丁虫被划分为前体目和口盖目，下分3科19亚科57属。常用的形态学术语及简要释义如下，其中部分释义参照古生物学名词审定委员会（2009）。

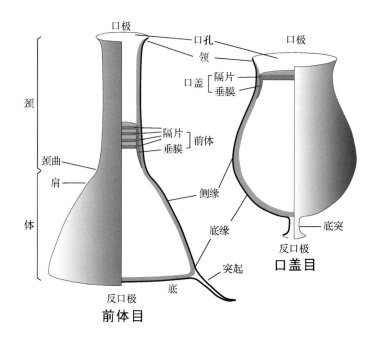

插图 7.9　前体目与口盖目几丁虫的主要形态特征［改自 Paris（2006，未刊资料）］

1. 主要形态结构术语名词解释

　　口盖目（Operculatifera）：口塞为口盖的几丁虫类群。

　　前体目（Prosomatifera）：口塞为前体的几丁虫类群。

　　反口极（anti-apertural pole）：壳体下端，与口极相对。

　　口孔（aperture）：壳体口极方向的开口，以唇、领或体室边缘围绕而成。

　　口塞（apertural plug）：泛指用于封闭开口的塞子，即口盖和前体。

　　口极（apertural pole）：壳体的上端。

附肢（appendices）：底缘上或附近的呈冠状分布的简单或复杂的刺；常中空，有小室构造；不与体腔相通。

基疣（callus）：壳体底部极点附近的加厚短桩。

裙边（carina）：体室下部底缘区域的环状伸展膜，可位于底缘之上、底缘处或底缘之下。

体室（chamber）：颈或领之下的壳体部分。

领［collarette（=collar）］：颈部或者（无颈的）壳体向口极扩展变薄的部分。

联桁（copula）：壳体底部围绕顶点向反口极延伸的膜状细管（如*Eremochitina*、*Linochitina*、*Urochitina*、*Cingulochitina*）。

脊（crest）：独立的或相互连在一起的纵向成行排列的刺状纹饰，或者是破网至完整的纵向成行排列的膜。

侧缘（flank）：位于颈/领与底缘之间的体室外部轮廓。

颈曲（flexure）：颈和侧缘之间的凹陷带。

无刺（glabrous）：壳表面无显著刺状纹饰的状态，特征包括光滑、粗糙、蠕虫状、穴状、毡子状、海绵状、微粒（高度低于2 μm）状。

唇（lip）：围绕开口的领（或颈）的最远端部分。

底缘（margin）：底和侧缘的过渡带，其形态可以是不明显、圆、钝或尖锐。

底突（mucron）：围绕极点的直立状加厚突起。

颈（neck）：从体室向口极延伸的管状结构，常以领结束。

口盖（operculum）：无颈的壳体中封闭口孔的碟状口塞，常见一膜状物（即垂膜）向反口极方向呈喇叭状延伸。

突起（processes）：底缘上或者接近底缘处发育的内部中空的长刺。

前体（prosome）：位于颈内部的口塞，可呈简单碟状，亦可由多个水平隔板相连而成为复杂的复体构造。

垂膜（rica）：口盖或前体的膜状外延部分，一般与体室上部相连。

遗痕（scar）：极点或口盖中央的（凹陷或稍微突起的）环形印迹，或裙边、刺、附肢等脱落后在壳壁上留下的痕迹。

肩（shoulder）：侧缘顶部凸起的区域，紧临颈曲之下；当肩和颈曲都存在时，体室上部呈"S"形。

刺（spine）：长度至少是宽度的2倍且长度大于2 μm，大多是中空的。

壳体（vesicle）：几丁虫的有机质外壳，包括体室、颈（和领）以及口塞。

壳壁（wall）：围成几丁虫壳体的有机质外壁。

7.3.2 图版及图版说明

除特殊注明外，比例尺均为100 μm（图版7-26~7-34）。

图版 7-26 说明

1—2 胖锥几丁虫 *Conochitina obesa* Geng et al.，1997

2.正模。主要特征：壳体矮胖，锥柱形，最大直径为壳体长度的2/3~5/7；体室胖锥形，颈短圆柱形，颈曲明显，无肩；颈向口极方向缓慢扩张；侧缘直，偶微鼓；底缘圆润，底平至微凸，底部中心内凹；壳壁表面粗糙无纹饰。产地：贵州桐梓；层位：志留系兰多维列统埃隆阶石牛栏组（Geng et al.，1997，图版8，图3-4）。

3—4 囊锥几丁虫 *Conochitina sacciformis* Geng et al.，1997

4.正模。主要特征：壳体短锥形，颈曲不明显；领宽17.5~25.0 μm；侧缘鼓，最大直径位于底缘之上；底缘圆润，底凹，中心具底痕；壳体表面粗糙无纹饰，但保存好的标本具有一系列的横向皱纹状横纹。产地：江苏兴化D-2井；层位：志留系兰多维列统高家边组（Geng et al.，1997，图版8，图2，6）。

5—6 丝毛针几丁虫 *Belonechitina filosa* Geng et al.，1997

正模。主要特征：壳体锥形，体颈分异不明显；无颈曲，无肩；侧缘在体室下方1/4处膨胀；颈管向口极方向逐渐过渡为宽约7.5 μm的膜状领；底缘圆润，底凹，中心具底痕；整个壳体除领外密布短而纤细的毛发丝状纹饰。产地：江苏大丰S-1井；层位：志留系兰多维列统高家边组（Geng et al.，1997，图版9，图1，7）。

7 凹底袋几丁虫 *Bursachitina basiconcava* Soufiane and Achab，2000

主要特征：壳体轮廓锥形，侧缘直，最大直径位于底缘处，向口极方向收缩变窄；领窄，圆柱形，或微外张；底缘直，或钝圆；底凹，中心具底痕；壳壁光滑无饰。Soufiane and Achab（2000）将耿良玉等（1987）的*Conochitina* cf. *edjelensis* Taugourdeau视为*B. basiconcava* Soufiane and Achab的同物异名。产地：江苏兴化大垛DI-2井；层位：志留系兰多维列统高家边组（耿良玉等，1987，图版1，图1）。

8 后强壮针几丁虫 *Belonechitina postrobusta* Nestor，1980

主要特征：壳体长锥形至亚圆柱形，体颈分异不明显；侧缘直，最大直径位于底缘处；底缘圆，底平至凹；壳壁表面饰以密集的简单刺、双根刺，偶有多根刺。产地：江苏泰县N-4井；层位：志留系兰多维列统高家边组（Geng et al. 1997，图版9，图2-3；8比例尺为10 μm）。

9—12 奈氏锥几丁虫 *Conochitina nestorae* Geng and Cai，1995

9.正模。主要特征：壳体亚锥形，137~277 μm；颈曲宽缓而明显，肩不明显；侧缘鼓，最大直径位于体室中下部近底缘处；底缘宽圆，口缘直，壳壁表面无纹饰。*Conochitina brevis* Taugourdeau and de Jekhowsky的颈曲宽缓而明显，侧缘膨胀明显，最大直径位于体室中部，但颈与体室宽度接近，整体更显圆柱形。*Conochitina conica* Taugourdeau and de Jekhowsky体颈分异不明显，轮廓更显锥形。*Conochitina taixianensis* Geng et al.的副模标本（Geng et al.，1997，图版7，图5，7-8）轮廓形态与*C. nestorae*相似，但其模式标本侧缘近平行，轮廓更显圆柱形，与*C. nestorae*形态不同。*Conochitina sacciformis* Geng et al.的轮廓与*C. nestorae*相似，但前者具有显著的领，且体颈分异不明显。产地：湖北宜昌大中坝；层位：志留系兰多维列统龙马溪组、罗惹坪组、纱帽组下段（耿良玉，1986，图版2，图9；Geng and Cai，1995，图版2，图3；图版4，图5；图版5，图6）。

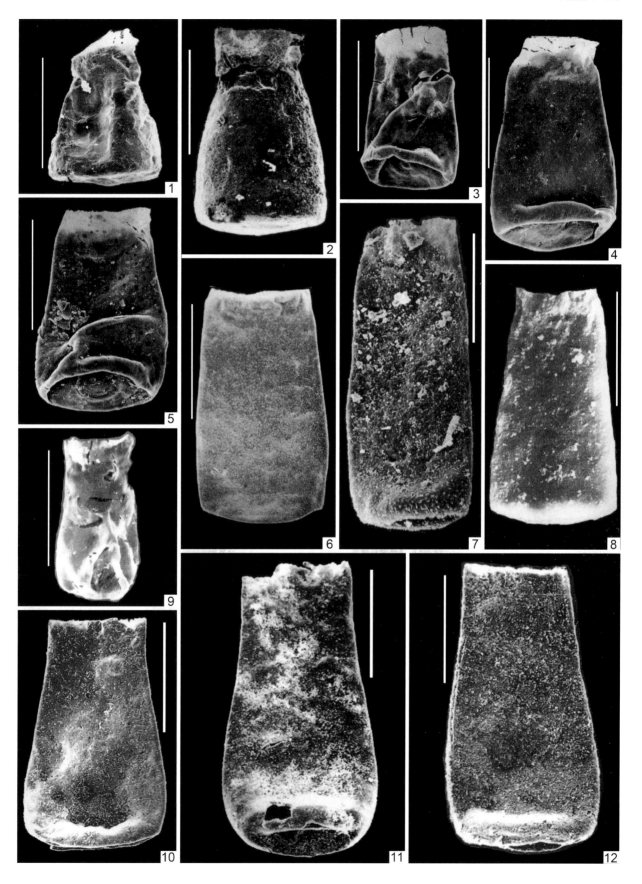

图版 7-27 说明

1—2，6　艾德杰勒锥几丁虫 *Conochitina edjelensis* Taugourdeau，1963

主要特征：壳体短锥形，体颈分异不明显；侧缘直至微鼓，最大直径位于底缘处，向口极方向缓慢收缩，领窄，口缘直；底缘钝，底平；壳壁表面光滑。*Conochitina longa*（Zaslavskaya，1983）与 *Conochitina edjelensis* Taugourdeau，1963的大小相似，但前者整体轮廓呈明显的锥柱形，即体室锥形、颈圆柱形、体颈分异较明显，而后者整体轮廓为短柱锥形，体颈分异不明显。故将图示标本1和6（Geng *et al.*，1997，图版19，图1，4）由 *Conochitina longa*（Zaslavskaya，1983）厘定为 *Conochitina edjelensis* Taugourdeau，1963。产地：江苏大丰S-1井、重庆綦江、贵州凯里；层位：志留系兰多维列统高家边组、龙马溪组、上翁项组（Geng *et al.*，1997，图版19，图1，4；Tang *et al.*，2010，图2.3）。

3—4　长型锥几丁虫 *Conochitina elongata* Taugourdeau，1963

主要特征：壳体长锥形至亚圆柱形；颈曲弱，体颈分异不明显；体室长锥形，侧缘近平行；颈圆柱形，长度占壳体长度的近1/3，向口缘方向微扩张；最大宽度位于底缘处；底缘圆润，底平至凹；壳壁光滑。该种以长锥形至亚圆柱形、侧缘近平行、颈长约占壳体长度1/3、口缘微外张为特点，区别于 *Conochitina* 其他种。产地：江苏大丰S-1井；层位：志留系兰多维列统高家边组（Geng *et al.*，1997，图版5，图11—12）。

5，9　截短锥几丁虫 *Conochitina truncata*（Laufeld，1974）

主要特征：壳体大，337~397 μm，亚圆柱形至亚长锥形，长宽比为3.5~5.0；颈曲宽缓而明显，肩不显著；颈圆柱形，长度占壳体总长的1/4~1/3，向口缘方向微扩张；侧缘微鼓，最大直径位于体室中部附近；底缘宽圆，底凸，底突明显，短而宽；壳壁厚，达6 μm；壳壁光滑，或皱纹状。产地：江苏兴化D-3井；层位：志留系兰多维列统高家边组（Geng *et al.*，1997，图版7，图10，12；5比例尺为10 μm）。

7　埃马斯泰锥几丁虫 *Conochitina emmastensis* Nestor，1982

主要特征：壳体胖亚锥形，侧缘鼓，体室膨胀；颈圆柱形，短，约为壳体总长的1/5~1/4；颈曲宽缓而明显，无肩；最大宽度位于体室中部；底缘宽圆，底突，中部具短而宽的底突；壳壁厚，光滑。侧缘和体室膨胀、底部具一短而宽的底突，是此种最重要的特征。产地：江苏兴化D-3井；层位：志留系兰多维列统高家边组（Geng *et al.*，1997，图版6，图1）。

8　伊克拉锥几丁虫 *Conochitina iklaensis* Nestor，1980

主要特征：壳体亚圆柱形，颈曲宽缓，无肩；口缘直；颈圆柱形，长度约占壳体长度的1/5~1/4；体室亚圆柱形，微膨胀；侧缘直，近平行；体室在底缘之上具收缢；最大宽度位于底缘之上壳体总长的1/6~1/4处；底缘宽圆，底平或微凹；壳壁光滑。该种以颈较短、口缘直、体室略膨胀区别于 *C. elongata*。产地：江苏大丰S-1井；层位：志留系兰多维列统高家边组（Geng *et al.*，1997，图版6，图2）。

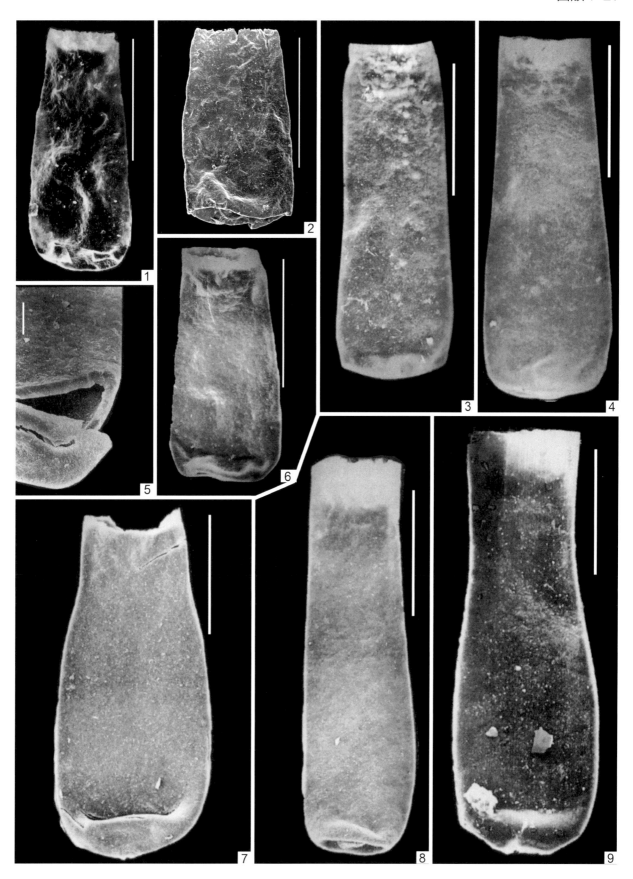

图版 7-28 说明

1—4　江苏织几丁虫 *Plectochitina jiangsuensis* Geng et al.，1987

3.正模。主要特征：Ancyrochitininae亚科，个体小，长91~100 μm；壳体轮廓呈铃铛状，体室锥形，颈圆柱形，颈曲明显，无肩或肩不明显；颈向口极方向缓慢扩张，长度为壳体长度的1/3~1/2；侧缘微鼓，最大宽度位于底缘处；底缘具25~30条附肢，附肢长12~16 μm，基部简单，远端相连成环；壳壁光滑无纹饰。产地与层位：江苏兴化大垛DI-2井高家边组（兰多维列统）、贵州凯里翁项剖面上翁项组（兰多维列统）（耿良玉等，1987，图版1，图3；图版2，图1–2，5；Tang et al.，2010，图2.5；3a比例尺为10 μm）。

5—7　荒漠球形几丁虫 *Sphaerochitina solutidina* Paris，1988 *sensu* Geng et al.，1997

主要特征：*Spherochitina*属，个体小，长143~173 μm，轮廓烧瓶形；体室梨形，或卵圆形、球形；颈圆柱形，短，约为壳长的2/7~1/3，向口极方向持续扩张，口缘不整齐；颈曲明显，肩不显著；底缘浑圆，底凸；壳体表面饰以非常细小的颗粒纹饰（直径0.8 μm）。扬子区的标本与利比亚的模式材料都具有非常细小的颗粒纹饰，但扬子区的颈更短，体室轮廓更显梨形，而非球形。产地：江苏泰县N-4井、重庆綦江观音桥；层位：志留系兰多维列统高家边组、龙马溪组（Geng et al.，1997，图版17，图6–8）。

8—9，12　异毛瓶几丁虫 *Angochitina heterotricha* Geng et al.，1997

9.正模。主要特征：*Angochitina*属，个体小，长154~173 μm；体室卵圆形，颈圆柱形，向口缘方向缓慢外张；颈曲宽缓，无肩；颈长约为壳体长度的1/4~1/2；最大壳体宽度位于体室中部，约为壳体长度的1/3；口缘不平整钝齿状；纹饰具长刺和短刺两种类型，长刺以简单刺为主，长可达15.6 μm，或2根单刺向上融合成1根，或单刺顶部分叉成2根；短刺密布于长刺之间，顶端相互纠缠，可呈毡席状，在颈部尤为显著。产地：江苏大丰S-1井；层位：志留系兰多维列统高家边组（Geng et al.，1997，图版13，图1，6–7；图版20，图1；9a比例尺为10 μm）。

10—11　石阡锚形几丁虫 *Ancyrochitina shiqianensis* Geng，1990

11.正模。主要特征：*Ancyrochitina*属，个体小，长158~181 μm；颈圆柱形，向口孔方向外张，口缘具细穗；颈长小于或等于壳体长度的一半；环底缘具6根以上附肢，肢2岐分叉，可达4级；壳面光滑无饰。产地：贵州石阡雷家屯；层位：志留系兰多维列统埃隆阶雷家屯组（耿良玉，1990，图版1，图5–7；Geng et al.，1997，图版15，图4–5，8；11a比例尺为10 μm）。

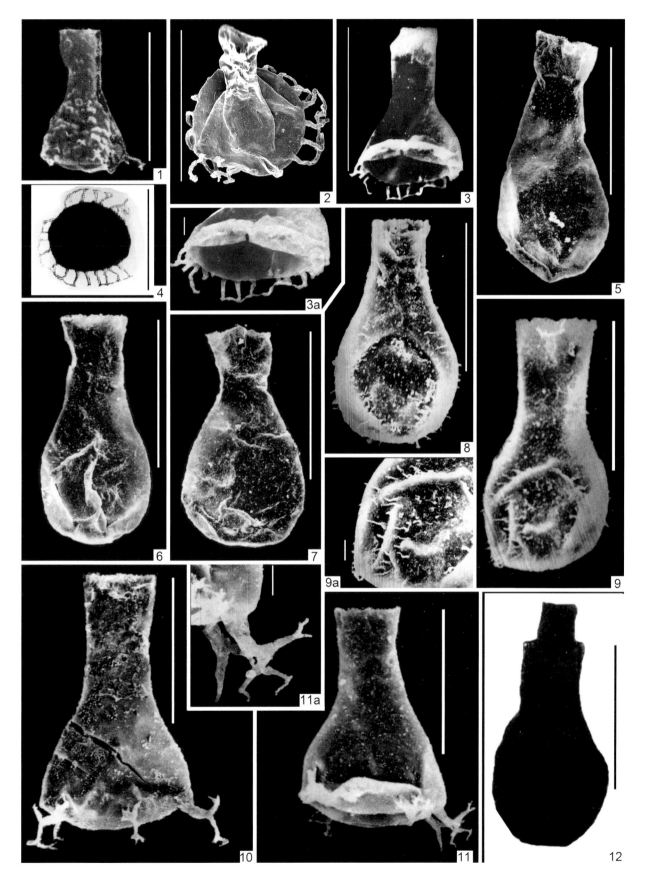

图版 7-29 说明

1—3　短颈织几丁虫 *Plectochitina brevicollis*（Geng，1986）

3.正模。主要特征：*Plectochitina*属，个体小，113~135 μm；体室梨形，侧缘鼓，无肩；颈短，约为壳长的1/3~1/2，圆柱形，向口极方向持续外张；颈曲明显；底缘圆，具4个附肢，长达63 μm，宽达11.5 μm；壳面光滑无纹饰。产地：陕西宁强、贵州道真巴渔；层位：志留系兰多维列统特列奇阶宁强组、韩家店组（耿良玉，1986，图版1，图4、6；Geng et al.，1997，图版16，图8）。

4—5　巴渔艾森纳克几丁虫 *Eisenackitina bayuensis* Geng，1986

5.正模。主要特征：壳体短锥状，小（100.0~115.4 μm），无颈；领短，直或向内收缩；侧缘直至微鼓，最大直径位于底缘处；底缘钝；壳体表面光滑。产地：贵州道真巴渔；层位：志留系兰多维列统特列奇阶韩家店组（耿良玉，1986，图版1，图8；图版2，图3）。

6，8—9　道真艾森纳克几丁虫 *Eisenackitina daozhenensis* Geng，1986

9.正模。主要特征：壳体短锥柱形，长100~161 μm，体室锥形，领长，圆柱形；口缘直或微内收，平整；侧缘直至微鼓，最大直径位于底缘处；底缘圆润，底平，具底突；壳壁表面饰以颗粒纹饰。Geng et al.（1997）指出*E. daozhenensis* Geng和*E. bayuensis* Geng之间具有中间过渡类型，据此将二者合并，但本书作者之一（唐鹏）认为二者之间大小、轮廓特征区分明显，应属于两个独立的具有亲缘关系的种。产地：云南大关黄葛溪、贵州道真巴渔；层位：志留系兰多维列统特列奇阶大路寨组、韩家店组（耿良玉，1986，图版2，图1；图版3，图4；Geng et al.，1997，图版1，图4、6；6a比例尺为10 μm）。

7　疣突艾森纳克几丁虫 *Eisenackitina verruculifera* Geng et al.，1997

正模。主要特征：壳体亚锥形；领明显，短，略外张；侧缘鼓，最大直径位于底缘处；底缘圆，底平至微凸；壳壁表面饰以密集分布的小疣突。产地：江苏泰县N-4井；层位：志留系兰多维列统高家边组（Geng et al.，1997，图版1，图8）。

10—11　矩形袋几丁虫 *Bursachitina rectangularis*（Zaslavskaya，1983）sensu Geng et al.，1997

主要特征：壳体小，93~167 μm，钱袋状，压扁时，体室亚四方形，侧缘微鼓，最大直径位于体室中部；领长，圆柱形，与体室相连，分异明显；口缘平整，微外张；底缘圆，底平至微凸；壳壁光滑。*B. rectangularis*（Zaslavskaya，1983）的西伯利亚模式标本的领更发育（占壳体总长的1/3强），底缘直而非圆。图示标本与*E. daozhenensis* Geng在轮廓和大小特征方面极其接近，唯前者颈曲更宽缓、侧缘更鼓、缺乏细小颗粒纹饰。产地：湖北宜昌大中坝、江苏泰县N-4井；层位：志留系兰多维列统龙马溪组、高家边组（Geng and Cai，1995，图版5，图3；Geng et al.，1997，图版6，图15）。

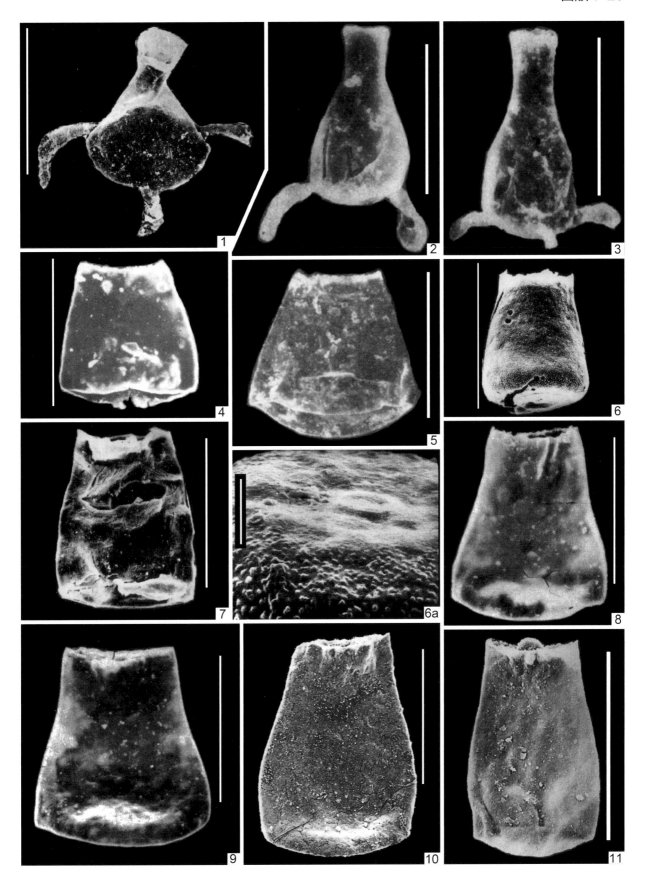

图版 7-30 说明

1—4 维纳斯艾森纳克几丁虫 *Eisenackitina venusta* Tsegelnjuk，1982

主要特征：壳体小，82~113 μm，亚卵圆形；无颈，领与体室相连，领强烈外张；侧缘直，微鼓；壳壁两层，外壁厚约0.56 μm，布满密集的小颗粒纹饰，内壁厚约2.7 μm，光滑。产地：湖南张家界；层位：志留系兰多维列统特列奇阶迴星哨组[①]（Geng *et al*.，1997，图版2，图2-4；图版3，图7）。

5 张家界艾森纳克几丁虫 *Eisenackitina zhangjiajieensis* Geng *et al*.，1997

正模。主要特征：壳体小，63~95 μm，轮廓呈梯形；领短，与体室相连，外张不明显；侧缘微鼓；壳壁饰以密集分布的小颗粒。*E. zhangjiajieensis* Geng *et al*.缺少强烈外张的领，可与*E. venusta* Tsegelnjuk相区别。产地：湖南张家界；层位：志留系兰多维列统特列奇阶迴星哨组（Geng *et al*.，1997，图版1，图11–12；5a比例尺为10 μm）。

6—8 芮默莎艾森纳克几丁虫 *Eisenackitina rimosa* Umnova，1976 sensu Geng *et al*.，1997

主要特征：壳体小，107~133 μm，锥形，领短小，外张，与体室直接相连；侧缘直或微鼓；壳壁布满颗粒状纹饰。*E. rimosa* Umnova模式标本具有明显的颈曲，与张家界的*E. zhangjiajieensis* Geng *et al*.，1997标本形态上有明显差异。*E. rimosa* Umnova *sensu* Geng *et al*.，1997的壳体轮廓呈锥形，而非梯形，可与*E. zhangjiajieensis* Geng *et al*.，1997相区别。产地：湖南张家界、江苏泰县N-4井；层位：志留系兰多维列统特列奇阶迴星哨组、坟头组（Geng *et al*.，1997，图版2，图7-9；图版3，图9；6a比例尺为10 μm）。

9 似毛发瓶几丁虫 *Angochitina homotricha*（Geng *et al*.，1997）

正模。主要特征：*Angochitina*属，体室卵圆形，颈圆柱形；颈长为壳长的2/5；颈曲宽缓而明显，无肩；壳壁饰以纵向稀疏排列的刺，刺为λ型，根部分离而上部相连；刺之间为细小的颗粒纹饰。Geng *et al*.（1997）将本种归于*Lamdachitina* Lakova，1986，但Paris *et al*.（1999）将*Lamdachitina*属视为*Angochitina*属的同物异名，予以废弃。本书同意Paris *et al*.（1999）的意见。产地：湖南张家界；层位：志留系兰多维列统特列奇阶迴星哨组（Geng *et al*.，1997，图版14，图7）。

10—12 双根瓶几丁虫 *Angochitina bipedata*（Geng *et al*.，1997）

12.正模。主要特征：*Angochitina*属，体室长卵圆形，最大直径位于体室下1/3处；颈锥形至圆柱形，向口孔扩张；口缘细齿状；颈曲明显，无肩；底缘宽圆，底凸；壳壁均匀分布λ型刺，少数为多根刺。*A. bipedata*（Geng *et al*.）的轮廓与大小同*A. sinica* Cramer相似，但前者体室为长卵圆形，最大宽度位于体室下部1/3处，后者体室为卵圆形，最大宽度位于体室中部。产地：湖南张家界；层位：志留系兰多维列统特列奇阶秀山组（Geng *et al*.，1997，图版10，图1-3，5；12a比例尺为10 μm）。

13—14 联刺瓶几丁虫 *Angochitina synaphacantha*（Geng *et al*.，1997）

14.正模。主要特征：*Angochitina*属，体室卵圆形，颈圆柱形，颈向口极方向略微扩张；颈曲宽缓而明显，无肩；侧缘鼓，最大直径位于体室中部；底缘宽圆，底凸；壳壁饰以刺状纹饰，相邻λ型刺顶部相连成多根刺，呈纵向排列；刺之间的壳壁表面饰以颗粒纹饰。*A. synaphacantha*（Geng *et al*.）与*A. bipedata*（Geng *et al*.）的轮廓和大小相近，以纹饰不同相区别，前者纹饰呈纵向排列，后者纹饰多为λ型刺，散布不呈列。产地：湖南张家界；层位：志留系兰多维列统特列奇阶迴星哨组（Geng *et al*.，1997，图版9，图3，5–6；14a比例尺为10 μm）。

[①] 迴星哨组为王怿等（2010）厘定涵义。

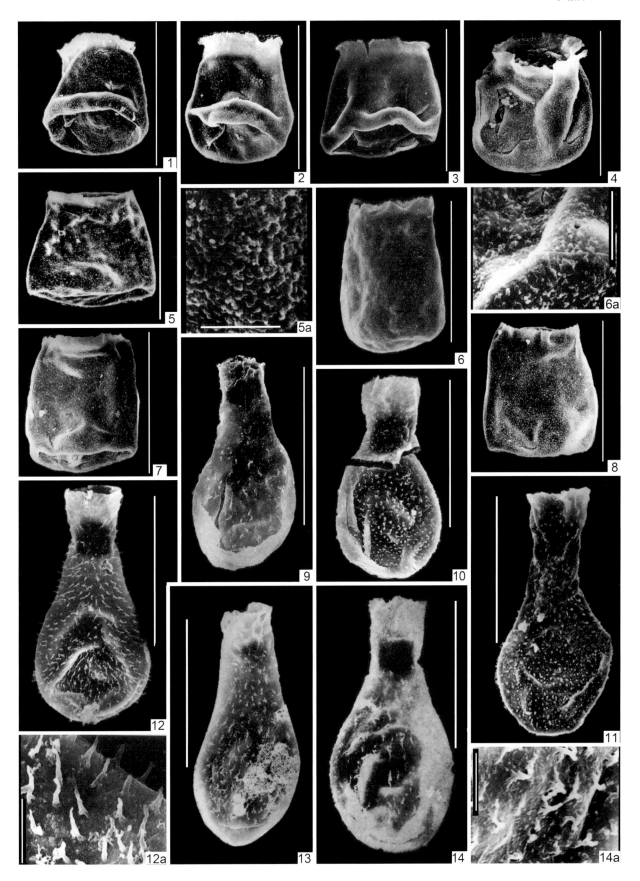

图版 7-31 说明

1—5　稀刺瓶几丁虫 *Angochitina rarispinosa* Geng *et al.*，1997

4.正模。主要特征：体卵圆形，颈圆柱形（颈长小于壳体总长1/2）；口缘略微外张；颈曲宽，侧缘鼓，底缘宽圆，底凸。壳壁表面稀疏分布小刺，隐约成纵向排列趋势。图5（李再平和耿良玉，1985，图版2，图16）的体室呈卵圆形，特征与*Angochitina fentouensis* Li and Geng，1985的球形体室不同，故此将其修订为*Angochitina rarispinosa* Geng *et al.*，1997。产地：江苏泰县N-4井、南京江宁、湖北崇阳；层位：志留系坟头组（李再平和耿良玉，1985，图版2，图16；Geng *et al.*，1997，图版17，图2，4–5；耿良玉等，1999，图版2，图7）。

6—9　坟头瓶几丁虫 *Angochitina fentouensis* Li and Geng，1985

9.正模。主要特征：体球形或卵圆形，颈圆柱形，颈长等于或小于壳体总长1/2；底圆，底缘、肩、颈曲均不显著；壳面均匀分布小刺，向颈部渐减弱。局部放大显示，体室上均匀分布颗粒状纹饰。图7（Geng *et al.*，1997，图版17，图3）的体室呈圆球形，特征与*Angochitina rarispinosa* Geng *et al.*，1997的卵圆形体室不同，宜归入*Angochitina fentouensis* Li and Geng，1985。产地：江苏南京江宁、泰县N-4井；层位：志留系坟头组（李再平和耿良玉，1985，图版2，图13，22；图版3，图1–2；Geng *et al.*，1997，图版17，图3；6a比例尺为10 μm）。

10—13　圆头球形几丁虫 *Sphaerochitina sphaerocephala* Eisenack，1932 sensu Geng *et al.*，1997

主要特征：体室球形，无底缘，底凸；颈长柱形，向口极方向缓慢扩展，但在口缘处突然外张；壳面秃，具非常小的锥粒纹饰（长度小于2 μm，在低倍放大下难以分辨）。尽管图示标本的颈在口缘处突然外张，纹饰细小，与波罗的海地区的*S. sphaerocepha*特征相同，但后者颈长超过壳体总长的2/3，且扬子区的*S. Sphaerocephala*的体室略呈锥形，底平至略凸。上述细节均显示扬子区的与模式地区的*S. sphaerocephala*不同。产地：江苏泰县N-4井；层位：志留系坟头组（Geng *et al.*，1997，图版17，图9–12；12比例尺为10 μm）。

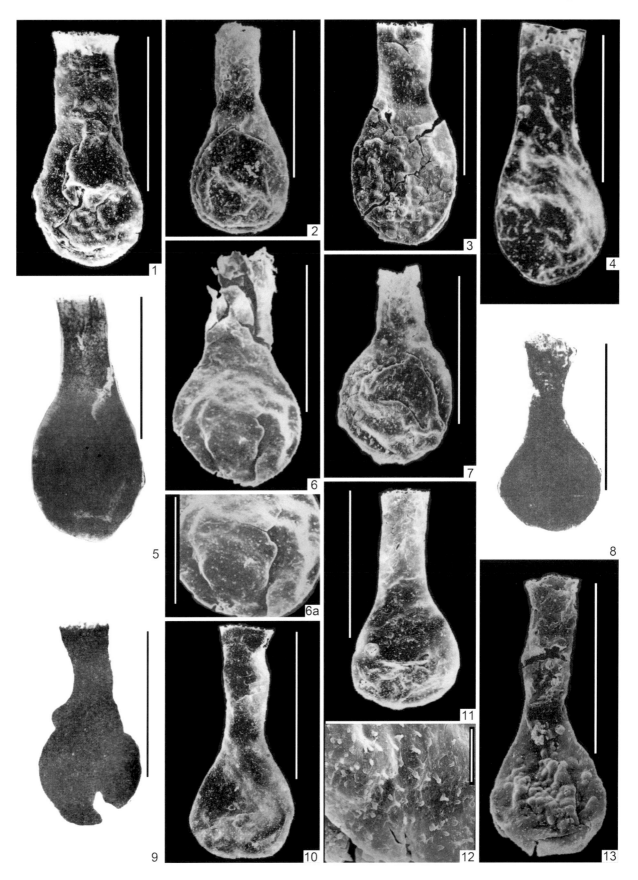

图版 7-32 说明

1—2　大角锚形几丁虫 *Ancyrochitina grandicornis*（Tsegelnjuk，1982）sensu Geng *et al.*，1997

主要特征：壳体轮廓喇叭状。体室长锥形，颈圆柱形，占壳体总长的1/3。口孔外张，口缘不均匀齿状。颈曲宽圆或不明显。侧缘直。根据保存情况，底缘锐圆至宽圆。侧缘具4个粗强的附肢，海绵状，约8 μm宽，少数顶端具节，多数呈匕首状。壳面光滑。产地：江苏泰兴S-174井；地层：志留系坟头组（Geng *et al.*，1997，图版16，图4，6）。

3—4　铃形格朗几丁虫 *Grahnichitina campaniformis* Geng *et al.*，1997

1.正模。主要特征：壳体轮廓长柱锥形，颈曲宽缓，无肩；体室锥形，侧缘直至略鼓，底缘直；颈亚圆柱形，向口极方向缓慢收缩，口缘突然外张；颈长大于或等于体室长度；底缘附近具短刺，向上变为小颗粒状纹饰。Geng *et al.*（1997）将图示标本3和4鉴定为*Grahnichitina piriformis*（Eisenack）。但其颈长度略等于体室，这些特征符合*G. campaniformis* Geng *et al.*，1997的特征，而与*G. piriformis*不同。因此，这里将Geng *et al.*（1997）图版4图8–9的标本厘定为*G. campaniformis* Geng *et al.*，1997。产地：江苏泰县N-4井；层位：志留系坟头组（Geng *et al.*，1997，图版4，图9，11）。

5—6，8　长颈瓶几丁虫 *Angochitina longicollis* Eisenack，1959

主要特征：壳体轮廓长形，体室长卵形，颈圆柱形，体颈分异明显；颈长，大于或等于体室长度；口缘微外张；体室和颈分布小刺，长短变化，介于1~5 μm，向口端刺变小呈颗粒状；刺饰均匀分布，有时呈纵向排列趋势。产地：湖南张家界、陕西紫阳；层位：志留系兰多维列统特列奇阶秀山组、吴家河组（Geng *et al.*，1997，图版11，图3；Tang *et al.*，2015，图3，G–I；5a比例尺为10 μm）。

7，9—12　梨形格朗胞 *Grahnichitina piriformis*（Eisenack，1968）sensu Geng *et al.*，1997

主要特征：壳体轮廓形态唢呐状，大小160~247 μm；体室锥形，颈圆柱形；颈长，占壳体总长的2/3以上；领长约15 μm，直，外张不明显；侧缘微鼓，最大宽度位于底缘之上；底缘圆，底平或凸；壳体底缘和体室下部不均匀分布小刺或颗粒状纹饰，纹饰向颈部方向减弱并消失。*G. piriformis*（Eisenack，1968）模式标本的领在圆柱形颈的顶端突然强烈外张，与扬子区标本的特征区别明显。产地：江苏大丰Nc-2，泰县N-4井；层位：志留系坟头组（李再平和耿良玉，1985，图版1，图6，8，14；Geng *et al.*，1997，图版4，图4–5，10）。

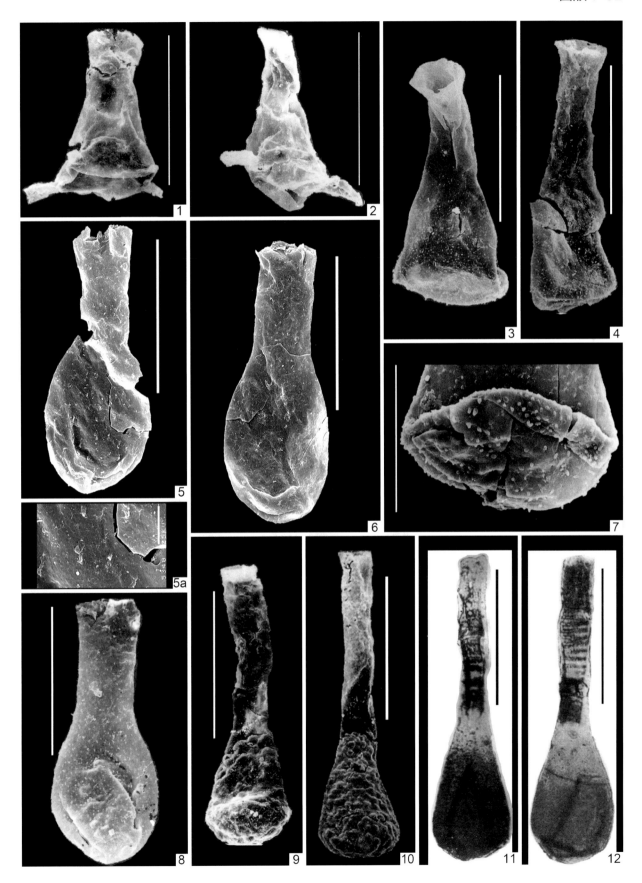

图版 7-33 说明

1—8　中国瓶几丁虫 *Angochitina sinica* Cramer，1970

7.正模。主要特征：*Angochitina*属，总长140~173 μm；长卵圆形体室，呈泪滴状，体室长宽比约为2∶1；颈圆柱形，口缘处具膜状领，外张；口缘齿状；颈塞圆柱形，位于颈内，外端外张；侧缘鼓，最大宽度位于体室中部或偏下；壳壁表面饰以密集但无规则分布的颗粒。产地：云南曲靖；层位：志留系罗德洛统－普里道利统关底组、玉龙寺组（Cramer，1970，图版151，图2，5；耿良玉和李再平，1984，图版1，图5；Geng *et al.*，1997，图版12，图2-4，9，10；3a比例尺为10 μm）。

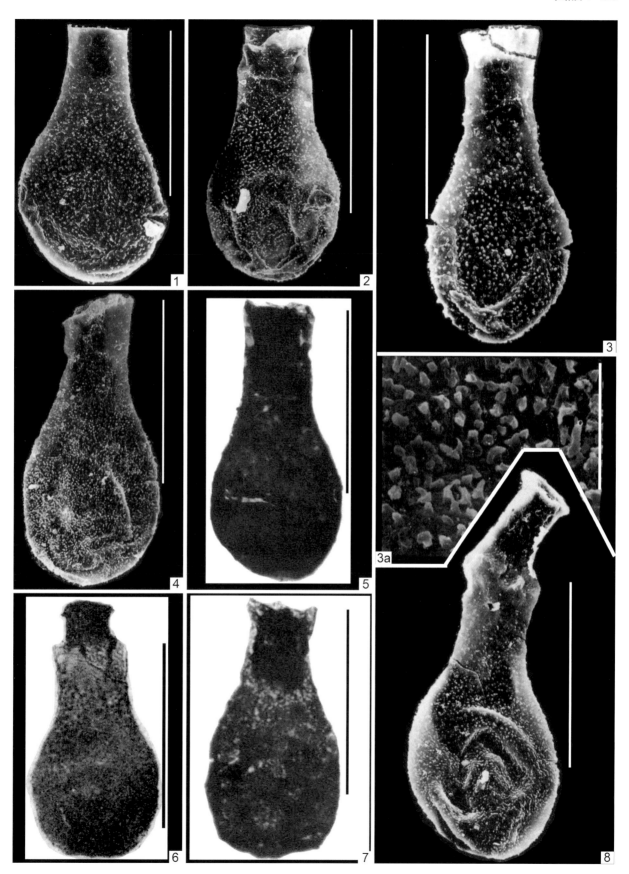

图版 7-34 说明

1—4　原始锚形几丁虫 *Ancyrochitina primitiva* Eisenack，1964

主要特征：*Ancyrochitina*属，锥柱形，体室锥形，底平至微鼓；颈圆柱形，长大于壳长的1/2，向口端缓缓外张；口缘平滑；侧缘鼓，无肩；底缘圆滑，附4~8个附肢；附肢宽，直或弯曲，顶端未分叉；壳壁光滑。*A. primitiva*与*Ancyrochitina*属内其他种相比，最重要的特征是颈长，但变化大，约为壳长的1/2~2/3，底缘附肢数量4~8个，呈中空管状，简单不分叉。产地：云南曲靖；层位：志留系普里道利统玉龙寺组（耿良玉和李再平，1984，图版1，图8–9，12；Geng *et al.*，1997，图版15，图3）。

5—7　箱形庾几丁虫 *Oochitina cistula*（Tsegelnjuk，1982）

主要特征：壳体烧瓶形，140~160 μm；体室卵圆形，颈圆柱形，向口孔方向缓慢扩张；颈曲宽缓，无肩；缘鼓，钝圆，底平或凹；附数根粗强或简单刺；壳壁光滑。产地：云南曲靖；层位：志留系罗德洛统–普里道利统关底组、妙高组、玉龙寺组（Geng *et al.*，1997，图版15，图9–10；图版16，图1）

8　志留纪真锥几丁虫 *Euconochitina silurica*（Taugourdeau，1963）sensu Cramer，1970

主要特征：*Euconochitina*属，壳体小，100~120 μm，锥形；颈曲不明显，侧缘微鼓，最大直径位于底缘之上；底缘圆，底平。*Euconochitina silurica*（Taugourdeau，1963）模式标本体室侧缘鼓，略呈球形；颈曲明显，颈圆柱形，长占壳体长度1/2；而图8的标本呈亚柱锥形，侧缘直，颈曲不明显，与模式标本特征区别明显。产地：云南曲靖；层位：志留系马龙组（=关底组–玉龙寺组）（Cramer，1970，图版151，图14）。

9—10　锚刺锚形几丁虫 *Ancyrochitina ancyrea*（Eisenack，1931）

主要特征：壳体锥柱形，颈长约为壳体长的1/2，颈曲显著；口缘直；底缘圆，具4根以上附肢，附肢顶端2分叉。产地：云南曲靖；层位：志留系普里道利统玉龙寺组（耿良玉和李再平，1984，图版1，图14，16）。

11—12　丝滑网几丁虫 *Retiachitina bombycina* Geng *et al.*，1997

11.正模。主要特征：壳体亚锥形；体室锥形，占壳体长3/4；颈圆柱形，体颈逐渐过渡，颈曲明显，无肩；侧缘微凹，最大宽度位于底缘；壳壁薄（厚约0.8 μm），壳壁表面具不规则弯曲的细毛状纹饰，相互混乱交叉，形成毛毡状纹饰。产地：云南曲靖、江苏大丰Nc-2井；层位：志留系关底组、坟头组（Geng *et al.*，1997，图版18，图5–7；12a比例尺为10 μm）。

13　浓毛丝几丁虫 *Sericochitina polytricha* Geng *et al.*，1997

正模。主要特征：壳体小，95~115 μm，轮廓烧瓶形；体室卵圆形，颈亚圆柱形，口孔直，颈向口极方向外张；颈曲明显而宽缓；侧缘鼓，最大直径位于体室中部；底缘钝圆，底鼓；壳壁很薄（厚约0.63 μm），壳体外壁表面毛毡状。产地：云南曲靖；层位：志留系罗德洛统–普里道利统妙高组（Geng *et al.*，1997，图版18，图8–9；13a比例尺为10 μm）。

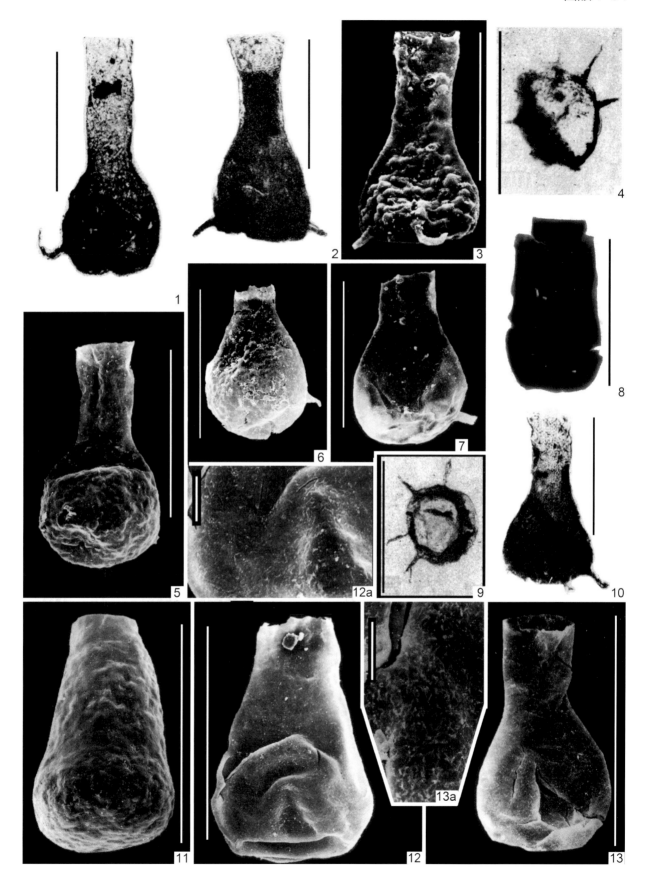

7.4 腕足类

7.4.1 结构术语解释及插图

腕足动物是一类生存在海洋中的滤食性底栖无脊椎动物，地质历程自寒武纪早期至今，但在古生代最为繁盛。

1. 腕足动物的外部特征

腕足动物的贝体由两个钙质或磷灰质的壳瓣铰合组成，两壳大小不等，左右对称，两壳包裹软体部分，有的发育肉茎，与外界相连。绝大多数情况下，壳瓣较大的一半称为腹壳，其后部有形态不一的喙部；另一半称为背壳，纤毛环附着其中。两壳接合的部分称为铰合缘，具肉茎的一侧称为后方，对侧则为前方。两壳后方中央发育背、腹窗孔（三角孔）或背、腹窗板（三角板）。两壳的中央有时候有程度不一的隆起或凹陷，被称为中隆或中槽。腕足动物的壳外基本结构及相关术语如插图7.10所示。

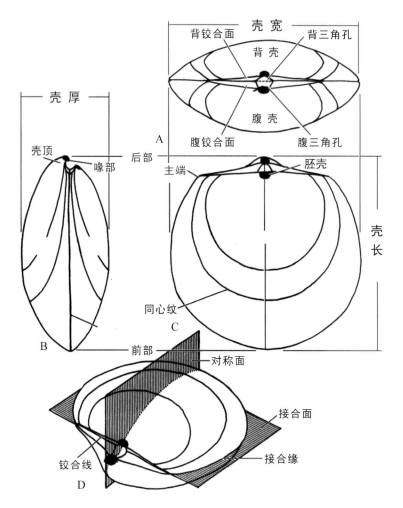

插图 7.10　腕足动物壳体概况。A，后视图；B，侧视图；C，背视图；D，背侧方视图［修改自 Williams *et al.*（1997）］

130

除了上述基本构造外，腕足动物的侧貌也是重要的形态特征之一。由于壳体凸度多变，两壳凸度近等时称为双凸型；背壳凸度远大于腹壳时称为背凸型；背壳近平而腹壳凸隆时称为平凸型；背壳凹陷而腹壳凸隆时称为凹凸型；幼年期贝体的背壳凹而腹壳凸，老年期变为背壳凸而腹壳凹，则称为颠倒型（插图7.11）。

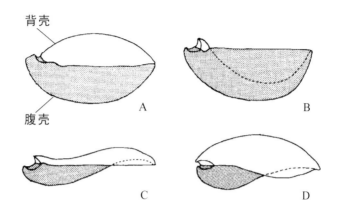

插图 7.11　贝体侧貌。A，双凸型；B，凹凸型；C，颠倒型；D，凸凹型［修改自 Williams *et al.*（1997）］

两壳在前方接合的缘线被称为前接合缘，主要有如下几种类型：直缘型，两壳无明显的中隆与中槽，形如直线；单槽型，背壳具中槽，腹壳具中隆；单褶型，背壳具中隆，腹壳具中槽；内褶型，背壳中槽内发育中褶，腹壳中隆上发育中沟；旁褶型，背壳中槽两侧各发育一个隆褶；槽褶型，背壳中隆发育中沟；旁槽型，背壳中隆两侧各发育一个凹槽；下褶型，背壳中槽内发育一个中褶，两侧各发育一个隆凸；上槽型，背壳中隆上发育一个中沟，两侧各发育一个中沟（插图7.12）。

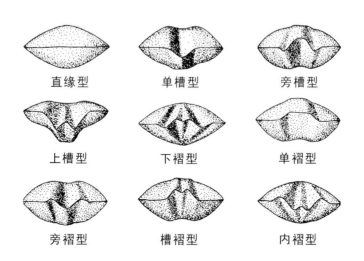

插图 7.12　腕足动物前接合缘类型［修改自 Williams *et al.*（1997）］

腕足动物的壳面上发育有不同类型的纹饰，被称为壳饰。壳面上的各种放射状纹饰，较粗强的称为壳线，细弱的称为壳纹。同心状的各种纹饰，较粗强的称为同心线，细弱的为同心纹，若同心线相间出现，间距较宽，呈层状，则称为同心层。壳线类型又分为四种类型，即疏型纹线，纹线简单，不分枝；密型纹线，纹线作插入式或分枝式的增加；簇型纹线，纹线分枝后，相互迭并，呈簇状；微型纹，特别细弱的壳纹（插图7.13）。自喙部即出现的纹线称初纹或初线，插入式或分枝式增殖成的纹线称次纹或次线。

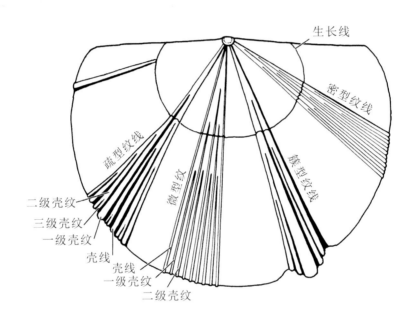

插图 7.13　腕足动物壳饰类型示意图［修改自 Williams *et al.*（1997）］

2. 腕足动物的内部构造

　　腕足动物最为复杂的地方在于其壳内部的构造，这些内部特征通常也是对其进行分类研究的最重要依据。腕足动物的腕器官位于背壳而导致背壳的内部构造复杂多变，这是绝大多数腕足动物的鉴定标准，因此背壳内部的相关构造及术语较腹壳更多。考虑到在早古生代以扭月贝目与正形贝目的分子在多样性上占优势，本书主要以这两类分子为例介绍腕足动物壳体的内部构造。另外，由于无洞贝目这类具腕螺的腕足动物从志留纪开始繁盛，这里也简单图示该类的主要特征（插图7.14~7.16）。

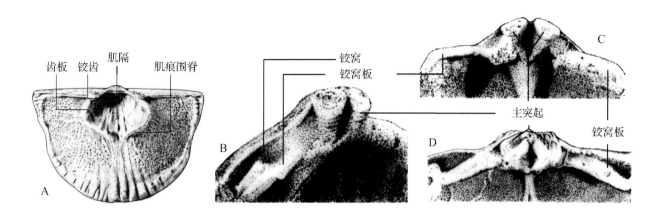

插图 7.14　扭月贝类内部主要构造，其中 A 为腹壳，B ~ D 为背壳［修改自 Rong *et al.*（2013）］

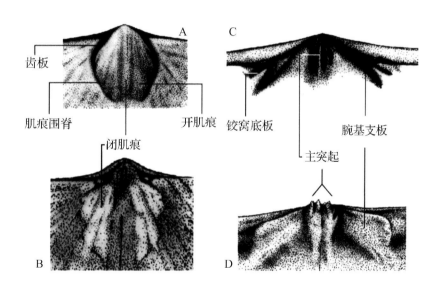

插图 7.15　正形贝类内部主要构造，其中 A 为腹壳，B ~ D 为背壳［修改自 Rong *et al.*（2013）］

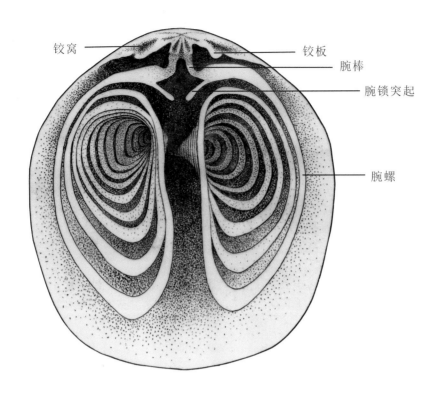

铰窝 —————— 铰板

腕棒

腕锁突起

腕螺

插图 7.16　无洞贝类背壳内主要构造［修改自 Huang *et al.*（2016）］

3. 主要结构术语名词解释

窗孔（三角孔），窗板（三角板）：前者为腹、背两壳壳铰合面间的三角状孔洞，后者为其上部分或完全覆有的板状物质。

壳喙：胚壳形成的部分，可分为直伸、近直伸、直立、近直立、缓弯、强弯等类型。壳喙的顶端称为喙尖，有钝与尖两种类型。

中隆：沿壳体轴部发育的隆凸。沿中隆的纵轴有时具一凹沟，名为中沟。

中槽：沿壳体轴部发育的凹沟。沿中槽的纵轴有时具一凸褶，名为中褶。

铰齿：腹三角孔前侧的一对突起，与背壳的铰窝相契合。

齿板：支撑铰齿的板状构造，有时与壳底相连接，有时悬空。在某些类别中，齿板延伸会形成形如匙状的构造，称为匙形台。

腹肌痕：腕足动物肌肉系统附着在壳内表面的痕迹。腹肌痕主要有三种：闭肌痕一对，位于肌痕面的中央，较小；开肌痕一对，位于闭肌痕的两侧，较大；调整肌痕一对，位于开肌痕的侧后方或齿板的内侧。

围脊：壳内表面次生的包围肌痕区的隆凸壳质。

主基：背壳后部背三角孔附近诸多构造的总称，包括主突起、铰板、铰窝脊及腕基支板等。

主突起：背壳三角孔中央的突起构造，为开肌的附着之处，可分为双叶型、三叶型或多叶型等。

铰窝：背壳三角孔两侧的内凹状铰合构造，为承接铰齿之所在。

铰窝脊：铰窝两侧的壳质隆脊；内侧的称为内铰窝脊，外侧的称为外铰窝脊。

铰板：背壳三角腔内的各种板状构造。

背肌痕：背壳内表面的肌肉系统的痕迹，开肌位于主突起之上；闭肌常位于壳面中部的稍后方，通常被称为肌隔的次生加厚隆脊所分隔为前后两对，前侧的一对称为前闭肌痕，后侧的一对称为后闭肌痕。

中隔板：闭肌痕面轴部的一个高耸的板状构造，低阔时称为中隔脊。中隔板两侧的其他隔板称为侧隔板。

腕器官：支持纤毛环的构造，有腕棒、腕环、腕螺等构造。

腕基支板：支持纤毛环的板状壳质。

腕环：从腕基支板上向前延伸出来的带状构造。

腕螺：支持纤毛环的腕骨，连接主基的第一个螺为初带，旋进部分称为腕螺。腕螺有三种类型，螺顶指向背方的称为无洞贝型；螺顶指向两主端的称为石燕贝型；螺顶指向两侧的称为无窗贝型。

7.4.2 图版及图版说明

以NIGP和XB为前缀的标本均保存在中国科学院南京地质古生物研究所，前缀GBGM为贵州省地质调查中心，前缀XIGM为西安地质调查中心，前缀YIGM为宜昌地质矿产研究所，前缀DS为沈阳地质矿产研究所。比例尺除标注外均为2 mm（图版7-35~7-63）；化石图片涉及文献及出处列于该种说明之后。其中由于奥陶系赫南特阶顶部于潜组部分腕足动物归为志留纪初期华夏正形贝动物群，故图示于此方便查阅，奥陶纪图册不再重复列出。

图版 7-35 说明

1—2　相似拟颅形贝（相似种）*Paracraniops* cf. *pararia* Williams，1962

1.背内模（NIGP152547）；2.背外模及其铸模（NIGP152544）。主要特征：壳纵向椭圆形，宽长比0.83~0.86；侧视微凸，最凸处距壳后缘占壳长11%~15%；同心生长层6~12轮；肌痕弱。产地：浙江玉山县岩瑞镇上坞剖面；层位：志留系兰多维列统鲁丹阶下部仕阳组底部（Rong et al.，2013，图15F，I–J）。

3—5　浙赣扁扭月贝 *Katastrophomena zheganensis* Rong et al.，2013

3.背外模的铸模（NIGP151735）；4.腹内模（NIGP142260）；5.背内模及其铸模（NIGP142263），正模。主要特征：个体中到大，腹壳中后部略凸，背壳强凸；腹壳肌痕围脊发育，向壳前平行延伸；背壳铰窝板大，强烈异向展伸。产地：浙江玉山县岩瑞镇上坞剖面；层位：志留系兰多维列统鲁丹阶下部仕阳组底部（Rong et al.，2013，图20C，G–H，P）。

6—9　裂小令贝 *Leangella scissa*（Davidson，1871）

6–7.腹内模（NIGP152574，152578），产地：浙江杭州余杭狮子山剖面，层位：奥陶系赫南特阶顶部于潜组顶部；8.腹外模及其局部放大示壳线细节（NIGP152579），产地层位同上；9.背内模（NIGP152721），产地：浙江淳安县文昌剖面，层位：志留系兰多维列统鲁丹阶下部安吉组底部。主要特征：个体小，强凹凸型侧视；腹肌痕面双叶形，肌痕围脊发育；背内铰窝板侧向伸展，肌台发育，呈双叶形（Rong et al.，2013，图31C，H–J，M）。

10—12　皱纹薄皱贝 *Leptaena rugosa* Dalman，1828

10.腹内模（NIGP148346）；11.背内模及其铸模的放大示主基构造（NIGP142264）；12.背外模（NIGP142266）。主要特征：个体中到大，侧视凹凸型，具强烈的腹向膝折，壳表发育同心壳皱；腹肌痕椭圆形至圆形；背内双叶型主突起向后联合。产地：浙江玉山县岩瑞镇上坞剖面；层位：志留系兰多维列统鲁丹阶下部仕阳组底部（Rong et al.，2013，图24A，N–P）。

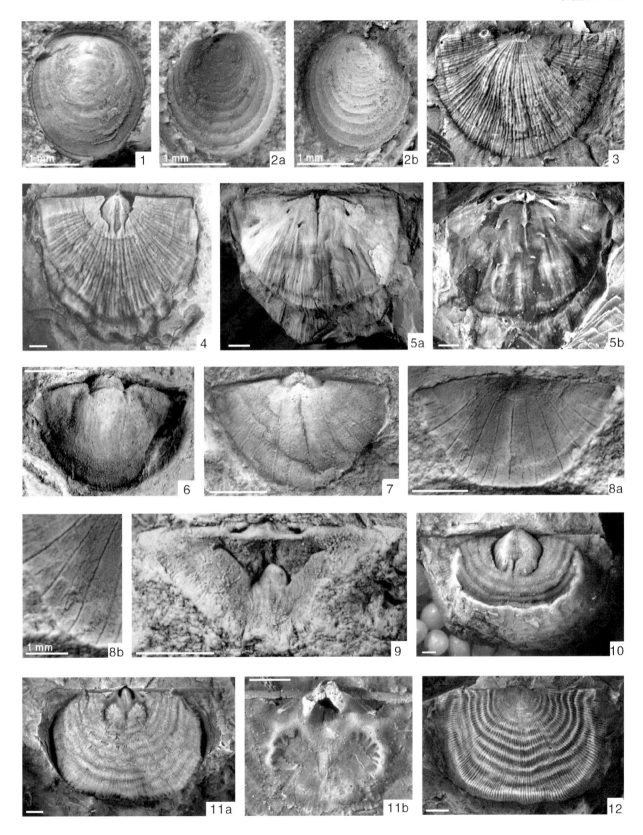

图版 7-36 说明

1—3　扁平小埃及尔月贝 *Aegiromena*（*Aegiromenella*）*planissima*（Reed，1915）

1.腹内模（NIGP152580）；2.背内模（NIGP152582）；3.腹外模（NIGP152583）。主要特征：个体小，侧视轻微的凹凸型，微型或密型壳纹，假疹壳；腹内齿板短薄，腹壳开肌痕双叶型，中间为一细弱的隔脊，闭肌痕弱小，位于隔脊后部；背内主突起简单，铰窝板异向伸展，中隔脊发育。产地：浙江杭州余杭狮子山剖面；层位：奥陶系赫南特阶顶部于潜组顶部（Rong *et al.*，2013，图33A，D，G）。

4—6　亚洲小异肋贝 *Anisopleurella asiatica* Rong *et al.*，2013

4.腹内模（NIGPI53713）；5.背内模（NIGP153714）；6.腹外模（NIGP153714）。主要特征：贝体小，腹壳隆凸，背壳深凹，微型壳纹；腹内铰齿小，齿板缺失，肌痕面弱且短，中脉管痕窄弱且异向伸展；背内主突起简单且直立，铰窝板近平行于铰合线，中隔脊细长，两侧具两对侧隔板，外侧侧隔板粗强，内侧较细。产地：浙江杭州余杭狮子山剖面；层位：奥陶系赫南特阶顶部于潜组顶部（Rong *et al.*，2013，图36B，G，K）。

7—9　布科始褶齿贝 *Eoplectodonta*（*Eoplectodonta*）*boucoti* Rong *et al.*，2013

7.腹内模（NIGP148352），产地：浙江淳安县大坑坞剖面，层位：志留系兰多维列统鲁丹阶下部安吉组底部；8.背内模（NIGP152571），产地层位同上；9.腹外模（NIGP152572），产地：浙江杭州余杭狮子山剖面，层位：奥陶系赫南特阶顶部于潜组顶部。主要特征：中等大小，侧貌颠倒型，密型壳线，假疹壳；腹内铰齿小，齿板缺失，铰合线具副铰齿，肌痕微弱，壳前具假疹；背内铰窝小，铰窝板短且窄，中隔脊细长，两侧为两对侧隔板，内侧狭长，外侧较短并宽阔，发育半椭圆形肌台，壳前具假疹（Rong *et al.*，2013，图38C，G，J）。

10—11，14　弯曲法顿贝 *Fardenia*（*Fardenia*）*flexa* Rong *et al.*，2013

10.腹内模（NIGP152722）；11.背内模（a）及其铸模的放大（b）示主基细节（NIGP139438）；14.腹外模（NIGP152725）。主要特征：贝体小到中等，侧貌低双凸型，铰合线平直，壳表具放射状壳线；腹内齿板短，异向伸展；背内具双叶型主突起，主突起茎部前侧发育主突起结，铰窝板异向伸展。产地：浙江玉山县岩瑞镇上坞剖面；层位：志留系兰多维列统鲁丹阶下部仕阳组底部（Rong *et al.*，2013，图40A，D，H，Q）。

12—13　浙江三重贝 *Triplesia zhejiangensis* Liang，1983

背内模及其侧视（NIGP148355）。主要特征：贝体中等大小，轮廓近横卵形，背壳强凸；腹内齿板短薄；背内主突起茎部呈倒三角形，腕基短棒状且异向展伸，前后对闭肌痕被肌横隔板所分，中央肌隔粗壮。产地：浙江淳安县大坑坞剖面；层位：志留系兰多维列统鲁丹阶下部安吉组底部（Rong *et al.*，2013，图42K–L）。

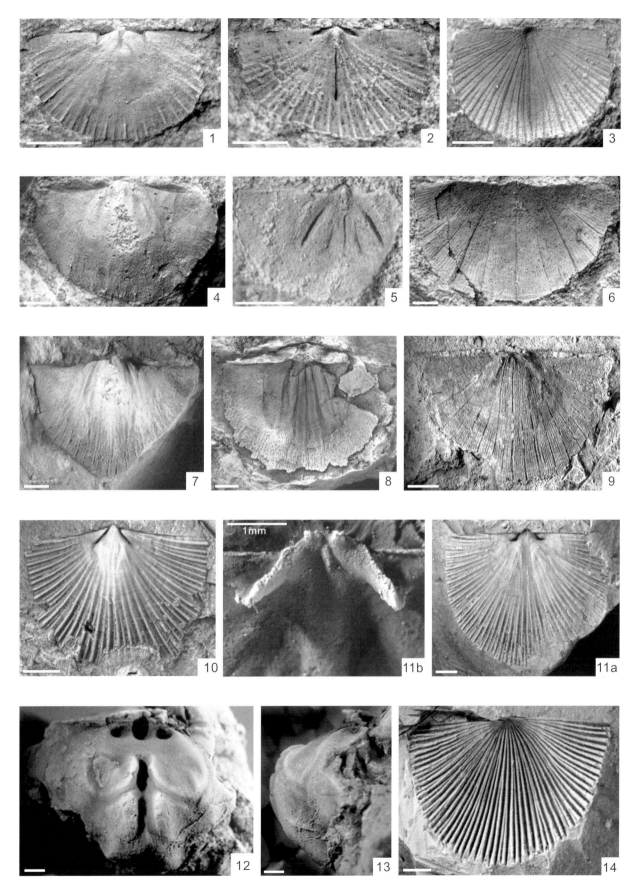

图版 7-37 说明

1—2　伍德兰拟帐幕贝 *Skenidioides woodlandiensis* Davidson，1883

1.腹内模及其外模（NIGP139430）；2.背内模（NIGP152599）。主要特征：贝体小，轮廓横宽；腹中隆微弱，壳线粗强；腹内齿板相向延伸，聚合形成匙形台；背内主突起简单，前延与中隔板相连。产地：浙江淳安县大坑坞剖面；层位：志留系兰多维列统鲁丹阶下部安吉组底部（Rong *et al.*，2013，图44A，D，M）。

3—5　文昌雕正形贝 *Glyptorthis wenchangensis*（Liang，1983）

3.腹内模（NIGP152602），产地：浙江玉山县岩瑞镇上坞剖面，层位：志留系兰多维列统鲁丹阶下部仕阳组底部；4.背内模（NIGP152603），产地：浙江淳安县文昌剖面，层位：志留系兰多维列统鲁丹阶下部安吉组底部；5.背外模（NIGP152606），产地层位同上。主要特征：贝体小或大，侧貌不等双凸型，单槽型前接合缘，壳线为密型壳线，为强烈的呈叠瓦状的叠层所贯穿；腹内腹窗腔深凹，齿板强，肌痕围脊倒心形；闭肌痕宽阔，两侧为开肌痕；背内主基强大，腕基支柱异向伸展，主突起位于腕基支柱的中间，背窗腔台厚，前沿形成一个中脊，闭肌痕较小，被中脊两侧的斜伸的横脊所分隔（Rong *et al.*，2013，图46A；图48B，G）。

6—7　东方西方正形贝 *Hesperorthis orientalis* Rong *et al.*，2013

6.腹内模（NIGP152615）；7.背内模及其外模（NIGP152617）。主要特征：贝体中等偏大，前接合缘平直，壳线粗且稀疏；腹内腹窗腔深；齿板发育，向前延伸与肌痕围脊相连；背内背窗腔浅，主突起简单，刃脊状；中隔脊粗宽，延伸至壳体中部，肌痕保存差。产地：浙江淳安县大坑坞剖面；层位：志留系兰多维列统鲁丹阶下部安吉组底部（Rong *et al.*，2013，图50A，M–N）。

8—9　细密欺正形贝 *Dolerorthis multicostellata* Rong *et al.*，2013

8.腹内模（NIGP152609）；9.背内模及其外模（NIGP152610）。主要特征：壳体大，轮廓半圆形，簇型壳线，发育同心微纹；腹内齿板短薄，前延成肌痕围脊，肌痕面为菱形；背内主突起简单，呈刀片状，腕基短粗并且前端近平行于铰合线，肌痕面微弱。产地：浙江淳安县文昌剖面；层位：志留系兰多维列统鲁丹阶下部安吉组底部（Rong *et al.*，2013，图46G，L，I）。

10—12　玉山华夏正形贝 *Cathaysiorthis yushanensis*（Zeng and Hu，1997）

10.腹内模（NIGP148361）；11.腹内模（NIGP148372）；12.腹外模（NIGP148373）。主要特征：贝体轮廓亚方形到近横圆，铰合线平直，侧貌背双凸型，壳表密集点状凸起，壳线低圆，生长微纹发育；腹内铰齿小而尖锐，齿板强，向前延伸在腹肌痕两侧，腹肌痕面显著，启肌痕大；闭肌痕直长，位于两启肌痕中间，其前端稍短于启肌痕。背内双叶型主突起，腕基支板短小，异向展伸，背中隔脊短粗。产地：浙江玉山县岩瑞镇上坞剖面；层位：志留系兰多维列统鲁丹阶下部仕阳组底部（Rong *et al.*，2013，图53B，55H，K）。

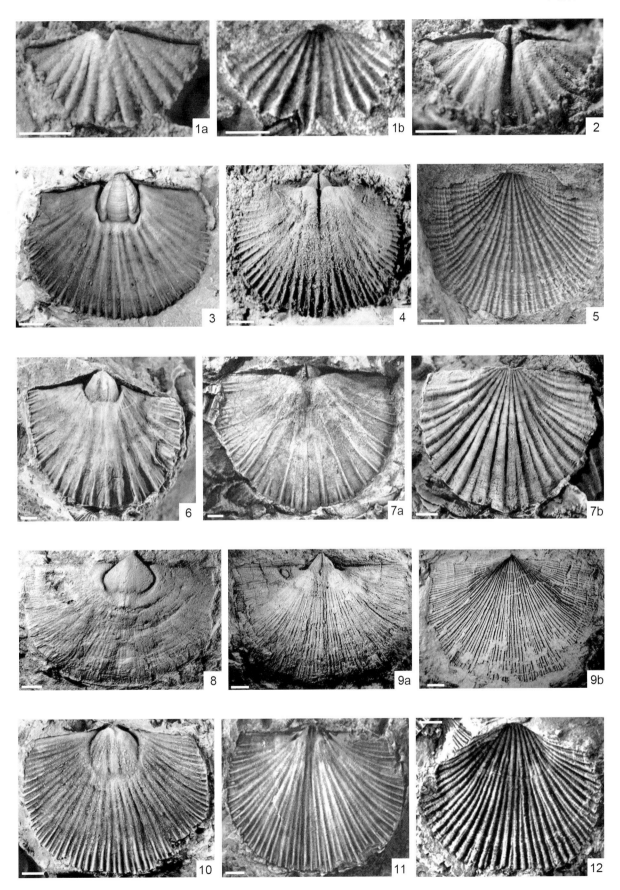

图版 7-38 说明

1—3　余氏余杭贝 *Yuhangella yui* Rong et al.，2013

1.腹内模（NIGP152682），产地：浙江杭州余杭狮子山剖面，层位：奥陶系赫南特阶顶部于潜组顶部；2.背内模及其铸模（NIGP152686），产地：浙江淳安县文昌剖面，层位：志留系兰多维列统鲁丹阶下部安吉组底部；3.背外模（NIGP152688），产地：浙江杭州余杭狮子山剖面，层位：于潜组顶部。主要特征：个体小，侧貌腹双凸型，簇型壳线；腹内肌痕面小；背内主突起简单，冠部呈三裂状，前延与中膈脊相连，腕基支板短粗，异向伸展（Rong et al.，2013，图59A，G，P–Q）。

4—6　兰多维列兰婉贝 *Levenea llandoveriana*（Williams，1951）

4.腹内模（NIGP152638），产地：浙江玉山县岩瑞镇上坞剖面，层位：志留系兰多维列统鲁丹阶下部仕阳组底部；5.背内模及其铸模（NIGP142255），产地：浙江江山大桥仕阳，层位：志留系兰多维列统鲁丹阶下部仕阳组底部；6.背外模（NIGP142256），产地：浙江玉山县岩瑞镇上坞剖面，层位：仕阳组底部。主要特征：贝体轮廓亚方形或亚圆形，侧貌为双凸型或平凸型，倾斜型，密型壳线；腹内铰齿粗强；肌痕面双叶状；背内主基强大，腕基耸突，呈柱状；主突起显著，茎部短或不明显，冠部为双叶型。闭肌痕横卵圆形，为横中肌隔所二分，中膈脊较开阔（Rong et al.，2013，图62A，G，I，N）。

7—9　淳安淳安贝 *Chunanella chunanensis* Rong et al.，2013

7.腹内模（NIGP152699），产地：浙江杭州余杭留下镇，层位：志留系兰多维列统鲁丹阶下部安吉组底部；8.背内模（NIGP152708），产地：浙江淳安县文昌剖面，层位：志留系兰多维列统鲁丹阶下部安吉组底部；9.上部为背外模，下部为腹外模（NIGP154027），产地层位同上。主要特征：中等大小，侧貌腹双凸型，密型壳线；腹内齿板短且强烈异向伸展，肌痕微弱，肌痕面侧后方为齿板所包围，前部边界不明；背内主突起小，冠部为一浅窄中沟裂为双叶状，中沟上具横向细褶，主突起与中膈脊相连，腕基支板短，直立于壳表，开肌痕被开阔的中隔脊所分隔，单侧肌痕被微弱的横中肌隔区别为前后两部分，前部面积大于后部（Rong et al.，2013，图78L，80A，81A）。

10—12　变异小谎贝 *Mendacella mutabilis* Rong et al.，2013

10.腹内模（NIGP152665），产地：浙江淳安县大坑坞剖面，层位：志留系兰多维列统鲁丹阶下部安吉组底部；11.背内模（NIGP152673），产地层位同上；12.背外模（a）及其局部放大（b）以及其铸模的局部放大（c）示壳线细节（NIGP152681），产地：浙江玉山县岩瑞镇上坞剖面，层位：志留系兰多维列统鲁丹阶下部仕阳组底部。主要特征：中等大小，背双凸型，密型壳线，壳前缘发育同心生长纹；腹内铰齿小，齿板短薄，与肌痕围脊后部相连，肌痕面呈长菱形，闭肌痕长椭圆状，闭肌隔前端不交汇，并平行向前部延伸成中隔脊；背内主突起简单，呈双叶型，腕基支板短薄，强烈异向伸展，肌痕微弱，具铰窝底板（Rong et al.，2013，图72E，R，74I，L，O）。

13—15　亚方形大表筋贝 *Epitomyonia subquadrata* Rong et al.，2013

13.腹内模（NIGP152689），产地：浙江玉山县岩瑞镇上坞剖面，层位：志留系兰多维列统鲁丹阶下部仕阳组底部；14.背内模（NIGP152692），产地层位同上；15.背外模的铸模（NIGP152698），产地：浙江淳安县文昌剖面，层位：志留系兰多维列统鲁丹阶下部安吉组底部。主要特征：壳体较小，侧貌凹凸型轮廓近双叶形到亚方形，密型壳线，疹质壳；腹内铰齿小，齿板发育，腹肌痕面宽五边形到心形；背内背窗腔窄浅，主突起小，茎部细长，前端与背隔板后端相连接，高的背中隔板几乎延伸至壳前缘，将壳台二分，铰窝底板缺失（Rong et al.，2013，图69B，K，O）。

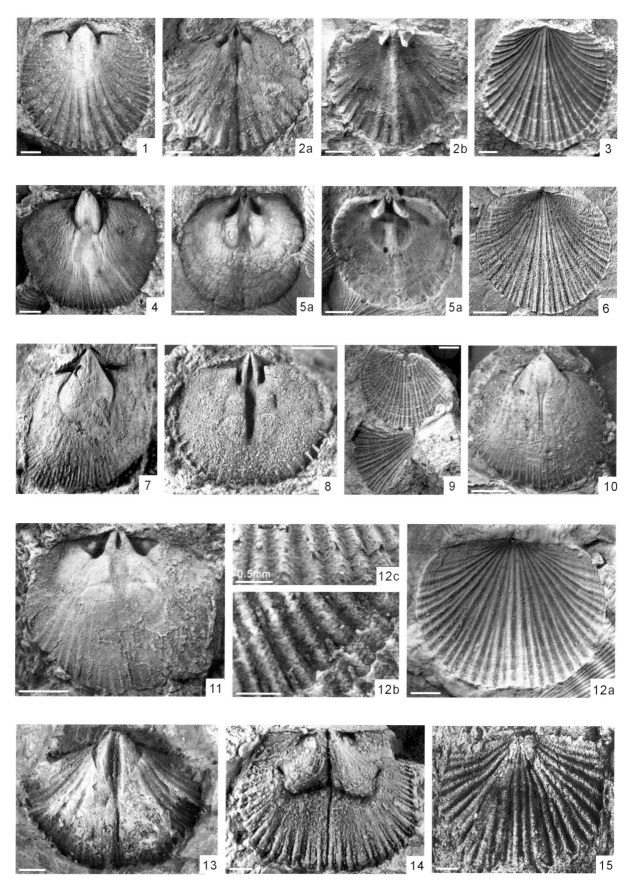

图版 7-39 说明

1—4　谢尔夫短腕板贝 *Brevilamnulella kjerulfi*（Kiaer，1902）

1.腹内模（NIGP139431），产地：浙江玉山县岩瑞镇上坞剖面，层位：志留系兰多维列统鲁丹阶下部仕阳组底部；2.腹内模（NIGP152740），产地层位同上；3.背内模（NIGP148380），产地：浙江淳安县大坑坞剖面，层位：志留系兰多维列统鲁丹阶下部安吉组底部；4.背外模（NIGP139432），产地：浙江玉山县岩瑞镇上坞剖面，层位：志留系兰多维列统鲁丹阶下部仕阳组底部。主要特征：壳体小到中等；壳表光滑或发育轻微的壳褶；发育腹中槽和背中隆；前接合缘单褶型。腹内匙形台小，中隔脊短。背内内铰窝板极短，外铰窝板薄（Rong *et al.*，2013，图86B，D，G，K）。

5—7　小始准携螺贝 *Eospirigerina putilla*（Hall and Clarke，1894）

5.腹内模（NIGP 139434），产地：浙江玉山县岩瑞镇上坞剖面，层位：志留系兰多维列统鲁丹阶下部仕阳组底部；6.内核铸模的背视图（NIGP152752），产地：浙江淳安县大坑坞剖面，层位：志留系兰多维列统鲁丹阶下部安吉组底部；7.腹内模及腹外模（NIGP152763），产地：浙江淳安县文昌剖面，层位：志留系兰多维列统鲁丹阶下部安吉组底部。主要特征：中等大小，侧貌双凸型；铰合面小，正倾型；成年个体腹中槽发育壳线细到中等程度，侧向变弱，向前缘变粗，次生壳线以分支式为主，壳前缘具同心生长层，小个体同心微纹发育；腹内齿板小（Rong *et al.*，2013，图91C，M，T，U）。

8，10　简单槽螺贝 *Sulcatospira simplex* Rong *et al.*，2013

8.内核的腹、背、侧、前视（NIGP152765）；10.内核背视局部放大示主基构造（NIGP152767）。主要特征：个体小，轮廓亚圆形；侧貌近等双凸型，单褶型前接合缘微弱，腹中槽狭窄，背中隆幅度小；壳线粗强。腹内齿板竖立且短薄。背内铰窝板异向伸展，未见肌痕。产地：浙江淳安县大坑坞剖面；层位：志留系兰多维列统鲁丹阶下部安吉组底部（Rong *et al.*，2013，图93A–D，G）。

9　安古思慧特菲贝 *Whitfieldella angustifrons*（Salter，1851）

内核的腹、背、侧、前、后视（NIGP148383）。主要特征：壳体双凸型，腹中槽与背中隆很弱，前接合缘弱单褶型；腹内齿板短，近平行；背内背窗腔窄浅，内铰板分离，中隔脊始于铰板基部，短于壳长的1/4。产地：浙江淳安县大坑坞剖面；层位：志留系兰多维列统鲁丹阶下部安吉组底部（Rong *et al.*，2013，图96E–I）。

11—14　始中国始石燕 *Eospirifer*（*Eospirifer*）*eosinensis* Rong *et al.*，2013

11.腹内模（NlGP 139428），产地：浙江玉山县岩瑞镇上坞剖面，层位：志留系兰多维列统鲁丹阶下部仕阳组底部；12.背内模（NlGP139429），产地层位同上；13.背内模（NlGP152792），产地层位同上；14.背外模（NlGP148379），产地：浙江常山童家剖面，层位：志留系兰多维列统鲁丹阶下部安吉组底部。主要特征：壳体小，轮廓横圆，腹双凸型，发育腹中槽和背中隆，中隆两侧有一浅宽的沟与侧区为界；壳体具放射微纹；腹内齿板发育；背内铰窝板短，底部亚平行；两腕基中间发育一小的突起（Rong *et al.*，2013，图99A，G，I，O）。

图版 7-40 说明

1—4 华夏双腔贝 *Dicoelosia cathaysiensis* Huang et al.，2013

1—2.腹内模（NIGP155731，155730）；3.背内模（NIGP155735）；4.腹外模（NIGP155734）。主要特征：贝体小，轮廓呈双叶形，前缘强烈内凹；侧貌不等双凸型，两壳中槽深凹，单槽型前接合缘，密型壳线，壳疹密集发育；腹内铰齿小，齿板短且薄，异向伸展，由围脊所围成的肌痕面呈双叶型，开肌痕明显，被中央单条状的闭肌痕所分开；背内双叶型主突起，茎部细长，中隔脊微弱，腕基支板短且薄，并异向伸展，中部发育一横隔板。产地：贵州湄潭牛场；层位：志留系兰多维列统鲁丹阶上部牛场组底部（Huang et al.，2013，图6–3，9，13，12）。

5—8 黔北兰婉贝 *Levenea qianbeiensis*（Rong et al. 1974）

5，7.腹内模（NIGP163255，163257）；6，8.背内模（NIGP163256，163258）。主要特征：轮廓呈亚圆形，侧貌近平凸型，密型壳线；腹内铰齿粗壮，齿板较为发育，其上具腕基窝，肌痕面多为五边形，大个体发育"八"字异向伸展的脉管痕；背内具良好发育的主基，主突起双叶型，冠部相对膨大，茎部细长，向后延伸至中隔板，腕基支柱短粗，并异向伸展，肌痕围脊微弱发育，肌痕面被中隔脊分隔成左右两部分，每部呈长卵圆状，中间被平直横隔脊分隔。产地：贵州湄潭兴隆镇；层位：志留系兰多维列统鲁丹阶上部牛场组底部（Huang et al.，2016a，图3-1，2，3，5）。

9—10 埃及尔贝（未定种）*Aegiria* sp.

9.腹内模（NIGP155745）；10.背内模（NIGP155746）。主要特征：贝体横宽，壳体轮廓半椭圆形，假疹壳；腹内齿板微弱，肌痕区前缘与侧区界线不明，开肌痕被一微弱的中隔脊分开，闭肌痕小，位于肌痕区后端；背内铰窝板粗壮，强烈异向伸展，与铰合线近平行，主突起简单，为单叶型，与铰窝板粘连；肌台轮廓为亚方形，围脊低薄，其后侧缘与铰窝板的前端相连，中隔脊细长，穿过肌台，瘤点状突起沿放射纹散布，主要分布于肌台的前方与侧方。产地：贵州湄潭牛场；层位：志留系兰多维列统鲁丹阶上部牛场组底部（Huang et al.，2013，图7-8，9）。

11—12 大表筋贝（未定种）*Epitomyonia* sp.

11.背内模（NIGP155750）；12.腹内模（NIGP155751）。主要特征：贝体较小，侧貌凹凸型。腹壳凸度大，腹中槽细长，背壳浅凹，壳线细弱；腹内铰齿细小，齿板发育且强烈异向伸展，腹肌痕面小，呈双叶状，被低薄的肌痕围脊包围，中隔板贯穿壳体；背内背窗腔窄浅，主突起细小，与背中隔板后端相连；腕基尖耸，腕基支板短且异向展伸，具横隔脊，被背中隔板切分。产地：贵州湄潭牛场；层位：志留系兰多维列统鲁丹阶上部牛场组底部（Huang et al.，2013，图7-13，14）。

13—15 巨大扁扭月贝 *Katastrophomena maxima*（Rong et al.，1974）

13—14.腹内模（NIGP22277，155742）；15.背内模及其局部放大示主基构造（NIGP22278）。主要特征：贝体大，侧视为颠倒型，背壳隆凸；腹内齿板较短且粗壮，异向伸展，前延形成肌痕围脊的后端，前端不交汇，肌痕面呈钻石菱形，中隔脊发育；背内双叶型主突起，铰板宽阔地异向伸展，具宽且较低的中隔板，前延成细长的中隔脊，发育两对较弱的侧隔板。产地：贵州湄潭牛场（14）、兴隆镇（其他）；层位：志留系兰多维列统鲁丹阶上部牛场组底部（Huang et al.，2013，图7-5；Huang and Rong，2010，图5I，L）。

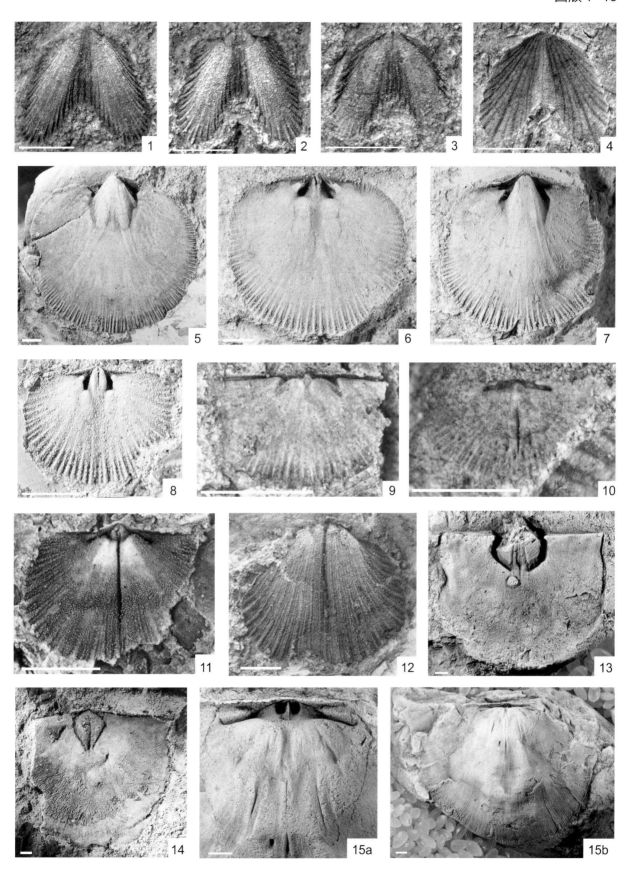

图版 7-41 说明

1 线纹小墨西贝 Leptellina（Merciella）striata（Rong et al., 1974）

腹内模（NIGP155743）。主要特征：轮廓半圆形，铰合线平直；腹内齿板微弱，肌痕面为双叶型，开肌痕包围闭肌痕，闭肌痕小，位于肌痕面后部，壳前端具瘤点状假疹。产地：贵州湄潭牛场；层位：志留系兰多维列统鲁丹阶上部牛场组底部（Huang et al., 2013, 图7-6）。

2—3 始齿扭贝（未定种）Eostropheodonta sp.

2.腹内模（NIGP163262）；3.背内模（NIGP163263）。主要特征：个体较小，轻微平凸型，铰合线平直，为密型壳饰，中央壳线笔直且明显强于其他壳线；腹内齿板极弱，齿板上具副铰齿，肌痕弱；背内主基小，小巧的双叶型主突起，中隔脊宽阔但低弱，铰窝板低短，异向伸展。产地：贵州湄潭兴隆镇；层位：志留系兰多维列统鲁丹阶上部牛场组底部（Huang et al., 2016a, 图3-6, 7）。

4，8 湄潭欣德贝 Hindella meitanensis（Rong et al., 1974）

4.背内模（NIGP22281）；8.内核腹视（NIGP22280），全型标本。主要特征：中等个体，卵圆形；壳表光滑；腹内齿板较不发育，生殖腺痕呈瘤点状；背内铰窝板短，向前汇聚并前延成细长的中隔板。产地：贵州湄潭五里坡；层位：志留系兰多维列统鲁丹阶中部（？）五里坡层（戎嘉余等，1974，202页，图版92，图32–33）。

5 雅致小轭螺贝 Zygospiraella venusta（Rong and Yang, 1981）

腹内模（NIGP155752）。主要特征：轮廓近圆形，中后部轻微发育腹中隆，壳线中等；腹内齿板低薄，肌痕不明显。产地：贵州湄潭牛场；层位：志留系兰多维列统鲁丹阶上部牛场组底部（Huang et al., 2013, 图7-15）。

6—7 东方英武石燕 Yingwuspirifer orientalis Rong et al., 1974

6.腹内模（NIGP22256，全型标本）；7.背内模及其局部放大示主基构造。主要特征：贝体亚五边形，平缓双凸型，腹中槽槽底平坦，中央具壳褶，背中隆宽平，中央具轻微的中沟，全壳具细密的放射纹；腹内齿板薄长；背内腕棒板短。产地：贵州思南鹦鹉溪；层位：志留系兰多维列统鲁丹阶上部牛场组下部（戎嘉余等，1974，图版92，图1-6）。

9—10 始石燕（未定种）Eospirifer sp.

9.腹内模（NIGP163265）；10.背内模及其外模（NIGP163266）。主要特征：壳体小到中等，轮廓横圆，腹双凸型，具腹中槽和背中隆，壳体具放射状细壳线；腹内齿板厚长，发育生殖腺痕，中隔脊微弱；背内铰窝板短，底部近平行，两腕基中间的主突起光滑。产地：贵州湄潭兴隆镇；层位：志留系兰多维列统鲁丹阶上部牛场组下部（Huang et al., 2016a, 图3-10, 11, 12）。

11—14 东方图拉贝 Thulatrypa orientalis（Rong et al., 1974）

11.背内模（NIGP161703）；12—13.腹内模（NIGP161697, 161698），产地：贵州湄潭兴隆镇，层位：志留系兰多维列统鲁丹阶上部牛场组下部。14.背内模（NIGP161704），产地：云南镇雄碗厂；层位：志留系兰多维列统鲁丹阶上部龙马溪组下部。主要特征：中等大小，背中隆和腹中槽微弱发育；壳表光滑；腹内铰齿短且薄，强烈地异向伸展；肌痕面具有瘤点状生殖腺痕，位于肌痕两侧；背内主宽浅且狭细，内铰板狭窄且内凹，中隔脊微弱发育，肌痕面呈双花瓣状，两侧的瘤点状的生殖腺痕清晰（Huang et al., 2016b, 图13O, S）。

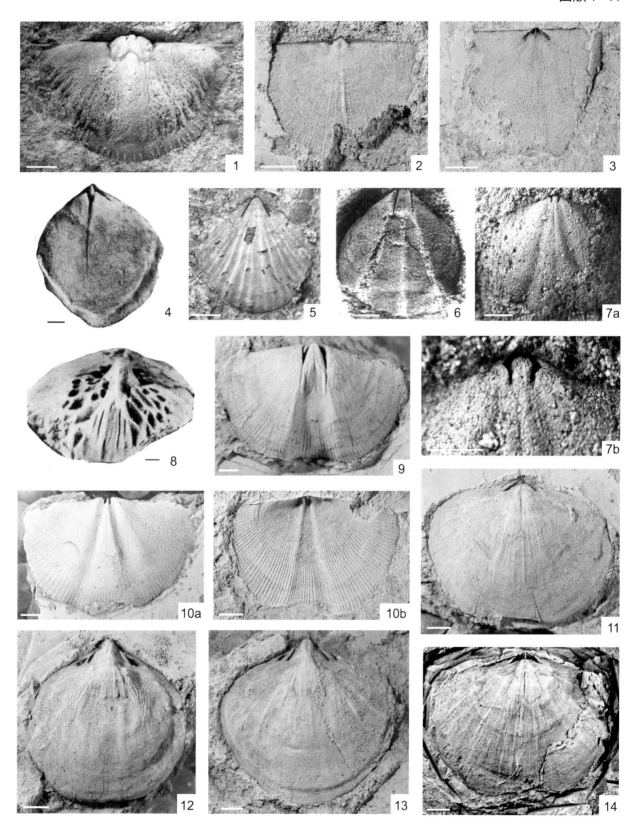

图版 7-42 说明

1—4　适宜欺正形贝 *Dolerorthis digna* Rong and Yang，1981

1.腹内模（NIGP43826），正型；2.腹内模（NIGP43827）；3.背内模（NIGP43828），副型；4.腹外模（NIGP3825）。主要特征：近半圆形，主端钝，近等双凸，前缘直型；腹内铰齿粗壮，齿板几乎缺失；背内腕基异展，主突起单叶型，两侧具很弱的次生脊，背窗台发育，向前延伸为粗短的中隔脊。产地：湖北宜昌大中坝；层位：志留系兰多维列统埃隆阶上部罗惹坪组彭家院段上部（戎嘉余和杨学长，1981，图版1，图6–9）。

5—8　黔北等正形贝 *Isorthis qianbeiensis*（Rong and Yang，1981）

5.腹、背、侧视（NIGP43830）；6.腹、背、侧视（NIGP43831），产地：湖北宜昌大中坝，层位：志留系兰多维列统埃隆阶上部罗惹坪组罗惹坪段；7.腹内模（NIGP43833），产地：湖南石门龙池河，层位：志留系兰多维列统埃隆阶香树园组；8.背内模（a）及其局部放大示主基构造（b）（NIGP43832），产地：湖北宜昌大中坝，层位：志留系兰多维列统埃隆阶上部罗惹坪组彭家院段上部。主要特征：亚圆形，双凸，背壳前方发育浅宽中槽；密型壳线；腹壳齿板向前延伸为肌痕围脊；背壳腕基粗壮；双叶型主突起冠部发育（戎嘉余和杨学长，1981，图版1，图11，13–19，31）。

9—12　沿河埃吉尔月贝 *Aegiromena yanheensis* Rong and Yang，1981

9.腹内模（NIGP43854）；10.背内模（NIGP43855），产地：贵州务川龙井坡，层位：志留系兰多维列统埃隆阶上部雷家屯组；11.背内模（NIGP43862），正型；12.背外模（NIGP43856），产地：贵州沿河甘溪，层位：志留系兰多维列统埃隆阶上部雷家屯组。主要特征：壳小，横宽，缓凹凸型；腹内齿板近不发育，开肌痕被微弱中脊分开，闭肌痕位于后端；背内铰窝板粗壮，强烈异展，单叶型主突起，中隔脊发育（戎嘉余和杨学长，1981，图版2，图17，23–25）。

13—16　单线黔月贝 *Qianomena unicosta* Rong and Yang，1981

13.腹内模（NIGP43869）；14.腹视、侧视（NIGP43873），正型；15.背内模及其铸模（NIGP43868）；16.腹壳局部放大示壳表装饰（NIGP43867）。主要特征：壳中等大小，缓凹凸型；壳表发育同心微纹和唯一中央粗壳线；腹内铰齿粗壮，向前延伸为围脊；背窗台小，双叶型主突起，铰窝板短且薄。产地：贵州思南红岩水库；层位：志留系兰多维列统埃隆阶下部香树园组下部（戎嘉余和杨学长，1981，图版3，图5–6，22–23）。

17—18　中等劣扭月贝 *Katastrophomena modesta*（Rong and Yang，1981）

17.腹内模（NIGP43878）；18.背内模（NIGP43879），正型。主要特征：贝体中等大小，侧视为颠倒型，背壳隆凸；腹内齿板较短且粗壮，异向伸展，前延形成肌痕围脊的后端；背内双叶型主突起，铰板宽阔地异向伸展，具宽且较低的中隔板，向前延伸为细长的中隔脊，发育两对较弱的侧隔板。产地：湖北宜昌大中坝；层位：志留系兰多维列统埃隆阶上部罗惹坪组彭家院段（戎嘉余和杨学长，1981，图版3，图14–18）。

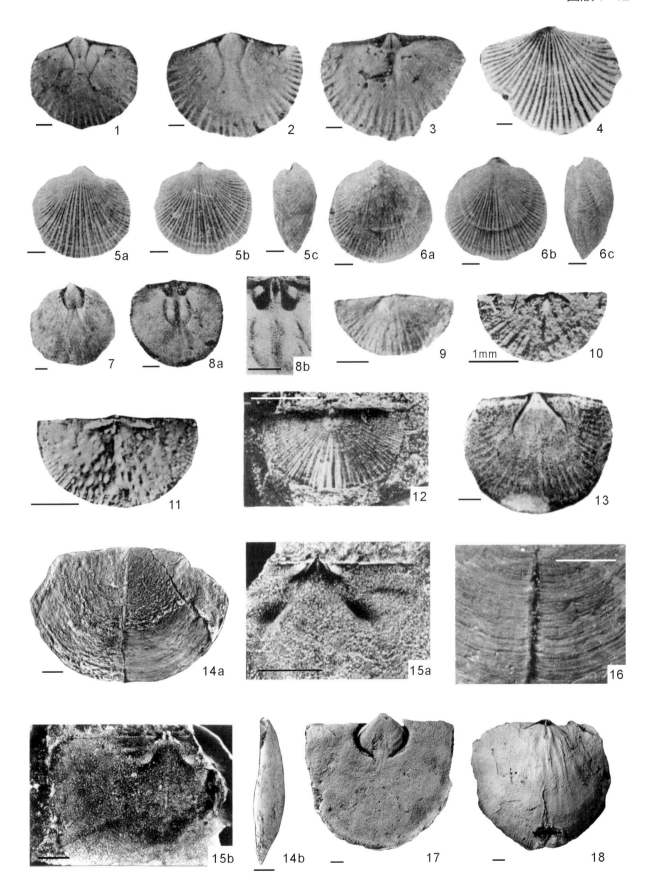

图版 7-43 说明

1—2，4　北方北方贝 *Borealis borealis*（Eichwald，1842）

1.背内模、后视、背内模放大（NIGP3910），产地：贵州凤冈八里溪，层位：志留系兰多维列统鲁丹阶上部香树园组底部。2.背视（NIGP43911）；4.侧视、背视（NIGP43922），产地：贵州思南东华溪，层位：同上。主要特征：贝体中等，侧貌不等双凸型，壳表一般光滑，有时同心线纹，通常缺失放射状壳饰；腹内匙形台短，宽而浅，中隔板高强；背内内、外板短，外板近平行延伸，腕突基横切面为椭圆柱形，腕突薄板状，较长（戎嘉余和杨学长，1981，图版7，图2–3，5，7；图版8，图19–20）。

3　稍长五房贝相似种 *Pentamerus* cf. *oblongus*（Sowerby，1839）

腹、背、前、侧视（NIGP43920）。主要特征：轮廓纵长，腹、背具新月面和中央隆凸，前缘直型；腹内匙形台狭窄，中隔板薄高；背内外板分离，近平行向前延伸。产地：贵州思南东华溪；层位：志留系兰多维列统鲁丹阶上部香树园组下部（戎嘉余和杨学长，1981，图版8，图1–4）。

5—6　强壮中华小斯特兰贝 *Sinostricklandiella robusta*（Rong and Yang，1981）

5.侧、后、腹、背视（NIGP43899），正模，产地：湖北宜昌大中坝，层位：志留系兰多维列统埃隆阶上部罗惹坪组；6.腹、侧、后、背视（NIGP136905），产地：湖北宜昌大中坝，层位：志留系兰多维列统埃隆阶上部罗惹坪组。主要特征：贝体大，横宽，侧貌近等双凸，铰合线直长，腹中槽槽底尖而深，背中隆强壮，高耸尖突，壳体前部具同心纹；腹内中隔板缺失，匙形台短小但宽，底部阔圆，台前具丝状物构造；背内窗腔发育，外板缺失，内板粗强，腕突发育，基部为棒状（戎嘉余和杨学长，1981，图版5，图4，6–7）。

7—8　细密始齿扭贝 *Eostropheodonta desta* Rong and Yang，1981

7.腹内模（NIGP43890），副模，产地：贵州石阡均田坝，层位：志留系兰多维列统鲁丹阶上部至埃隆阶中下部香树园组；8.背视（NIGP43891），产地：贵州石阡雷家屯，层位：同上。主要特征：较大，圆横方形，微型壳线，假疹孔细密；腹内齿板极短，其上具副铰齿，肌痕面三角形；背内主机小，主突起双叶型，铰窝板短且异向伸展（戎嘉余和杨学长，1981，图版4，图4，8）。

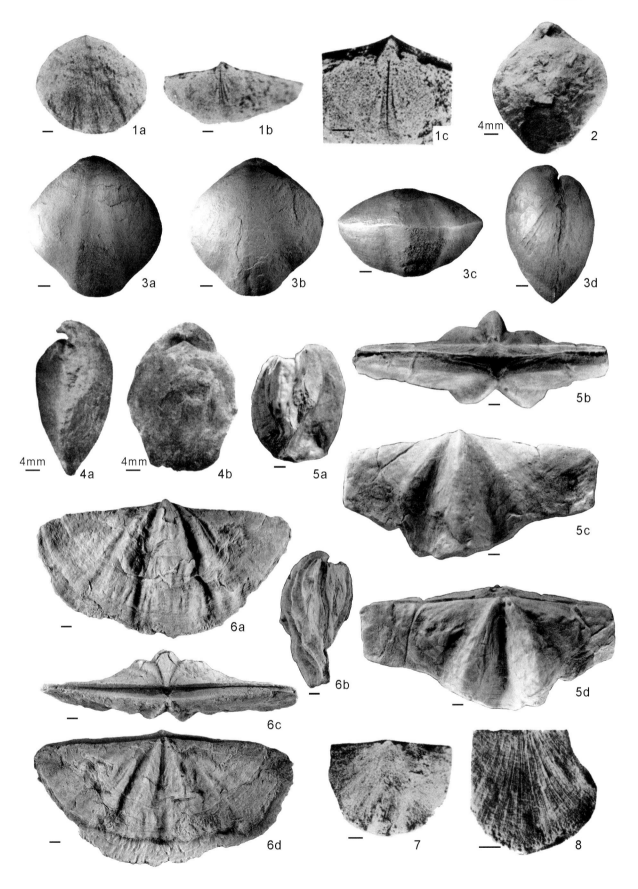

图版 7-44 说明

1—9　横宽中华小库仑贝 *Sinokulumbella transversa*（Grabau，1925）

1.腹壳（NIGP136902）；2.一不完整壳的后视（NIGP136903）；3.腹内模（NIGP43896）；4.背壳外示交叉的壳线（NIGP43917），产地：湖北宜昌大中坝，层位：志留系兰多维列统埃隆阶上部罗惹坪组；5.背、腹视（NIGP43900），产地：贵州印江合水，层位：志留系兰多维列统埃隆阶香树园组上部；6.背壳内模局部放大示背腕器官（NIGP43908），产地：湖北宜昌大中坝，层位：志留系兰多维列统埃隆阶上部罗惹坪组；7—8.背内模的铸模（NIGP43904，43905），产地：贵州务川龙井坡，层位：志留系兰多维列统埃隆阶香树园组与雷家屯组；9.腹内模（NIGP43895），产地：贵州务川龙井坡，层位：志留系兰多维列统埃隆阶香树园组。主要特征：壳体大至极大，半圆形，腹壳中槽和背壳中隆发育程度不一；匙形台小而浅，碗状，近后端横切面呈半圆形；中隔壁短而厚，生长于次生壳中并向后加厚，向前逐渐脱离次生壳并相对抬升；腕棒粗壮，棒状，与壳壁相连并向后加厚，向前逐渐脱离壳壁；缺失内铰合板（Rong et al., 2017，图版S5，图1–9）。

10—13　石阡拟壳房贝 *Paraconchidium shiqianensis* Rong et al., 1974

10.侧、腹、背、前视（NIGP43925）；12.腹、背、侧视（NIGP22309）；13.未成年个体，背视（NIGP43926），产地：贵州石阡均田坝，层位：志留系兰多维列统埃隆阶香树园组上部。11.壳饰（NIGP43928），产地：贵州石阡白沙水田沟，层位：同上。主要特征：轮廓纵长，三角孔大，同心层清楚；腹内铰齿粗壮，齿板长大，匙形台"V"形，中隔板短且粗壮；背内外板短高，相向伸展，在壳底聚合，内板比外板低、长；腕突基向腕板两侧微弱突伸，腕突相当长，中隔脊低且长（戎嘉余和杨学长，1981，图版9，图6–9，11，13，23–26）。

154

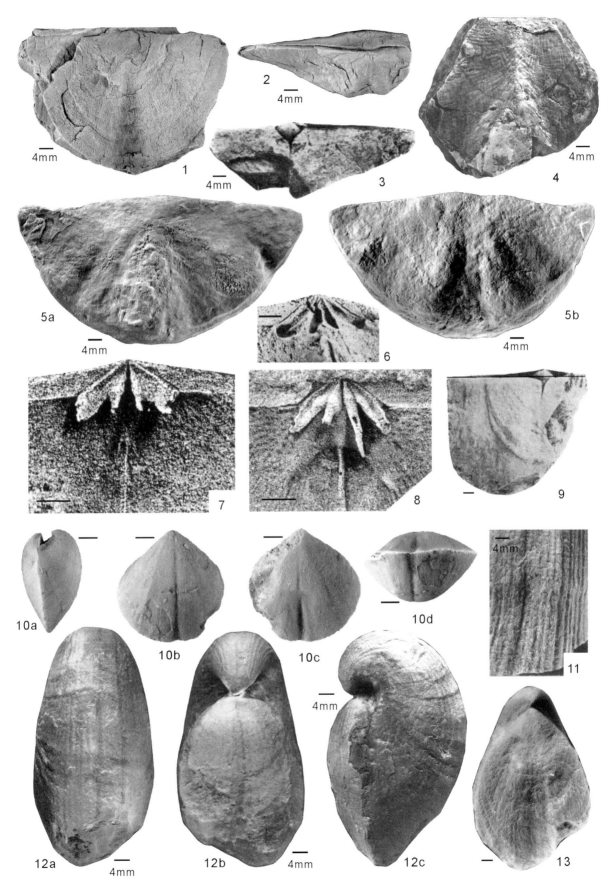

图版 7-45 说明

1 思南褶房贝 *Plicidium sinanensis*（Rong and Yang，1974）

腹、侧、前、后视（NIGP43969）。主要特征：侧视腹双凸型，主端浑圆，前缘直型，壳褶粗壮，近前缘具同心层；腹内匙形台较短，中隔板短薄，双柱型；背内内铰窝脊粗强，外板分离，短薄，内板短薄，与内铰窝脊的分解不清，腕突较长。产地：贵州思南东华溪；层位：志留系兰多维列统埃隆阶下部香树园组（戎嘉余和杨学长，1981，图版13，图16–20）。

2 波状克罗林贝 *Clorinda undata*（Sowerby，1839）

腹、背、侧、前视（NIGP43946）。主要特征：个体中等，横椭圆形轮廓，腹壳顶区肿胀，中槽明显，前缘单褶型，壳表光滑；腹内匙形台浅，弯向背前方，前端内表面发育毛发状肌痕附着物，中隔板短薄，双柱型；背内外板极短，近平行延伸，内板短小，内铰窝脊粗壮，腕突基和腕突均呈长薄板状，向外斜伸，与匙形台近等，中隔脊低短。产地：贵州印江合水；层位：志留系兰多维列统埃隆阶中下部香树园组上部（戎嘉余和杨学长，1981，图版11，图8–11）。

3 宜昌五房贝 *Pentamerus yichangensis* Rong and Yang，1981

腹、背、侧、前视（NIGP43935），正型。主要特征：侧貌腹双凸型，腹壳顶区宽阔，壳喙不强烈弯曲，壳表光滑；腹内具匙形台和中隔板；背内外板分离，轻微异向伸展。产地：湖北宜昌大中坝；层位：志留系兰多维列统埃隆阶上部罗惹坪组（戎嘉余和杨学长，1981，图版10，图3–6）。

4 光滑小枝线贝 *Virgianella glabera* Rong and Yang，1981

后、腹、侧视（NIGP43930）。主要特征：个体大，轮廓狭长；腹壳强凸，轴顶窄，侧坡陡，喙部强烈弯曲，三角孔大且洞开，壳表光滑；腹内匙形台长深，中隔板短但高强，完全楔进壳壁，侧腔清晰；背内外板短高，在壳底汇聚，内板相向延伸，腕突长，中隔脊低。产地：贵州凤冈八里溪；层位：志留系兰多维列统埃隆阶中下部香树园组上部（戎嘉余和杨学长，1981，图版9，图16–18）。

5—6 背平槽五房贝 *Sulcupentamerus dorsoplanus*（Wang，1955）

5.腹、背、侧视（NIGP8008）；6.腹、背、侧、前、后视（YIGM-II-IV45915）。主要特征：贝体较大，铰合缘弯曲，侧貌腹双凸型，腹中隆，凸度较低但开阔，以一对宽浅的侧沟分界，背中槽浅但开阔，前缘单褶型，壳表光滑，前缘具微弱的同心线；腹内齿粗壮，齿板先相向延伸，逐渐弯曲近于平行，形成匙形台，台窄长并深，中隔板双柱型，高强；背内内铰窝脊长，与内板间无明确界线，内板高长，近平行，腕突基薄板状，与内外板不在同一平面上，外板低，近平行，稍短于内板。产地：湖北宜昌大中坝；层位：志留系兰多维列统埃隆阶上部罗惹坪组（Rong et al.，2017，图版S7，图10–17）。

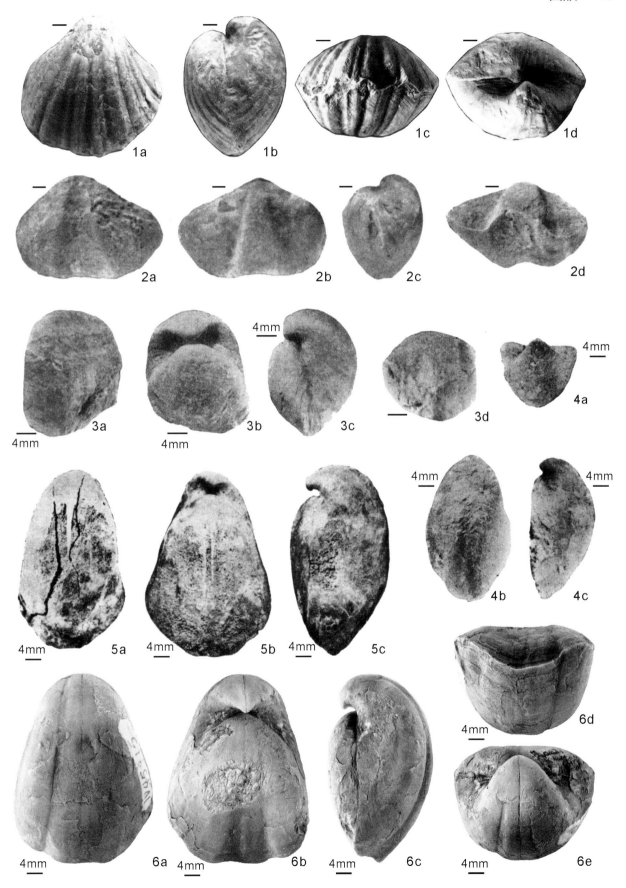

图版 7-46 说明

1—6　湖南美佛贝 *Meifodia hunanensis*（Rong and Yang，1981）

1—4.腹内模、背内模、背内模、背外模（NIGP43972–43975），产地：湖北宜昌大中坝，层位：罗惹坪组彭家院段。
5.腹内模（NIGP43977）；6.背内模（NIGP43979），产地：贵州务川龙井坡，层位：志留系兰多维列统埃隆阶下部香树园组。主要特征：中等个体，侧貌近等双凸，腹喙弯曲，壳表光滑；腹内齿粗壮，齿板缺失；背内贝窗腔发育，铰板分离（戎嘉余和杨学长，1981，图版14，图3–6，12，14）。

7　花饰层螺贝 *Imbricatospira decora* Fu，1982

腹、背、侧、前视（XIGM-B940，正形）。主要特征：体小，轮廓近圆形，近等双凸；腹中槽内具两条强褶，背中隆上具4条壳褶，壳褶上具叠瓦状同心纹，腹内齿板发育；背内铰板分离。产地：宁夏同心照花井，层位：志留系兰多维列统鲁丹阶上部至埃隆阶中下部照花井组（Rong et al.，2017，图S9，图17–20）。

8　贵州纳里夫金贝 *Nalivkinia kueichowensis*（Wang，1956）

背、侧、前视（NIGP43988）。主要特征：侧貌近等双凸，壳表放射状壳线简单；腹内铰齿粗壮，齿板发育，薄而短，异向伸展；背内窗腔发育，铰板平伸，分离，铰窝宽大，内铰窝脊较强，斜向腹侧方，腕螺指向背中央，约8圈。产地：贵州石阡县城附近泗沟；层位：志留系兰多维列统鲁丹阶上部至埃隆阶中下部香树园组（戎嘉余和杨学长，1981，图版15，图5–7）。

9　隐分咀贝 *Kritorhynchia seclusa* Rong and Yang，1981

背、腹、侧、前视（NIGP43984）。主要特征：贝体中等，侧视背双凸型，腹中槽槽底浅宽，背中隆隆顶近平坦，壳褶粗强，不分叉；腹内铰齿粗壮，齿板短薄；背内铰板平伸，分离，缺失中隔板、腕棒板、主突起。产地：贵州思南文家店红岩水库；层位：志留系兰多维列统鲁丹阶上部至埃隆阶中下部香树园组（戎嘉余和杨学长，1981，图版14，图24–27）。

10—11　大光无洞贝 *Lissatrypa magna*（Grabau，1926）

10.背、腹、侧、前视（NIGP43991）；11.内核的腹视及背视（43993）。主要特征：贝体中等，近等双凸，腹喙强烈弯曲，背壳前缘具低平的中央隆起；腹内齿粗壮，齿距宽，齿板缺失，具肉茎领，肌痕近梯形，生殖腺痕位于肌痕两侧；背内铰板块状，厚实；内铰板联合，腕棒基清晰，腕螺指向背中央，约9圈，肌痕区位于贝体近中部，具生殖腺痕和膜痕。产地：湖北宜昌大中坝；层位：志留系兰多维列统埃隆阶上部罗惹坪组（戎嘉余和杨学长，1981，图版15，图14–16，19，25–26）。

12—13　狭窄肋房贝 *Pleurodium tenuiplicatum*（Grabau，1926）

12.腹、背、后、侧、前视（NIGP7440）；13.幼年个体，示背内腕器官（NIGP43956）。主要特征：个体大，横椭圆形，主端圆钝，侧视近等双凸，铰合缘较长；腹壳发育后转面，全壳具粗疏的壳褶，褶顶棱角状；腹内齿小，双柱形中隔板，匙形台向背壳中央强烈弯曲；背内铰窝脊粗强，腕突薄板状。产地：湖北宜昌大中坝；层位：志留系兰多维列统埃隆阶上部罗惹坪组（Rong et al.，2017，图版S6，图17–20）。

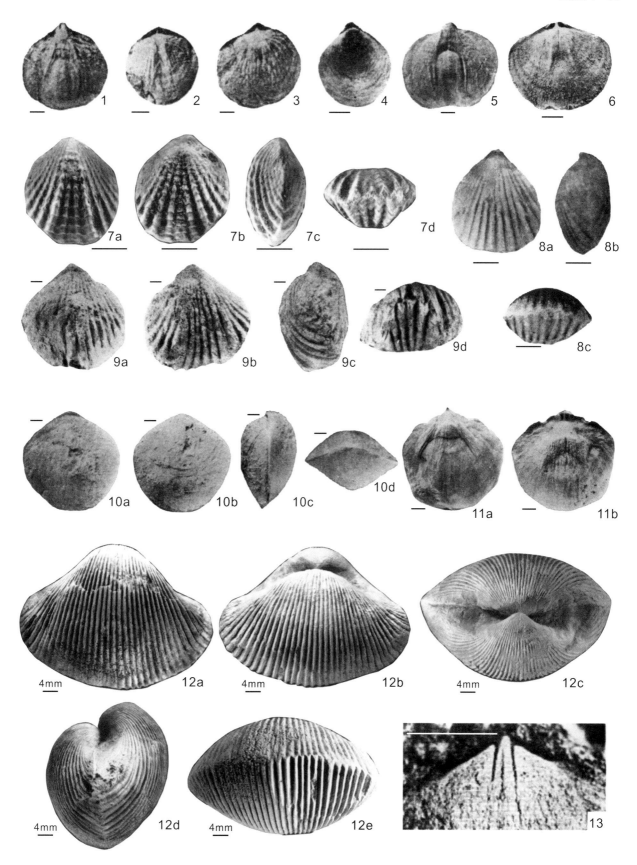

图版 7-47 说明

1 **伸长小轭螺贝** *Zygospiraella elongata* Rong and Yang，1981

腹、背、侧视（NIGP44009），正型。主要特征：轮廓长卵状，侧貌缓腹双凸，壳线细，同心纹细密；腹内铰齿粗壮，齿板低薄，腕棒窝不发育；背内内铰窝脊强壮，向腹侧方斜伸，主突起发育，但低弱。产地：贵州思南鹦鹉溪；层位：志留系兰多维列统鲁丹阶上部香树园组下部（戎嘉余和杨学长，1981，图版16，图13–15）。

2 **适度北塔贝** *Beitaia modica* Rong *et al.*，1974

腹、背、前视（NIGP22283），正型。主要特征：个体中等，横圆形，侧貌背双凸型，腹中槽自壳体中后部，背中隆开始于壳体中部，前缘单褶型，壳表具细密放射线；腹内铰齿粗壮，齿板短且薄，顶腔较狭窄；背内铰板分离，腕棒短而细弱，螺顶指向背中央，约7~11圈，中隔脊低短。产地：贵州石阡雷家屯；层位：志留系兰多维列统鲁丹阶上部香树园组下部（戎嘉余和杨学长，1981，图版17，图18–20）。

3 **鹦鹉溪小轭螺贝** *Zygospiraella yingwuxienisis* Rong and Yang，1981

腹、背、前视（NIGP44019）。主要特征：中等，横圆形，铰合缘直，侧貌平凸，放射状壳线多，内部构造与 *Z. elongata* 相似。产地：贵州思南鹦鹉溪；层位：志留系兰多维列统鲁丹阶上部至埃隆阶中下部香树园组（戎嘉余和杨学长，1981，图版17，图33–35）。

4 **亚洲山羊贝** *Hircinisca asiatica* Rong and Yang，1981

腹、背、侧、前视（NIGP44042），正型。主要特征：个体小，大个体不过10 mm，长五边形到三角形，近等双凸，腹喙小，尖而弯，腹中槽浅平，2~4条壳线，侧区光滑，背中隆微弱，具3~4条壳褶；腹内齿板短薄，近平行；背内铰板分离，隔板槽狭窄而短小，中隔板细弱，腕螺指向背中央，约为7圈，腕锁性质不明。产地：贵州桐梓韩家店；层位：志留系兰多维列统埃隆阶石牛栏组松坎段（戎嘉余和杨学长，1981，图版18，图11–13）。

5，7 **中华准携螺贝** *Spirigerina sinensis*（Wang，1962）

5.腹、背、前、侧视（NIGP22291）；7.腹视（NIGP44033）。主要特征：铰合面平直，倾斜型，窗双板铰合，界线清晰，壳褶粗强前缘可见叠瓦状同心层；腹内铰齿粗壮，齿板短，侧腔明显；背内铰板分离，平伸，腕螺8圈左右。产地：贵州石阡均田坝；层位：志留系兰多维列统鲁丹阶上部至埃隆阶中下部香树园组（戎嘉余和杨学长，1981，图版17，图30–34）。

6 **小型非无洞贝** *Anatrypa minuta* Rong and Yang，1981

腹、背、侧、前视（NIGP44051），正型。主要特征：很小，近等缓双凸型，铰合缘长，前缘直型，放射线多作一次分叉，粗细近等。产地：湖南石门龙池河；层位：志留系兰多维列统埃隆阶上部雷家屯组（戎嘉余和杨学长，1981，图版18，图29–32）。

8—9 **双凸似无洞贝** *Atrypinopsis biconvexa* Rong and Yang，1974

8.腹、背、侧、后、前视（NIGP22208），正型；9.腹、背、侧、后、前视（NIGP44057）。主要特征：个体小，近等双凸，腹中槽和背中隆很发育，前缘单褶型，侧区壳褶简单，粗强而稀疏，槽内无褶、隆上无沟，同心层叠瓦状；腹内齿板粗壮，齿板薄短；背内铰窝宽深，内铰窝脊长，先向侧方、后转向腹侧方强烈斜伸，铰板块状，联合。产地：贵州石阡雷家屯；层位：志留系兰多维列统鲁丹阶上部至埃隆阶中下部香树园组（戎嘉余和杨学长，1981，图版19，图10–14）。

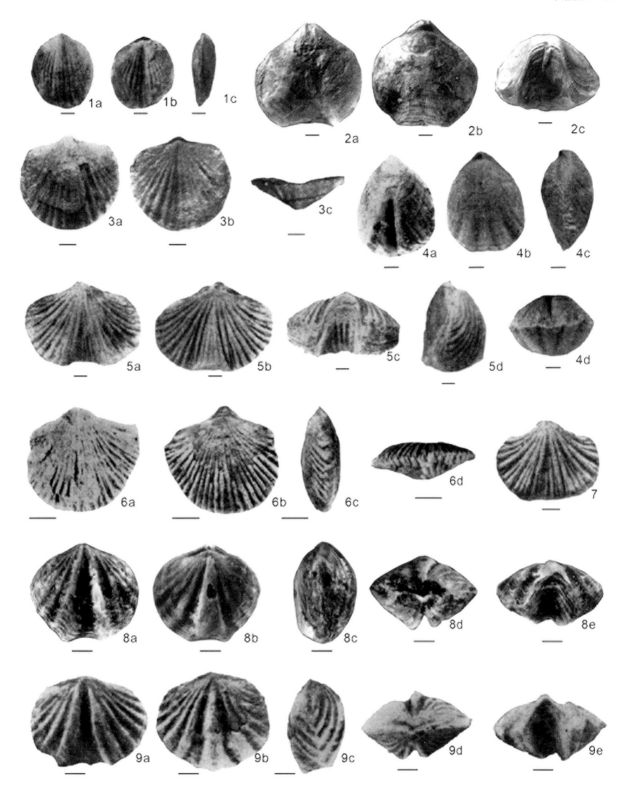

图版 7-48 说明

1—2　宽槽准无洞贝 *Atrypina latesinuata* Rong and Yang，1974

1.腹、背、侧、前视（NIGP44059）；2.腹、背视（NIGP44060）。主要特征：轮廓亚圆形，铰合线短，腹喙小，中槽始于喙部，向前微展，壳褶粗强，背壳具一中沟，同心层发育；腹内齿粗壮，齿板薄短，侧顶腔小；背内铰窝宽深，内铰窝脊较长，异向伸展，铰板块状，完全联合，主突起微弱，腕棒伸向腹方，螺顶指向背中央，约5圈。产地：贵州印江合水；层位：志留系兰多维列统鲁丹阶上部至埃隆阶中下部香树园组（戎嘉余和杨学长，1981，图版19，图27–30）。

3　中国始石燕 *Eospirifer sinensis* Rong and Yang，1974

腹、背、侧视（NIGP45212）。主要特征：壳体小，腹双凸型，具腹中槽和背中隆，壳饰以细密的放射状壳线；腹内齿板厚长，发育生殖腺痕，中隔脊微弱；背内铰窝板短，底部近平行，腕棒支板较短，相向延伸，聚于壳底，腕棒短，枝状腕螺纤细，螺顶指向后侧方，约10圈。产地：贵州石阡雷家屯；层位：志留系兰多维列统鲁丹阶上部至埃隆阶中下部香树园组（戎嘉余和杨学长，1981，图版20，图11–13）。

4　石阡似准无窗贝 *Athyrisinoides shiqianensis* Jiang in Xian and Jiang，1978

腹、背、前视（GBGM-B-309），正模。主要特征：壳体中等大小，轮廓圆三角形，侧视背双凸，腹壳顶区隆凸，喙弯，中槽始于中后部，与侧区分界较为清晰，槽底浅，中隆自中部开始，隆顶近平坦，全壳为粗强不分叉的壳褶，间隙窄浅；腹内铰齿粗壮，齿板短薄，齿板近乎平行；背内铰板平伸，分离，缺失腕棒板、隔板槽和主突起。产地：贵州石阡雷家屯；层位：志留系兰多维列统鲁丹阶上部香树园组下部（Rong *et al.*，2017，图版S8，图24–26）。

5　松坎始石燕 *Eospirifer songkanensis* Wu in Rong and Yang，1978

腹、背、侧、前视（NIGP44065）。主要特征：成年体较大，轮廓较横宽，铰合线直长，中槽虽始于顶区，却十分浅平，背中隆更低弱，微壳饰由细密的放射纹组成；腹内齿板薄短，顶腔无加厚壳质；背内缺失毛发状的主突起，腕棒支板极短或缺失。产地：贵州桐梓韩家店；层位：志留系兰多维列统埃隆阶上部石牛栏组石牛栏段（戎嘉余和杨学长，1981，图版20，图23–26）。

6—7　横宽始石燕 *Eospirifer transversalis* Rong and Yang，1981

6.腹、背、前、侧视（NIGP44071），正模；7.腹、背、前视（NIGP44072）。主要特征：较小，轮廓横展，腹双凸型，铰合线直长，腹壳铰合面高强，中槽始于壳顶区，槽底圆，背喙突出铰合缘；中隆发育，以一宽浅的侧沟为界，前端为强烈的单褶型，侧区发育不太显著的低弱隆起，全壳具细密的放射线。产地：贵州思南东华溪；层位：志留系兰多维列统鲁丹阶上部至埃隆阶中下部香树园组（戎嘉余和杨学长，1981，图版21，图19–25）。

8　原始"尼氏石燕" *"Nikiforovaena" primordialis* Rong and Yang，1981

腹、背、前视（NIGP44077）。主要特征：盾形，腹双凸型，铰合线直，腹喙钝且弯曲，腹中槽始于后部，从中后部开始发育一条槽中褶，背喙突伸于铰合线后，背中隆隆顶平坦，前部有一中沟，其两侧以宽浅的沟与侧区分界；腹内齿板薄长且高强铰齿粗壮；背内铰窝宽大，内铰窝脊发育，异向伸展，腕板枝状，腕板短，于壳底聚合。产地：贵州石阡均田坝；层位：志留系兰多维列统鲁丹阶上部至埃隆阶中下部香树园组（戎嘉余和杨学长，1981，图版22，图9–10，12）。

9　可分次准无窗贝 *Metathyrisina merita* Rong and Yang，1981

腹、背、侧、前、后视（NIGP44075），正模。主要特征：轮廓亚圆形，腹中槽窄而浅，壳褶高强，褶隙深；腹内齿板薄短；背内狭窄的铰板直接位于厚实的壳底之上，隔板槽洞开，中隔板粗壮。产地：贵州石阡雷家屯；层位：志留系兰多维列统埃隆阶上部雷家屯组（戎嘉余和杨学长，1981，图版22，图1–5）。

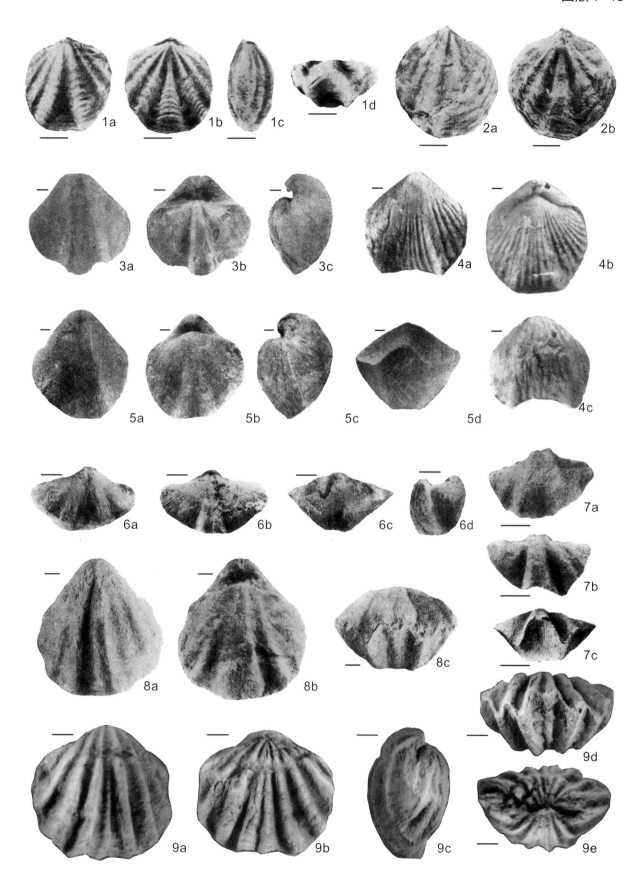

图版 7-49 说明 [①]

1—4　小型准萨罗普贝 *Salopina minuta* Rong et al.，1974

1.腹内模（NIGP22314），产地：陕西宁强，层位：志留系兰多维列统特列奇阶宁强组；2.背内模（NIGP22315），正型，产地：贵州石阡雷家屯，层位：秀山组上段；3.腹外模的铸模；4.背内模，产地：四川布拖县乌科剖面，层位：志留系兰多维列统特列奇阶大路寨组。主要特征：贝体小，轮廓圆形，两壳凸度平缓；背中槽浅，壳线密型；齿板发育，内弯并连结，包围肌痕面；背内主突起纤小，双叶型，腕基支板微弱异展，铰窝底板发育，肌痕不明晰（Rong et al.，2017，图版S4，图1–4）。

5—7　石阡埃及尔贝 *Aegiria shiqianensis* Yang and Rong，1982

5.腹内模（NIGP67426）；6.背内模（NIGP67420），产地：贵州石阡雷家屯；7.背外模（NIGP67421）。主要特征：个体小，轮廓横方圆形，主端钝，缓凹凸型，铰合线直，壳线密型，壳脊棱形；腹内无齿板，肌痕面近双叶型，深陷，两开肌痕显著分离，肌隔宽短而显著；背内主突起小，单叶型，铰窝板宽阔分离，纤毛环台不明晰，肌隔低弱中部近前缘处发育少量疣点，呈同心状排列。产地：四川秀山溶溪；层位：志留系兰多维列统特列奇阶秀山组上段（杨学长和戎嘉余，1982，图版1，图8，14，16）。

8—10　格雷琼斯贝 *Jonesia grayi*（Davidson，1849）

8.腹内模（NIGP67427）；9.背内模（NIGP67429），产地；湖北宣恩高罗；10.背内模（NIGP67433）。主要特征：贝体小，腹壳略凸，背壳浅凹；背内纤毛环台多不清楚，台内发育少量放射纹，台的侧后端与铰窝板前端相连。产地：贵州石阡雷家屯；层位：志留系兰多维列统特列奇阶秀山组上段（杨学长和戎嘉余，1982，图版1，图17，19，22）。

11—12　小型中鳞扭贝 *Mesopholidostrophia minor* Xu and Rong in Rong et al.，1974

11.腹内模（NIGP67436）；12.背内模示主基（NIGP67437）。主要特征：个体呈半圆形，侧貌缓凹凸型，最大壳宽位于铰合线上，壳表具粗细两组壳纹，密聚型；腹内铰齿粗壮，齿板几近缺失，副铰齿9~10个，分布宽度为铰合缘的1/3~1/2；背内双叶型主突起细小，铰窝脊短且异向伸展，铰合缘上具副铰齿，肌痕面后缘凹陷，肌隔发育；壳内表面假疹密布。产地：贵州石阡雷家屯；层位：志留系兰多维列统特列奇阶秀山组上段（杨学长和戎嘉余，1982，图版1，图24，27）。

13—14　显见刺戟贝 *Spinochonetes notata* Rong et al.，1974

13.腹内模（NIGP22336），正模，产地：湖北宜昌大中坝，层位：志留系兰多维列统特列奇阶纱帽组；14.腹内模（NIGP67454），产地：贵州石阡雷家屯，层位：志留系兰多维列统特列奇阶秀山组。主要特征：个体小，缓凹凸型，密型壳纹；腹内肌痕面大，近圆三角形，开肌痕难辨；背内主突起纤弱，双叶型，腕基异向伸展，肌痕面近圆形（Rong et al.，2017，图版S3，图1–2）。

15—18　近矩形大刺戟贝 *Megaspinochonetes subrectangularis* Yang and Rong，1982

15.腹内模；16.腹壳外部（NIGP67455）；17.背内模的铸模；18.腹壳外部（NIGP67459）。主要特征：轮廓横方形，铰合线直长，侧貌凹凸型，壳顶伸出一条细长的刺，壳纹极细，假疹细密。产地：贵州石阡雷家屯；层位：志留系兰多维列统特列奇阶秀山组（杨学长和戎嘉余，1982，图版2，图22，26；Rong et al.，2017，图版S2，图2–3）。

19—21　凸线纹扭月贝 *Linostrophomena convexa* Rong et al.，1974

19.背内模及其铸模（NIGP22347），正模；20.腹内模（NIGP22345）；21.背内模铸模的局部放大示主基构造（NIGP22346）。主要特征：贝体横宽，腹铰合面低，倾斜，腹窗板很窄，壳表饰以粗细两组壳纹；腹内铰齿粗壮，齿板缺失，肌痕面呈长双叶型，闭肌痕狭长，中隔脊极细；背内主突起双叶型，与强烈异展的铰窝板相连，四块闭肌痕为肌隔所分，界线明显。产地：贵州石阡雷家屯；层位：志留系兰多维列统特列奇阶秀山组（Rong et al.，2017，图版S1，图19–21）。

---

① 此图版比例尺除注明外均为 1 mm。

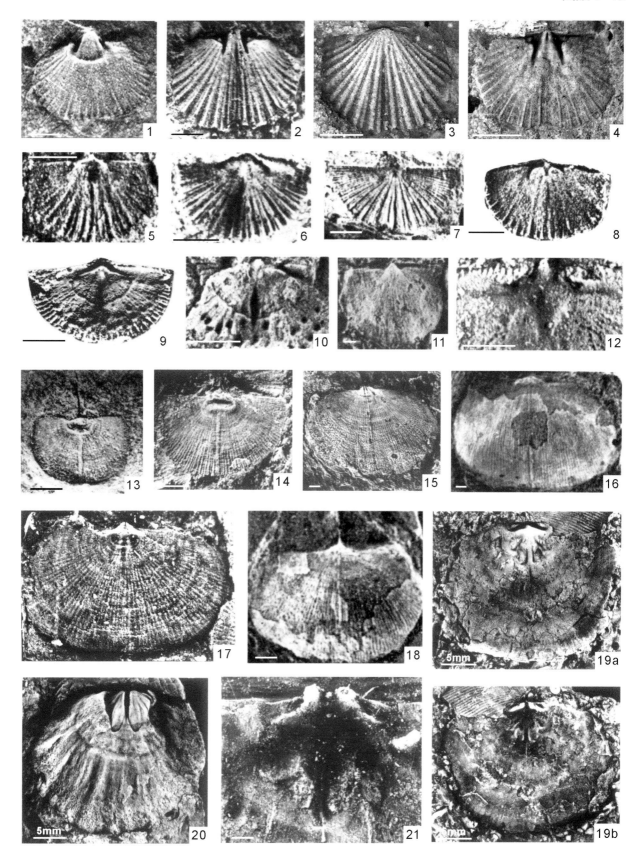

图版 7-50 说明

1—4　华美瓦尔达贝 *Valdaria lauta*（Rong and Yang，1982）

1.腹内模（NIGP22370）；2.腹外模（NIGP22371）；3.背内模（NIGP22372），正模；4.背内模（NIGP67464）。主要特征：轮廓横圆形，铰合线直长，主端圆钝，微型壳线；腹内齿小，齿板短薄；背内主基短，主突起纤小，双叶型，略高出铰合缘，两侧与铰窝脊相连，铰窝脊很短，异向伸展，前端向侧后方弯曲。产地：贵州石阡均田坝；层位：志留系兰多维列统特列奇阶秀山组上段（戎嘉余等，1974，图版96，图37–38，41；Wang *et al.*,1987，图版VI，图28）。

5　彭特兰贝（未定种） *Pentlandina* sp.

背、腹、前视。主要特征：轮廓横圆形，侧貌双凸型，发育舌状腹中槽和背中隆，微型壳纹；腹内铰齿粗壮，腹内齿板分离，向前延伸成肌痕围脊，围脊向前相向延伸但不闭合；背内主突起强，铰窝板短粗，侧隔板粗强，中隔板细弱。产地：四川广元中子；层位：志留系兰多维列统特列奇阶宁强组神宣驿（陈旭和戎嘉余，1996，图版7，图8，12，16）。

6　小克罗林贝 *Clorinda minor*（Fu，1982）

背、侧、前视。主要特征：个体中等，侧貌凹近等双凸，喙低短，强烈弯曲，腹中槽明显，槽底浅且光滑，背中隆隆顶平坦，壳表光滑；腹内匙形台浅，其前端内表面发育毛发状肌痕附着物，中隔板短薄；背内外板极短小，内铰窝脊粗壮，中隔脊短弱。产地：四川广元中子；层位：志留系兰多维列统特列奇阶宁强组神宣驿段（陈旭和戎嘉余，1996，图版7，图9，14，17）。

7—8　广元似无洞贝相似种 *Atrypopsis* cf. *guangyuanensis*（Sheng，1975）

7.腹、侧、背视；8.腹、背、侧、前视。主要特征：亚五边形，近等双凸型，腹中槽浅宽，背中隆隆顶坦平，壳表光滑；腹内铰齿粗壮，齿板薄且高，但短；背内铰板分离，薄而坦平，铰窝浅宽，无中隔板发育。产地：四川广元中子；层位：志留系兰多维列统特列奇阶宁强组神宣驿段（陈旭和戎嘉余，1996，图版7，图13，18–19；图版8，图19–22）。

9　四川分五房贝 *Apopentamerus szechuanensis*（Sheng，1975）

腹、侧、背视。主要特征：贝体中等，轮廓近圆形，侧貌腹双凸型，壳表光滑；腹喙略突出于绞合线之外，腹三角孔为三角双板所掩盖，中隔板高长，发育双柱型匙形台；背内腕基支板长，平行向前延伸。产地：四川广元中子；层位：志留系兰多维列统特列奇阶宁强组神宣驿段（陈旭和戎嘉余，1996，图版7，图22–24）。

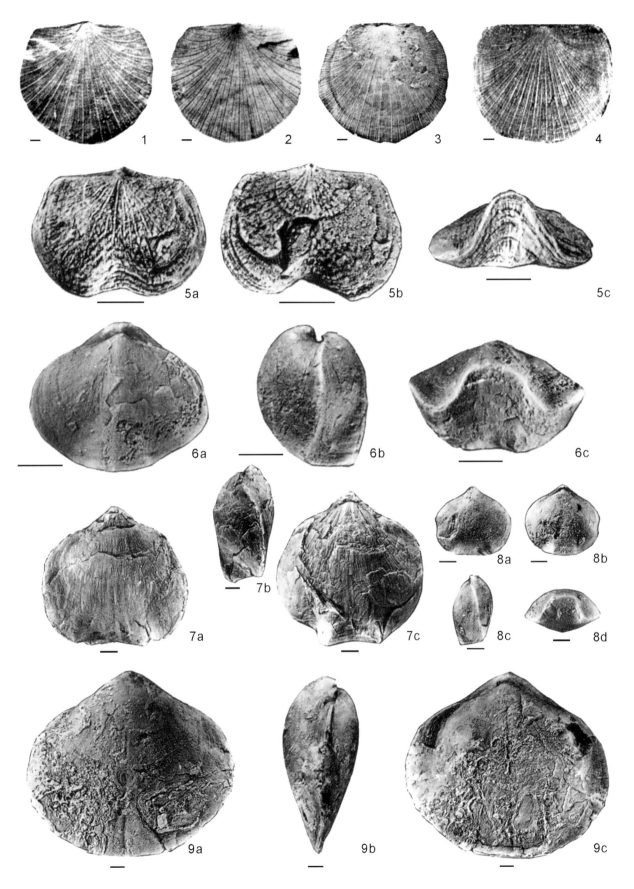

图版 7-51 说明

1—2　凸镜状仿无洞贝 *Atrypoidea lentiformis*（Wang，1955）

1.腹、背、侧、前视；2.腹、背、侧视。主要特征：轮廓横宽，侧貌双凸型，腹喙相当小，壳表光滑；腹内无齿板，铰齿粗壮，直接与壳壁接触；背内铰板分离，向前平伸，腕棒向前延伸，腕锁从腕棒内侧向中央延伸，腕锁突起发育，螺顶指向背中央。产地：四川广元中子；层位：志留系兰多维列统特列奇阶宁强组神宣驿段（陈旭和戎嘉余，1996，图版8，图1–4，7–9）。

3—4　华美哥特兰无洞贝 *Gotatrypa lauta*（Fu，1982）

3.前、侧、背、腹视；4.腹、背、侧、前视。主要特征：小到中等，侧貌腹双凸型，三角板缺失，放射状壳饰为生长线所分割；腕螺螺顶指向背中央，约8~12圈，腕锁突起小。产地：四川广元中子；层位：志留系兰多维列统特列奇阶宁强组神宣驿段（陈旭和戎嘉余，1996，图版8，图10–12，16–18，32–33）。

5　卵形广元贝 *Quangyuania ovalia* Sheng，1975

腹、背、侧视。主要特征：个体小，侧貌平凸至不等双凸型，腹壳具中隆，壳饰微弱，壳厚部可见微弱壳纹，同心纹均匀；腹内铰齿粗强，齿板缺失；背内腕基粗强，内铰板分离，中隔脊短，腕螺螺顶指向背中央，约5圈。产地：四川广元中子；层位：志留系兰多维列统特列奇阶宁强组神宣驿段（陈旭和戎嘉余，1996，图版8，图13–15）。

6　伸长纳里夫金贝 *Nalivkinia elongata*（Wang）

腹、背视。主要特征：个体小，轮廓近圆形，前缘微弱单褶型，壳线极为细密；腹内齿板短薄；铰板平伸，分离，腕螺指向背中央，腕锁简单，低矮，处于后方。产地：四川广元中子；层位：志留系兰多维列统特列奇阶宁强组神宣驿段（陈旭和戎嘉余，1996，图版8，图5–6）。

7　大纳里夫金贝 *Nalivkinia magna* Yang and Rong，1982

背、侧、腹、前视。主要特征：个体大，腹壳前部低平，甚至微凹，壳线细密；内部构造与*Nalivkinia elongata*相似。产地：四川广元中子；层位：志留系兰多维列统特列奇阶宁强组神宣驿段（陈旭和戎嘉余，1996，图版8，图34，39–41）。

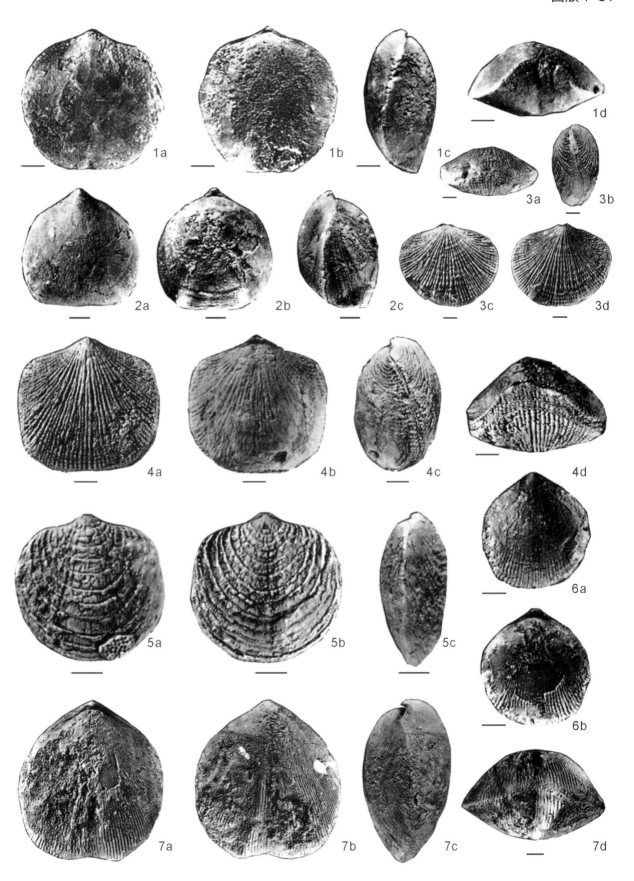

图版 7-52 说明

1—5 卵形隐无洞贝 *Cryptatrypa ovata* Yang and Rong，1982

1—2.腹内模（NIGP67470，67471）；3—5.背内模（NIGP67473－67475）。主要特征：近等双凸型，长卵形或横卵形，透镜状，无显著的中隆、中槽，腹喙尖，微弯，茎孔被三角双板遮掩；腹内具短而近于退化的齿板或缺失；背内铰板分离，通常很小，坦平或凹，腕螺指向背方。产地：四川秀山溶溪；层位：志留系兰多维列统特列奇阶秀山组上段（杨学长和戎嘉余，1982，图版3，图9–10，12–14）。

6—8 遮隐核螺贝 *Nucleospira calypta*（Rong and Yang，1981）

6.腹内模（NIGP22321），正模；7.背内模（NIGP22320）；8.背内模（NIGP22321A）。主要特征：轮廓近圆形，平缓双凸，前缘直型，同心线发育，线上具规则排列的细疣点，延伸成短的细刺，腹内铰齿粗壮，齿板缺失，肌痕不凹陷，界线不清晰；背内铰板联合，但极小，不作块状隆凸。产地：贵州石阡雷家屯；层位：志留系兰多维列统特列奇阶秀山组上段（戎嘉余等，1974，图版95，图7–8）。

9 石阡条纹石燕 *Striispirifer shiqianensis*（Rong et al.，1974）

背内模（NIGP22332）。主要特征：壳体横宽，主端尖突，腹中槽始于喙部，槽底成"V"形，背中隆狭凸。产地：贵州石阡雷家屯；层位：志留系兰多维列统特列奇阶秀山组上段（戎嘉余等，1974，图版95，图22）。

10 整洁条纹石燕 *Striispirifer bellatulus*（Rong and Yang，1981）

腹、背、侧、前视（NIGP67480）。主要特征：轮廓五边形，铰合缘等于桥宽，腹壳凸度低，中槽在壳顶已相当宽，槽底光滑平坦，放射褶褶顶圆，壳饰以细密放射纹为主；腹内齿板薄，极短，近平行。产地：四川秀山溶溪；层位：志留系兰多维列统特列奇阶秀山组（Wang et al.，1987，图版VII，图33–36）。

11 石阡小郝韦尔贝 *Howellella shiqianensis*（Rong and Yang，1981）

腹、背视（NIGP67481）。主要特征：轮廓多为横圆五边形，腹壳喙部强烈突伸，弯曲，中槽始于顶区，放射褶粗强，全壳壳表发育规则、细弱的同心层；腹内齿板短薄，缺失中隔脊；背内具毛发状主突起和很短的腕棒支板。产地：贵州印江合水；层位：志留系兰多维列统特列奇阶秀山组上段（杨学长和戎嘉余，1982，图版3，图30–32）。

12 小郝韦尔贝（未定种）*Howellella* sp.

腹、背、侧视。主要特征：个体大，中槽始自顶区，槽底平坦，中隆隆顶平坦，腹喙高耸，壳表具粗强的放射褶；内部构造与*Howellella shiqianensis*相似。产地：四川广元中子；层位：志留系兰多维列统特列奇阶宁强组神宣驿段（陈旭和戎嘉余，1996，图版8，图35–37）。

13—14 扇形西南石燕 *Xinanospirifer flabellum* Rong et al.，1974

13.腹内模及其后视（NIGP22368）；14.背内模及其后视（NIGP22369），正模。主要特征：贝体轮廓扇形，侧貌不等双凸型，铰合线直长，腹喙耸突，较高的铰合面，三角孔洞开，中槽浅宽，其中具有粗强的壳褶，中隆低平，中沟明显，壳表壳纹细密；腹内齿板高强；背内腕棒板分离且短，主突起梳状。产地：贵州石阡均田坝；层位：志留系兰多维列统特列奇阶秀山组上段（戎嘉余等，1974，206页，图版96，图28–31）。

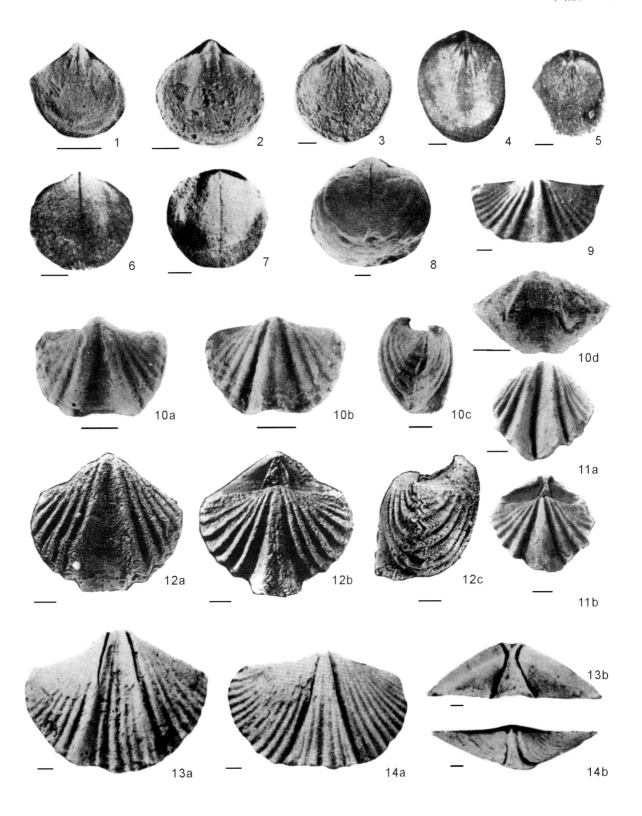

图版 7-53 说明

1—4　宽板古裂线贝 *Palaeoschizophoria latisepta* Fu，1982

1.背外模（XIGM-B827）；2.腹内模；3.腹内模（XIGM-B828）；4.背内模及其后视（XIGM-B829）。主要特征：背壳高凸，腹壳微凸至近平，腹肌痕面双叶形；背内主基巨大，呈块状，主突起小，肌痕四分。产地：甘肃迭部哇坝沟；层位：志留系温洛克统哇坝沟组（傅立浦等，1982，图版32，图13–16）。

5—6　圆形古科特兹正形贝 *Protocortezorthis orbicularis*（Sowerby，1839）

5.腹内模（XIGM-B833）；6.背内模（XIGM-B834）。主要特征：腹肌痕面柱状，中脊窄，背肌痕四分有围脊，主突起非叶状。产地：甘肃迭部吾那沟；层位：志留系普里道利统白龙江组顶部（傅立浦等，1982，图版32，图24–25）。

7　秦岭拟三角嘴贝 *Trigonirhynchioides qinlingensis* Fu，1982

腹、背、侧、前、后视（XIGM-B930）。主要特征：贝体中到大，轮廓圆三角形，背壳凸度大于腹壳，壳褶简单，背内隔板槽被铰板与中板支持。产地：甘肃迭部哇坝沟口；层位：志留系温洛克统迭部组（傅立浦等，1982，图版39，图8）。

8—9　光嘴白龙江贝 *Bailongjiangella astuta* Fu，1982

8.腹视（XIGM-B918）；9.腹、侧、前视（XIGM-B917）。主要特征：轮廓长五边形，背壳较腹壳略凸，腹壳后部具中隆，壳背1/3为中槽，前舌强。产地：甘肃迭部哇坝沟下游；层位：志留系温洛克统哇坝沟组（傅立浦等，1982，图版38，图7–9）。

10　白龙江超嘴贝 *Rhynchotreta bailongjiangensis* Fu，1982

腹、背、前视（XIGM-B915）。主要特征：轮廓尖三角形，在近顶区具低的腹中隆，向前变为缓的中槽；壳褶强，褶顶圆或亚角状，齿板近平等，齿腔相当窄；铰板分离近平行。产地：甘肃迭部尖尼沟；层位：志留系罗德洛统至普里道利统白龙江组（傅立浦等，1982，图版38，图5）。

11　安琪尔安琪尔房贝 *Ancillotoechia ancillans*（Barrande，1879）

腹、背、侧视（XIGM-B925）。主要特征：轮廓五边形，近等双凸，腹中槽从壳顶开始，深而窄，背中隆不强，壳褶粗，中槽内1根，中隆上2根，侧区5~7根。产地：甘肃舟曲南石门沟；层位：志留系温洛克统舟曲组（傅立浦等，1982，图版39，图3）。

12　核形盖螺贝 *Stegospira nucleola* Fu，1982

腹、背、前、侧视（XIGM-B982）。主要特征：近等双凸卵圆形，发育腹中槽与背中隆，壳褶粗且简单；腹内有齿板，背内隔板槽中心有一短小块状主突起，腕螺指向壳两侧；壳质无疹。产地：甘肃舟曲庙沟小梁沟；层位：志留系罗德洛统庙沟组（傅立浦等，1982，图版43，图11）。

172

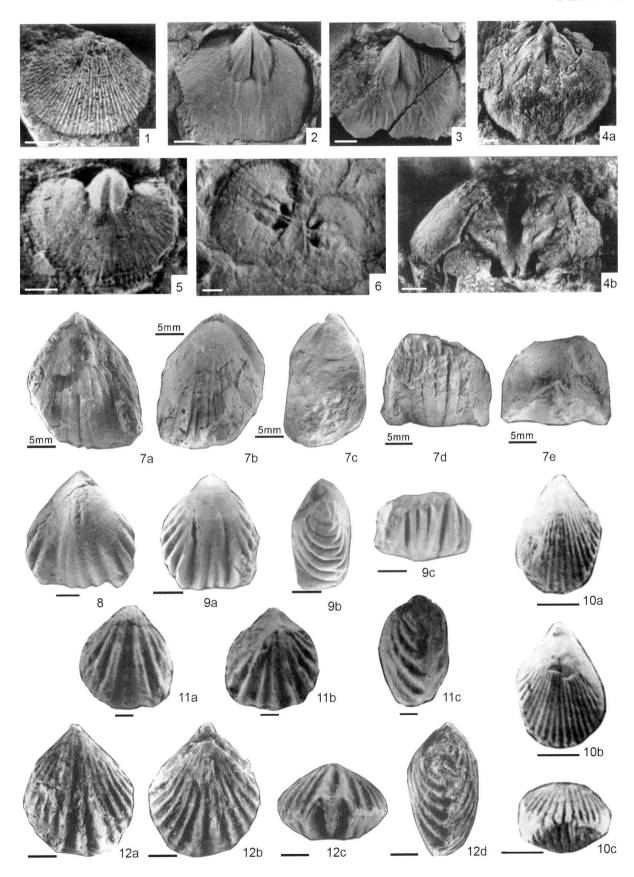

图版 7-54 说明

1—3 适合始裂线贝 *Eoschizophoria hesta* Rong and Yang，1974

1.腹、背、前视（NIGP46644）；2.背壳内部（NIGP22361）；3.腹壳内部（NIGP22360）。主要特征：贝体横椭圆形，铰合线短，侧视近等双凸，前缘轻微单褶型，壳线细密；腹肌痕两侧为低脊包围，中央为一低的中脊，前延超出肌痕面；背内主突起细小，双叶型，腕基支板异向伸展，闭肌痕被一对与中隔脊斜交的横脊所分隔。产地：云南曲靖红庙；层位：志留系罗德洛统卢德福特阶妙高组（戎嘉余和杨学长，1980，图版I，图7–9，18–19）。

4—5 娇柔伊索贝 *Aesopomum delicatum*（Xu *et al*., in Rong *et al*.，1974）

4.腹、背、侧视（NIGP46649）；5.腹、背视（NIGP46650）。主要特征：中到大，双凸，轮廓常因腹喙歪扭而不对称。腹壳铰合面高强，斜倾型为主，个别呈下倾型甚或前倾型；窗板完整，甚凸。背壳铰合面脊状或缺失，窗板亦不存在。壳线细，微型，壳质无疹；腹窗板的宽窄与凸度有一定变化，腹铰合面的倾斜度有明显变异，背铰合面呈脊状，两壳肌痕面完全不显，齿板缺失，具孔缘脊，主突起两叶紧靠，中沟深，每叶后缘发育浅纵沟，两侧具锯齿状缺刻。产地：云南曲靖妙高山；层位：志留系罗德洛统卢德福特阶妙高组（戎嘉余和杨学长，1980，图版I，图29–33）。

6 稀少小螺贝 *Spirinella sparsa* Rong and Yang，1980

腹、背、侧、前视（NIGP46660）。主要特征：贝体横宽，最宽处靠近铰合缘，侧视腹双凸。腹壳强凸，喙小，弯曲，略伸出铰合缘，中槽甚浅，与侧区分界不太清楚，圆弧形舌突短，背壳缓凸，铰合面发育，狭窄中隆低弱，壳表光滑，无放射壳褶，微壳饰为同心层与放射状细刺，同心层在后部稀疏，中前部密集。产地：云南曲靖妙高山；层位：志留系罗德洛统卢德福特阶妙高组（戎嘉余和杨学长，1980，图版III，图1–4）。

7 双褶小螺贝 *Spirinella biplicata*（Chu，1974）

腹、后、背、侧视（NIGP46661）。主要特征：该种的槽隆都很发育，隆上具中沟，深浅不一，同心层细密，中前部每毫米有6~7层，层缘具放射状排列的细刺或细瘤。产地：云南曲靖妙高山；层位：志留系罗德洛统卢德福特阶妙高组（戎嘉余和杨学长，1980，图版III，图5–8）。

8 亚洲小螺贝 *Spriinella asiatica* Rong and Yang，1974

腹、背、侧、前、后视（NIGP45232）。主要特征：舌突在前缘有梯形和弧形两种形态。产地：云南曲靖妙高山；层位：志留系罗德洛统卢德福特阶妙高组（戎嘉余和杨学长，1980，图版III，图13–17）。

9，11 隆凸仿无洞贝 *Atrypoidea inflata* Fang in Fang and Zhu，1974

9.腹、背视（NIGP46657）；11.腹、背、前、后、侧视（NIGP46655）。主要特征：个体较大，轮廓横方圆形，背壳强凸，铰合缘长，腹中槽仅限于贝体前缘，壳表光滑；内部构造与 *Atrypoidea lentiformis* 相似。产地：云南曲靖妙高山；层位：志留系罗德洛统卢德福特阶妙高组（戎嘉余和杨学长，1980，图版II，图11–15）。

10 红庙古无窗贝 *Protathyris xungmiaoensis* Chu，1974

腹、背、侧、前视（NIGP46664）。主要特征：贝体中等大小，横圆形，近等双凸型，腹喙弯曲，顶端具圆形茎孔，中槽浅，仅在贝体前部发育，壳表覆以宽疏的同心线；腹内铰齿粗壮，齿板薄但高强，向两侧微弯，中隔脊低弱；背内铰板平伸，后方分离，前部联合，中隔脊低。产地：云南曲靖妙高山；层位：志留系罗德洛统卢德福特阶妙高组（戎嘉余和杨学长，1980，图版III，图22–25）。

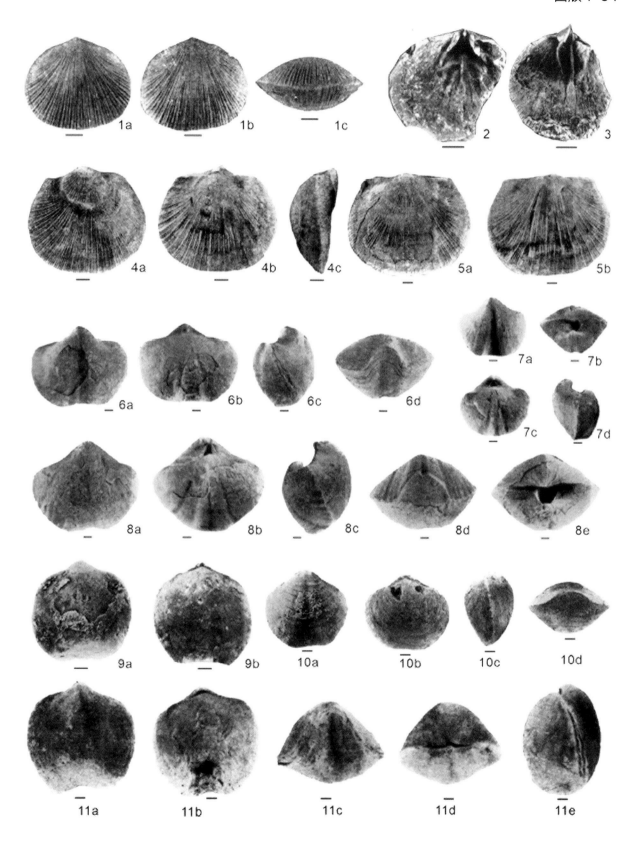

图版 7-55 说明

1 小型小莱采贝 *Retziella minor*（Hayasaka，1922）

腹、背、侧、前、后视（NIGP46674）。主要特征：中槽内发育2~3条壳褶，轮廓、长宽与宽厚比、侧区褶数方面均有一定的变异。产地：云南曲靖妙高山；层位：志留系罗德洛统卢德福特阶妙高组（戎嘉余和杨学长，1980，图版IV，图27–31）。

2 褶小莱采贝 *Retziella plicata*（Mansuy，1912）

腹、背、侧、前视（NIGP46673）。主要特征：本种的中槽与中隆分别具3~4根壳褶，易与其他各种区分开。产地：云南曲靖妙高山；层位：志留系罗德洛统卢德福特阶妙高组（戎嘉余和杨学长，1980，图版IV，图22–25）。

3，5 单褶小莱采贝 *Retziella uniplicata*（Grabau）

3.腹、背视（NIGP46667）；5.腹、背、侧、前视（NIGP46666）。主要特征：个体较小，壳宽通常小于15mm；腹中槽具一条壳褶，背中隆发育一条中沟；侧区壳褶仅5~6条，同心纹细密，隔板槽侧缘几乎与铰板垂直。产地：云南曲靖妙高山；层位：志留系罗德洛统卢德福特阶妙高组（戎嘉余和杨学长，1980，图版IV，图1–4）。

4 纯净小莱采贝 *Retziella puta*（Rong and Yang，1980）

腹、背、侧、前视（NIGP46672）。主要特征：该种腹中槽仅具一条壳褶的类型，腹壳侧区各5~6条，背壳侧区各4~5条壳，茎孔与胶合窗双板都很发育。个体较大；壳褶窄棱状，强烈突出壳面；褶隙比壳褶宽；前缘处发育少量宽间距的同心层。产地：云南曲靖妙高山；层位：志留系罗德洛统卢德福特阶妙高组（戎嘉余和杨学长，1980，图版IV，图17–20）。

6—7 丁氏小郝韦尔贝 *Howellella tingi*（Grabau）

6.腹、背、侧、前视（NIGP45230）；7.腹、背、侧、前、后视（NIGP46665）。主要特征：轮廓五边形，铰合线直，主端浑圆，腹中槽槽内具一条发育程度不等的短壳褶，背中隆低平，壳饰细微，由同心层和壳纹组成，腹内缺失中隔板。产地：云南曲靖妙高山；层位：志留系罗德洛统卢德福特阶妙高组（Wang *et al.*，1987，图版IX，图19–21）。

8—11 大型图瓦贝 *Tuvaella gigantea* Tchernychev，1937

8.内核标本的腹、背视，产地：黑龙江西古兰河右岸，层位：志留系罗德洛统至普里道利统卧都河组；9.腹壳内模（DS801002）；10.腹壳外模（DS801004）；11.一个腹壳内模与两个背壳内模（DS801003），产地：黑龙江爱辉大河里河右岸，层位：志留系罗德洛统至普里道利统卧都河组（9–11，原文无放大倍数）。主要特征：中等大小，宽约25mm，长约12mm，横半椭圆形，主端尖伸，腹喙直耸腹中槽向前浅宽，侧貌近等双凸型，全壳布满同心细纹（苏养正，1981，图版I，图10a–10b，14–16）。

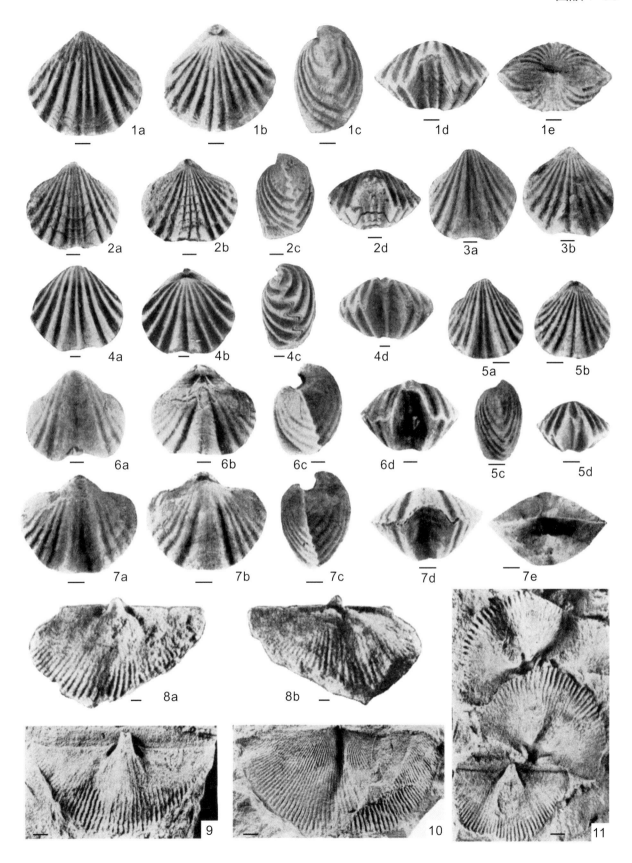

图版 7-56 说明

1—2　安嘎西盖嘴贝 *Stegerhynchus angaciensis* Chernyshev，1937

1.腹、背、侧、前视（NIGP73277）；2.腹、背视（NIGP73275）。主要特征：个体中等，轮廓亚三角形，侧视不等双凸，中槽宽而深，槽壁陡平，背中隆强凸，槽内具一条中褶，中隆上具一深沟，腹内齿板短薄，近平行；背内铰板块状不相连，主突起呈薄板状，缺失中隔板和隔板槽。产地：内蒙古达尔罕茂明安联合旗少庙－西别河；层位：志留系罗德洛统卢德福特阶西别河组（戎嘉余等，1985，图版I，图7–8，22–24，27）。

3　变态舌拟狮鼻贝 *Linguopugnoides varians* Rong *et al.*，1985

腹、背、前视（NIGP73282）。主要特征：壳体小到中等，轮廓横椭圆形，侧视双凸型，喙部小，后转面极为浅窄，中部发育宽阔的浅中槽，侧壁陡，背中隆发育，壳表发育粗壮的放射褶；腹内铰齿短薄，近平行，与壳壁近垂直；背内具浅宽的隔板槽和薄长的中隔板，缺失主突起。产地：内蒙古达尔罕茂明安联合旗少庙－西别河；层位：志留系罗德洛统卢德福特阶西别河组（戎嘉余等，1985，图版I，图31–33）。

4，6　嘎少庙仿无洞贝 *Atrypoidea gashaomiaoensis* Rong *et al.*，1985

4.背、侧视（NIGP73292），正模；6.侧、背视（NIGP73291）。主要特征：体大，侧貌双凸型，两壳缺失槽、隆，前缘近直型，壳表光滑无壳饰；腹内铰齿粗壮，齿板缺失；背内铰板平伸，分离，缺失中隔板与铰板支板，腕棒基小，腕棒横伸，腕锁突起薄板状，腕锁清晰。产地：内蒙古达尔罕茂明安联合旗少庙－西别河；层位：志留系罗德洛统卢德福特阶西别河组（戎嘉余等，1985，图版III，图6–8，13–14）。

5　佛克斯仿无洞贝 *Atrypoidea foxi*（Jones，1979）

腹、背、侧视（NIGP73289）。主要特征：体小，轮廓亚圆形，侧视近等双凸，前缘直型，缺失槽隆；内部构造与 *A. gashaomiaoensis* 相似。产地：内蒙古达尔罕茂明安联合旗少庙－西别河；层位：志留系罗德洛统卢德福特阶西别河组（戎嘉余等，1985，图版I，图1–3）。

7—9　嘎少庙古准无窗贝 *Protathyrisina gashaomiaoensis* Rong *et al.*，1985

7.腹、背、侧、前视（NIGP73297）；8.腹、侧视（NIGP73298）；9.腹、背、侧、前视（NIGP73301）。主要特征：小到中等，轮廓亚圆形，侧貌近等双凸，侧区壳褶简单，狭浅的中槽内仅具有一条中褶；腹内齿板薄而短，铰齿粗壮；背内铰板分离平伸，腕棒基位于铰板的内侧端，铰板方具短小的隔板槽，中隔板短窄，腕棒前伸，腕螺8~12圈。产地：内蒙古达尔罕茂明安联合旗少庙－西别河；层位：志留系罗德洛统卢德福特阶西别河组（戎嘉余等，1985，图版IV，图6–8）。

10　光滑嘎少庙贝 *Gashaomiaoia glabera* Rong *et al.*，1985

腹、背、侧、前视（NIGP73288，正模）。主要特征：壳体中等，轮廓圆三角形，腹双凸型，喙顶高耸，后转面相当发育，槽隆缺失，壳表光滑；腹内发育匙形台和中隔板，中隔板楔入壳壁内，支撑匙形台后部；背内具外腕板，与壳底斜交，腕突基强烈向外凸曲，前延高度增加，内腕板高直。产地：内蒙古达尔罕茂明安联合旗少庙－西别河；层位：志留系罗德洛统卢德福特阶西别河组（戎嘉余等，1985，图版I，图14–17）。

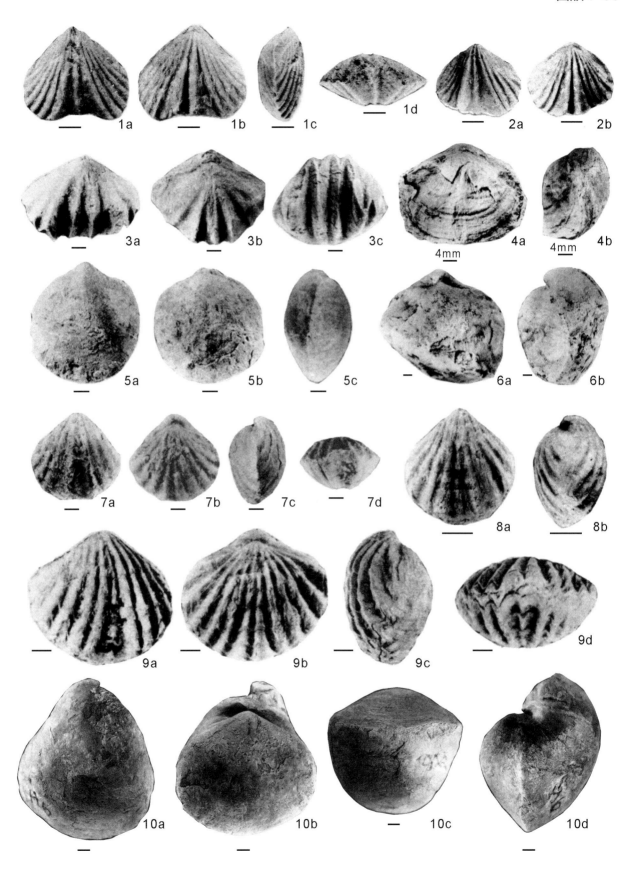

图版 7-57 说明

1，3　适宜小郝韦尔贝 *Howellella modica* Rong *et al.*，1985

1.腹、背、侧、前视（NIGP73312），正模；3.腹、侧、前视（NIGP73313）。主要特征：个体中等，轮廓多边形，主端浑圆，侧貌近等双凸，腹喙弯曲，铰合面高，窗孔洞开，发育腹中槽和背中隆，壳褶褶隙窄，同心层强烈；腹内齿板薄而高强，缺失中隔板。产地：内蒙古达尔罕茂明安联合旗少庙－西别河；层位：志留系罗德洛统卢德福特阶西别河组（戎嘉余等，1985，图版V，图23–26，28–30）。

2，4　华北小郝韦尔贝 *Howellella huabeiensis* Rong *et al.*，1985

2.腹、前、背、侧视（NIGP73314），正模；4.腹、背视（NIGP73315）。主要特征：个体小，轮廓横圆，两壳凸度缓和，腹壳喙部弯曲，铰合面适度，中槽狭窄，背壳缓凸，中隆低弱，全壳饰以放射状壳褶，同心状壳层与细密的层缘刺。产地：内蒙古达尔罕茂明安联合旗少庙－西别河；层位：志留系罗德洛统卢德福特阶西别河组（戎嘉余等，1985，图版VI，图1–8）。

5—6　直缘巴特石燕 *Baterospirifer rectimarginatus* Rong *et al.*，1984

5.腹内模及其后视（NIGP73219）；6.背内模（NIGP73227），正模。主要特征：壳体中等，轮廓亚圆形，长宽近等，侧貌腹双凸型，铰合线直长，腹中槽浅宽，中隆发育，壳纹宽细；腹内齿板薄，位于中槽外侧，向前近平行延伸，肌痕面窄长，开肌痕窄三角形，内侧为细长的闭肌痕；背内窗腔窄深，缺失毛发状主突起，铰窝窄，与铰合线近平行，腕棒支板极为发育，窄长，近平行延伸。闭肌痕由前后两对组成，后对弱小，近长卵形，前对较大，为水滴状。产地：内蒙古达尔罕茂明安联合旗巴特敖包；层位：志留系罗德洛统巴特敖包组（戎嘉余等，1984，图版I，图13，18）。

7　巴特敖包巴特贝 *Bateridium baterobaoensis* Su *et al.*，1985

内、腹、侧、后视（NIGP73231），正模。主要特征：贝体大，轮廓长卵形，侧貌不等双凸型，腹喙近直耸，后转面中等发育，全壳具细放射褶；腹内中隔板长，几达壳前缘，前端微向内曲，内端与匙形台几乎等长，匙形台窄高，两侧边近平行；背内腕板高强，外腕板低矮，比内腕板略短，腕突基位于腕板外侧，内外腕板在结合处向两侧弯曲支持腕突基，形成侧向突出的中央凸棱。产地：内蒙古达尔罕茂明安联合旗巴特敖包；层位：志留系罗德洛统巴特敖包组（苏养正等，1985，图版I，图4，6，8–9）。

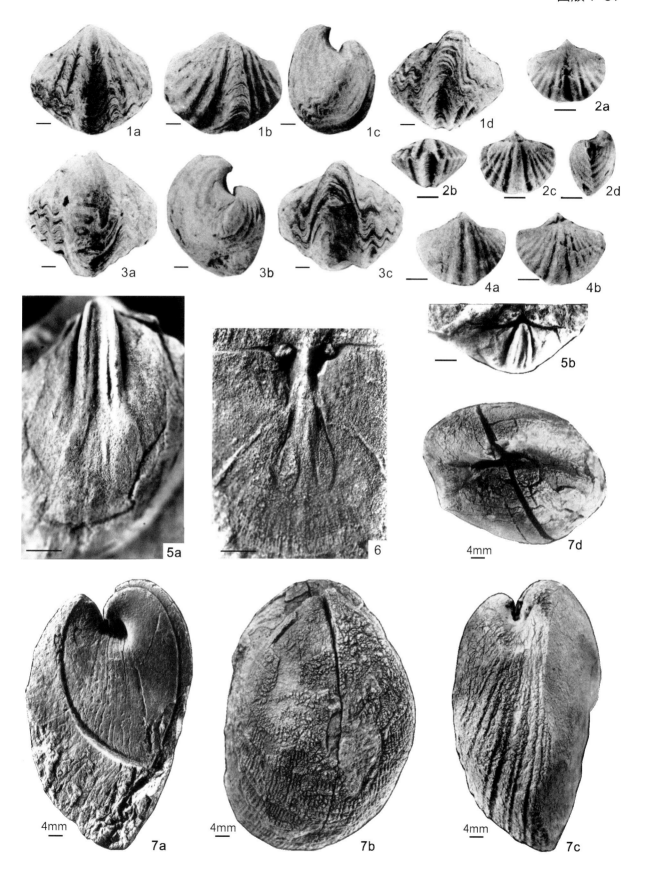

图版 7-58 说明

1　丘尔根层纹壳房贝相似种 *Lamelliconchidium* cf. *tchergense* Kulkov，1968

背、侧、腹、后、前视（XB-708）。主要特征：轮廓窄三角形，腹壳强凸，顶区强烈弯曲，喙小，强弯，三角孔大，洞开，腹壳前部宽平，两侧缘较陡直，壳表发育十分细密的低弱壳线，与细弱的同心线相交成网格状。产地：新疆阿克苏拜城县黑英山北穹格果勒地区；层位：志留系罗德洛统伊契克巴什组中部（王宝瑜等，2001，图版49，图1，5-6，10）。

2　哥特兰无洞贝（未定种）*Gotatrypa* sp.

背、侧、腹、后、前视（XB-738）。主要特征：贝体中等大小，铰合缘宽、略短于壳宽，主端钝圆，侧视近等双凸型，腹壳凸，喙尖、微弯，铰合面不发育，腹壳沿纵中线明显隆凸，背壳凸，最凸处位于背壳的后部，背喙包掩在腹喙之下，背壳具窄浅的中央凹陷，宽度前后一致，壳面覆以较细的放射线，同心层很发育，细密，与壳线互相交织成网格状。产地：新疆阿克苏拜城县黑英山北阿尔腾柯斯河中游西岸；层位：志留系罗德洛统伊契克巴什组（王宝瑜等，2001，图版53，图1-5）。

3　帕尔沃林吉费克罗林贝相似种 *Clorinda* cf. *parvolinguifera* Sapelnikov，1972

腹、背、侧、后、前视（XB-714）。主要特征：贝体轮廓横椭圆型，主端浑圆，侧貌强烈双凸型，腹喙小且强弯，腹中槽始于较前端，很浅，近前缘处中槽呈宽平的前舌向背方突伸，槽两侧具2条粗圆的低短壳褶，背中隆呈圆脊状，两侧有1~2条低短壳褶。产地：新疆阿克苏库车县库勒湖北；层位：志留系罗德洛统伊契克巴什组上部（王宝瑜等，2001，图版49，图6-10）。

4　奥普塔特鹰头贝相似种 *Gypidula* cf. *optata*（Barrande，1879）

腹、背、侧、后、前视（XB-715）。主要特征：壳体中等大小，轮廓圆五边形，侧视强腹双凸型，小而尖的腹喙强烈弯曲，前缘发育短弱的腹中槽，背喙小，稍弯曲，背壳缓凸，全壳壳面光滑，前缘具微弱的同心层；腹内具匙形台和短薄的中隔板；背内铰板分离，外铰板近平行状向前延伸。产地：新疆阿克苏库车县库勒湖北；层位：志留系罗德洛统伊契克巴什组上部（王宝瑜等，2001，图版49，图11-15）。

5　奈特科克房贝瓦古里克亚种 *Kirkidium knighti vogulicum*（Verneuil，1845）

背、前、侧、腹视（XB-709）。主要特征：轮廓长卵形，侧视强双凸型，腹壳凸度约为背壳的两倍，腹壳强凸呈半球状，后部壳面沿纵中线平展，至两侧向壳后方急剧陡降，使得两侧缘面近于平行，腹喙尖锐，强烈卷曲呈弯钩状，三角孔小；背壳最凸处位于背壳中部，背喙隆肿；壳线粗圆而低弱，间隙窄，贝体中部及前缘具弱同心纹饰。产地：新疆阿克苏拜城县黑英山北阿尔腾柯斯河中游；层位：志留系罗德洛统伊契克巴什组中部（王宝瑜等，2001，图版49，图2-3，7-8）。

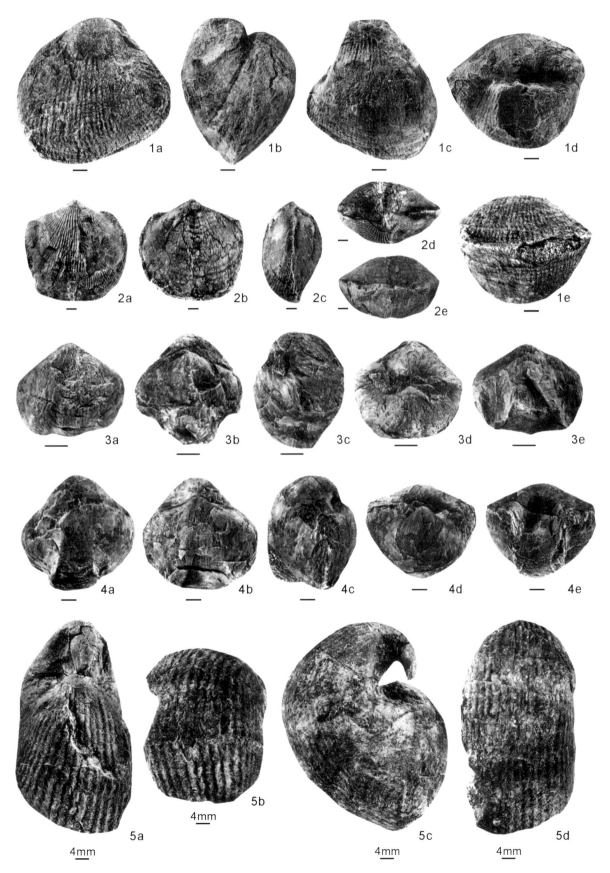

1a 1b 1c 1d

2a 2b 2c 2d 2e 1e

3a 3b 3c 3d 3e

4a 4b 4c 4d 4e

5a 5b 5c 5d

4mm 4mm 4mm 4mm

图版 7-59 说明

1 北方盖嘴贝 *Stegerhynchus borealis*（von Buch，1834）

腹、背、侧、后、前视（XB-720）。主要特征：壳中等大小，轮廓近圆三角形，铰合缘弯曲，侧视为腹双凸型。腹壳凸，最凸处位于腹壳后部，向前侧方呈缓缓倾斜，喙高耸、尖，小而微弯，中槽始于贝体中后部，向前迅速加宽加深，背壳缓凸，近前缘处发育低弱的中隆，放射褶褶顶圆棱形，贝体前缘锯齿状。产地：新疆阿克苏拜城县黑英山北库鲁克坤大；层位：志留系罗德洛统伊契克巴什组上部（王宝瑜等，2001，图版50，图1-5）。

2 新疆小莱采贝 *Retziella xinjiangensis* Rong and Zhang in Wang *et al.*，2001

腹、背、侧、后、前视（XB-723），正模。主要特征：轮廓圆五边形，主端浑圆，侧视近等双凸型；腹喙尖小、近直伸，后转面短小，茎孔发育。中槽始于壳顶区前，后部呈浅的窄沟状，向前迅速加宽加深，槽内光滑无壳褶，侧区各具4条粗圆、简单的壳褶，间隙较深，与褶宽近相等；背壳凸度稍大，壳顶区略肿胀，中隆始于壳顶区中隆上发育一条很细弱的中沟，侧区各具3条粗圆而简单的壳褶；腹壳内部发育厚实且粗短的齿板，顶腔空间大、而侧顶腔很小；背壳发育一狭小的隔板槽，被高强、薄短的中隔板所支撑，铰板窄短、平伸，与铰窝之间发育内铰窝脊。产地：新疆阿克苏拜城县黑英山北库鲁克坤大；层位：志留系罗德洛统伊契克巴什组上部（王宝瑜等，2001，图版50，图11-12，15-16，19）。

3 奥佩罗仿无洞贝 *Atrypoidea operosa*（Kulkov，1967）

腹、背、侧、前、后视（XB-725）。主要特征：贝体小至中等，轮廓为长卵形，铰合线短于最大壳宽，后者位于贝体中部，主端圆，侧视为近等的双凸型；腹壳凸，沿纵中线呈脊状，向两侧缓倾，两侧缘为弧形；背壳凸，喙小包掩在腹喙之下。产地：新疆阿克苏拜城县黑英山北阿尔腾柯斯河中游；层位：志留系罗德洛统伊契克巴什组中部（王宝瑜等，2001，图版50，图22-23，25-27）。

4 始刺无洞贝（未定种）*Eospinatrypa* sp.

腹、背、前、侧视（XB-733）。主要特征：两侧壳面明显倾降；近前缘中央发育一窄浅的中槽，致使前缘呈单褶型；贝体小，长卵型，侧视腹双凸型，腹壳凸，壳顶窄而隆凸，喙小而尖、几乎直伸，背壳凸前方壳面发育一中央凸隆，但其两侧界缘不清，壳面发育粗壮但较低圆的壳褶。产地：新疆阿克苏库车县库勒湖北；层位：志留系罗德洛统伊契克巴什组上部（王宝瑜等，2001，图版52，图6-8，12）。

5 天山仿无洞贝 *Atrypoidea tianshanensis* Rong and Zhang in Wang *et al.*，2001

腹、背、侧、前、后视（XB-730），正模。主要特征：贝体中到大，轮廓近长方形，铰合线直长，侧缘近于平行，侧貌为近等双凸型（较小个体）至背双凸型（大个体）。腹壳缓凸，喙尖、强烈弯曲，包掩背壳喙部，贝体前方壳面呈窄圆形的前舌向背方强烈突伸，与两壳接合面几近垂直。背壳强凸，最凸处靠近贝体中部，向两侧陡倾；壳表光滑。产地：新疆阿克苏拜城县黑英山北穹格果勒沟；层位：志留系罗德洛统伊契克巴什组中部（王宝瑜等，2001，图版51，图11-12，17-18，21）。

图版 7-60 说明

1 凯仑斯原网格贝相似种 *Proreticularia* cf. *carens*（Barrande，1879）

腹、侧、后、前视（XB-741）。主要特征：壳小到中等，轮廓近横五边形，侧貌腹双凸型腹中槽向前逐渐加宽，前缘呈弧状向背方突伸，呈微弱单褶型，背中隆低圆，壳表细密的同心微纹均匀分布，有时可见细的放射纹；腹内齿板和中隔板缺失。产地：新疆阿克苏拜城县黑英山北阿尔腾柯斯河中游西岸；层位：志留系罗德洛统伊契克巴什组（王宝瑜等，2001，图版51，图12，15–17）。

2 天山仿无洞贝 *Atrypoidea tianshanensis* Rong and Zhang in Wang *et al.*，2001

腹、背、侧视（XB-743），副模。主要特征见图版7–59，*Atrypoidea tianshanensis*描述。产地：新疆阿克苏拜城县黑英山北穹格果勒地区；层位：志留系罗德洛统伊契克巴什组中部（王宝瑜等，2001，图版53，图24–26）。

3 先驱古无窗贝相似种 *Protathyris* cf. *praecursor* Kozlowski，1929

腹、背、侧、后、前视（XB-742）。主要特征：壳中等大小，轮廓横圆五边形，铰合线弯短，主端浑圆，侧视强腹双凸型；腹壳强凸，前方壳面发育一宽浅的中央凹陷，两侧界缘不清楚，前结合缘呈微弱的单褶型；背壳亦凸，最凸处位于背壳的中后部，从最凸处向四周均匀倾斜，壳面未见对应于腹壳中央凹陷的凸中隆，壳面光滑。产地：新疆阿克苏拜城县黑英山北阿尔腾柯斯河中游西岸；层位：志留系罗德洛统伊契克巴什组（王宝瑜等，2001，图版53，图18–22）。

4 小螺贝（未定种）*Spirinella* sp.

腹、背、侧、前、后视（XB-755）。主要特征：贝体中等大小，轮廓圆五边形或菱形，侧视为不等双凸型，腹壳凸度较大，前缘为单褶型；腹壳壳面从后部最高凸起处向两侧及前方陡倾，腹喙高耸，尖小，强烈弯曲呈钩状，槽内光滑或具一低窄的中央壳线；背壳缓凸，背喙小，微弯，背中隆后部窄，为圆脊状，向前迅速加宽；全壳覆以细密的同心层。产地：新疆阿克苏拜城县黑英山地区；层位：志留系罗德洛统伊契克巴什组（王宝瑜等，2001，图版55，图13，16，21）。

5 侧曲杜巴贝 *Dubaria latisinuata*（Barrande，1874）

腹、背、侧、前、后视（XB-744）。主要特征：贝体中等大小，除腹壳喙部外，轮廓近长方形，两侧缘向外略凸呈圆弧状，主端钝圆形，侧视呈强背双凸型至近于凸平型；腹喙尖小，弯曲，腹壳后部缓凸，向前近于平坦，前方整个壳面变成一极宽阔的中槽，呈方形前舌向背方突伸，中槽中央发育一窄低的隆脊；背壳高凸，沿纵中线强烈隆起，隆顶阔圆、近平坦向两侧陡倾，致使两侧面近于平行，中央凸隆的前方发育一窄浅的中沟；壳面光滑，无壳褶及壳线；腹壳内具齿板；背壳内具平伸的铰板，缺失中隔板和隔板槽。产地：新疆阿克苏拜城县黑英山北阿尔腾柯斯河中游西岸；层位：志留系罗德洛统伊契克巴什组（王宝瑜等，2001，图版53，图28–32）。

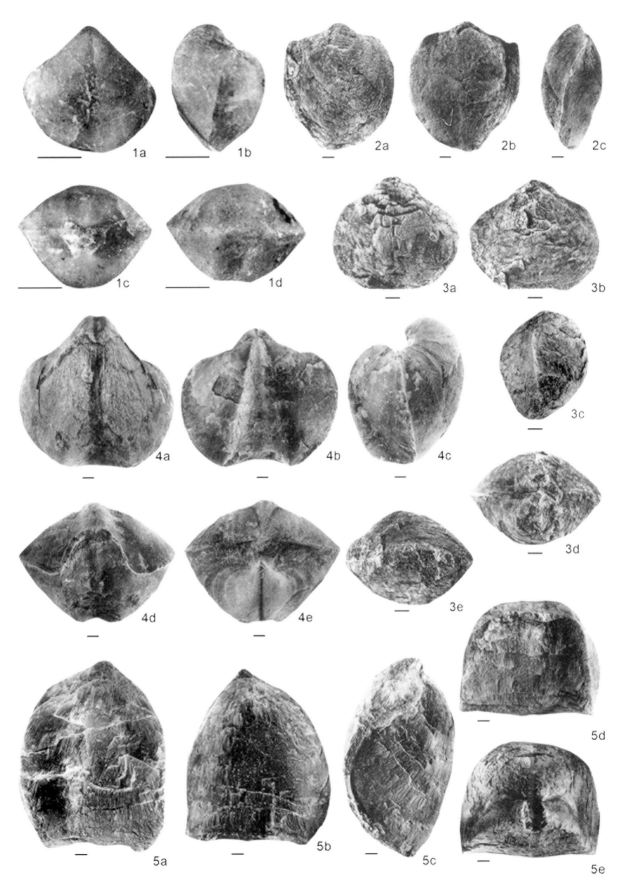

图版 7-61 说明

1 等正形贝（未定种）*Isorthis*? sp.

腹、侧、背、前视（XB1）。主要特征：个体中等，轮廓亚圆形，主端圆钝，侧视双凸型，纵中线呈龙骨状突起，背壳最凸处位于中后部，为背中隆开始的位置，前缘层弧形，向腹方突伸；背内中脊低宽，闭肌痕亚圆形。产地：甘肃迭部下吾那沟；层位：志留系普里道利统羊路沟组（戎嘉余等，1987，图版87，图1）。

2，4 翼齿贝（未定种）*Brachyprion* sp.

2.腹内模（XB9），产地：甘肃迭部下吾那沟；层位：志留系普里道利统羊路沟组。4.腹、背视（XB8）；产地：四川若尔盖县羊路沟；层位：志留系普里道利统羊路沟组。主要特征：个体小到中等，轮廓半椭圆形，铰合线直长，凸度低缓，壳线微型；腹内铰齿适度，齿板缺失（戎嘉余等，1987，图版87，图8–9）。

3，5 莫林嘴贝（未定种）*Morinorhychus* sp.

3.背、腹、侧视（XB2）；5.腹、背、侧视（XB3）。主要特征：个体中等，轮廓近半圆形，铰合线直，侧貌近等双凸，前缘直型，壳线强烈分叉，粗细近等，同心生长层发育；腹内齿板粗强，异向伸展的夹角约为60°，缺失中隔板和肌痕围脊；背内构造不明。产地：四川若尔盖县羊路沟；层位：志留系普里道利统羊路沟组（戎嘉余等，1987，图版87，图2–3）。

6 虹扭贝（未定种）*Iridistrophia* sp.

腹内模（XB10）。主要特征：贝体较大，轮廓半圆形，铰合线直长，主端直角至锐角状，侧视凹凸型，壳线微型，间隙宽；腹内齿板发育，夹角约为120°，无中隔板，主突起双叶型，超出铰合线向外突伸；背内铰窝板宽阔异向伸展，夹角约为145°。产地：四川若尔盖县羊路沟；层位：志留系普里道利统羊路沟组（戎嘉余等，1987，图版87，图10）。

7 分隔隔板无洞贝相似种 *Septatrypa* cf. *secreta* Kozlowski，1929

腹、背、侧、前视（XB17）。主要特征：个体很小，轮廓五边形，侧缘钝圆，侧貌不等双凸，腹壳平凸，背壳沿纵轴缓凸，腹喙小，弯突于背喙之上，腹中槽宽阔槽舌似梯形，背中隆低圆，壳表光滑，仅前部可见细密同心纹；腹内齿板发育，略向背方分离，隔板槽呈"V"形，为中隔板所支撑。产地：四川若尔盖县羊路沟；层位：志留系普里道利统羊路沟组（戎嘉余等，1987，图版88，图5）。

8 稀少费尔干纳贝 *Ferganella sparsa* Rong，Zhang and Chen，1987

腹、背、前、侧视（XB15），正型。主要特征：个体小，轮廓亚三角形，铰合线短弯，侧貌背双凸型，腹喙顶区和侧区缓凸，喙部尖耸，壳体中部开始发育中槽，背壳凸度较强，壳线棱角状，线隙狭窄；齿板短薄；主突起呈薄板状，位于隔板槽上，隔板槽被高强的中隔板所支撑。产地：甘肃迭部下吾那沟；层位：志留系普里道利统羊路沟组（戎嘉余等，1987，图版88，图3）。

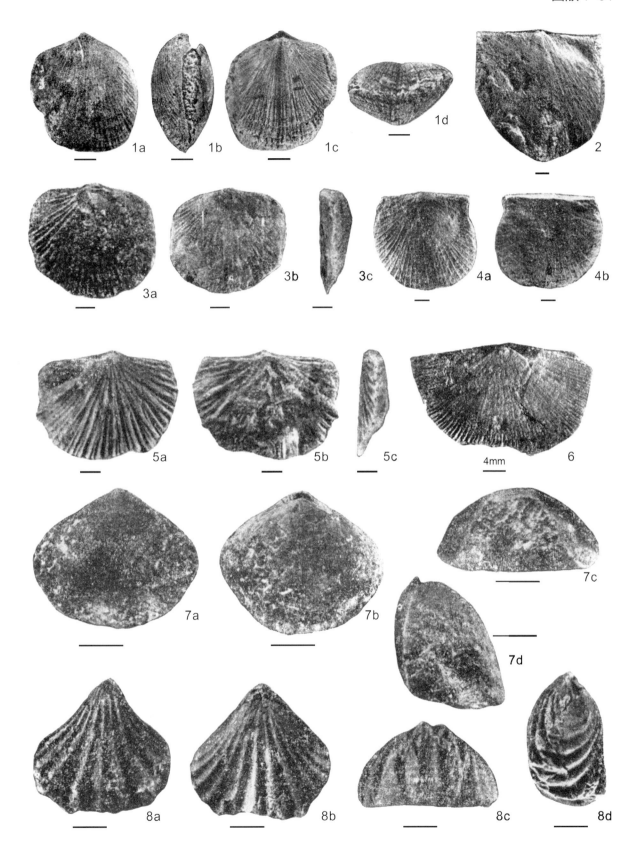

图版 7-62 说明

1—2　兹文无洞贝相似种 *Atrypa* cf. *dzwinogrodensis*（Kozlowski，1929）

1.腹、背视（XB25）；2.腹、背、前视（XB26）。主要特征：贝体中等，亚圆形，侧视背双凸型，前缘单褶型，舌突明显，壳线粗细适中；腹内齿板短，侧腔略小，铰齿粗壮；背内铰板分离，铰窝深陷，中脊低短。产地：四川若尔盖县羊路沟；层位：志留系普里道利统羊路沟组（戎嘉余等，1987，图版90，图1–2）。

3，5　环状西伯利亚螺贝 *Sibirispira anuna* Fu，1982

3.腹、背、侧视（XB28）；产地：甘肃迭部下吾那沟；层位：志留系普里道利统羊路沟组。5.背、腹、侧视（XB29），产地：四川若尔盖县羊路沟，层位：普里道利统羊路沟组。主要特征：个体小，轮廓横圆形，侧貌双凸型，腹喙直伸，茎孔下具小的三角双板，前缘直或微双褶型，壳线分支、粗强，同心层稀疏；腹内齿板短粗，分离甚远，铰齿粗大；背内铰板分离，铰窝深陷（戎嘉余等，1987，图版90，图5–6）。

4　稀少西伯利亚螺贝？ *Sibirispira? sparsa* Rong，Zhang and Chen，1987

腹、背视（XB22），正型。主要特征：个体小，轮廓长圆形，两壳凹凸或近平凸，腹壳沿纵中线呈脊状隆起，背壳发育浅宽的凹槽，腹喙顶弯曲，铰合线短，放射线细密分枝，壳线低圆，同心层发育，与放射线组成网状壳饰。产地：甘肃迭部下吾那沟；层位：志留系普里道利统羊路沟组（戎嘉余等，1987，图版90，图5a，5c）。

6　极区仿无洞贝白龙江亚种 *Atrypoidea polaris bailongjiangensis*（Fu，1982）

腹、背、前、侧视（XB23）。主要特征：个体大，轮廓亚圆形至盾形，两壳近等双凸或凸平型，成贝体背壳凸度明显大于腹壳，最大凸度位于贝体后部，腹壳沿纵中线发育一条浅弱的沟，壳表光滑；齿板缺失，铰齿粗钝；铰板平伸，分离，铰窝深陷。产地：甘肃迭部下吾那沟；层位：志留系普里道利统羊路沟组（戎嘉余等，1987，图版89，图6）。

7　极区仿无洞贝适度亚种 *Atrypoidea polaris modica* Rong，Zhang and Chen，1987

腹、背、侧、前视（XB24）。主要特征：贝体小到中等，轮廓多变，腹喙低，小顶端微弯，铰合线直短，近等双凸，壳表光滑；内部构造与前种相似。产地：四川若尔盖县羊路沟；层位：志留系普里道利统羊路沟组（戎嘉余等，1987，图版89，图7）。

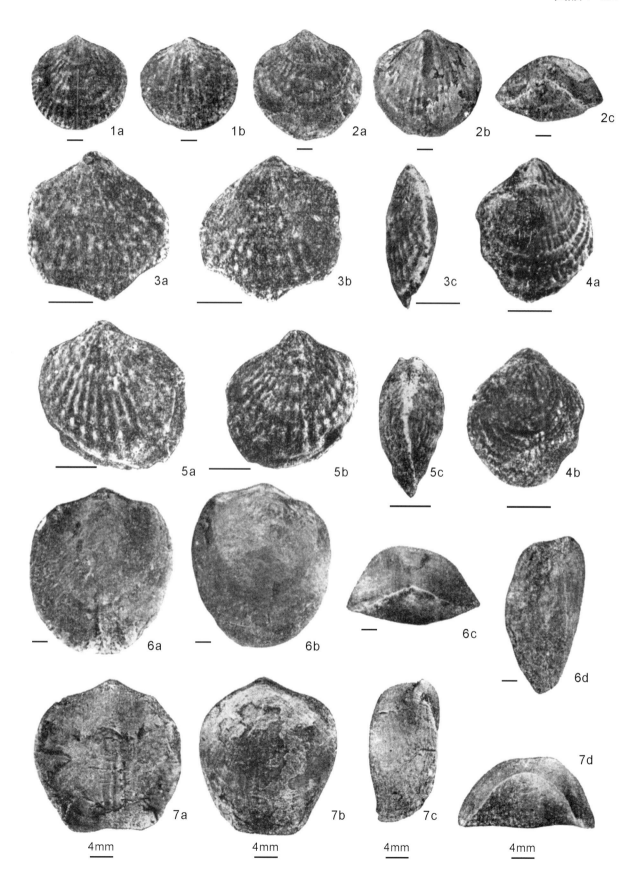

1a 1b 2a 2b 2c

3a 3b 3c 4a

5a 5b 5c 4b

6a 6b 6c 6d

7a 7b 7c 7d

4mm 4mm 4mm 4mm

图版 7-63 说明

1，3 宽褶莫龙贝 *Molongia latiplicata* Fu，1982

1.腹、背、侧、前视（XB34）；产地：四川若尔盖县羊路沟；层位：志留系普里道利统羊路沟组。3.腹、背、侧、前视（XB35）；产地：甘肃迭部下吾那沟；层位：志留系普里道利统羊路沟组。主要特征：贝体甚小，轮廓近圆形，两壳等凸，腹喙顶微弯，具茎孔，腹中槽浅，背中隆低狭，壳褶在中部粗强，向主端明显减弱，壳表具叠瓦状或鳞片状的同心层；腹内齿板短，内弯，紧贴壳壁；背内铰板分离，缺失内铰板，隔板槽浅宽，被粗壮的中隔板支持，腕螺螺顶指向两侧，4~6圈（戎嘉余等，1987，图版91，图4）。

2 始刺无洞贝（未定种）？ *Eospinatrypa*? sp.

腹、前、侧、背视（XB33）。主要特征：贝体小，轮廓近圆形，铰合缘弯曲，侧貌缓双凸型，全壳12~13条不分叉的粗强壳褶，褶宽而褶隙窄，背中槽内发育一条中央壳褶，3~4个同心层与壳褶相交点形成小的瘤节，略突出于壳褶之上。产地：甘肃迭部下吾那沟；层位：志留系普里道利统羊路沟组（戎嘉余等，1987，图版91，图3）。

4 费尔干尼氏石燕 *Nikiforovaena* cf. *ferganensis*（Nikiforova，1937）

前、腹、背、侧视（XB41）。主要特征：壳体中等，轮廓半圆形或横菱形，腹双凸型，腹喙高伸，顶端强弯，三角孔大，腹中槽窄浅，具一条细弱的壳褶，槽舌短，向背方弯曲，背中隆低平，具一明显的中沟，侧区各具6~8条低圆而简单的壳褶，褶隙窄浅，微壳饰为同心纹与放射纹两者组成不很强烈的方格状纹饰；腹内齿板薄，长，向腹侧延伸；背内铰板分离，腕板支板甚短。产地：甘肃迭部下吾那沟；层位：志留系普里道利统羊路沟组（戎嘉余等，1987，图版92，图4）。

5 古网格贝（未定种）*Proreticularia* sp.

腹、背视（XB119）。主要特征：贝体中等，腹壳呈半圆形，腹喙顶弯曲，三角孔被填充，铰合线短，腹中槽始于喙尖，呈窄沟状，向前缘略宽深，侧区光滑，壳面具细密同心层；腹内缺失齿板。产地：甘肃迭部下吾那沟；层位：志留系普里道利统羊路沟组（戎嘉余等，1987，图版93，图5）。

6 西伯利亚螺贝 *Sibirispira striata* Rong *et al.*，1987

腹、背、侧视（XB115），正模。主要特征：个体小，轮廓横卵圆形，两壳平凸至弱背双凸型，铰合线短，腹壳纵中线发育中等强度的隆脊，至壳体前部趋平，全壳覆以细密放射线，壳线低圆，隙间距窄，同心层发育，层间距通常为1.0~1.5 mm。产地：四川若尔盖县羊路沟；层位：志留系普里道利统羊路沟组（戎嘉余等，1987，图版93，图1）。

7 小螺贝（未定种）*Spirinella* sp.

腹、背、前、侧视（XB37）。主要特征：个体小，铰合线长，主端圆钝，腹双凸型，腹喙高隆，喙顶弯曲，铰合面发育，三角孔被填充，腹中槽狭浅，前舌短小，背中隆低窄，隆顶光滑，同心层十分细密，层上壳刺极为密集、细弱；齿板发育，缺失中隔板；铰板分离，腕棒支板不发育，无中隔板。产地：若尔盖县羊路沟；层位：志留系普里道利统羊路沟组（戎嘉余等，1987，图版92，图1）。

8 黑氏石燕（未定种）*Hedeina* sp.

腹、背视（XB117）。主要特征：贝体小，半圆形，主端钝圆，两壳不等双凸，中槽狭窄，向前变深，槽底浑圆，侧缘为隆脊状的壳褶，背中隆低窄，壳面布满细密放射纹；腹内齿板薄，约为壳长的1/3；背内铰板分离，腕棒支板短，外缘与壳底相连。产地：四川若尔盖县羊路沟；层位：志留系普里道利统羊路沟组（戎嘉余等，1987，图版92，图3b，3c）。

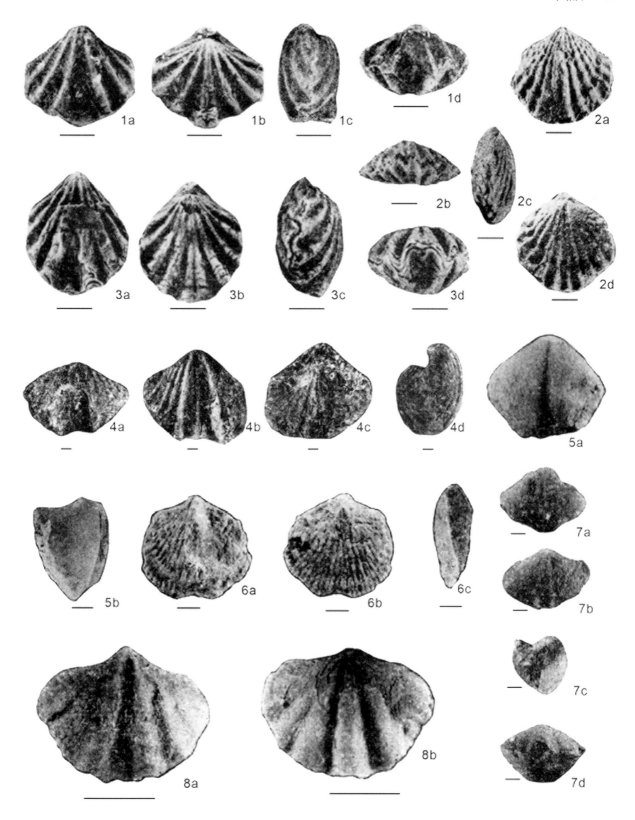

7.5 三叶虫

7.5.1 结构术语解释及插图

三叶虫是一类古老的海洋节肢动物，因横向（头、胸和尾）和纵向（中轴和肋部）均能明显分为三部分而得名，其头部和尾部各自愈合，胸部分节（插图7.17）。整个类群形态繁多，生活方式多样，既有底栖游移类型，又有游泳和浮游类型。三叶虫出现于寒武纪早期，其多样性在寒武纪晚期达到峰值；在奥陶纪虽有所下降，但形态分异持续增加；在志留纪逐渐降低，泥盆纪仅有少数科存在，二叠纪末整体灭绝。

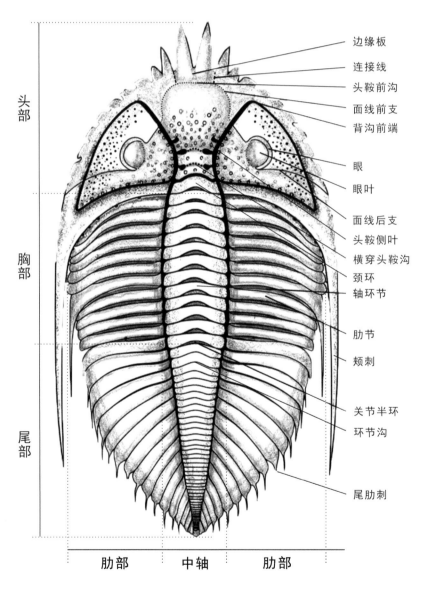

插图 7.17　三叶虫（*Coronocephalus gaoluoensis* Wu，1979）结构示意图〔改自陈贵英等（2011）〕

中国志留纪三叶虫以兰多维列世的多样性最高，人们对其了解较详：鲁丹晚期，近岸浅水底域的三叶虫率先实现奥陶纪末大灭绝后的复苏；埃隆中晚期，多样性递增并向更深水域扩展，具备辐射规模；特列奇早期，多样性剧降；特列奇中期，华南发育以土著性质浓烈的王冠虫（*Coronocephalus*）动物群为特征。温洛克世、罗德洛世和普里道利世的三叶虫，因地层发育欠佳，材料零星，研究水平受限。

1. 结构术语名词解释

　　头部：背壳前部中轴及两肋所结合组成的单一硬体。

　　胸部：头部和尾部之间的联接部分，由胸节组成。

　　尾部：背壳后部中轴及两肋所结合组成的单一硬体。

　　中轴：背壳前端至后端的中间部分。

　　肋部：背壳左边及右边两部分。

　　边缘板：由腹边缘分出，其位置在中部。

　　连接线：边缘板两侧纵线。

　　头鞍：头部中间隆起部分，两侧为一对背沟所限，背沟前伸围绕头鞍的前端成为头鞍前沟。

　　头鞍沟：指示头鞍的分节；若头鞍沟短，仅在侧部发育，称为侧头鞍沟；若头鞍沟长，伸达头鞍中部且互相衔接，称为横穿头鞍沟。

　　头鞍侧叶：两对头鞍侧沟之间的部分。

　　颈环：位于头鞍后部，以颈沟为界。

　　面线：背壳上的狭缝，当虫体蜕壳成长时，沿此缝裂开虫体离壳而出；面线穿过颊部，内侧部分为头盖，外侧部分为活动颊；眼之前为面线前支，之后为面线后支。

　　颊刺：从颊角伸出的刺。

　　眼叶：固定颊外缘隆起部分，其位置与活动颊上的眼相对。

　　关节半环：轴环节前段呈半椭圆形或半圆形的关节部分。

　　胸节：数量不定，由一个轴环节和一对肋节组成。

　　尾肋刺：由尾部肋节向外引长形成的刺。

7.5.2 图版及图版说明

除特殊注明外，所有标本均保存在中国科学院南京地质古生物研究所（图版7-64~7-75）。

图版 7-64 说明

1　韩家店副深沟肋虫 Aulacopleura（Paraaulacopleura）hanjiadianensis（Zhang，1974）

近完整背壳，背视，正模（NIGP21620）。主要特征：头鞍短，前端宽圆，具2对头鞍沟；内边缘极宽，前边缘较窄；眼叶较小，眼脊斜伸。产地：湖北宜昌罗惹坪；层位：志留系兰多维列统埃隆阶上部罗惹坪组彭家院段（张文堂，1974，图版80，图3）。

2　皮家寨副深沟肋虫 Aulacopleura（Paraaulacopleura）pijiazhaiensis（Zhang，1974）

头盖，背视，正模（NIGP21621）。主要特征：头鞍略长，呈矩形，向前收缩；具2对头鞍侧叶，L1孤立而凸起，L2不明显；内边缘宽，前边缘较窄；固定颊较宽；眼叶较小，眼脊显著，从头鞍前侧角向后斜伸。产地：贵州湄潭县牛场村高滩剖面；层位：志留系兰多维列统鲁丹阶上部－埃隆阶下部牛场组（张文堂，1974，图版81，图10）。

3—4　卵形高滩虫 Gaotania ovata Zhang，1974

3.头盖，背视，正模，4.尾部，背视（NIGP21629、21630）。主要特征：头鞍具2对头鞍侧叶，L1孤立呈长卵形，L2十分小，与头鞍中叶不分离；尾轴具2个轴环节，4对尾刺，一对大刺之间有2对后边缘刺，大刺外侧还有1对侧边缘刺，靠近外侧的后边缘刺与大刺部分融合。产地：贵州湄潭县牛场村高滩剖面；层位：志留系兰多维列统鲁丹阶上部－埃隆阶下部牛场组（张文堂，1974，图版82，图7-8）。

5　牛场科索夫盾形虫 Kosovopeltis niuchangensis（Zhang，1974）

头盖，背视，正模（NIGP21601）。主要特征：头盖近长方形；背沟浅，在叶状体处收缩，叶状体之前向前并向外斜伸，叶状体之后向后并向外斜伸；颈沟浅而宽。产地：贵州湄潭县牛场村高滩剖面；层位：志留系兰多维列统鲁丹阶上部－埃隆阶下部牛场组（张文堂，1974，图版80，图1）。

6　贵州带针虫 Raphiophorus guizhouensis Zhang，1974

头盖，背视，正模（NIGP21605）。主要特征：头鞍凸起，近长卵形，头鞍后部尖圆；背沟宽深，头鞍后侧部有一对深的凹坑；颈沟浅而宽，颈环窄，向后拱曲。产地：贵州湄潭县牛场村高滩剖面；层位：志留系兰多维列统鲁丹阶上部－埃隆阶下部牛场组（张文堂，1974，图版80，图5）。

7　高滩蜂窝头虫 Hyrokybe gaotanensis（Zhang，1974）

头盖，背视，正模（NIGP21615）。主要特征：头鞍半椭圆形；具3对头鞍沟，S1窄而长，很长一段近于平伸，然后呈圆弧形转向后伸，S2较短，平伸或微向后斜伸，而S3模糊不清。产地：贵州湄潭县牛场村高滩剖面；层位：志留系兰多维列统鲁丹阶上部－埃隆阶下部牛场组（张文堂，1974，图版81，图4）。

8—9　双瘤湄潭斜视虫 Meitanillaenus binodosus（Zhang，1974）

8.部分胸节及尾部，背视；9.头盖，背视，正模（NIGP21617、21633）。主要特征：头盖近方形，背沟后部清楚，向前向外扩张且变浅；在背沟收缩最强处，有一对瘤状凸起；尾部中轴短，近三角形，背沟浅而模糊，腹边缘中等宽度。产地：贵州湄潭县牛场村高滩剖面；层位：志留系兰多维列统鲁丹阶上部－埃隆阶下部牛场组（张文堂，1974，图版81，图5；图版82，图12）。

10　湄潭苏格兰镰虫 Scotoharpes meitanensis Yin，1978

头部，背视（NIGP165299）。主要特征：头鞍前区较宽，靠近头鞍处略凸起；叶状体小而不明显。产地：贵州湄潭县高江剖面；层位：志留系兰多维列统鲁丹阶上部－埃隆阶下部牛场组（魏鑫和詹仁斌，2018，图5，10）。

11—12　湄潭似彗星虫 Encrinuroides meitanensis Zhang，1974

11.头盖，背视，正模；12.尾部，背视（NIGP21624、21613）。主要特征：头鞍后部瘤点排列规则；固定颊刺向后伸出较长；尾部较长，呈亚五边形。产地：贵州湄潭县牛场村高滩剖面、兴隆场镇兴隆场剖面；层位：志留系兰多维列统鲁丹阶上部－埃隆阶下部牛场组（张文堂，1974，图版82，图1）。

13—14　镇雄似彗星虫 Encrinuroides zhenxiongensis Sheng，1964

13.头盖，背视；14.尾部，背视（NIGP21625、21626）。主要特征：头鞍较宽，向后收缩，前端宽圆，布满瘤点；尾部较宽，呈亚五边形。产地：贵州湄潭县牛场村高滩剖面、兴隆场镇兴隆场剖面；层位：志留系兰多维列统鲁丹阶上部－埃隆阶下部牛场组（张文堂，1974，180页，图版82，图2-3）。

15　小始狮头虫 Eoleonaspis pusillus（Zhang，1974）

15.头盖，背视，正模（NIGP21623）。主要特征：头鞍中叶在两头鞍侧叶之间不呈尖角状凸出，前端平圆；前侧头鞍叶呈圆或长圆形。产地：贵州湄潭县牛场村高滩剖面；层位：志留系兰多维列统鲁丹阶上部－埃隆阶下部牛场组（张文堂，1974，图版81，图12）。

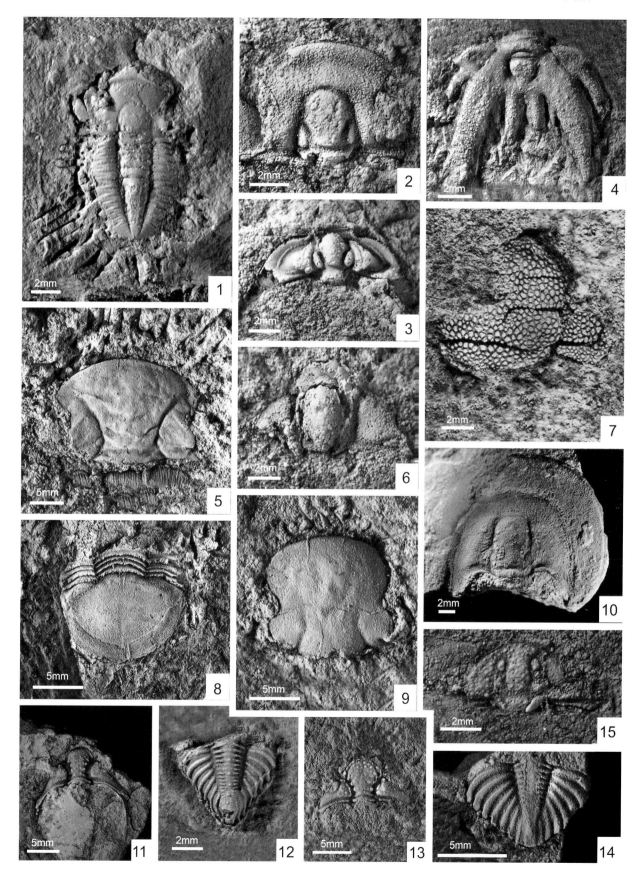

图版 7-65 说明

1—3　宽边宽研头虫 *Latiproetus latilimbatus*（Grabau，1925）

1a.近完整背壳，背视；1b.近完整背壳，外模；2.头盖，背视；3.尾部，背视（NIGP13660、13661、13659）。主要特征：头鞍短，后部膨大，前端宽圆；具3对头鞍沟，S1长而斜伸，沟深而宽，与颈沟相连，S2短、斜伸，有时不清楚，而S3位置靠前，不显著；颈沟分叉，颈环侧叶呈三角形；内边缘和前边缘宽度相近。胸部9节；尾部近半圆形，尾边缘清楚。产地：湖北宜昌罗惹坪；层位：志留系兰多维列统埃隆阶上部罗惹坪组彭家院段（卢衍豪，1962，图版1，图3–5）。

4　窄头宽研头虫 *Latiproetus tenuis* Zhang，1974

头盖，背视，正模（NIGP21645）。主要特征：头盖小，长而窄；头鞍较长，后部稍膨大；具3对头鞍沟，S1窄而深、斜伸并与颈沟相连，S2窄而短、向后斜伸，S3模糊不清；面线前支向外扩张较小。产地：湖北宜昌罗惹坪；层位：志留系兰多维列统埃隆阶上部罗惹坪组上部（张文堂，1974，图版83，图13）。

5　胖宽研头虫 *Latiproetus obesus* Zhang，1974

近完整头部，背视，正模（NIGP21627）。主要特征：头鞍宽大，后部膨大；具3对头鞍沟，S1深而长、斜伸，S2较短、近于平伸，S3短，并斜向内微向前伸；头鞍前叶短而前缘宽圆；内边缘极窄或不存在；前边缘窄；颈环窄而凸起，中部较宽，颈环侧叶较小；活动颊较窄，边缘窄而凸起，后侧伸出颊刺。产地：贵州石阡县；层位：志留系兰多维列统埃隆阶中上部雷家屯组（张文堂，1974，图版82，图4）。

6　贵州星研头虫 *Astroproetus guizhouensis*（Wu，1977）

头盖，背视，正模（NIGP43297）。主要特征：头鞍平缓凸起，短锥形，宽度和长度相当或略大于长度，后部宽，前端润圆；具3对头鞍沟，S1宽而深，向后斜伸，不达颈沟，而S2和S3窄而浅、平伸；内边缘平缓，前边缘窄且略微翘起；固定颊特别窄；颈环平直，两段略向前弯，具一对椭圆形的颈环侧叶。产地：贵州务川县；层位：志留系兰多维列统埃隆阶中上部雷家屯组（伍鸿基，1977，图版2，图10）。

7—9　凸出星研头虫 *Astroproetus convexus*（Wu，1977）

7.头盖，背视，正模；8.尾部，背视；9.部分尾部，背视（NIGP43316、43317、43318）。主要特征：头鞍显著凸起，后部宽大，向前收缩，前端凸起；具3对头鞍沟，S3浅而不显、平伸；S2短而窄，向后斜伸；S1长而深，向后斜伸至颈沟；外边缘纵向宽度大；尾部近倒亚梯形，具9~10个轴环节，5~6对肋节；尾边缘宽；壳面布满小瘤点。产地：贵州桐梓县松块；层位：志留系兰多维列统埃隆阶中上部石牛栏组（伍鸿基，1977，图版3，图13–15）。

10　慈利慈利盾形虫 *Ciliscutellum ciliensis* Lin，1987

近完整背壳，背视，正模（NIGPT149）。主要特征：背壳呈卵形；头盖亚方形，头鞍蘑菇状，中部收缩，向前达头盖前边缘；具3对侧头鞍肌痕；颈环宽，呈梯形；胸部具10个胸节；尾部大，呈半圆形，中轴短，呈亚三角形；肋叶具6对肋脊和一个轴后脊。产地：湖南慈利县宜冲桥邓家台；层位：志留系兰多维列统埃隆阶龙马溪组上部（林天瑞，1987，图版1，图1）。

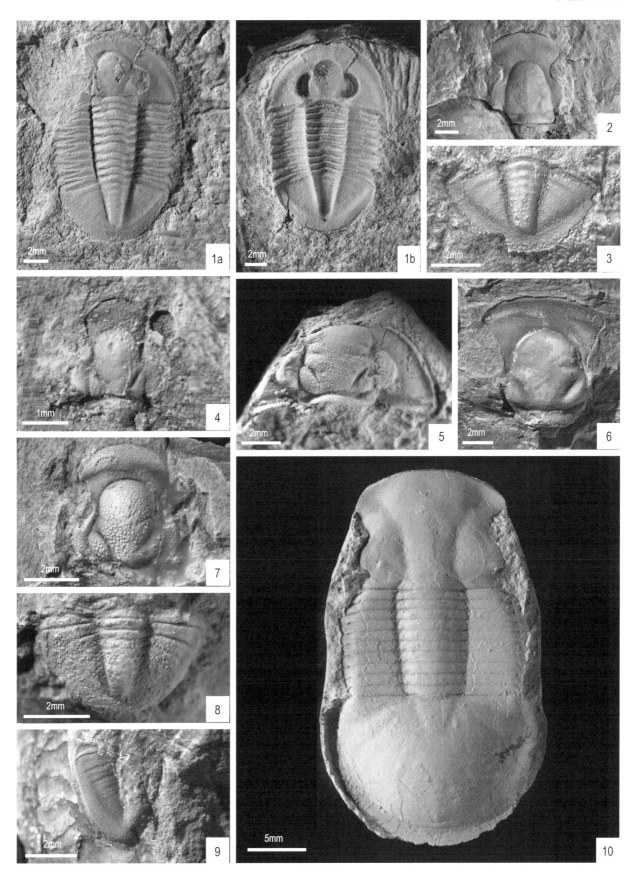

图版 7-66 说明

1—3　贵州高圆球虫 *Sphaerexochus guizhouensis* Wu，1977

1.头盖，背视；2.头盖，背视；3.尾部，背视（NIGP43277、43278、43279）。主要特征：头鞍强烈凸起，呈椭球形；具3对头鞍沟，S1深而宽，由背沟向后呈圆弧形弯曲延至颈环末端，S2和S3浅而模糊；尾部亚半椭圆形，中轴宽大，具3个轴环节；肋叶具3对肋节，短而粗。产地：贵州务川县；层位：志留系兰多维列统埃隆阶香树园组（伍鸿基，1977，图版1，图3-7）。

4—5　罗惹坪翼斜视虫 *Ptilillaenus lojopingensis* Lu，1962

4.头盖，背视；5.尾部，背视（NIGP13662、13663）。主要特征：头盖长宽近等，最宽处在后侧翼；头鞍长而窄，前半部膨大，后半部的中部收缩，向前后两方扩大，最窄处的宽度约为基底部宽度的一半；固定颊窄，宽度约为两眼之间头鞍宽度的一半；后侧翼为宽的三角形；尾部次半椭圆形至次三角形，后部圆润，中轴反锥形。产地：湖北宜昌罗惹坪纱帽山；层位：志留系兰多维列统埃隆阶上部罗惹坪组中下部（卢衍豪，1962，图版1，图1-2）。

6　卵形翼斜视虫 *Ptilillaenus ovatus* Wu，1977

头盖，背视，正模（NIGP43315）。主要特征：头鞍长而窄，向前扩大，前端圆润，呈半卵形，后部收缩；背沟长而浅，但头鞍后半部较深，前端向外向两侧斜伸，逐渐变浅，至头鞍前边缘逐渐消失。产地：湖北宜昌罗惹坪；层位：志留系兰多维列统埃隆阶上部罗惹坪组（伍鸿基，1977，图版3，图12）。

7—9　务川翼斜视虫 *Ptilillaenus wuchuanensis* Wu，1977

7.头盖，背视，正模；8.头盖，背视；9.尾部，背视（NIGP43312、43313、43314）。主要特征：头鞍前叶宽大，前端圆润，向后收缩；头鞍后缘与颈环融合成一体；背沟短，后部清楚，向前逐渐消失；后侧翼为三角形，向腹面弯曲延伸；尾部亚半椭圆形，后部圆润，中部凸起，宽大于长；中轴极短，轴沟浅而模糊。产地：贵州务川县；层位：志留系兰多维列统埃隆阶中上部雷家屯组（伍鸿基，1977，图版3，图9-11）。

10　贵州叉沟虫 *Dicranogmus guizhouensis* Wu，1977

头盖，背视，正模（NIGP43319）。主要特征：头盖呈半椭球状凸起，宽大于长；无前侧沟，后侧沟宽而深；纵沟显著，前段至头鞍前叶变细而渐灭，后端和后侧沟相连；头鞍前侧叶和前叶连成一体，后侧叶为长椭圆形；背沟浅而不显；颈环横向宽，具一对亚三角形的颈环侧叶；颈环前部、头鞍中叶之后有一对并排的颈环前叶。产地：贵州沿河县；层位：志留系兰多维列统埃隆阶（伍鸿基，1977，图版3，图16-17）。

11　宜昌科索夫盾形虫 *Kosovopeltis yichangensis* Zhang，1974

头盖，背视，正模（NIGP21602）。主要特征：头盖小，平缓凸起；背沟窄而深，呈圆曲线状；头鞍向前扩大，直达前缘，两侧与前边缘汇合；具3对浅而模糊、孤立的凹坑状头鞍沟；颈环中部向前拱曲；眼脊短而斜伸；眼脊之前有深而宽的边缘沟，且与背沟相连；叶状体清楚。产地：湖北宜昌罗惹坪；层位：志留系兰多维列统埃隆阶上部罗惹坪组彭家院段（张文堂，1974，图版80，图2）。

12　武隆深沟肋虫 *Aulacopleura*（*Aulacopleura*）*wulongensis* Wang，1989

完整背壳，背视（NIGP80790）。主要特征：头鞍较长，具3对头鞍沟，L1发育；眼及眼叶中等大小，呈半球形，位于头鞍横中线之前；眼脊近于平伸或稍向后斜，略弯曲；颊脊明显。胸部分16节；尾部短小。尾轴未伸至缘，分3个轴环节和1个末节；头部表面，除头鞍、外边缘和侧边缘外，均具有细小而密集的瘤和坑。产地：湖北兴山县建阳坪剖面；层位：志留系兰多维列统埃隆阶龙马溪组（袁文伟等，2001，图版1，图16）。

13　窄尾科索夫盾形虫 *Kosovopeltis tenuicaudatus*（Wu，1977）

近完整背壳，背视，正模（NIGP43276）。主要特征：头鞍向前向后均扩大，靠近叶状体处收缩最强；S1隐约可见、平直，S2和S3不显；颈沟中段及两端向前凸出；固定颊较宽，叶状体明显；胸部具10个胸节，中轴与肋叶分不开，仅有隐约的凹沟；尾部半长椭圆形，中轴短，纵向分为三叶；具8对肋脊和1个轴后脊。产地：贵州务川县；层位：志留系兰多维列统埃隆阶香树园组（伍鸿基，1977，图版1，图1）。

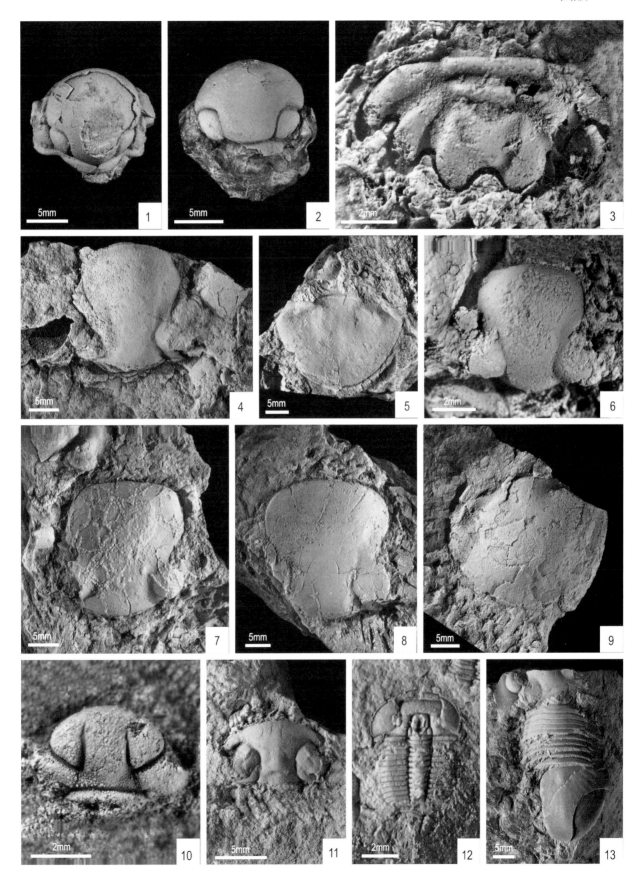

图版 7-67 说明

1—2　中华苏格兰镰虫 *Scotoharpes sinensis*（Grabau，1925）

1a.头部及部分胸节，外模；1b.头部及部分胸节，背视；2.头部，背视（NIGP13665、13664）。主要特征：头部呈亚卵形，颊部凸起，饰边平凸，饰边向后的引长体长度大致与头部的轴长相等或略小于轴长；头鞍中等凸起，高出于颊部之上，具一对头鞍沟，向后斜伸不与颈沟相连；头鞍前区短窄，叶状体小而不明显。产地：湖北宜昌罗惹坪纱帽山；层位：志留系兰多维列统埃隆阶上部罗惹坪组中下部（卢衍豪，1962，图版1，图7–8）。

3　优美高滩虫 *Gaotania pulchella* Zhang，1974

近完整背壳，背视，正模（NIGP21614）。主要特征：头部保存不完整；颊刺长，颈环无刺或瘤；胸部具10个胸节；中轴与肋部宽度相似；肋节无肋沟，后部肋节的肋刺逐渐加长；尾部较平，轴环节近似三角形；外部的侧刺较大，支刺之后的大刺较细。产地：贵州桐梓韩家店；层位：志留系兰多维列统埃隆阶（张文堂，1974，图版81，图3）。

4　瘤点蜂窝头虫 *Hyrokybe punctata*（Zhang，1974）

头盖，背视，正模（NIGP21631）。主要特征：头鞍呈半圆形凸起，前部及侧部向下急斜；具3对头鞍沟，S1窄而长，先是在短距离内平伸，后呈圆弧形向内并向后伸，末端与颈沟不连，S2较S1略短，弯曲度亦较小，而S3极短而浅；颈沟窄而近于平伸；颈环横向长，宽度相近；头鞍和颈环布满瘤点。产地：贵州石阡；层位：志留系兰多维列统埃隆阶中上部雷家屯组（张文堂，1974，图版82，图10）。

5—7　罗惹坪蜂窝头虫 *Hyrokybe luorepingensis*（Wu，1977）

5.头盖，背视，正模；6.活动颊和部分后侧翼，外模；7.口板，背视（NIGP43281、43282、43283）。主要特征：头鞍呈半圆形凸起；具3对头鞍沟，S1深而长，由两侧向后延伸至颈沟，S2较S1短而浅，而S3更短；颈沟近于平伸；后侧翼窄小，后侧沟向外平伸，至颊角转向前和侧边缘沟汇合；颊角圆钝，无颊刺；活动颊窄小，亚三角形；口板呈倒梯形，中心体平缓凸起；整个壳面布满瘤点。产地：湖北宜昌罗惹坪；层位：志留系兰多维列统埃隆阶上部罗惹坪组（伍鸿基，1977，图版1，图9–11）。

8—9　方形湄潭斜视虫 *Meitanillaenus quadrata*（Wu，1977）

8.头盖，背视，正模；9.头盖，背视（NIGP43284、43285）。主要特征：头盖近方形；头鞍长，向前扩大强烈；头鞍前缘平滑，略为拱曲，向后收缩，于头鞍后部1/3处两侧近平行，至后缘又略为扩张；背沟后段清楚，前段窄而浅，纵向穿越头部，向前并向外延伸至头部前侧缘；固定颊于眼叶之前逐渐变窄；后侧翼极短。产地：贵州务川；层位：志留系兰多维列统埃隆阶中上部雷家屯组（伍鸿基，1977，图版1，图12–13）。

10—11　凹痕湄潭斜视虫 *Meitanillaenus depressa*（Wu，1977）

10.头盖，背视，正模；11.头盖，背视（NIGP43286、43287）。主要特征：与方形湄潭斜视虫相似，主要区别在于头鞍后部1/3处的背沟内有一对凹坑，此坑略比背沟宽；头鞍后段扩大强烈。产地：贵州沿河；层位：志留系兰多维列统埃隆阶（伍鸿基，1977，图版1，图14–15）。

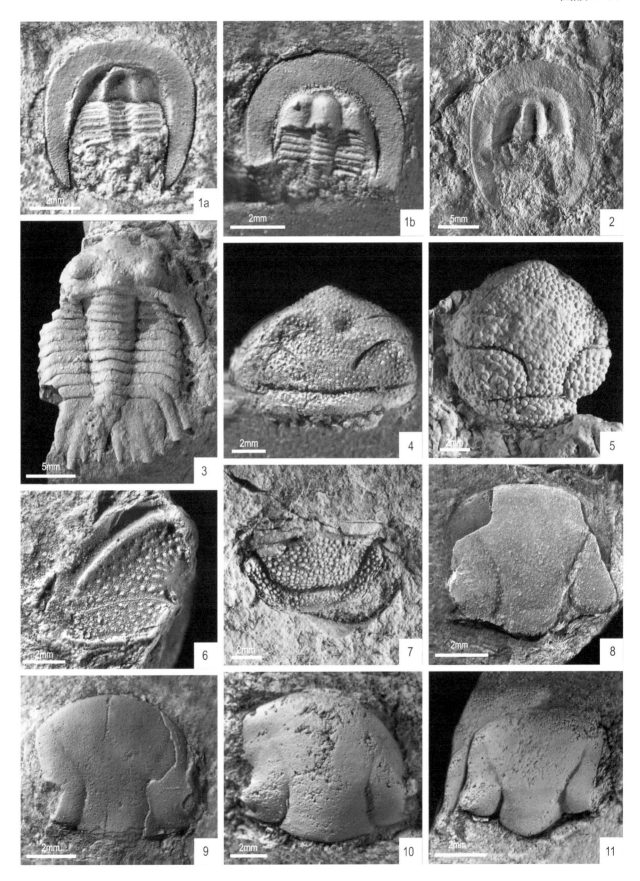

图版 7-68 说明

1　模糊宽砑头虫 *Latiproetus nebulosus* Wu，1977

头盖，背视，正模（NIGP43320）。主要特征：头鞍钟形，向前逐渐变窄，前端圆润；具3对极不明显的头鞍沟；颈环纵向窄，两侧具一对亚三角形颈环侧叶。产地：贵州凯里；层位：志留系兰多维列统特列奇阶（伍鸿基，1977，图版3，图18）。

2—3　武昌星砑头虫 *Astroproetus wuchangensis*（Zhang，1974）

2.头盖，背视，正模；3.近完整背壳，背视（NIGP21656、21657）。主要特征：头鞍向前逐渐收缩，前端宽圆；具2对头鞍沟；内边缘窄，约有前边缘宽度的一半；胸部具8个胸节；尾部呈半圆形，中轴短而凸起，边缘不清楚。产地：湖北武汉珞珈山；层位：志留系兰多维列统特列奇阶（张文堂，1974，图版84，图11–12）。

4　外斜星砑头虫 *Astroproetus divergens*（Zhang，1974）

头盖，背视，正模（NIGP21660）。主要特征：头鞍较窄，头鞍沟不清楚；眼叶略小；内边缘窄；前边缘沟宽而浅，前边缘宽；面线前支由眼叶前端向外并向前斜伸较强。产地：重庆秀山溶溪镇；层位：志留系兰多维列统特列奇阶溶溪组（张文堂，1974，图版84，图15）。

5—6　双河川黔砑头虫 *Chuanqianoproetus shuangheensis* Wu，1977

5.头盖，背视，正模；6.尾部，背视（NIGP43288、43289）。主要特征：头鞍锥状，向前收缩，前叶尖圆；具3对头鞍沟；前边缘宽，外边缘凸起，中线位置上具一棱脊；颈环两侧具一对亚卵形颈环侧叶；尾部亚半圆形至亚三角形，中轴长锥形，具11~13个轴环节和8~9个肋节；尾边缘显著。产地：四川长宁双河；层位：志留系兰多维列统特列奇阶秀山组（伍鸿基，1977，图版2，图1–2）。

7—9　收缩川黔砑头虫 *Chuanqianoproetus constrictus* Wu，1977

7.头盖，背视；8.头盖，背视；9.尾部，背视（NIGP43290、43291、43292）。主要特征：头盖宽，半圆形，宽约为长的两倍；头鞍凸起，外形呈长梨形，收缩明显，头鞍前缘尖圆；具3对头鞍沟；尾部亚三角形，中轴长锥形，具9~10个轴环节和8~9个肋节；尾边缘宽。产地：四川长宁；层位：志留系兰多维列统特列奇阶秀山组（伍鸿基，1977，图版2，图3–5）。

10—11，13—14　尖尾川黔砑头虫 *Chuanqianoproetus mucronatus*（Zhang，1974）

10.头盖，背视；11.头盖，背视，正模；13.头盖及部分胸节，背视；14.尾部，背视（NIGP43293、43294、43321、43322）。主要特征：头鞍窄而长，后部膨大，前端圆润；具3对头鞍沟；尾边缘窄，后端伸出一尖刺。产地：重庆秀山；层位：志留系兰多维列统特列奇阶秀山组（伍鸿基，1977，图版3，图19–20；图版2，图6–7）。

12　确实川黔砑头虫 *Chuanqianoproetus affluens* Wu，1977

头盖，背视，正模（NIGP43295）。主要特征：头鞍后部膨大，前端圆润；具3对头鞍沟，S1长，呈抛物线状向后斜伸，分头鞍基底为一对亚卵形的侧叶，S2向后斜伸，S3极短；外边缘平直，面线前支与中线夹角较小。产地：四川长宁；层位：志留系兰多维列统特列奇阶秀山组（伍鸿基，1977，图版2，图8）。

15　长宁星砑头虫 *Astroproetus changningensis*（Zhang，1974）

尾部，背视（NIGP21658）。主要特征：尾部亚椭圆形，中轴具10个轴环节，肋部有6~8对肋沟，间肋沟浅而窄；尾边缘和腹边缘窄。产地：四川长宁；层位：志留系兰多维列统特列奇阶（张文堂，1974，图版84，图14）。

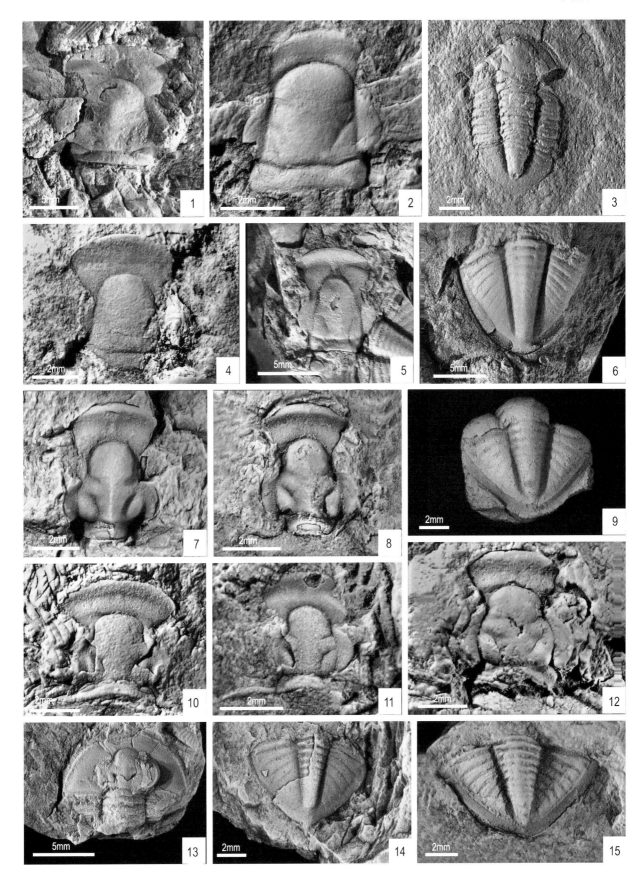

图版 7-69 说明

1 广元科索夫盾形虫 *Kosovopeltis guangyuanensis* Zhang，1974

近完整背壳，背视，正模（NIGP21643）。主要特征：头鞍向前扩大，前叶直伸，达头部前缘；具3对头鞍沟，S1深而宽，近圆形，后外端与背沟相连，向前并向外逐渐变浅，显示出一对小圆形凸起，而S2和S3浅而模糊；胸部具10个胸节；尾部呈半椭圆形，中轴呈三角形，三分，具一个中脊和7对肋脊；腹边缘宽。产地：四川广元中子神宣驿；层位：志留系兰多维列统特列奇阶（张文堂，1974，图版83，图11）。

2 无沟科索夫盾形虫 *Kosovopeltis obsoletus* Wu，1977

头盖，背视，正模（NIGP43280）。主要特征：头鞍向前扩大，伸达前缘，两侧与前缘汇合，前缘呈弓形向前凸出，头鞍向后扩张很少；头鞍沟不显；头鞍后部和颈环融合在一起；固定颊窄，纵向长，于眼叶相对的背沟外侧有一对模糊的豆粒形叶状体。产地：四川长宁；层位：志留系兰多维列统特列奇阶（伍鸿基，1977，图版1，图8）。

3 长阳强壮隐头虫 *Sthenarocalymene changyangensis*（Zhang，1974）

头盖，背视，正模（NIGP21644）。主要特征：头鞍逐渐向前收缩，前端圆润；具3对头鞍沟，S1深而宽，向内并向后斜伸，S2短，而S3仅呈一小的凹口状；具3对头鞍侧叶，L1大，呈圆卵形，L2较小，后侧呈钝角形折曲，而L3呈芽瘤状；背沟和前边缘沟均深而宽。产地：湖北长阳平洛；层位：志留系兰多维列统特列奇阶（张文堂，1974，图版83，图12）。

4 球形小溶溪虫 *Rongxiella globosa* Zhang，1974

头盖，背视，正模（NIGP21651）。主要特征：头盖凸起，头鞍前叶凸起最高，大而呈圆球形；背沟深，头鞍后部窄，两侧近平行；具3对头鞍沟，S1和S2为横穿头鞍沟，沟浅而宽，头鞍沟与背沟相交处，有两对深的凹坑，S3不显著；后侧沟深而宽，向外平伸；固定颊刺向后伸出较长；头鞍前叶上布满瘤点。产地：重庆秀山溶溪；层位：志留系兰多维列统特列奇阶秀山组（张文堂，1974，图版84，图6）。

5 凸出小溶溪虫 *Rongxiella convoxa* Wu，1979

头盖，背视，正模（NIGP43356）。主要特征：头鞍前叶高凸起，大而呈亚椭球形，背沟窄而深，头鞍后部强烈收缩呈细长圆柱状；3对头鞍沟均不明显；固定颊与头鞍前叶相似，高凸于头鞍后部两侧；后侧沟宽而浅，后侧翼略短，向后伸出一粗大颊刺；头鞍前叶后部瘤点粗大且密集。产地：重庆秀山；层位：志留系兰多维列统特列奇阶秀山组（伍鸿基，1979，图版2，图17）。

6—8 支刺小溶溪虫 *Rongxiella macrospinata* Wu，1990

6.头盖，背视；7.头盖，背视；8.部分颊刺，背视（NIGP110546、110547、110548）。主要特征：头鞍前叶呈横椭圆形，平凸；具3对浅的头鞍沟；头鞍后叶中线对应于后两对头鞍叶的位置上，分别具有1个小瘤点；固定颊相对宽，平凸；颊刺粗大，两侧有10对以上的强壮短支刺。产地：湖北阳新富池口；层位：志留系兰多维列统特列奇阶（伍鸿基，1990，图版2，图1-4）。

9—10 四川王冠虫 *Coronocephalus sichuanensis*（Zhang，1974）

9.头盖及部分胸节，背视，正模；10.活动颊，背视（NIGP21648、21649）。主要特征：头鞍前叶后部仅有几个较大的凸起部分，瘤点不显著；具3对头鞍沟，S1和S2为横穿头鞍沟，S3不清楚，仅在头鞍中叶后部显示出一浅而宽的凹沟；活动颊具长的边缘刺。产地：四川酉阳唐家湾；层位：志留系兰多维列统特列奇阶秀山组（张文堂，1974，图版84，图3-4）。

11 刺尾王冠虫 *Coronocephalus spinicaudatus*（Zhang，1974）

尾部，背视，正模（NIGP21650）。主要特征：尾部呈半椭圆形，中轴具42个轴环节，其上有两排瘤点；在第12个轴环节之前，还有一排中瘤；肋节上也有瘤点分布，后部的每个肋节上仅有一个瘤点，向前逐渐加多；肋节末端肋刺短而细。产地：重庆秀山溶溪镇；层位：志留系兰多维列统特列奇阶秀山组（张文堂，1974，图版84，图5）。

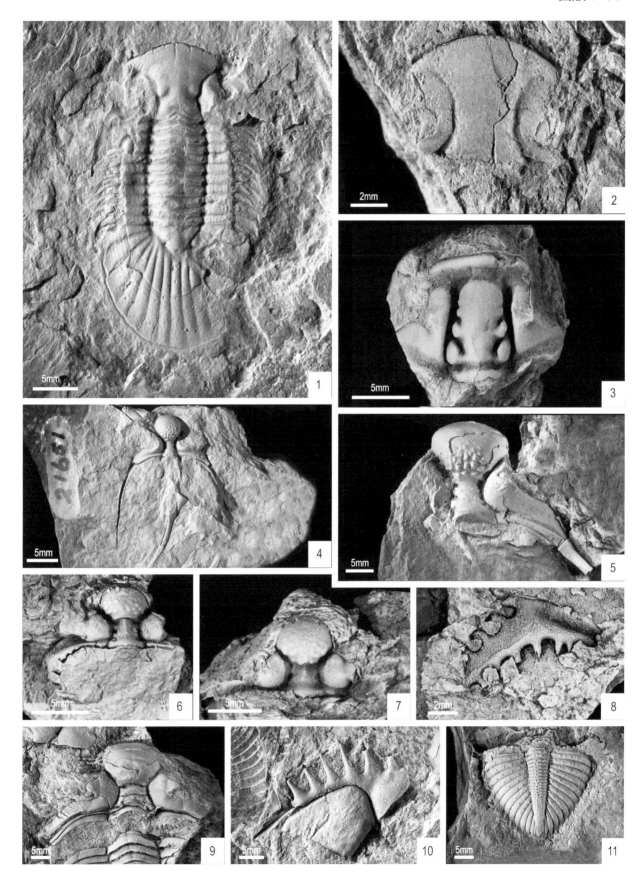

图版 7-70 说明

1 霸王王冠虫 Coronocephalus rex Grabau emend. Wang, 1938

完整背壳，背视（NIGP6305）。主要特征：头鞍后部收缩较强，具3对头鞍沟，S1和S2为横穿头鞍沟；头鞍前沟在头鞍前叶侧部显示较长；L1、L2和L3上，均有3对瘤点；活动颊上有瘤点，边缘具9个分离的齿状刺；胸部具11个胸节；尾部呈三角形，轴环节大于36节；肋叶具13~14个肋节，肋节末端尖而凸起，但未成刺。产地：江苏南京龙潭；层位：志留系兰多维列统特列奇阶坟头组（王钰，1938，图版1，图1a–f）。

2 齿缘王冠虫 Coronocephalus dentatus Zhang, 1974

完整背壳，背视，正模（NIGP21634）。主要特征：背壳窄而长；头鞍具3对横穿头鞍沟；连同颈沟在内，在靠近背沟的头鞍沟两端具4对大而深的凹坑；头鞍前叶两侧的头鞍前沟极短而浅，或近于消失；活动颊外缘有一排（共9个）像牙齿状的刺；胸部肋叶上具显著且斜伸的肋沟；尾部呈三角形，具35节以上轴环节和15对肋节；头鞍前叶后部瘤点密集，头鞍前叶前部瘤点少或光滑。产地：湖南龙山；层位：志留系兰多维列统特列奇阶（张文堂，1974，图版83，图1）。

3—4 巴东王冠虫 Coronocephalus badongensis Zhang, 1974

3.头盖，背视，正模；4.活动颊，背视（NIGP21654、21670）。主要特征：头鞍凸起，前叶圆而大，具3对窄的头鞍沟，在中线位置不连；头鞍前沟呈窄而短小的凹口状；颈沟窄，颈环凸起；头鞍及固定颊上瘤点少而小；颈环后缘及后边缘的后缘具小瘤点装饰；活动颊外缘有9个排列紧密、外端截切的大齿状刺。产地：湖北巴东思阳桥；层位：志留系兰多维列统特列奇阶秀山组（张文堂，1974，图版84，图9；图版85，图10）。

5—8 长宁王冠虫 Coronocephalus changningensis Zhang, 1974

5.尾部，背视；6.头盖，背视；7.口板，背视；8.活动颊，背视（NIGP21655、21663、21664、21665）。主要特征：L1和L2上的瘤较少，头鞍前沟在头鞍前叶侧部较短；活动颊靠近眼部的位置有许多瘤点分布，前沟之后的头鞍前区上也有大瘤点分布；活动颊外缘有9个牙刺，逐渐由后向前变大，最前部的一个最长；口板中心体较圆；尾部呈半椭圆形，中轴窄，具30个轴环节和15个肋节。产地：四川长宁龙头；层位：志留系兰多维列统特列奇阶（张文堂，1974，图版84，图10；图版85，图2-4）。

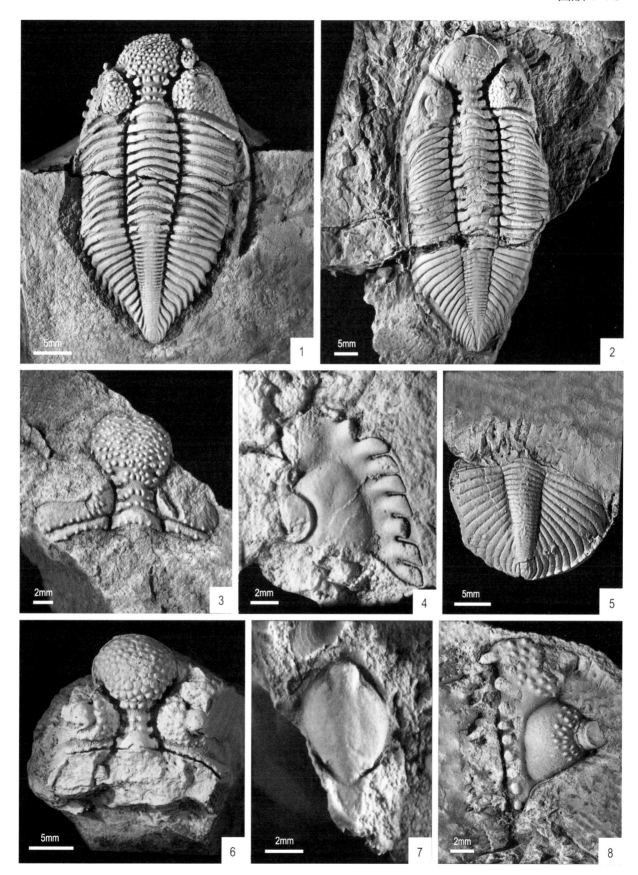

图版 7-71 说明

1　卵形王冠虫 *Coronocephalus ovatus* Zhang，1974

近完整背壳，背视，正模（NIGP21635）。主要特征：头鞍前叶大而呈圆卵形，具3对头鞍沟，S1和S2为横穿头鞍沟，S3较短；头鞍前沟不显著；活动颊外缘有不少于8个大瘤刺；胸部具11个胸节；尾部呈长三角形，中轴轴环节达43节以上，肋部具14条窄的肋沟；头鞍上有瘤点，头鞍前叶前部瘤点少或光滑。产地：湖北来凤；层位：志留系兰多维列统特列奇阶（张文堂，1974，图版83，图2）。

2　窄沟王冠虫 *Coronocephalus tenuisulcatus* Zhang，1974

头盖，背视，正模（NIGP21666）。主要特征：背沟窄；头鞍短而宽，头鞍前叶宽而圆，3对头鞍沟均较窄，在中间一对头鞍沟之间有一大的中瘤；S3较深，在中部相连；头鞍前沟不明显；头鞍后部头鞍沟之间的头鞍叶上的瘤极少且不规则；后侧翼上有大的瘤点和小的凹坑。产地：重庆秀山溶溪；层位：志留系兰多维列统特列奇阶秀山组（张文堂，1974，图版85，图5）。

3—5　溶溪王冠虫 *Coronocephalus rongxiensis* Zhang，1974

3.头盖，背视，正模；4.活动颊，背视；5.活动颊，背视（NIGP21669、21667、21668）。主要特征：具3对头鞍沟，S1和S2为横穿头鞍沟，S3不清楚；头鞍上的瘤点小；活动颊外缘具10个齿状刺，在中部者最大。产地：重庆秀山溶溪；层位：志留系兰多维列统特列奇阶秀山组（张文堂，1974，图版85，图6–8）。

6—8　高罗王冠虫 *Coronocephalus gaoluoensis* Wu，1979

6.头盖，背视；7.活动颊，背视；8.不完整背壳，背视，正模（NIGP43348、43324、43323）。主要特征：头鞍长，向前扩大，后部收缩，在S2处收缩最强；头鞍前叶近圆形，其上瘤点密集；具3对深的头鞍沟，每对于背沟交接处有一深的凹坑，S1和S2为横穿头鞍沟，平伸；活动颊外缘具10个齿状短瘤刺；胸部具11个胸节；尾部呈正三角形，中轴轴环节达45节以上；肋部具14~16个肋节，肋节末端具肋刺。产地：湖北宣恩高罗；层位：志留系兰多维列统特列奇阶秀山组（伍鸿基，1979，图版1，图1–2；图版2，图9）。

9—11　东方王冠虫 *Coronocephalus orientalis* Wu，1979

9.尾部，背视；10.尾部，背视，正模；11.活动颊，背视（NIGP43328、43329、43330）。主要特征：活动颊近三角形，边缘宽大，外缘具10个排列整齐的齿状瘤刺，除边缘的中部外，布满粗大的瘤点；尾部近正三角形，中轴为长锥形，分45节以上，越向后分节越弱；肋部有13~14个肋节，肋沟深而窄；尾部表面具排列规则的小瘤点；每个肋节末端伸出长而尖的肋刺。产地：湖北宣恩；层位：志留系兰多维列统特列奇阶秀山组（伍鸿基，1979，图版1，图6–8）。

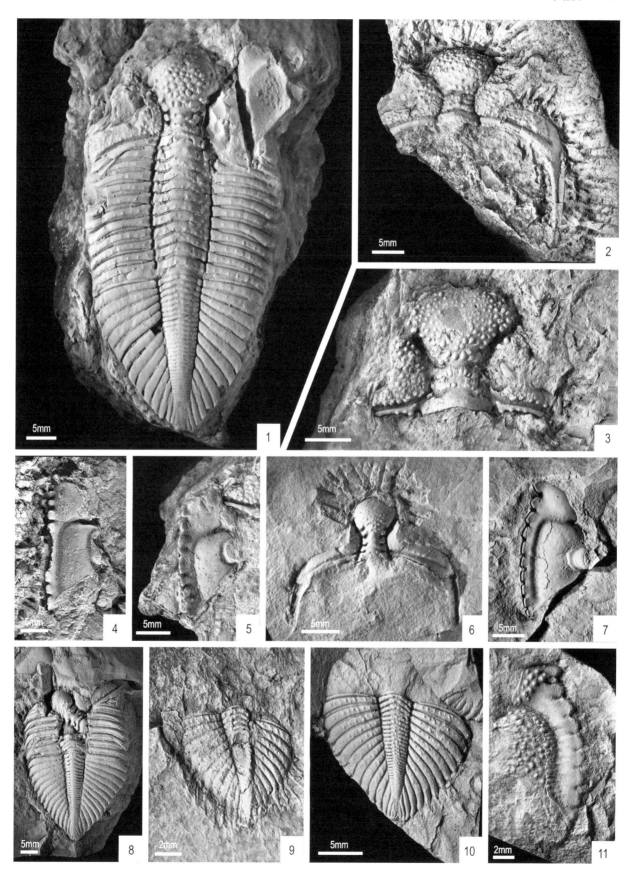

图版 7-72 说明

1—2　瘤点王冠虫 *Coronocephalus granulatus* Wu，1979

1.头盖，背视，正模；2.头盖，背视（NIGP43341、43342）。主要特征：头鞍长，向前扩大，头鞍前叶呈亚球形凸起；具3对深的头鞍沟，两端较中间深；3对头鞍叶上有整齐的瘤点排列；头鞍前叶瘤点较粗大且密集；头鞍前沟短而深，背沟深宽；固定颊窄，其上具小瘤点；眼叶大，亚圆形；后侧翼长，向两侧平伸，近末端略向后弯曲，并向后伸出一对颊刺。产地：湖北宣恩；层位：志留系兰多维列统特列奇阶秀山组（伍鸿基，1979，图版2，图2–3）。

3　桐城王冠虫 *Coronocephalus tongchengensis* Wu，1979

头盖，背视，正模（NIGP43343）。主要特征：头鞍长，向前扩大，头鞍前叶近椭圆形，后部收缩；具3对深的头鞍沟，S1和S2为横穿头鞍沟，两端较中间深，而S3宽深，向前斜伸；无头鞍前沟；头鞍前叶后部的瘤点较其他部分密集；固定颊窄，后侧翼长，向后伸出一对颊刺。产地：安徽桐城；层位：志留系兰多维列统特列奇阶（伍鸿基，1979，图版2，图4）。

4　收缩王冠虫 *Coronocephalus constrictus* Wu，1979

头盖，背视，正模（NIGP43347）。主要特征：头鞍长，后部收缩强，整个头鞍呈圆棒状，头鞍前叶凸起呈半椭圆形；背沟宽而深；具3对深宽的头鞍沟，每对的两端于背沟处有一深的小凹坑，S1和S2为横穿头鞍沟，S3短而浅；头鞍前沟模糊不清；整个头盖布满瘤点，头鞍前叶较为密集且粗大；固定颊窄；后侧翼长，末端向后弯曲，其后伸出一对颊刺。产地：四川长宁；层位：志留系兰多维列统特列奇阶秀山组（伍鸿基，1979，图版2，图8）。

5—6　黔江王冠虫 *Coronocephalus qianjiangensis* Wu，1979

5.尾部，背视；6.头盖，背视，正模（NIGP43349、43352）。主要特征：头鞍向前扩大，向后收缩；头鞍前叶凸起呈圆或卵圆形；具3对头鞍沟，均较浅，S1和S2为横穿头鞍沟，S3短而斜伸；头鞍后部的2对头鞍叶分别有4个横向排列的小瘤点；背沟深；固定颊窄；后侧翼长，向两侧平伸，其后伸出一对颊刺；尾部呈三角形，中轴倒长锥形，具30个轴环节以上。产地：贵州凯里大娄山和重庆黔江；层位：志留系兰多维列统特列奇阶（伍鸿基，1979，图版2，图10，13）。

7　尖形王冠虫 *Coronocephalus spiculum* Wu，1979

头盖，背视，正模（NIGP43358）。主要特征：头鞍长，前叶凸起，前缘呈尖矛头状；具3对头鞍沟，宽而平直，均横穿头鞍；3对头鞍叶纵向窄横向宽，每对叶上有5~6个小瘤横向排列；头鞍前沟不显；背沟宽深；整个壳面布满瘤点，以头鞍前叶较为密集。产地：重庆秀山；层位：志留系兰多维列统特列奇阶秀山组（伍鸿基，1979，图版2，图19）。

8—10　奇形似彗星虫 *Encrinuroides abnormis* Zhang，1974

8.头盖，背视；9.尾部，背视；10.活动颊，背视（NIGP21638、21636、21637）。主要特征：背沟较窄；具3对窄而短的头鞍沟；除L1外，L2、L3和L4均沿背沟处呈钩状，每个头鞍叶上的小瘤，不规则呈两排或三排分散；头鞍前沟窄；活动颊光滑；尾部宽大于长，中轴具16~18个轴环节，肋部具8个肋节，肋沟深而宽。产地：湖北巴东思阳桥；层位：志留系兰多维列统特列奇阶秀山组（张文堂，1974，图版83，图4–6）。

11　印江似彗星虫 *Encrinuroides yinjiangensis* Zhang，1974

较完整背壳，背视，正模（NIGP21639）。主要特征：头鞍在前部强烈扩张，具3对短的头鞍沟，头鞍前沟浅而窄；头鞍前叶之前的中沟不清楚，头鞍上无瘤点装饰；胸部具11个胸节，中轴宽，轴沟及轴环沟均较深；尾部小，宽略大于长，中轴可见14个轴环节；肋叶可见5个肋节，肋沟深而宽。产地：贵州印江合水镇；层位：志留系兰多维列统特列奇阶秀山组（张文堂，1974，图版83，图7）。

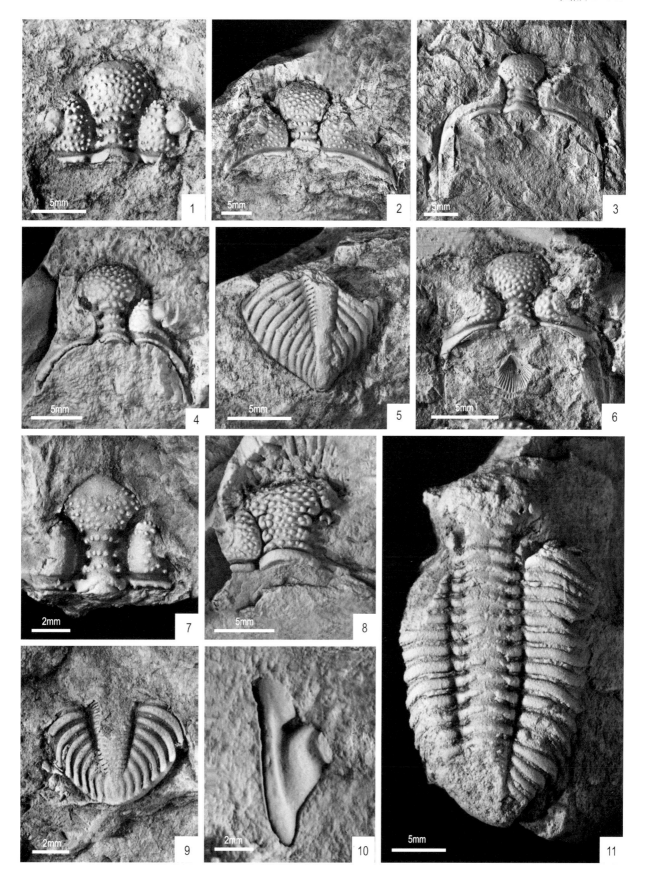

图版 7-73 说明

1—2 恩施似彗星虫 *Encrinuroides enshiensis* Zhang，1974

1.头盖，背视；2.尾部，背视（NIGP21641、21640）。主要特征：头鞍前端宽圆，向后缓慢收缩；具3对短而清楚的头鞍沟；头鞍前沟两侧清楚，中间模糊；头鞍前叶中沟浅而宽；头鞍侧叶上的瘤点排列近于对称。颈环上具小瘤点；尾部宽大于长，中轴向后收缩，具18个轴环节；肋叶具8条肋沟，中轴中线位置及第一对肋节上均有与颈环上相同的小瘤点。产地：湖北恩施太阳河；层位：志留系兰多维列统特列奇阶秀山组（张文堂，1974，图版83，图8-9）。

3 合水似彗星虫 *Encrinuroides heshuiensis* Zhang，1974

头盖，背视，正模（NIGP21642）。主要特征：头鞍前沟清楚，假头鞍前区呈弧带状，较宽，其上具11~12个小瘤；头鞍窄而长，前叶微有扩大；头鞍上的瘤点少但分布规则；眼叶靠近头鞍。产地：贵州印江合水；层位：志留系兰多维列统特列奇阶秀山组（张文堂，1974，图版83，图10）。

4—6 长宁似彗星虫 *Encrinuroides changningensis* Wu，1979

4.较完整背壳，背视，正模；5.头盖，背视；6.活动颊，背视（NIGP43327、43325、43326）。主要特征：头鞍长，后部窄，前叶扩大为长扇形，最窄处为S1处；具3对头鞍沟，短、宽而深，不横穿头鞍；头鞍前沟沟显著；活动颊为亚三角形，具细小瘤点；胸部具11个胸节，肋沟十分宽；尾部呈三角形，具12~20个轴环节，其上具圆瘤点；具9对肋节，其上布满小瘤点。产地：四川长宁；层位：志留系兰多维列统特列奇阶秀山组（伍鸿基，1979，图版1，图3–5）。

7—8 狭额似彗星虫 *Encrinuroides angustigenatus* Wu，1979

7.头盖，背视，正模；8.尾部，背视（NIGP43332、43331）。主要特征：头鞍长，后部窄，前叶缓缓地扩大；具3对头鞍沟，短而宽；头鞍前沟显著；颈环横向宽，两端纵向变窄；尾部近等边三角形，中轴具20个以上的轴环节；肋叶具11对肋节，尾部光滑无瘤。产地：四川广元；层位：志留系兰多维列统特列奇阶（伍鸿基，1979，图版1，图9–10）。

9 膨大似彗星虫 *Encrinuroides expansus* Wu，1979

头盖，背视，正模（NIGP43338）。主要特征：头鞍前叶平凸，向前迅速扩张，后部较窄，呈斧状；头鞍沟短小，不明显，仅于头鞍两侧有3对凹陷的短沟；头鞍前沟也仅于前叶两侧有一对短而宽浅的凹沟；L1窄，L2和L3呈圆的大瘤状；固定颊凸起；整个头盖表面具大的瘤点。产地：四川广元；层位：志留系兰多维列统特列奇阶（伍鸿基，1979，图版1，图16）。

10 尖额似彗星虫 *Encrinuroides acutifrons* Wu，1979

头盖，背视，正模（NIGP43339）。主要特征：头鞍长，棒形，由S3向前缓缓地扩大，向后两边平行；头鞍前缘于中线位置向前尖出，呈尖矛头状；具3对头鞍沟，短而宽；背沟宽深；固定颊凸起，宽大，其上有头鞍侧叶相同的瘤点分布。产地：湖北宣恩；层位：志留系兰多维列统特列奇阶秀山组（伍鸿基，1979，图版1，图17）。

11 松坎似彗星虫 *Encrinuroides songkanensis* Wu，1979

头盖，背视，正模（NIGP43354）。主要特征：头鞍向前扩大，呈扇形，后部收缩，于L1处收缩最强；具3对极短而深的头鞍沟。头鞍前沟浅而宽，中沟不显；头鞍后部有3排横向排列整齐的小瘤点，头鞍前叶的瘤点零散分布；颈环浅，颈环中部向前拱曲，背沟深而宽；固定颊窄而凸起。产地：贵州桐梓松坎韩家店；层位：志留系兰多维列统特列奇阶韩家店组中上部（伍鸿基，1979，图版2，图15）。

图版 7-74 说明

1　彗星虫（未定种 1）*Encrinurus* sp. 1

尾部，背视（NIGP10172）。主要特征：尾部呈长三角形，凸起高；中轴凸起不高，逐渐向后收缩，末端比较尖，中轴上的轴环节不少于26个，中轴后部上的轴环节多模糊不清；轴环节沟在中轴两侧较深，中部或接近中线区域则较浅；肋叶急剧向外向下弯曲，具11~12条肋脊及12~13条宽深的肋沟。产地：甘肃玉门积阴功台泉脑沟；层位：志留系温洛克统侯墨阶老沟山群（张文堂和范嘉松，1960，图版10，图8）。

2　彗星虫（未定种 2）*Encrinurus* sp. 2

尾部，背视（NIGP10173）。主要特征：尾部呈宽三角形，中轴平缓凸起，呈锥状，其上有不少于25个轴环节，轴环节沟较窄；肋叶呈三角形，其上有9个肋脊，肋沟宽且深。产地：甘肃玉门西；层位：志留系温洛克统侯墨阶老沟山群（张文堂和范嘉松，1960，图版10，图10）。

3—4　大头虫（未定种）？*Bumastus*? sp.

3.尾部，背视；4.部分胸部及尾部，背视（NIGP76456、76459）。主要特征：尾部呈宽半月形，宽大于长；壳面光滑，无纹饰；中轴和肋叶连成一片，没有轴环节或肋叶之分；标本脱皮壳之后，中轴隐约可见，且较短，其长度大约占尾部长度的2/3，尾边缘较宽，不甚明显。产地：内蒙古达尔罕茂明安联合旗；层位：志留系温洛克统（伍鸿基，1985，图版3，图5，8）。

5—6　小缨盾壳虫（未定种）*Thysanopeltella*（*Thysanopeltella*）sp.

5.尾部，背视；6.尾部，背视（NIGP10175、10176）。主要特征：标本均有不同程度的变形；轴沟清楚，中轴呈半椭圆形，其后部具一对纵沟；肋部具13个放射状的肋节，每侧有6个；中轴后端有一中节，向后逐渐变宽；肋沟窄，尾部肋部后围显示出同心圆形的细线纹饰；壳面上有较大的瘤点装饰，这些瘤点多分布在中轴后部及轴沟附近的肋叶上。产地：甘肃旱峡石垒沟和窟窿山口以南流水沟内；层位：志留系罗德洛统旱峡群（张文堂和范嘉松，1960，图版10，图12–13）。

7—10　东方裂尾虫 *Acanthipyge*（*Lobopyge*）*orientalis* Wu，1977

7.头盖，背视；8.头盖，背视，正模；9.头盖，背视；10.尾部，背视（NIGP43308、43310、43311、43309）。主要特征：头盖呈亚半球形，可分出前侧沟与后侧沟，前后侧沟之间被一对纵向平行纵沟相连；头鞍侧叶二分，前叶和中叶融合；中叶两侧为前侧叶；前侧叶之后为一对长亚椭圆形的后侧叶；尾部近正三角形，尾轴粗大，轴沟显著，其后有一柱状凸起的轴后脊；具2个明显的轴环节，向后模糊；肋叶具3对粗大的肋节；尾边缘凸起；壳体表面布满小瘤点。产地：云南曲靖廖角山；层位：志留系罗德洛统关底组（伍鸿基，1977，图版3，图5–8）。

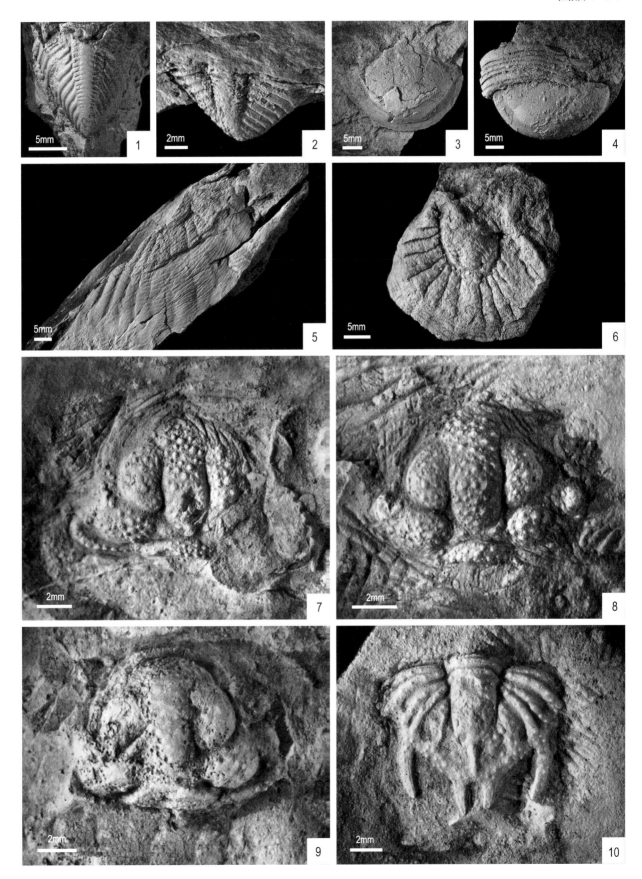

图版 7-75 说明

1—3 模糊彗星虫 *Encrinurus nebulosus* Wu, 1985

1.完整个体，背视，正模；2.尾部，背视；3.尾部，背视（NIGP76430、76446、76447）。主要特征：头鞍呈短宽棒槌形，后部略收缩，3对头鞍沟不显，但头鞍前沟十分显著；头鞍前叶凸起，其上布满大而密集的瘤点；胸部具11个胸节；尾部呈亚长三角形，轴环节达30个以上，中轴可见纵向排列的一排细小瘤点；肋叶较中轴宽，具12对肋节。产地：内蒙古达尔罕茂明安联合旗；层位：志留系普里道利统巴特敖包组（伍鸿基，1985，图版1，图1；图版2，图7–8）。

4—6 皱纹小华宝虫中华亚种 *Warburgella*（*Warburgella*）*rugulosa sinensis* Wu, 1977

4.头盖及部分胸节，背视，正模；5.尾部，背视；6.口板，背视（NIGP43304、43305、43307）。主要特征：头鞍凸起，亚长方形，前端方圆，在S2处略收缩；S1宽而深，分头鞍基部为1对长椭圆形头鞍侧叶，S2短而浅，向后斜伸，而S3不显；颈环两端具1对亚三角形的颈环侧叶；口板为亚长方形；尾部近正三角形，中轴长而凸起，具16个以上的轴环节和8~9个肋节；尾边缘宽而平坦。产地：云南曲靖廖角山；层位：志留系罗德洛统-普里道利统玉龙寺组（伍鸿基，1977，图版3，图1-2，4）。

7 手尾虫（未定种）*Cheirurus* sp.

头盖，背视（NIGP76453）。主要特征：头鞍向前略为扩大，前端圆润；具3对头鞍沟，S2和S3斜伸，中间不衔接，S3比S2略短，S1向后并向内倾斜延伸，中间互相衔接，并与向前拱曲的颈沟连通，分头鞍基部为1对圆三角形的基底叶；固定颊的宽度与头鞍宽度相当，布满微小的瘤点或网状纹饰。产地：内蒙古达尔罕茂明安联合旗；层位：志留系普里道利统巴特敖包组（伍鸿基，1985，图版3，图2）。

8 强壮隐头虫（未定种）*Sthenarocalymene* sp.

头盖，背视（NIGP76454）。主要特征：头鞍较为破碎，前端圆润；发育1对残缺头鞍侧叶。产地：内蒙古达尔罕茂明安联合旗；层位：志留系普里道利统巴特敖包组（伍鸿基，1985，图版3，图3）。

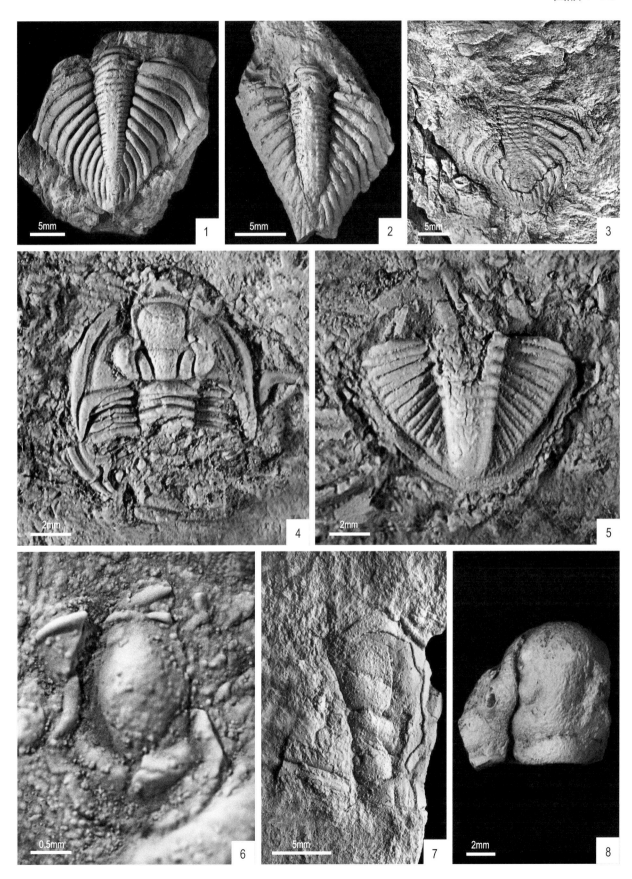

7.6 皱纹珊瑚

7.6.1 结构术语解释及插图

皱纹珊瑚（Rugosa）属刺胞动物门珊瑚纲，由于其新的后生隔壁仅在4个位点形成而呈现特殊的4分羽状排列，故又称四射珊瑚（Tetracoralla）；自中奥陶世晚期首次出现，于二叠纪末灭绝。

1. 基本形态特征

珊瑚虫软体分泌的全部骨骼称作珊瑚体。营单体生活和群体生活的珊瑚虫形成的珊瑚体分别称作单体珊瑚和复体珊瑚。单体珊瑚呈倒锥形，根据成年阶段生长形式、锥顶角大小等特征可区分为圆柱状、曲柱状、狭锥状、阔锥状、陀螺状、荷叶状、圆盘状、拖鞋状、方锥状等（插图7.18）。依据珊瑚个体之间的连接情况，复体珊瑚可区分出很多类型（插图7.19）：若个体间不直接接触，称作丛状；如个体间直接接触，则为块状。丛状复体可再分为不规则分枝的枝状和近似平行排列的笙状。块状复体根据个体之间融合的程度可进一步划分，其中体壁完好的称作多角状；个体仅失去体壁的称作星射状；个体通过隔壁相接的叫作互通状，个体通过鳞板相接的叫作互嵌状。

珊瑚个体的形态结构基本相似（插图7.20）。最外层为体（外）壁，常发育横向的生长纹（较细）和生长皱（较粗）及纵向上的隔壁纵沟和间隔壁脊。上部的杯状凹陷为珊瑚虫体栖居的场所，称作萼部。很多情况下，主隔壁和侧隔壁退缩，床板亦形成凹陷，分别称作主内沟和侧内沟。随着珊瑚虫的生长，横列结构断续上移，形成床板构造，其所占据的区域称为床板带。部分珊瑚类型的隔壁和（或）床板在轴部参与形成的纵向结构，称作轴部构造。

在一些珊瑚类型中，除了床板之外，在靠近外壁的隔壁之间还发育大小规则、一排至多排的鱼鳞状构造，称作鳞板，其所占据的区域称为鳞板带（插图7.21A）。此外，志留纪常见的泡沫珊瑚类，横列构造主要（甚至全部）由大小不一、叠覆排列的泡沫状构造组成，称作泡沫板（插图7.21B）。

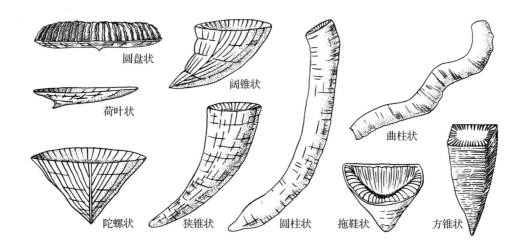

插图 7.18　单体珊瑚外形的不同类型［修改自 Hill（1981）］

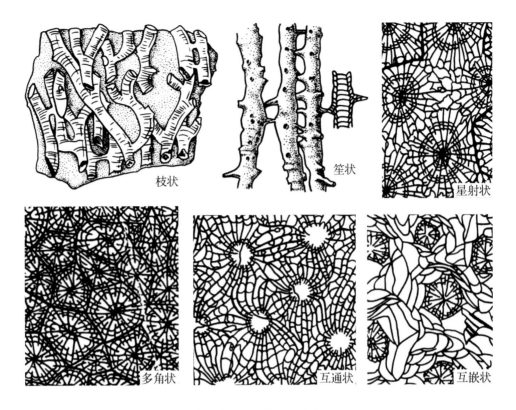

插图 7.19 复体珊瑚的常见类型［修改自 Hill（1981）］

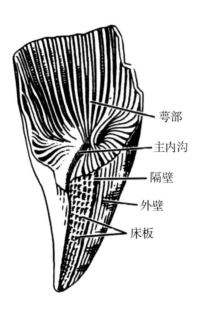

插图 7.20 皱纹珊瑚的基本形态
结构［修改自 Hill（1981）］

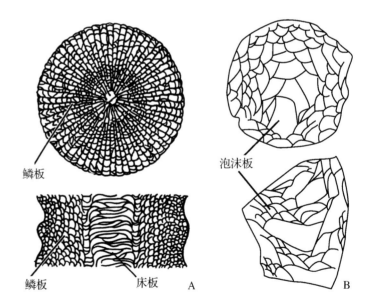

插图 7.21 皱纹珊瑚的鳞板（A）及泡沫板（B）示意图［修改
自 Hill（1981）］

皱纹珊瑚的微细构造大体分为层状构造和纤状构造两大类，但前一类型的性质究竟是原生还是次生，学界仍未达成共识。在不少类群中，隔壁由纤状构造的羽榍组成（插图7.22）：依据钙化中心的特点，可区分为单羽榍（纤状构造出自同一个钙化中心并向外辐射）和杆羽榍（无固定的钙化中心）两种主要类型。此外，还有一种羽榍类型称作全羽榍，但一般认为其并非原生构造，而是单羽榍或杆羽榍重结晶后的产物。

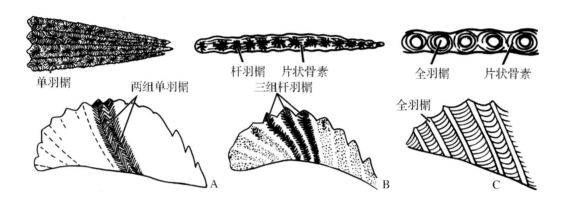

插图 7.22　羽榍构造的基本类型。A，单羽榍；B，杆羽榍；C，全羽榍［修改自 Hill（1981）］

2．主要结构术语名词解释

珊瑚体：复体珊瑚或单体珊瑚的外骨骼。

单体珊瑚：营单独生活的珊瑚虫所分泌的珊瑚体。

狭锥状：非常纤细的圆锥状、角状单体珊瑚。

多角柱状复体：多边形珊瑚个体体壁紧密相连的一类块状复体珊瑚。

珊瑚个体：单体珊瑚或复体珊瑚中的一个个体。

繁殖：复体珊瑚中新珊瑚个体的形成。

芽体复体：指在复体珊瑚的生长过程中形成的新珊瑚个体。

笙状：珊瑚个体近平行分布的一类丛状复体珊瑚。

块状复体：由互相紧密接触的珊瑚个体组成的珊瑚体。

隔壁：珊瑚个体中呈放射状排列的纵向隔板。

一级隔壁：隔壁中较长的一类隔壁，包括原生隔壁和部分后生隔壁。

次级隔壁：位于相邻一级隔壁之间的相对较短的隔壁。

主隔壁：位于珊瑚体两侧对称面上的一个原生隔壁，以其两侧插入新的后生隔壁而区别于其他原生隔壁。

侧隔壁：位于主隔壁和对隔壁中间位置的一对原生隔壁，其特征是在对隔壁一侧插入新的后生隔壁。

内沟：具有特殊形状和大小的隔壁间隔；单独使用时一般指主内沟。

主内沟：发育在主隔壁位置的较明显的隔壁间隙，一般伴有床板下陷；由两个后生隔壁插入位点组成。

侧内沟：在侧隔壁对侧的新隔壁插入点处相对明显的隔壁间隙。

包珊瑚型隔壁：向轴部方向逐渐缩短而在纵向上不连续的一种隔壁类型。

边缘带：指珊瑚个体内部的边缘部分，以组成结构（如常发育大量鳞板或厚结带）的不同区别于床板带。

厚结带：珊瑚个体内骨骼密集分泌区，通常位于珊瑚体边缘或鳞板带内部。

轴部构造：珊瑚个体轴部区域各种纵向结构的总称。

微细构造：光学显微镜下观察到的骨骼构造。

羽榍：放射状钙质纤维组成的柱形构造，是构成隔壁及相关部分的骨骼单元。

杆羽榍：由二级羽榍成组围绕在其主要生长轴的复合羽榍构造。

7.6.2 图版及图版说明

除特殊注明外，所有标本均保存在中国科学院南京地质古生物研究所，比例尺均为2 mm（图版7-76~7-84）。

图版 7-76 说明

1 角状齿板珊瑚 *Dentilasma honorabilis* Ivanovskiy，1962

1a.横切面（登记号：NIGP22062）；1b.纵切面（登记号：NIGP22063）。主要特征：中小型圆锥状单体；隔壁呈三角脊状，发育于体壁内缘；横列构造分化为床板带和鳞板带；床板带宽，占体腔大部，分布不均匀，而鳞板带发育，由1~3列向内强烈下倾的大型半球形或长形鳞板组成。产地：贵州印江合水；层位：志留系兰多维列统鲁丹阶上部至埃隆阶中下部香树园组（葛治洲和俞昌民，1974，图版72，图1–2）。

2 西伯利亚短板珊瑚 *Brachyelasma sibiricum* Nikolaeva，1955

2a.纵切面；2b—2d.横切面（登记号：NIGP22074—22077）。主要特征：中小型圆锥状单体；隔壁基部微加厚，形成窄的边缘厚结带；一级隔壁长度约为半径的2/3，次级隔壁短；主隔壁稍短，主内沟明显，较宽，轴端被床板的断面所包围；床板完整，中部下凹，两侧下倾。产地：贵州印江合水；层位：志留系兰多维列统鲁丹阶上部至埃隆阶中下部香树园组（葛治洲和俞昌民，1974，图版72，图14–17）。

3 石阡十字珊瑚 *Stauria shiqianensis* Ge and Yu，1974

正模。3a.横切面（登记号：NIGP22112）；3b.纵切面（登记号：NIGP22113）。主要特征：块状复体，多见5分分裂繁殖；个体呈多角状，直径一般在3~4 mm；隔壁两级，一级隔壁多伸达中心，4~5个在轴部相交，而次级隔壁短，一般限于鳞板带；床板完整，中部微下凹，边缘略下倾；鳞板较发育，一列，常不连续。产地：贵州石阡白沙；层位：志留系兰多维列统上部至埃隆阶下部香树园组（葛治洲和俞昌民，1974，图版75，图5–6）。

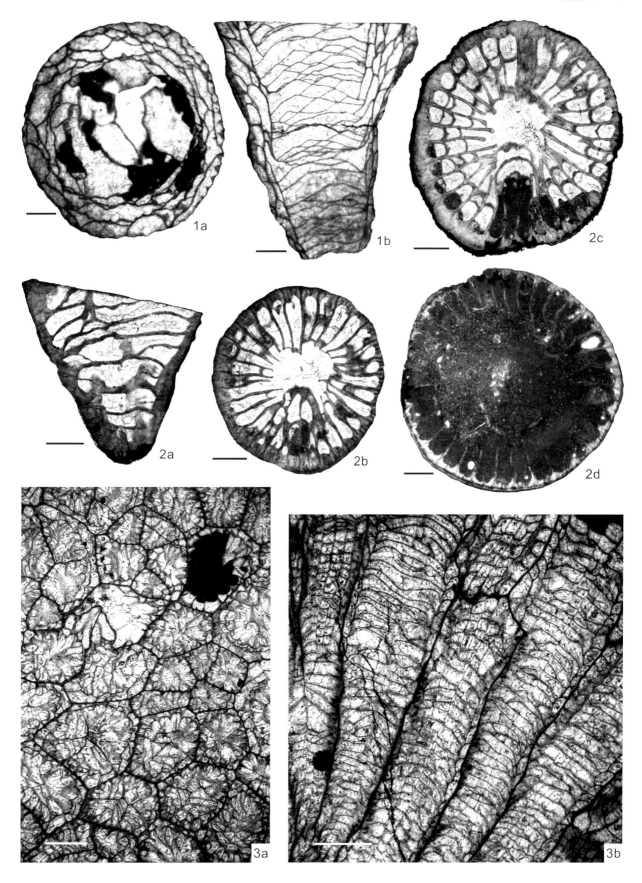

图版 7-77 说明

1　多板麦科特珊瑚 *Maikottia multitabulatus*（Ge and Yu，1974）

正模。1a.横切面（登记号：NIGP22115）；1b.纵切面（登记号：NIGP22114）。主要特征：块状复体；个体呈多角柱状，直径多在5~6 mm；体壁较厚，中间分界线明显；隔壁刺状，边缘部分融联形成窄的边缘厚结带；床板完整、平直，分布较密。产地：贵州石阡雷家屯；层位：志留系兰多维列统埃隆阶雷家屯组（葛治洲和俞昌民，1974，图版75，图7–8）。

2　中轴状始十字珊瑚 *Eostauria columellatus*（Ge and Yu，1974）

正模。2a.横切面（登记号：NIGP22109）；2b.纵切面（登记号：NIGP22108）。主要特征：丛状复体，多为3分或5分分裂繁殖；个体为圆柱状，直径一般在1.6 mm；隔壁两级，一级隔壁长达中心相交形成中轴状结构，次级隔壁短；床板完整，中部上凸，两侧下倾；鳞板缺失。产地：贵州石阡雷家屯；层位：志留系兰多维列统埃隆阶雷家屯组（葛治洲和俞昌民，1974，图版74，图11–12）。

3　凤冈似发珊瑚 *Pilophyllia fenggangensis* Ge and Yu，1974

正模。3a.纵切面（登记号：NIGP22086）；3b.横切面（登记号：NIGP22085）。主要特征：中型圆锥状单体；隔壁由层状组织包绕棒状杆羽榍组成，基部侧向连接形成宽的边缘厚结带；隔壁包珊瑚型，一级隔壁伸出边缘厚结带后骤然变细，长达中心，轴端旋曲相交，而次级隔壁限于边缘厚结带；床板平直，两侧微下倾，排列较密。产地：贵州凤冈八里溪；层位：志留系兰多维列统埃隆阶雷家屯组（葛治洲和俞昌民，1974，图版73，图8–9）。

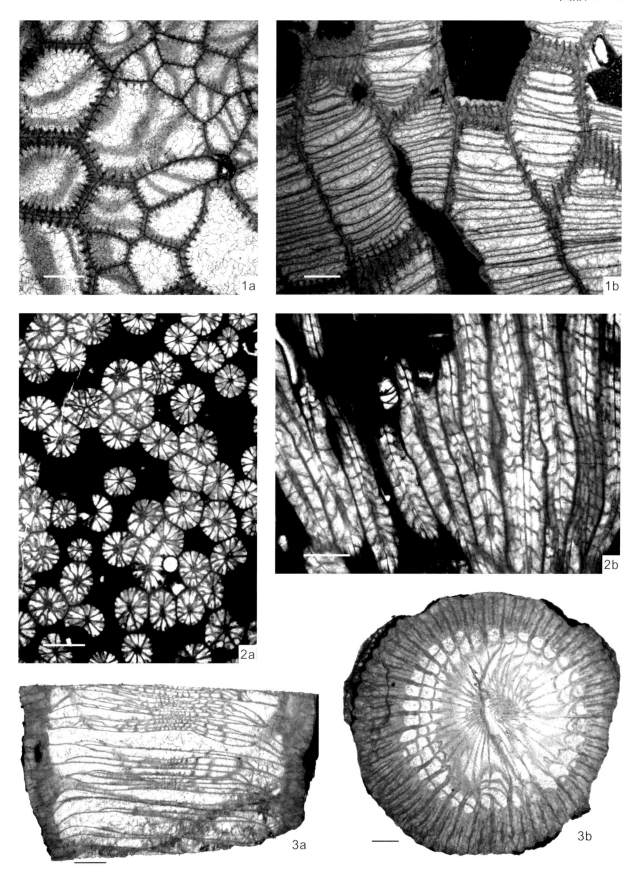

图版 7-78 说明

1 雷家屯喇叭珊瑚 *Kodonophyllum leijiatunense* Ge and Yu，1974

正模。1a，1c.横切面（登记号：NIGP22078、22080）；1b.纵切面（登记号：NIGP22079）。主要特征：角锥状单体；隔壁由肥厚的羽榍组成，基部彼此连接形成宽的边缘厚结带；一级隔壁长达中心，轴端略呈旋曲状，伸出厚结带后骤然变细，而次级隔壁限于边缘厚结带；床板中央平或略下凹，两侧边缘下倾。产地：贵州石阡雷家屯；层位：志留系兰多维列统埃隆阶雷家屯组（葛治洲和俞昌民，1974，图版73，图1–3）。

2 宜昌似密珊瑚 *Densiphylloides yichangensis* Ge and Yu，1974

正模。2a.纵切面（登记号：NIGP22064）；2b–2c.横切面（登记号：NIGP22065、22066）。主要特征：小型角锥状单体，萼部较深，隔壁基部加厚，形成边缘厚结带；一级隔壁长达中心，轴端加厚，并旋曲相交，而次级隔壁短；床板完整，中部上凸，两侧下倾，间隔均匀；鳞板缺失；伸出厚结带后骤然变细；次级隔壁限于边缘厚结带；床板中央平或略下凹，两侧边缘下倾。产地：贵州石阡雷家屯；层位：志留系兰多维列统埃隆阶雷家屯组（葛治洲和俞昌民，1974，图版72，图3–5）。

3 罗惹坪刺隔壁珊瑚 *Tryplasma lojopingense*（Grabau，1928）

3a.纵切面（登记号：NIGP22083）；3b.横切面（登记号：NIGP22084）。主要特征：圆柱形单体珊瑚。隔壁短脊状，由层状组织包裹的全羽榍组成，彼此连接形成宽度约2 mm的边缘厚结带。床板完整，较稀。产地：贵州石阡雷家屯；层位：志留系兰多维列统埃隆阶雷家屯组（葛治洲和俞昌民，1974，168页，图版73，图6–7）。

4—5 厚型泡沫锥珊瑚 *Protocystiphyllum crassum*（Ge and Yu，1974）

4.正模；4a.横切面（登记号：NIGP22094）；4b.纵切面（登记号：NIGP22095）。5a.横切面（登记号：NIGP22098）；5b.纵切面（登记号：NIGP22099）。主要特征：角锥状单体，最大体径17~21 mm；隔壁短脊状，由全羽榍组成；个体发育早期，隔壁散布于层状组织形成的加厚层，填充整个体腔；个体发育晚期，层状组织则不甚发育，横列构造由半球形的泡沫板组成，隔壁着生于体壁及泡沫板之上，可见若干叠积的套椎体。产地：贵州石阡雷家屯；层位：志留系兰多维列统埃隆阶雷家屯组（葛治洲和俞昌民，1974，图版73，图19–20；图版74，图1–2）。

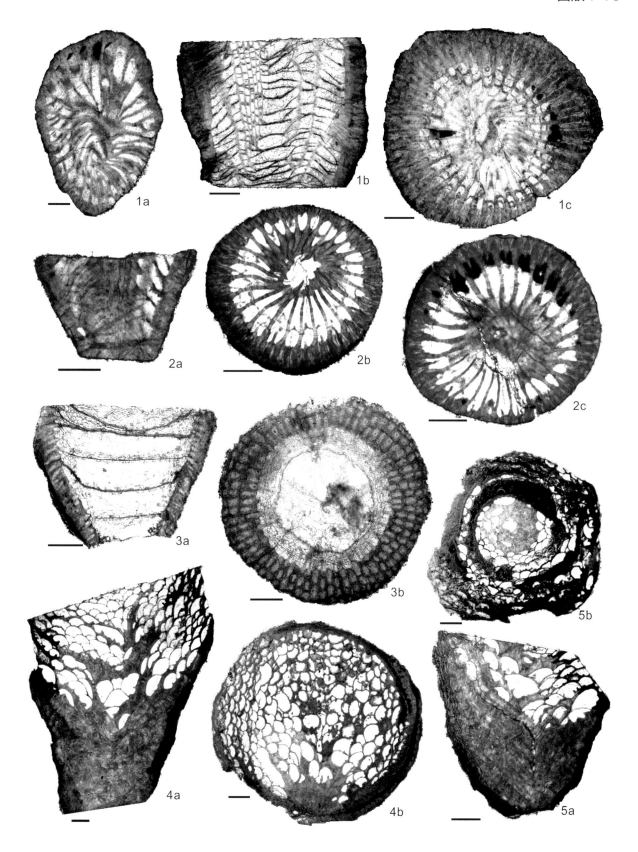

图版 7-79 说明

1　小型拟角星珊瑚 Paraceriaster micropora Tang in Tang et al.，2008

1a.纵切面；1b.横切面（登记号：NIGP154128、154129）。主要特征：丛状复体，常见为3分分裂繁殖；个体圆柱形，直径一般在2 mm左右；一级隔壁在轴部相交，形成轴部构造，而二级隔壁短；床板分化为轴部带和侧部带；鳞板缺失。产地：四川华蓥山三百梯剖面；层位：志留系兰多维列统特列奇阶下部白云庵组上段（王光旭等，2011，图版2，图1–2）。

2—3　湄潭齿板珊瑚 Dentilasma meitanense He and Huang，1978

2a.横切面；2b.纵切面（登记号：NIGP154122、154123）。3a.横切面；3b.纵切面（登记号：NIGP154120、NIGP154121）。主要特征：圆锥形单体，直径15~25 mm；体壁局部可见，隔壁不发育；横列构造可区分为明显的床板带和泡沫板带，两者宽度大致相当，床板平直或上凸，多不完整，而泡沫板陡倾，由4~5列组成。产地：四川华蓥山三百梯剖面；层位：志留系兰多维列统特列奇阶下部白云庵组上段（王光旭等，2011，图版1，图10–13）。

4　大关原泡沫珊瑚 Protoketophyllum daguanense Chen et al.，2005

正模。4a.横切面；4b.纵切面（登记号：YDH-S090、YDH-S091）。主要特征：中型锥柱状至圆柱状单体，体径一般超过20 mm，或发育1~2个芽体；隔壁短脊状，基部密接形成窄的边缘厚结带；隔壁脊在泡沫板带内不太发育；横列构造分化为明显的床板带和泡沫板带，两者宽度大致相当，泡沫板带由3~6列泡沫板组成，大型个体可有4~6列，而横板大多完整，近平直或下凹，有时具边缘斜板，分布较不规则。产地：云南大关黄葛溪；层位：志留系兰多维列统特列奇阶下部嘶风崖组［陈建强等，2005，图版1，图1；标本保存于中国地质大学（北京）］。

5　粗隔壁厚板珊瑚 Crassilasma roboriseptatum（He，1978）

5a，5c.横切面；5b.纵切面（登记号：YDH-S046、YDH-S047）。主要特征：小中型角锥状单体；一级隔壁在青年期强烈加厚，侧向密接，多数伸达中心，但不形成轴部构造，在成年期仍加厚，但变短，而次级隔壁很短；主隔壁较短，内端稍弯曲，主内沟不明显；床板多数完整，中部平坦或微凹，两侧明显下倾，分布比较均匀。产地：云南大关黄葛溪；层位：志留系兰多维列统特列奇阶下部嘶风崖组［陈建强等，2005，图版2，图7；标本保存于中国地质大学（北京）］。

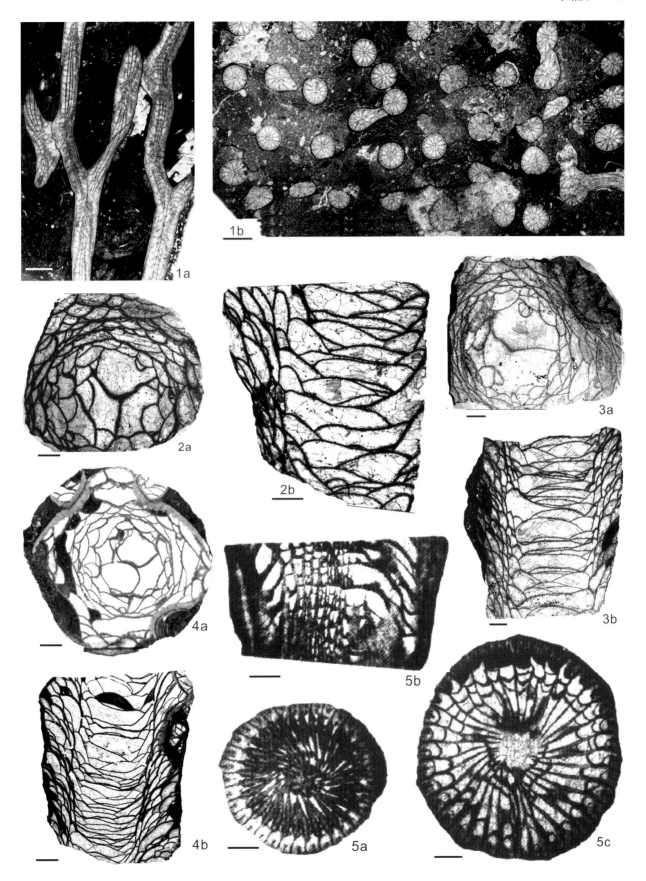

图版 7-80 说明

1　卷曲似发珊瑚 *Pilophyllia involuta* Ge and Yu，1974

正模。1a.横切面（登记号：NIGP22131）；1b.纵切面（登记号：NIGP22132）。主要特征：大型单体，体径大于35 mm；隔壁似全由层状组织组成，基部侧向连接形成较窄的边缘厚结带；隔壁包珊瑚型，一级隔壁伸出边缘厚结带后骤然变细，长达中心，轴端旋曲相交，而次级隔壁限于边缘厚结带；主隔壁短，主内沟不很明显；床板平直，两侧微下倾，排列较密。产地：贵州凤冈八里溪；层位：志留系兰多维列统埃隆阶雷家屯组（葛治洲和俞昌民，1974，图版73，图8-9）。

2　厚隔壁新似发珊瑚 *Neopilophyllia crassothecata*（Cao，1975）

正模。2a－2b.横切面；2c.纵切面（登记号：G363）。主要特征：大型角锥状、近圆柱状单体，体径一般为30~40 mm；隔壁由杆羽榍组成，粗壮，基部侧向连接形成宽的边缘厚结带；隔壁包珊瑚型，一级隔壁短，少数伸出边缘厚结带骤然变细，长达中心，而次级隔壁短，稍伸出边缘厚结带；主内沟明显；床板一般平直，两侧微下倾，排列较密。产地：陕西宁强；层位：志留系兰多维列统特列奇阶中部宁强组（曹宣铎，1975，图版38，图1；标本保存于中国地质调查局西安地质调查中心）。

3　薄隔壁似发珊瑚 *Pilophyllia tenuiseptata*（Cao，1975）

正模。3a，3c.横切面；3b.纵切面（登记号：G360）。主要特征：中型近圆柱状单体，体径一般为18~25 mm；隔壁多由层状组织包绕的纤细杆羽榍组成，基部侧向连接形成宽的边缘厚结带；隔壁包珊瑚型，一级隔壁长，伸出边缘厚结带骤然变细，伸达中心，而次级隔壁短，稍伸出边缘厚结带；主隔壁短，主内沟明显；床板一般平直，两侧微下倾，排列较密。产地：陕西宁强；层位：志留系兰多维列统特列奇阶中部宁强组（曹宣铎，1975，图版37，图1；标本保存于中国地质调查局西安地质调查中心）。

图版 7-81 说明

1 雅致长刺泡沫状珊瑚 *Gyalophylloides elegantus* Cao，1975

正模。1a.横切面；1b.纵切面（登记号：G401）。主要特征：近圆柱状单体，体径19~21 mm；隔壁由杆羽榍组成，基部侧向连接形成宽的边缘厚结带；床板带由密集的平凸状床板组成，分布不规则；泡沫板2~3列，几乎全部被边缘厚结带所掩盖。产地：陕西宁强二郎坝；层位：志留系兰多维列统特列奇阶中部宁强组（曹宣铎，1975，图版45，图1；标本保存于中国地质调查局西安地质调查中心）。

2 陕西假包珊瑚 *Pseudamplexus shensiensis* Ge and Yu，1974

正模。2a.横切面（登记号：NIGP22128）；2b.纵切面（登记号：NIGP22127）。主要特征：角锥状单体；隔壁由杆羽榍组成，基部侧向连接形成宽的边缘厚结带；在直径为21 mm的横切面上的隔壁数为86；床板近平直，分布稍不均匀。产地：陕西宁强；层位：志留系兰多维列统特列奇阶中部宁强组（葛治洲和俞昌民，1974，图版77，图8-9）。

3 集合簇状刺珊瑚 *Holmophyllum aggregatum* Ge and Yu，1974

正模。3a.横切面；3b.纵切面（登记号：NIGP22139）。主要特征：松散的丛状复体；个体圆柱状，直径10~12 mm的横切面上，有100~110个的隔壁刺；隔壁刺呈点脊状，几乎伸达中心；边缘泡沫板由5~7列小型较宽的、向内稍倾的泡沫板组成，宽，约占个体直径的4 /5；床板带很窄，由许多近平直、中部微凹的床板组成。产地：陕西宁强；层位：志留系兰多维列统特列奇阶中部宁强组（葛治洲和俞昌民，1974，图版79，图1）。

4 簇状陕西珊瑚 *Shensiphyllum aggregatum* Ge and Yu，1974

正模。4a.横切面（登记号：NIGP22141）；4b.纵切面（登记号：NIGP22140）。主要特征：丛状复体；个体圆形或不规则圆形；在直径为5~7 mm的成年个体横切面上有隔壁40~54个；一级隔壁长达轴部，在鳞板带内增厚，具脊板状突起，而二级隔壁短而细薄；鳞板1~2列，多数个体仅发育一列马蹄型鳞板；床板带宽，多分化为轴部带和侧部带两部分。产地：陕西宁强；层位：志留系兰多维列统特列奇阶中部宁强组（葛治洲和俞昌民，1974，图版79，图2-3）。

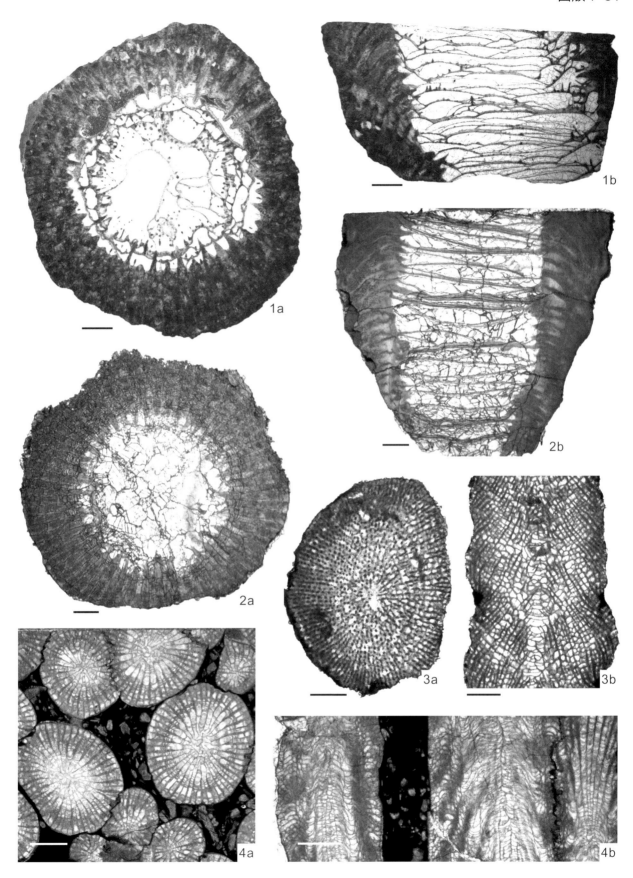

图版 7-82 说明

1 多隔壁奇异珊瑚 *Idiopophyllum multiseptatum*（Fan and He in Ge and Yu，1974）

1a.横切面（登记号：NIGP22129）；1b.纵切面（登记号：NIGP22130）。主要特征：大型宽锥状单体；隔壁很多，在直径为39 mm的横切面上有282个，而直径为51 mm的横切面上可达320个；一级隔壁伸达中心，内端弯曲，而次级隔壁略短，为一级隔壁的3/4；隔壁在主部呈羽状排列，主隔壁长，主内沟发育，但不明显；鳞板带由小型半球状鳞板组成，宽；床板带很窄，由许多密集上凸的床板在组成。产地：陕西宁强；层位：志留系兰多维列统特列奇阶中部宁强组（葛治洲和俞昌民，1974，图版77，图10–11）。

2 花瓣状小娃珊瑚 *Miculiella petaloides* Cao，1975

正模。2a.横切面；2b.纵切面（登记号：G371）。主要特征：近圆柱状单体，体径可达19 mm；一级隔壁不达中心，偶见个别一级隔壁不达外壁，而次级隔壁发育微弱，在边缘呈脊刺状，断续出露；鳞板在隔壁间呈"人"字形排列；青年期可见一个不显著的主内沟；床板中央下凹；鳞板带宽，边缘由长形鳞板组成，内端由半圆形鳞板组成。产地：陕西宁强城东；层位：志留系兰多维列统特列奇阶中部宁强组（曹宣铎，1975，图版39，图4；标本保存于中国地质调查局西安地质调查中心）。

3 漏斗状曲壁珊瑚 *Kyphophyllum infundibulum* Cao，1975

正模。3a.横切面；3b.纵切面（登记号：G355）。主要特征：近圆柱状单体，体径为20~22 mm；一级隔壁在鳞板带内增厚，伸达中心，但不形成轴部构造，而次级隔壁稍短；主内沟不甚明显；泡沫板带由小而密的长形泡沫板组成；床板带较窄，小于个体直径的1/3，由马鞍形的排列较密的床板组成。产地：陕西宁强二郎坝；层位：志留系兰多维列统特列奇阶中部宁强组（曹宣铎，1975，图版36，图1；标本保存于中国地质调查局西安地质调查中心）。

4 泡沫状宁强珊瑚 *Ningqiangophyllum cystosum* Ge and Yu，1974

正模。4a.横切面（登记号：NIGP22137）；4b.纵切面（登记号：NIGP22138）。主要特征：互嵌状复体；个体间由大型泡沫板带相连，泡沫板带宽度为6~9 mm；隔壁微细构造为全羽榍，刺状，没于灰质层中或着生于泡沫板上；床板带宽度为3.2~4.0 mm，由薄的、中央微下凹的床板组成。产地：陕西宁强；层位：志留系兰多维列统特列奇阶中部宁强组（葛治洲和俞昌民，1974，图版78，图7–8）。

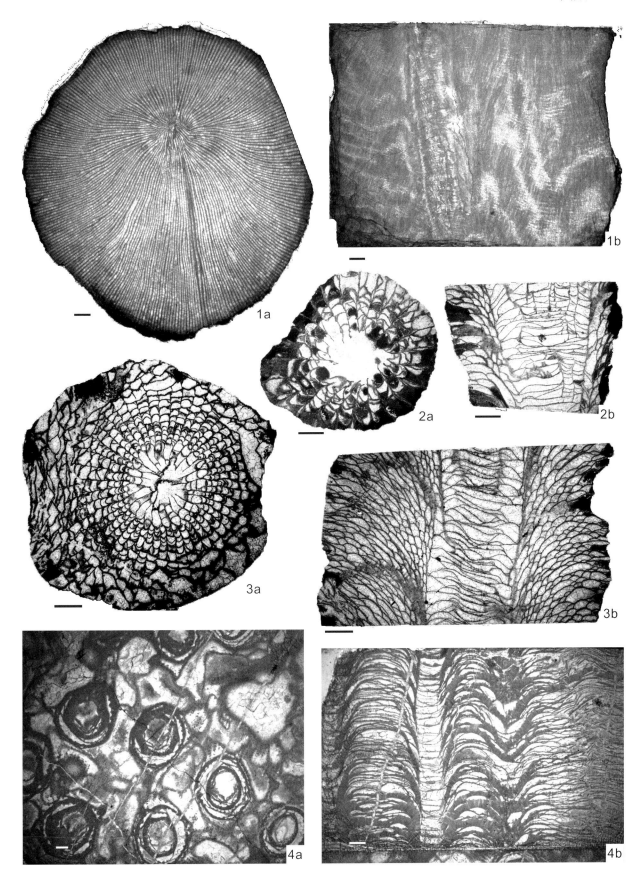

图版 7-83 说明

1—2 柔弱侯尔孟珊瑚 *Holmophyllum delicatum* Ding，1988

1.正模；1a.横切面（登记号：YQ-S006）；1b.纵切面（登记号：YQ-S008）。2.另一标本；2a.横切面；2b.纵切面（登记号：YQ-S093）。主要特征：近圆柱状单体，体径一般为7~8 mm，最大可达13 mm；偶见萼内一芽体；隔壁两级，基部局部连接，呈放射状排列，在纵切面上隔壁刺斜向内上方，可穿越2~3个泡沫板；边缘泡沫板5~6列，而床板带约为体径1/3，床板大多不完整，多向下倾斜，排列不规则。产地：云南曲靖岳家大山；层位：志留系罗德洛统卢德福特阶关底组中部 [丁春鸣，1988，图版1，图1；何心一和陈建强，2004，图版2，图15；标本保存于中国地质大学（北京）]。

3 华美泡沫板珊瑚（相似种）*Ketophyllum* cf. *elegatulum* Wedekind，1927

3a.横切面（登记号：YQ-S025）；3b.纵切面（登记号：YQ-S026）。主要特征：角锥状单体；青年期具1~2列边缘泡沫板，至成年期可发育3~4列；隔壁外端多于外壁相连，部分近达中心，横切面上常被泡沫板切断；主内沟不明显；床板多完整，平列或微凸。产地：云南曲靖岳家大山；层位：志留系罗德洛统卢德福特阶关底组中部 [丁春鸣，1988，图版1，图3；标本保存于中国地质大学（北京）]。

4 未知曲壁珊瑚 *Kyphophyllum incognatum* Ding，1988

正模。4a.横切面；4b.纵切面（登记号：YQ-S040）。主要特征：角锥状单体；青年期具1~2列边缘泡沫板，至成年期可发育4~5列；一级隔壁基本连续，长达中心，至成年期退缩，而二级隔壁一般不连续，限于边缘厚结带；床板完整，中部平凸，两侧下倾；泡沫板大小不一。产地：云南曲靖岳家大山；层位：志留系罗德洛统卢德福特阶关底组中部 [丁春鸣，1988，图版1，图5；标本保存于中国地质大学（北京）]。

5 特别鲁欣珊瑚 *Rukhinia peculiaris*（Ding，1988）

正模。5a–5b.横切面；5c.纵切面（登记号：YQ-S049）。主要特征：角锥状单体；一级隔壁加厚明显，呈楔形，伸达个体中心，多向同一方向扭曲；对部隔壁一般较厚；主隔壁短，主内沟明显，成年期则不明显；由于外壁未保存，未见到次级隔壁；床板不完整，边缘呈泡沫板状，中部下凹；成年期边缘出现少量半圆形鳞板。产地：云南曲靖岳家大山；层位：志留系罗德洛统卢德福特阶关底组中部 [丁春鸣，1988，图版2，图6；标本保存于中国地质大学（北京）]。

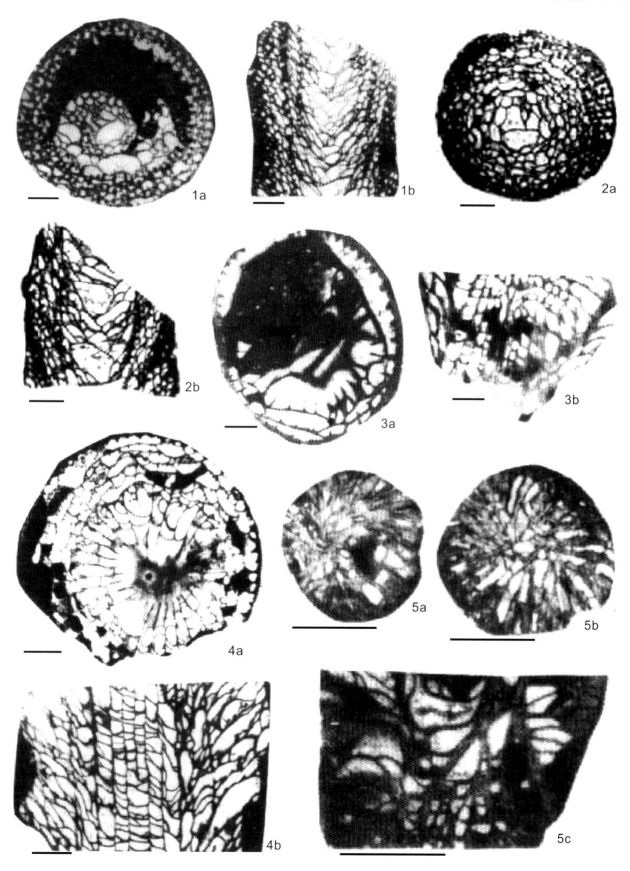

图版 7-84 说明

1 对称鲁欣珊瑚 *Rukhinia symmetrica*（Ding，1988）

正模。1a.横切面；1b.纵切面（登记号：YQ-S046）。主要特征：小型角锥状单体；隔壁局部被层状组织包围，隔壁加厚明显，伸达个体中心；主部和对部两条长隔壁在中心相接，床板不完整，略向上凸，边缘发育半圆形小鳞板。产地：云南曲靖廖角山；层位：志留系罗德洛统卢德福特阶妙高组底部 [丁春鸣，1988，图版1，图8；标本保存于中国地质大学（北京）]

2 曲靖双锥珊瑚 *Diplochone qujingensis* Ding，1988

正模。2a–2c.横切面；2d.纵切面（登记号：YQ-S022）。主要特征：角锥状单体，成年个体直径可达18 mm；近外壁处或发育少量隔壁刺；具1~2列小鳞板；床板不完整，边缘下倾，轴部近水平或上凹。产地：云南曲靖廖角山；层位：志留系罗德洛统卢德福特阶妙高组顶部 [丁春鸣，1988，图版2，图3；标本保存于中国地质大学（北京）]。

3—4 泡沫半闭珊瑚 *Phaulactis vesicularis* He and Chen，2004

3.副模，横切面（登记号：YQM-S003）。4.正模。4a.横切面；4b.纵切面（登记号：YQ-S047）。主要特征：小型锥柱状单体；成年期一级隔壁伸达中心并旋曲；隔壁间常见"人"字形鳞板；主内沟较显著；发育1~2列不稳定的边缘泡沫板；床板多完整，分布较稀。产地：云南曲靖廖角山；层位：志留系罗德洛统卢德福特阶妙高组底部 [何心一和陈建强，2004，图版3，图1–2；标本保存于中国地质大学（北京）]。

5 曲靖假泡沫珊瑚 *Psedocystiphyllum qujingensis* Ding，1988

正模。5a.纵切面；5b.横切面（登记号：YQ-S060）。主要特征：小型近圆柱状单体，个体最大直径12 mm；隔壁刺两级；隔壁微细构造为全羽榍，基部被层状组织包围；泡沫板带由1~3列排列不规则的长条状泡沫板组成，尤以对部更为突出；床板带与泡沫板带界限不清；床板不完整，下倾。产地：云南曲靖廖角山；层位：志留系罗德洛统卢德福特阶玉龙寺组底部 [丁春鸣，1988，图版2，图4；标本保存于中国地质大学（北京）]。

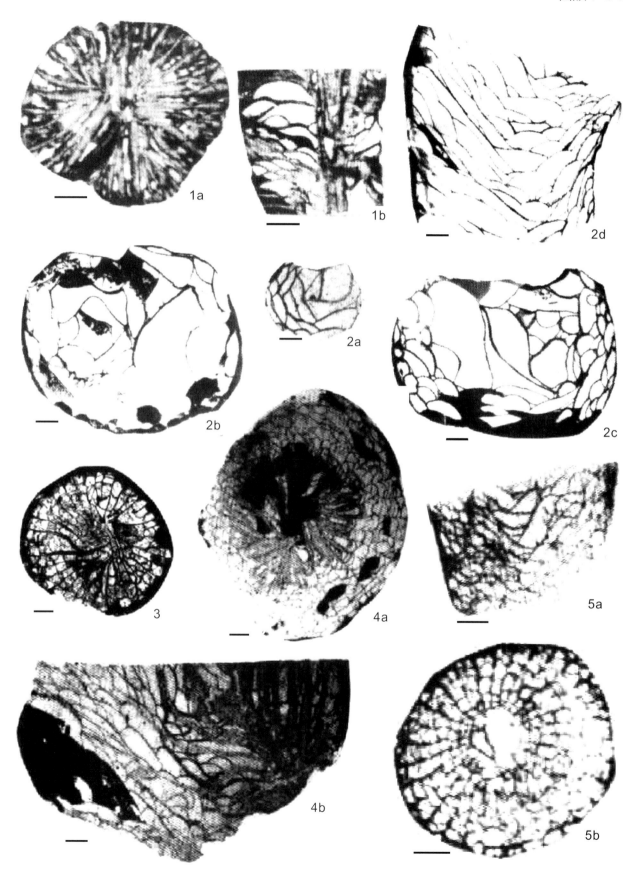

7.7 鹦鹉螺类

7.7.1 结构术语解释及插图

鹦鹉螺类动物通常指的是头足纲中鹦鹉螺亚纲动物，是一类海生的肉食性动物，善于在水底爬行或水中游泳。其两侧对称，头在前方且显著，头部两侧具发达的眼，中央有口，口内有角质颚片和齿舌；颚呈喙状，可钙化成化石，称喙石；腕的一部分环列于口的周围，用于捕食，另一部分则在靠近头部的腹侧构成排水漏斗（插图7.23）。壳被覆于体外，或位于体内，也有少数是无壳的。鹦鹉螺类动物自寒武纪开始出现，一直延续至现代。

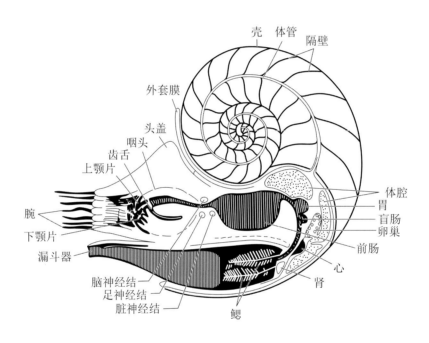

插图 7.23 现代鹦鹉螺结构示意图（Teichert *et al.*, 1964）

1. 壳形及壳的基本结构

鹦鹉螺的壳基本成分多为钙质，形态多种多样，包括伸直的直形壳、稍弯的弓形壳、松卷的环形壳以及平旋壳等8种类型（插图7.24）。

鹦鹉螺壳最初形成的部分称为原壳（又称胎壳），一般为灯泡状，位于壳体的最后段及始端。鹦鹉螺由其外套膜分泌壳质使壳体不断增长，每隔一段时间在其壳内又会分泌一个横向的隔壁（又称梯板），隔壁将壳体内部划分为最前端一个很大的住室和后面的闭锥两部分，住室又称体室，是软体内脏的居住之所，其前端为壳体对外的壳口。闭锥由众多气室组成。壳口所在的一端称前方，壳口上漏斗弯所在的一侧称腹侧。漏斗弯（又称腹弯）是漏斗贴附在腹方所留下的凹槽。弯曲壳形者，拱凸的一侧为腹方，下凹的一侧为背方，但也有少数弯曲的壳形，其拱凸的一侧为背方。在平旋壳中，旋环的外侧为腹方，内侧为背方。

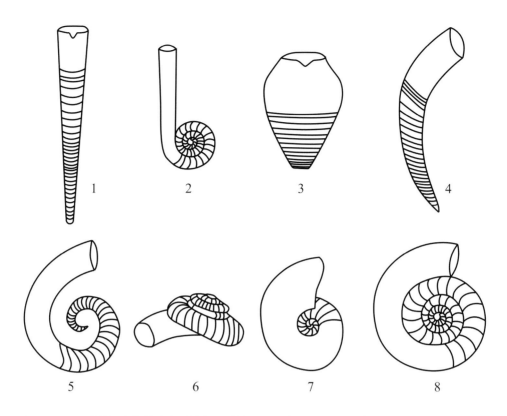

插图 7.24 鹦鹉螺壳的基本类型（赵金科等，1965）。1，直角石式壳；2，喇叭角石式壳；3，短粗角石式壳；4，弓角石式壳；5，环角石式壳；6，锥角石式壳；7，鹦鹉螺式壳；8，触环角石式壳

鹦鹉螺平旋壳侧面最后一个旋环之间低凹的部分称为脐部，外旋环与相邻内旋环的接合线称脐线，靠近脐线的旋环内侧部分叫脐壁，最内一个旋环若旋卷不很紧密，形成一小孔，称为脐孔。

2. 壳表纹饰

鹦鹉螺壳壁的表面一般都具有与壳口边缘平行的横向壳饰，代表壳体生长的痕迹，细弱的叫生长线，粗强的叫生长脊、生长环或横肋。与壳口边缘垂直的或与壳圈旋转方向一致的纵向壳饰，依粗细的不同也有线、脊、肋的区别。有些旋卷的壳在腹部有一旋向粗脊，称为腹棱；有时每一壳圈有3~10个横向凹陷，称为收缩沟。此外，还有瘤或刺等壳饰。

3. 鹦鹉螺壳的内部构造

鹦鹉螺软体的后端生有一个肉质的体管索，自住室穿过各气室而达原壳，其外被一灰质管道所包围，该灰质管道被称为体管（插图7.25）。体管穿过每个隔壁的孔洞称隔壁孔，沿隔壁孔的周围延伸出的领状小管称隔壁颈，体管即由隔壁颈和连接环组成。隔壁颈由隔壁孔向后方延伸的体管称后伸体管，向前延伸的称前伸体管。根据隔壁颈长度及直弯等特点，可将其分为9种类型（插图7.26）。某些鹦鹉螺类在体管内具有体管形成后的沉积物，如横过体管的沉积物，称横隔板或闭板；许多锥形板在体管内相互叠置，称为内锥体；其顶端相互连接所形成的管道，称内体管；最前方的圆锥形空腔叫内体房，形似隔壁的称内隔壁，自内体房或内体管向外体管延伸的纵板状构造称体隙。隔壁孔内的沉积物，沿隔壁颈处向内增生形成环节状沉积，最后留下的中空管道亦称内体管，有时有自内体管向外放射的管道，称放射管或内支管。由许多从体管壁向中心延伸的辐射状纵板组成的沉积物，称星节状沉积，分节或不分节；体管内形成的叠层状沉积物，向前微倾，不分节，称斜叠层（插图7.27）。此外，许多古生代的鹦鹉螺类在其气室内尚可形成沉积物，按其沉积的位置可分为壁前沉积、壁后沉积、壁侧沉积和环颈沉积。一个隔壁的壁后沉积与前一隔壁的壁前沉积之间的接触线极似隔壁，称假隔壁（插图7.28）。隔壁的边缘与壳内面相接触，形成一些曲折的线，称缝合线，其向前凸曲的部分称为鞍，向后弯曲的部分称为叶。

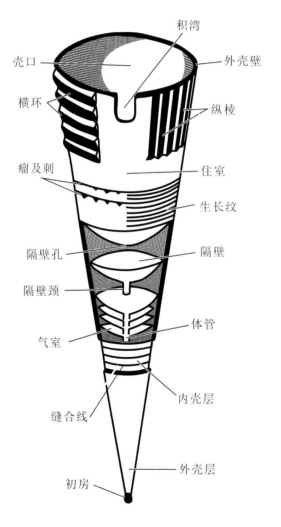

插图 7.25　鹦鹉螺类直角石式壳构造示意图
（赵金科等，1965）

244

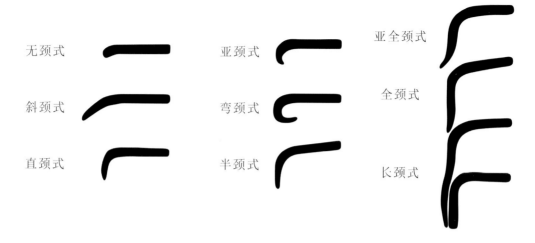

插图 7.26　鹦鹉螺隔壁颈基本类型（Teichert *et al.*, 1964）

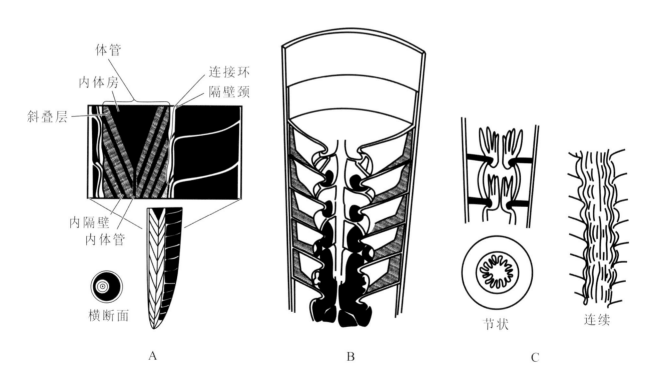

插图 7.27　体管沉积类型。A，体管堆积；B，体管环积；C，体管辐积

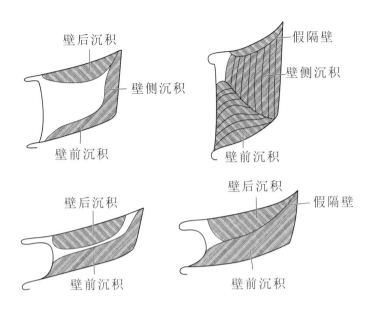

插图 7.28　气室沉积类型（Teichert *et al.*, 1964）

4. 结构术语名词解释

住室：壳体前部包容鹦鹉螺类主要软组织的部分。

闭锥：又称"气壳"，壳体被隔壁分割成不同气室的部分。

气室：由外壳、体管和相邻的两个隔壁包围的空间。

腹湾：又称"漏斗湾"，壳口前缘腹部的凹痕。

内腹弯：壳体向腹侧弯曲。

外腹弯：壳体向背侧弯曲。

体管：壳体内部从始端开始贯穿所有气室的管状构造，由隔壁颈、连接环、体管沉积和体管索构成。

外体管：由隔壁颈和连接环组成。

内体管：外体管之内的所有软组织和硬组织。

隔壁颈：隔壁的一部分，通常向壳体后部弯曲。

隔壁孔：隔壁颈着生之处。

连接环：连接相邻隔壁颈的管状构造。

触区：又称"垫区"，连接环与隔壁前面的接触区域。

体管沉积：体管内的原生沉积。

内锥：体管内的锥状钙质沉积。常见于内角石类的体管之内。

内锥管：连接内锥顶端的管状构造。

内体房：体管内最后一个内锥前面的锥状空间。

气室膜：在气室内分泌气室沉积的软组织。

口盖：用于关闭壳口的钙质薄片。

脐孔：旋环的旋卷轴处的空隙。

棱：腹部壳表上较强而尖的脊状旋向装饰。

纵棱：壳表上的旋向脊、槽状装饰。

纵旋纹：壳表上旋向的细线纹。

横瘤：放射状排列的瘤状装饰。

纵瘤：旋向分布的瘤状装饰。

横肋：放射状分布的肋状装饰。

外缝合线：旋卷壳脐线之间旋环腹部和侧部之间的缝合线。

内缝合线：旋卷壳脐线之间旋环接触区的缝合线。

7.7.2 图版及图版说明

除特殊注明外，所有标本均保存在中国科学院南京地质古生物研究所，比例尺均为1 cm（图版7-85~7-99）。

图版 7-85 说明

1   思南阿门角石 *Armenoceras sinanense* Chen，1981

正模，纵切面（登记号：NIGP35592）。主要特征：直壳，扩大较快；体管居中，体管节扁盘状，隔壁颈急外弯。产地：贵州思南文家店；层位：志留系兰多维列统鲁丹阶上部至埃隆阶中下部香树园组（陈均远，1981，图版22，图9）。

2   本庄松坎角石 *Songkanoceras benzhuangense* Chen，1981

正模，纵切面（登记号：NIGP35570）。主要特征：个体较小，扩大缓慢；体管中偏腹部，体管节圆柱状，隔壁颈亚直颈式。产地：贵州石阡本庄；层位：志留系兰多维列统鲁丹阶上部至埃隆阶中下部香树园组（陈均远，1981，图版19，图12）。

3，6   结合松坎角石 *Songkanoceras compositum* Chen，1981

3.正模，纵切面（登记号：NIGP35565）；6.副模，纵切面（登记号：NIGP35567）。主要特征：直壳，体管中偏背部，隔壁颈亚直颈式，连接环微弱膨大。产地：贵州石阡本庄；层位：志留系兰多维列统鲁丹阶上部至埃隆阶中下部香树园组（陈均远，1981，图版19，图2，6）。

4   偏心马尔加角石 *Malgaoceras eccentrum* Chen，1981

正模，纵切面（登记号：NIGP35494）。主要特征：个体较小，体管居中，隔壁颈业直颈式，连接环微弱膨大。产地：贵州石阡本庄；层位：志留系兰多维列统鲁丹阶上部至埃隆阶中下部香树园组（陈均远，1981，图版10，图10）。

5   贵州拟阿门角石 *Armenocerina guizhouensis* Chen，1981

正模，纵切面（登记号：NIGP35594）。主要特征：壳直，体管在腹侧的近边缘，体管节宽扁，隔壁颈外弯陡急，颈部尖窄，体管内具厚的附壁沉积。产地：贵州思南文家店；层位：志留系兰多维列统鲁丹阶上部至埃隆阶中下部香树园组（陈均远，1981，图版2，图8）。

7   贵州马尔加角石 *Malgaoceras guizhouense* Chen，1981

正模，纵切面（登记号：NIGP35486）。主要特征：直壳，体管居中，体管节微弱膨大，隔壁颈亚直颈式。产地：贵州印江合水；层位：志留系兰多维列统鲁丹阶上部至埃隆阶中下部香树园组（陈均远，1981，图版10，图2）。

8   白马坡复管角石 *Mixosiphonocerina baimapoensis*（Chen and Liu，1974）

正模，纵切面（登记号：NIGP21999）。主要特征：壳体粗大，微外弯；气室低矮；体管窄小，位于壳的腹中部；体管节亚方形；连接环轻度收缩，具辐射排列的星节状沉积。产地：贵州石阡白沙；层位：志留系兰多维列统鲁丹阶上部至埃隆阶中下部香树园组（陈均远，1981，图版6，图18）。

9   八里溪松坎角石 *Songkanoceras balixiense* Chen，1981

正模，纵切面（登记号：NIGP35606）。主要特征：个体较大，圆柱状；体管在背中之间，较细；体管节微弱膨大，隔壁颈直短颈式。产地：贵州凤岗八里溪；层位：志留系兰多维列统鲁丹阶上部至埃隆阶中下部香树园组（陈均远，1981，图版23，图15）。

10   多变近移变角石 *Paraproteoceras varium* Chen，1981

正模，纵切面（登记号：NIGP35469）。主要特征：壳体微弱内弯，扩大较快；体管由壳体中部向前移位到腹中部，体管节由倒梨形变为亚圆柱形，隔壁颈由弓颈式变为亚直颈式。产地：贵州石阡本庄；层位：志留系兰多维列统鲁丹阶上部至埃隆阶中下部香树园组（陈均远，1981，图版8，图4）。

图版 7-86 说明

1 过渡米氏角石 *Michelinoceras transiens*（Barrande，1868）

纵切面（登记号：NIGP23021）。主要特征：体较小，窄锥形，微弯，扩大明显；体管细小，位于壳体的中部；隔壁颈直短颈式，气室较低。产地：西藏聂拉木甲村北；层位：志留系兰多维列统埃隆阶石器坡组（陈均远，1975，图版4，图13）。

2 宽大柯柏宁角石 *Michelinoceras*（*Kopaninoceras*）*capax*（Barrande，1868）

纵切面（登记号：NIGP23018）。主要特征：壳体直角石式，扩大较快；体管细小，位于壳的中部；隔壁颈直颈式。产地：西藏聂拉木县甲村北；层位：志留系兰多维列统埃隆阶石器坡组（陈均远，1975，图版4，图9）。

3，6 适意柯柏宁角石 *Michelinoceras*（*Kopaninoceras*）*jucundum*（Barrande，1870）

纵切面（登记号：3. NIGP23015；6. NIGP23016）。主要特征：直壳，壳体圆柱形，扩大缓慢；体管细小，在壳的中部；隔壁颈直短颈式，向始端微收缩。产地：西藏聂拉木甲村北；层位：志留系兰多维列统埃隆阶石器坡组（陈均远，1975，图版4，图3，7）。

4 鳞形檐角石？ *Geisonoceras*? *squamatulum*（Barrande，1868）

纵切面（登记号：NIGP23017）。主要特征：体直形，扩大缓慢；体管细小，偏近背部；隔壁颈直短颈式，连接环微膨胀。产地：西藏聂拉木甲村北；层位：志留系兰多维列统埃隆阶石器坡组（陈均远，1975，图版4，图8）。

5 窄背柯柏宁角石 *Michelinoceras*（*Kopaninoceras*）*dorsatum*（Barrande，1868）

纵切面（登记号：NIGP23020）。主要特征：个体较大，壳体正直，次圆柱形，扩大缓慢；体管较小；隔壁颈直短颈式，向始端微收缩。产地：西藏聂拉木甲村北；层位：志留系兰多维列统埃隆阶石器坡组（陈均远，1975，图版4，图11）。

7，9 简单哈里斯角石 *Harrisoceras simplex* Chen，1975

7.正模，纵切面（登记号：NIGP23011）；9.副模，纵切面（登记号：NIGP23010）。主要特征：壳体圆柱形，扩大缓慢；体管细小，隔壁颈直短颈式，气室高度中等。产地：西藏聂拉木甲村北；层位：志留系兰多维列统埃隆阶石器坡组（陈均远，1975，图版3，图13–14）。

8 粗壮檐角石 *Geisonoceras robustum* Chen，1975

正模，纵切面（登记号：NIGP23045）。主要特征：个体较大，直角石式壳，扩大迅速；壳表具细纹，隔壁颈直。产地：西藏聂拉木甲村北；层位：志留系兰多维列统埃隆阶石器坡组（陈均远，1975，图版4，图3）。

10 原始优角石 *Columenoceras priscum* Chen，1975

正模，纵切面（登记号：NIGP23014）。主要特征：壳直形，圆柱状；体管柱状，在壳的中部；隔壁颈直短颈式，连接环微膨胀。产地：西藏聂拉木甲村北；层位：志留系兰多维列统埃隆阶石器坡组（陈均远，1975，图版4，图1）。

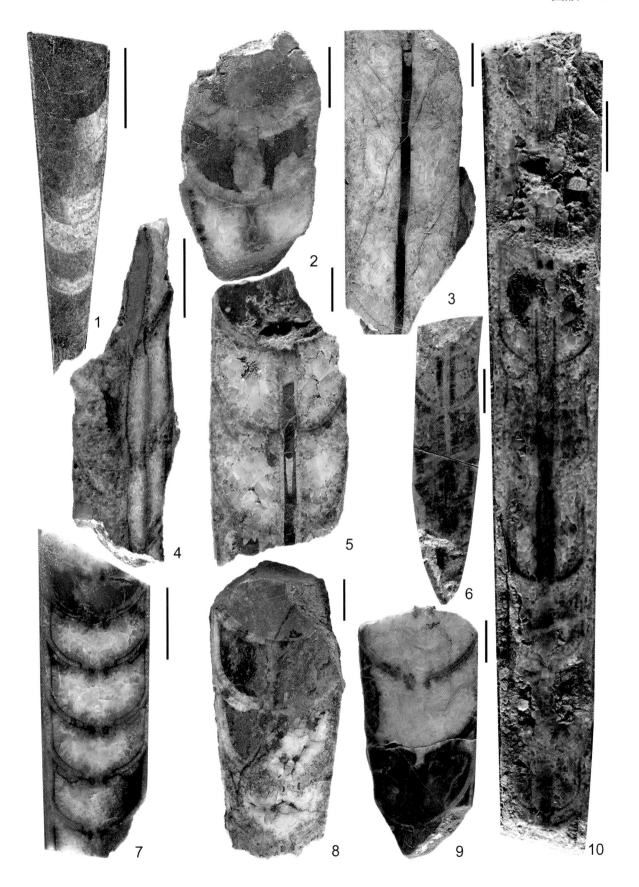

图版 7-87 说明

1 直宜昌角石 *Yichangoceras rectum* Chen，1981

正模，纵切面（登记号：NIGP35445）。主要特征：个体小型，直壳，体管节筒形，隔壁颈孔急收缩，隔壁颈腹部亚直颈式，背部急外弯。产地：湖北宜昌大中坝；层位：志留系兰多维列统埃隆阶罗惹坪组（陈均远，1981，图版6，图3）。

2 宜昌哈氏角石 *Harrisoceras yichangense* Chen，1981

正模，纵切面（登记号：NIGP35490）。主要特征：直壳，体管居中，体管节圆柱状，隔壁颈直短颈式，体管内具球珠状环颈沉积。产地：湖北宜昌大中坝；层位：志留系兰多维列统埃隆阶罗惹坪组（陈均远，1981，图版10，图11）。

3 本庄似复管角石 *Mixosiphonocerina benzhuangensis* Chen，1981

正模，纵切面（登记号：NIGP35409）。主要特征：外腹式弯曲，体管位于腹中之间，体管节筒形，隔壁颈亚直颈式，星节沉积发育。产地：贵州石阡本庄；层位：志留系兰多维列统埃隆阶雷家屯组（陈均远，1981，图版1，图17）。

4 简单宜昌角石 *Yichangoceras simplex* Chen，1981

正模，纵切面（登记号：NIGP35403）。主要特征：直壳，扩大较快；体管细小；体管节筒形，不膨大；星节沉积较弱。产地：贵州思南文家店；层位：志留系兰多维列统埃隆阶雷家屯组（陈均远，1981，图版1，图3）。

5 罗惹坪长房角石 *Perimecoceras luorepingense* Chen，1981

正模，纵切面（登记号：NIGP35448）。主要特征：壳外腹弯曲；体管窄细，在腹边缘；体管节筒状，中部微弱收缩；隔壁颈腹部亚直颈式，外弯，体管内具星节沉积。产地：湖北宜昌大中坝；层位：志留系兰多维列统埃隆阶罗惹坪组（陈均远，1981，图版6，图17）。

6 大型松坎角石 *Songkanoceras amplum* Chen，1981

正模，纵切面（登记号：NIGP35568）。主要特征：个体较大，亚圆柱状；体管较粗，中稍偏背部；体管节亚方形，微弱膨大；隔壁颈亚直颈式。产地：湖北宜昌大中坝；层位：志留系兰多维列统埃隆阶罗惹坪组（陈均远，1981，图版19，图8）。

7 多肋美直角石 *Calorthoceras multicostatum* Chen，1981

侧视（登记号：NIGP35458）。主要特征：纵肋较多，横环直、较密。产地：重庆秀山溶溪；层位：志留系兰多维列统特列奇阶秀山组（陈均远，1981，图版7，图16）。

8 布托维兹美直角石 *Calorthoceras butovitzense* Chen，1981

侧视（登记号：NIGP35459）。主要特征：壳直，始端短锥形，扩大较快；横环平直，较密。产地：湖南龙山洛塔；层位：志留系兰多维列统特列奇阶秀山组（陈均远，1981，图版7，图17）。

9 外弯宜昌角石 *Yichangoceras exogastrum* Chen，1981

正模，纵切面（登记号：NIGP35406）。主要特征：壳体微弱外腹式弯曲，扩大较快；体管在腹边缘，体管节筒形；隔壁颈腹部亚直颈式，微弱外弯；背部急外弯，近平卧状。产地：湖北宜昌大中坝；层位：志留系兰多维列统埃隆阶罗惹坪组（陈均远，1981，图版1，图12）。

10 宜昌爱瑞德角石 *Eridites yichangense* Chen，1981

正模，纵切面（登记号：NIGP35501）。主要特征：壳直，体管位于壳的中偏腹部，体管节微弱膨大，隔壁颈亚直颈式。产地：湖北宜昌大中坝；层位：志留系兰多维列统埃隆阶罗惹坪组（陈均远，1981，图版11，图9）。

图版 7-88 说明

1，3　收缩短领角石 Pedanochonoceras contractam Chen，1981

1.正模，纵切面（登记号：NIGP35643）；3.副模，纵切面（登记号：NIGP35631）。主要特征：直壳，个体较大，体管亚中心偏背部，隔壁颈内斜，连接环甚为细薄。产地：贵州印江合水；层位：志留系兰多维列统特列奇阶秀山组（陈均远，1981，图版26，图1，17）。

2　高房短领角石 Pedanochonoceras altothulamum Chen，1981

正模，纵切面（登记号：NIGP35664）。主要特征：直壳，体管亚中心，隔壁颈弓颈式；连接环细薄，微弱膨大；缝合线近横直。产地：贵州印江合水；层位：志留系兰多维列统特列奇阶秀山组（陈均远，1981，图版25，图28）。

4　合水圆柱角石 Kionoceras heshuiense Chen，1981

正模，纵切面（登记号：NIGP35651）。主要特征：直壳，扩大缓慢；体管偏中心，体管节膨大状，隔壁颈亚直颈式。产地：贵州印江合水；层位：志留系兰多维列统特列奇阶秀山组（陈均远，1981，图版27，图11）。

5—6　柱状柱角石 Kionoceras styliforme Chen and Liu，1974

5.正模，纵切面（登记号：NIGP22009）；6.副模，纵切面（登记号：NIGP35471）。主要特征：壳体圆柱形，扩大缓慢；体管细小，偏中心；隔壁颈直短颈式或斜颈式，连接环微膨大。产地：重庆秀山溶溪；层位：志留系兰多维列统特列奇阶秀山组（陈均远和刘耕武，1974，图版90，图1；陈均远，1981，图版8，图8）。

7　中心短领角石 Pedanochonoceras centrum Chen，1981

正模，纵切面（登记号：NIGP35639）。主要特征：直壳，横断面圆形；体管在中心，隔壁颈内斜；连接环细薄，微弱膨大。产地：重庆秀山溶溪；层位：志留系兰多维列统特列奇阶秀山组（陈均远，1981，图版26，图13）。

8　密壁短领角石 Pedanochonoceras densum Chen，1981

正模，纵切面（登记号：NIGP35644）。主要特征：个体较小，直壳，体管亚中心，隔壁颈亚直颈式；连接环细薄，微弱腹大；气室较低。产地：贵州印江合水；层位：志留系兰多维列统特列奇阶秀山组（陈均远，1981，图版26，图19）。

9　盐津副圆柱角石 Parakionoceras yanjinense Chen，1981

正模，纵切面（登记号：NIGP35796）。主要特征：壳中等大小，微弱弯曲；壳表具纵肋线；体管亚中心，稍偏腹部；隔壁颈甚短，亚直颈式。产地：云南盐津小华田；层位：志留系兰多维列统特列奇阶秀山组（陈均远，1981，图版39，图4）。

10　印江副圆柱角石 Parakionoceras yinjiangense Chen，1981

正模，纵切面（登记号：NIGP35491）。主要特征：个体较大，直壳，体管细小，亚中心，纵肋线细密，缝合线横直。产地：贵州印江合水；层位：志留系兰多维列统特列奇阶秀山组（陈均远，1981，图版10，图13）。

图版 7-89 说明

1　亚方形原杆石 *Protobactrites subquadratus* Chen and Liu，1974

正模，侧视（登记号：NIGP22012）。主要特征：壳体扩大较缓慢，体管亚中心稍偏背部，缝合线具宽浅的侧叶及背腹鞍。产地：四川秀山溶溪；层位：志留系兰多维列统特列奇阶秀山组（陈均远和刘耕武，1974，图版90，图9）。

2　莱湾哈里斯角石相似种 *Harrisoceras* cf. *reevesi* Flower，1939

纵切面（登记号：NIGP47753）。主要特征：壳小型，圆柱形，微弱压扁，扩大程度中等；体管近中央，隔壁颈直短颈式。产地：西藏班戈东卡错；层位：志留系兰多维列统特列奇阶东卡组下部（陈挺恩，1981，图版1，图9）。

3　洛棉原杆石 *Protobactrites luomianensis* Chen，1981

正模，纵切面（登记号：NIGP35628）。主要特征：直壳，体管稍偏背部，隔壁颈直短颈式，微弱内斜；缝合线近横直。产地：贵州凯里洛棉；层位：志留系兰多维列统特列奇阶秀山组（陈均远，1981，图版25，图33）。

4　密集原杆石 *Protobactrites densus* Chen，1981

正模，纵切面（登记号：NIGP35619）。主要特征：直壳，住室直径增长较慢，体管在背中之间，隔壁颈直短颈式，缝合线近横直。产地：重庆黔江濯水；层位：志留系兰多维列统特列奇阶秀山组（陈均远，1981，图版25，图11）。

5　石阡列克角石 *Lyecoceras shiqianense* Chen，1981

正模，纵切面（登记号：NIGP35415）。主要特征：壳内弯，扩大缓慢；体管小，在背中之间；隔壁颈亚直颈式，连接环膨大。产地：贵州石阡雷家屯；层位：志留系兰多维列统特列奇阶秀山组（陈均远，1981，图版2，图19）。

6　环形俄亥俄角石 *Ohioceras annulum* Chen，1981

正模，纵切面（登记号：NIGP35488）。主要特征：直壳，始端扩大较快，短锥形；体管亚中心稍偏腹部，体管节膨大，隔壁颈弓颈式。产地：贵州石阡雷家屯；层位：志留系兰多维列统特列奇阶秀山组（陈均远，1981，图版10，图6）。

7　雷家屯仿圆柱角石 *Nothokionoceras leijiatunense* Chen，1981

正模，纵切面（登记号：NIGP35487）。主要特征：直壳，体管亚中心偏腹部，体管节花瓶状，隔壁颈亚直颈式。产地：贵州石阡雷家屯；层位：志留系兰多维列统特列奇阶秀山组（陈均远，1981，图版10，图3）。

8　短小弓环角石 *Cyrtocycloceras exiguum* Chen，1981

正模，侧视（登记号：NIGP35454）。主要特征：个体小，弓形壳，扩大快。产地：重庆秀山迴星哨；层位：志留系兰多维列统特列奇阶秀山组（陈均远，1981，图版7，图8）。

9　驼型檐角石 *Geisonoceras pandum* Chen，1981

正模，纵切面（登记号：NIGP35461）。主要特征：壳体弯曲，扩大缓慢；体管偏中心，体管节亚柱状，微弱膨大；隔壁颈直短颈式。产地：贵州印江合水；层位：志留系兰多维列统特列奇阶秀山组（陈均远，1981，图版7，图21）。

图版 7-90 说明

1　盘状珠斜层角石 *Actinodochmioceras discum* Chen，1981

正模，纵切面（登记号：NIGP35528）。主要特征：直壳，扩大缓慢；体管较粗，亚中心；体管节膨大，隔壁颈直短颈式。产地：贵州凯里翁项；层位：志留系兰多维列统特列奇阶秀山组（陈均远，1981，图版14，图17）。

2，4　多隔壁小美弓角石 *Calocyrtocerina multiseptatum* Chen，1981

2.正模，纵切面（登记号：NIGP35460）；4.副模，纵切面（登记号：NIGP35809）。主要特征：直壳，扩大缓慢；体管细圆柱状，偏中心；隔壁颈直短颈式。产地：重庆黔江濯水；层位：志留系兰多维列统特列奇阶秀山组（陈均远，1981，图版7，图19；图版40，图16）。

3　贵州小美弓角石 *Calocyrtocerina guizhouensis* Chen，1981

正模，纵切面（登记号：NIGP35462）。主要特征：个体较小，微弱弯曲，扩大缓慢；体管在中部，细柱状；体管节早期微弱膨大，隔壁颈直短颈式。产地：贵州印江合水；层位：志留系兰多维列统特列奇阶秀山组（陈均远，1981，图版7，图23）。

5　盐津直斜层角石 *Orthodochmioceras yinjinense* Chen，1981

正模，纵切面（登记号：NIGP35797）。主要特征：个体较大，直壳，隔壁颈短直颈式，体管节微膨大。产地：云南盐津小华田；层位：志留系兰多维列统特列奇阶秀山组（陈均远，1981，图版39，图5）。

6　凯里珠斜层角石 *Actinodochmioceras kailiense* Chen，1981

正模，纵切面（登记号：NIGP35560）。主要特征：个体大，直壳；体管粗大，亚中心稍偏腹部；体管节膨大，隔壁颈直短颈式。产地：贵州凯里落棉；层位：志留系兰多维列统特列奇阶秀山组（陈均远，1981，图版18，图5）。

7　偏心小美弓角石 *Calocyrtocerina eccentrica* Chen，1981

正模，纵切面（登记号：NIGP35455）。主要特征：直壳；体管偏中心，细柱状；隔壁颈直短颈式。产地：贵州印江合水；层位：志留系兰多维列统特列奇阶秀山组（陈均远，1981，图版7，图10）。

8　多皱珠斜层角石 *Actinodochmioceras quotirugatinum* Chen，1981

正模，纵切面（登记号：NIGP35523）。主要特征：直壳；体管粗大，中偏背部；体管节膨大状，隔壁颈短颈式。产地：贵州凯里翁项；层位：志留系兰多维列统特列奇阶秀山组（陈均远，1981，图版14，图8）。

9　亚中心珠斜层角石 *Actinodochmioceras subcentrum* Chen，1981

正模，纵切面（登记号：NIGP35526）。主要特征：直壳，体管亚中心偏腹部，体管节膨大，隔壁颈直短颈式。产地：贵州凯里落棉；层位：志留系兰多维列统特列奇阶秀山组（陈均远，1981，图版14，图14）。

10　亚平直斜层角石 *Orthodochmioceras subplanum* Chen，1981

正模，纵切面（登记号：NIGP35512）。主要特征：直壳，体管中偏腹部，体管节亚方形。产地：重庆秀山溶溪；层位：志留系兰多维列统特列奇阶秀山组（陈均远，1981，图版13，图5）。

11　放射状直斜层角石 *Orthodochmioceras radium* Chen，1981

正模，纵切面（登记号：NIGP35506）。主要特征：个体较大，体管偏中心；隔壁颈短，微弱内斜；体管节亚方形。产地：贵州印江合水；层位：志留系兰多维列统特列奇阶秀山组（陈均远，1981，图版12，图1）。

图版 7-91 说明

1 纤细爱瑞德角石 *Eridites gracilis* Chen，1981

正模，纵切面（登记号：NIGP35479）。主要特征：直壳；体管细，在中偏腹部；体管节微弱膨大，隔壁颈亚直颈式。产地：重庆秀山溶溪；层位：志留系兰多维列统特列奇阶秀山组（陈均远，1981，图版9，图10）。

2 西藏阿拉诺角石 *Allanoceras xizangense* Chen，1981

正模，纵切面（登记号：NIGP47761）。主要特征：壳中等大小，直角石式，隔壁颈亚弯颈式，连接环稍膨大，体关节呈长串珠状。产地：西藏班戈东卡错；层位：志留系兰多维列统特列奇阶东卡组中下部（陈挺恩，1981，图版4，图7）。

3 秀山优条状角石 *Euvirgoceras xiushanense* Chen and Liu，1974

正模，纵切面（登记号：NIGP22004）。主要特征：缝合线横直，不具背及腹弯，体管靠近腹部。产地：重庆秀山溶溪；层位：志留系兰多维列统特列奇阶秀山组（陈均远和刘耕武，1974，图版88，图11）。

4，7 连续爱瑞德角石 *Eridites continuus* Chen，1981

4.正模，纵切面（登记号：NIGP35478）；7.副模，纵切面（登记号：NIGP35481）。主要特征：直角石式壳；体管背缘在壳体中轴的腹侧；体管节膨大，膨大程度向前减弱。产地：重庆秀山溶溪；层位：志留系兰多维列统特列奇阶秀山组（陈均远，1981，图版9，图9，12）。

5 凯里河云村角石 *Heyuncunoceras kailiense* Chen，1981

正模，纵切面（登记号：NIGP35530）。主要特征：直壳，体管亚中心，体管节扁球形，隔壁颈弓颈式。产地：贵州凯里翁项；层位：志留系兰多维列统特列奇阶秀山组（陈均远，1981，图版9，图10）。

6 波状爱瑞德角石 *Eridites undulatum* Chen，1981

正模，纵切面（登记号：NIGP35484）。主要特征：直壳；体管细，在中偏腹部；体管节微弱膨大，隔壁颈亚直颈式。产地：贵州印江合水。产地：重庆秀山溶溪；层位：志留系兰多维列统特列奇阶秀山组（陈均远，1981，图版15，图2）。

8 精致晕角石 *Haloites bellus* Chen，1981

正模，纵切面（登记号：NIGP35492）。主要特征：直壳；体管中稍偏背部；体管微弱膨大，呈花瓶状；隔壁颈亚直颈式。产地：湖北大冶龙角山；层位：志留系兰多维列统特列奇阶秀山组（陈均远，1981，图版10，图14）。

9 加厚爱瑞德角石 *Eridites crassus* Chen，1981

正模，纵切面（登记号：NIGP35477）。主要特征：直壳，扩大缓慢；体管亚中心稍偏腹部。产地：重庆秀山溶溪；层位：志留系兰多维列统特列奇阶秀山组（陈均远，1981，图版9，图7）。

图版 7-92 说明

1，8　纤细新四川角石 *Neosichuanoceras exile* Liu，1981

1.副模，纵切面（登记号：NIGP35735）；8.正模，纵切面（登记号：NIGP35734）。主要特征：壳体圆柱状，体管亚中心，体管节微弱膨大，隔壁颈微弱外弯。产地：重庆秀山溶溪；层位：志留系兰多维列统特列奇阶秀山组（陈均远，1981，图版34，图5-6）。

2　梨形四川角石 *Sichuanoceras pyriforme* Liu，1981

正模，纵切面（登记号：NIGP35710）。主要特征：个体小，直壳，扩大缓慢，体管位于腹中之间，体管节呈梨形，隔壁颈直短颈式到弯颈式。产地：贵州凯里洛棉；层位：志留系兰多维列统特列奇阶秀山组（陈均远，1981，图版32，图25）。

3—4　圆柱形四川角石 *Sichuanoceras cylindricum* Chen and Liu，1974

3.正模，纵切面（登记号：NIGP21998）；4.副模，纵切面（登记号：NIGP35662）。主要特征：气室密度大，体管较窄。产地：贵州凯里洛棉；层位：志留系兰多维列统特列奇阶秀山组（陈均远和刘耕武，1974，图版87，图11；陈均远，1981，图版28，图3）。

5　雷家屯四川角石 *Sichuanoceras leijiatunense* Liu，1981

正模，纵切面（登记号：NIGP35680）。主要特征：壳体圆柱形，体管位于腹中之间，隔壁颈亚直颈式，连接环膨大状。产地：贵州石阡雷家屯；层位：志留系兰多维列统特列奇阶秀山组（陈均远，1981，图版29，图9）。

6　方形四川角石 *Sichuanoceras quadraticum* Chen and Liu，1974

正模，纵切面（登记号：NIGP21995）。主要特征：气室高，体管较大，体管沉积发育。产地：贵州凯里洛棉；层位：志留系兰多维列统特列奇阶秀山组（陈均远和刘耕武，1981，图版87，图3）。

7，11　贫积四川角石 *Sichuanoceras parcum* Liu，1981

7.副模，纵切面（登记号：NIGP35731）；11.正模，纵切面（登记号：NIGP35728）。主要特征：壳极弱地内弯；体管近腹缘；体管节亚方形，微弱膨大；隔壁颈直短颈式。产地：贵州凯里洛棉、翁项；层位：志留系兰多维列统特列奇阶秀山组（陈均远，1981，图版33，图11，15）。

9　秀山新四川角石 *Neosichuanoceras xiushanense* Liu，1981

正模，纵切面（登记号：NIGP35732）。主要特征：直壳，体管位于腹中之间，体管节微弱膨大，隔壁颈直短颈式。产地：重庆秀山溶溪；层位：志留系兰多维列统特列奇阶秀山组（陈均远，1981，图版34，图1）。

10　贵州四川角石 *Sichuanoceras quichouense* Chang，1962

纵切面（登记号：NIGP35666）。主要特征：隔壁下凹较浅，不及一个气室；体管在成年期收缩。产地：贵州凯里洛棉；层位：志留系兰多维列统特列奇阶秀山组（陈均远，1981，图版28，图10）。

12　四川四川角石 *Sichuanoceras sichuanense*（Lai，1964）

纵切面（登记号：NIGP35690）。主要特征：壳表具纵纹；体管节亚方形；缝合线由背向腹倾斜，形成宽浅的腹叶。产地：贵州印江合水；层位：志留系兰多维列统特列奇阶秀山组（陈均远，1981，图版30，图7）。

图版 7-93 说明

1 雷家屯似扁卵角石 *Piestoocerina leijiatunsis* Chen，1981

正模，侧视（登记号：NIGP35431）。主要特征：外腹式弯曲；体管细，在腹边缘；体管节筒形；气室低矮。产地：贵州石阡雷家屯；层位：志留系兰多维列统特列奇阶秀山组（陈均远，1981，图版4，图10）。

2 合水五唇角石 *Pentameroceras heshuiense* Chen and Liu，1974

正模，侧视（登记号：NIGP22013）。主要特征：壳体类纺锤形；体管细小，位于壳的腹边缘；气壳粗短，扩大迅速。产地：贵州印江合水；层位：志留系兰多维列统特列奇阶秀山组（陈均远和刘耕武，1974，图版90，图11）。

3 圆形绞角石 *Systrophoceras circulare* Chen and Liu，1974

正模，侧视（登记号：NIGP22014）。主要特征：壳体小型，可能为环角石式。产地：重庆秀山溶溪；层位：志留系兰多维列统特列奇阶秀山组（陈均远和刘耕武，1974，图版90，图13）。

4 内弯弓鋋角石 *Cyrtractoceras endogastrum* Chen，1981

正模，侧视（登记号：NIGP35440）。主要特征：壳粗短，纺锤形内腹式弯曲；体管细窄，在腹边缘。产地：重庆秀山溶溪；层位：志留系兰多维列统特列奇阶秀山组（陈均远，1981，图版5，图18）。

5 云南窄楔角石 *Stenogomphoceras yunnanense* Chen，1981

正模，侧视（登记号：NIGP35795）。主要特征：壳短粗，微弱外腹式弯曲；体管近腹边缘。产地：云南盐津小华田；层位：志留系兰多维列统特列奇阶秀山组（陈均远，1981，图版30，图7）。

6 秀山似复管角石 *Mixosiphonocerina xiushanensis* Chen，1981

正模，侧视（登记号：NIGP35430）。主要特征：壳外腹式弯曲，体管位于壳的腹中之间，星节沉积发育，放射板以腹部最长。产地：重庆秀山溶溪；层位：志留系兰多维列统特列奇阶秀山组（陈均远，1981，图版38，图25）。

7 方形绞角石 *Systrophoceras quatratum* Chen，1981

正模，纵切面（登记号：NIGP35413）。主要特征：壳体小，环锥形；体管细小，在腹中之间；体管节圆柱状；隔壁颈亚直颈式，微弱外弯。产地：重庆秀山溶溪；层位：志留系兰多维列统特列奇阶秀山组（陈均远，1981，图版2，图14）。

8 湖南三裂角石 *Trimeroceras huananense* Chen，1981

正模，侧视（登记号：NIGP35439）。主要特征：壳体粗短，气壳短锥形，直径增长较快，住室向前收缩。产地：湖南龙山洛塔；层位：志留系兰多维列统特列奇阶秀山组（陈均远，1981，图版5，图17）。

9 弯曲似复管角石 *Mixosiphonocerina curvus* Chen，1981

正模，纵切面（登记号：NIGP35432）。主要特征：外腹式弯曲，壳弓锥形，体管较近腹部，体管节亚方形，隔壁颈直颈式，连接环不膨大。产地：贵州印江合水；层位：志留系兰多维列统特列奇阶秀山组（陈均远，1981，图版4，图14）。

10 圆形原闭角石 *Protophragmoceras orbitum* Chen，1981

正模，纵切面（登记号：NIGP35408）。主要特征：个体较小，弓锥形，内腹式弯曲，体管在腹部的近边缘，串珠状，体管节亚球形。产地：四川广元中子铺；层位：志留系兰多维列统特列奇阶秀山组（陈均远，1981，图版1，图16）。

11 小原闭角石 *Protophragmoceras exiguum* Chen，1981

正模，纵切面（登记号：NIGP35407）。主要特征：个体较小，弓锥形；内腹式弯曲，扩大较快；体管细小，在腹部的近边缘；体管节膨大。产地：四川广元中子铺；层位：志留系兰多维列统特列奇阶秀山组（陈均远，1981，图版1，图15）。

图版 7-94 说明

1—2　亚球形凯里角石 *Kailiceras subglomerosum* Chen，1981

1.副模，纵切面（登记号：NIGP35604）；2.正模，纵切面（登记号：NIGP35543）。主要特征：直壳，体管中稍偏腹部，体管节亚球形向前变为长圆形，隔壁颈弓颈式。产地：贵州凯里翁项、石阡雷家屯；层位：志留系兰多维列统特列奇阶秀山组（陈均远，1981，图版16，图9；图版23，图13）。

3　亚中心凯里角石 *Kailiceras subcentraticum* Chen and Liu，1974

副模，纵切面（登记号：NIGP35571）。主要特征：体管中稍偏腹部；隔壁颈阿门角石式，向前变为链角石式、亚直颈式。产地：贵州凯里翁项；层位：志留系兰多维列统特列奇阶秀山组（陈均远，1981，图版20，图2）。

4　内弯凯里角石 *Kailiceras endogastrum* Chen and Liu，1974

纵切面（登记号：NIGP22008）。主要特征：壳体微内弯，体管位于壳的中心偏腹部，体管节扁盘状；隔壁颈类似阿门角石式，晚年期壳趋向为链角石式。产地：贵州凯里洛棉；层位：志留系兰多维列统特列奇阶秀山组（陈均远和刘耕武，1974，图版89，图9）。

5—6　合水凯里角石 *Kailiceras heshuiense* Chen，1981

共模，纵切面（登记号：NIGP35539、35541）。主要特征：个体较小，微弱内腹弯曲，扩大迅速；体管中偏腹部；体管节由扁盘状向前变为亚球形、亚圆柱状；隔壁颈阿门角石式，前端为链角石式、亚直颈式。产地：贵州印江合水；层位：志留系兰多维列统特列奇阶秀山组（陈均远，1981，图版16，图5，7）。

7　细薄副海伦角石 *Parahelenites rarus* Chen，1981

正模，纵切面（登记号：NIGP35585）。主要特征：直壳，体管在腹中部，体管节扁球形，隔壁颈弓形，颈与下缘等长。产地：四川叙永古宋；层位：志留系兰多维列统特列奇阶秀山组（陈均远，1981，图版21，图17）。

8　外弯副海伦角石 *Parahelenites exogastrum* Chen，1981

正模，纵切面（登记号：NIGP35811）。主要特征：个体小型，微弱外腹弯曲，体管在壳体腹中之间，体管节扁球形，隔壁颈弓颈式。产地：重庆秀山溶溪；层位：志留系兰多维列统特列奇阶秀山组（陈均远，1981，图版40，图18）。

9　贵州似海伦角石 *Parahelenites guizhouense* Chen and Liu，1974

正模，纵切面（登记号：NIGP22007）。主要特征：壳体直形，体管节变球形，纵沟粗大，隔壁颈较长。产地：贵州凯里洛棉；层位：志留系兰多维列统特列奇阶秀山组（陈均远和刘耕武，1974，图版89，图6）。

10　可疑副海伦角石 *Parahelenites mistus* Chen，1981

正模，纵切面（登记号：NIGP35590）。主要特征：直壳，体管在腹中之间，体管节扁球形，隔壁颈弓颈式。产地：贵州凯里洛棉；层位：志留系兰多维列统特列奇阶秀山组（陈均远，1981，图版22，图7）。

11　可变副海伦角石 *Parahelenites varium* Chen，1981

正模，纵切面（登记号：NIGP35582）。主要特征：直壳，扩大快；体管在腹中之间，体管节亚球形；隔壁颈短，弓颈式，下缘与颈等长。产地：贵州凯里洛棉；层位：志留系兰多维列统特列奇阶秀山组（陈均远，1981，图版21，图12）。

图版 7-95 说明

1　雷家屯优山东角石 *Eushantungoceras leijiatunense* Chen，1981

正模，纵切面（登记号：NIGP35612）。主要特征：直壳，扩大缓慢；体管较粗，在腹中部；体管节亚球形，隔壁颈外弯。产地：贵州石阡雷家屯；层位：志留系兰多维列统特列奇阶秀山组（陈均远，1981，图版24，图15）。

2　亚球形优山东角石 *Eushantungoceras subglobam* Chen，1981

正模，纵切面（登记号：NIGP35610）。主要特征：直壳，体管位于腹中部，体管节扁圆形，隔壁颈阿门角石式。产地：贵州凯里洛棉；层位：志留系兰多维列统特列奇阶秀山组（陈均远，1981，图版24，图11）。

3—4　粗优山东角石 *Eushantungoceras robustum* Chen and Liu，1974

3.正模，纵切面（登记号：NIGP22005）；4.副模，纵切面（登记号：NIGP35529）。主要特征：壳体亚柱形；体管粗大，位于壳的腹中部；体管节扁盘形；隔壁颈阿门角石式。产地：贵州凯里洛棉；层位：志留系兰多维列统特列奇阶秀山组（陈均远和刘耕武，1974，图版89，图1；陈均远，1981，图版15，图1）。

5　小副海伦角石 *Parahelenites parvus* Chen，1981

正模，纵切面（登记号：NIGP35572）。主要特征：个体较小，直壳，体管背缘在壳体中轴的背侧，隔壁颈弓颈式。产地：贵州凯里洛棉；层位：志留系兰多维列统特列奇阶秀山组（陈均远，1981，图版20，图7）。

6—7，10　下曲优山东角石 *Eushantungoceras deflexum* Chen，1981

共模，纵切面（登记号：NIGP35614、35584、35613）。主要特征：壳体较大，直壳，扩大缓慢；体管较粗，在腹中部；隔壁颈阿门角石式。产地：贵州凯里翁项；层位：志留系兰多维列统特列奇阶秀山组（陈均远，1981，图版21，图15；图版24，图16—17）。

8—9　溶溪宽垫角石 *Euryarthroceras rongxiense* Chen，1981

8.副模，纵切面（登记号：NIGP35595）；9.正模，纵切面（登记号：NIGP35596）。主要特征：个体较大，直壳，体管在腹部近边缘，隔壁颈弓颈式。产地：贵州石阡雷家屯、重庆秀山溶溪；层位：志留系兰多维列统特列奇阶秀山组（陈均远，1981，图版22，图12，14）。

图版 7-96 说明

1, 12 边缘河云村角石 *Heyuncunoceras marginale* Chen, 1981

共模, 纵切面 (登记号: NIGP35598、35599)。主要特征: 壳体直形, 体管与腹壁直接接触或近于接触, 体管沉积发育。产地: 云南曲靖河云村; 层位: 志留系罗德洛统卢德福特阶关底组 (陈均远, 1981, 图版23, 图3、5)。

2 梨形河云村角石 *Heyuncunoceras pyriforme* Chen, 1981

共模, 纵切面 (登记号: NIGP35600)。主要特征: 直壳, 体管位于腹边缘, 体管节膨大, 体管节倒梨形, 隔壁颈弓颈式。产地: 云南曲靖河云村; 层位: 志留系罗德洛统卢德福特阶关底组 (陈均远, 1981, 图版23, 图7)。

3—4 扁圆宽盘角石 *Platysmoceras depreuum* Chen, 1981

共模, 纵切面 (登记号: NIGP35535、35534)。主要特征: 个体较小, 直壳, 体管位于腹部, 体管节扁盘状, 隔壁颈弓颈式, 连接环膨大。产地: 云南曲靖河云村; 层位: 志留系罗德洛统卢德福特阶关底组 (陈均远, 1981, 图版15, 图9、11)。

5 曲靖四川角石 *Sichuanoceras qujingense* Chen, 1981

正模, 纵切面 (登记号: NIGP35819)。主要特征: 壳体较小, 直壳, 体管较粗在腹边缘, 体管节膨大, 隔壁颈弓颈式。产地: 云南曲靖河云村; 层位: 志留系罗德洛统卢德福特阶关底组 (陈均远, 1981, 图版40, 图28)。

6 云南四川角石 *Sichuanoceras yunanense* Chen, 1981

正模, 纵切面 (登记号: NIGP35818)。主要特征: 个体较小, 直壳, 体管在腹部近边缘, 隔壁颈微弯。产地: 云南曲靖河云村; 层位: 志留系罗德洛统卢德福特阶关底组 (陈均远, 1981, 图版40, 图27)。

7 收缩扇盘角石 *Platysmoceras contractum* Chen, 1981

正模, 纵切面 (登记号: NIGP35601)。主要特征: 直壳, 扩大缓慢; 体管位于腹边缘, 体管节扁盘状; 隔壁颈弓颈式。产地: 云南曲靖河云村; 层位: 志留系罗德洛统卢德福特阶关底组 (陈均远, 1981, 图版22, 图12、14)。

8 算盘宽盘角石 *Platysmoceras suapanoides* Chen, 1981

正模, 纵切面 (登记号: NIGP35533)。主要特征: 直壳; 体管在腹部, 向前向背移位; 体管节扁盘状, 膨大明显; 隔壁颈短, 腹部链角石式。产地: 云南曲靖河云村; 层位: 志留系罗德洛统卢德福特阶关底组 (陈均远, 1981, 图版23, 图9)。

9—10 内弯河云村角石 *Heyuncunoceras endogastrum* Chen, 1981

9.正模, 纵切面, 10.副模, 纵切面 (登记号: NIGP35537、35538)。主要特征: 壳微弱内弯, 体管位于腹边缘, 体管节略膨大, 隔壁颈短, 弯颈式。产地: 云南曲靖河云村; 层位: 志留系罗德洛统卢德福特阶关底组 (陈均远, 1981, 图版15, 图15、17)。

11 宁蒗柯柏宁角石 *Michelinoceras (Kopaninoceras) ninglangense* Chen, 1981

正模, 纵切面 (登记号: NIGP35798)。主要特征: 个体较大, 直壳, 体管居中, 隔壁颈向始端收缩成漏斗状。产地: 云南宁蒗羊窝子; 层位: 志留系罗德洛统卢德福特阶关底组 (陈均远, 1981, 图版39, 图8)。

13 曲靖副海伦角石 *Parahelenites qujingense* Chen, 1981

正模, 纵切面 (登记号: NIGP35607)。主要特征: 体管位置可能在壳体腹中间, 体管节扁球形, 隔壁颈链角石式。产地: 云南曲靖河云村; 层位: 志留系罗德洛统卢德福特阶关底组 (陈均远, 1981, 图版24, 图1)。

图版 7-97 说明

1—2，5　潇湘潇湘角石 *Xiaoxiangoceras xiaoxiangense* Chen，1981

1.副模，纵切面（登记号：NIGP35784）；2.副模，纵切面（登记号：NIGP35785）；5.正模，纵切面（登记号：NIGP35783）。主要特征：直壳，个体小型，壳表有微弱横环；体管细小，中稍偏腹部；隔壁颈亚直短颈式。产地：云南曲靖潇湘水库；层位：志留系罗德洛统卢德福特阶妙高组（陈均远，1981，图版37，图20–22）。

3，6　瓶状直环角石 *Euthyocycloceras battlatum* Chen，1981

3.正模，纵切面（登记号：NIGP35793）；6.副模，纵切面（登记号：NIGP35794）。主要特征：壳体圆柱状，表面呈现微弱的横环；体管亚中心稍偏腹部，隔壁颈亚直颈式，连接环始端急剧弯曲。产地：云南曲靖廖角山；层位：志留系罗德洛统卢德福特阶妙高组（陈均远，1981，图版38，图23–24）。

4　简单斜环角石 *Obliocycloceras simplex* Chen，1981

正模，纵切面（登记号：NIGP35777）。主要特征：直壳，壳表横环疏而强壮，体管细，亚中心稍偏腹部，隔壁颈直短颈式。产地：云南曲靖廖角山；层位：志留系罗德洛统卢德福特阶妙高组（陈均远，1981，图版38，图15）。

7，10　廖角山直环角石 *Euthyocycloceras liaojiaoshanense* Chen，1981

7.副模，纵切面（登记号：NIGP35772）；10.正模，纵切面（登记号：NIGP35771）。主要特征：直壳，体管细，亚中心，隔壁颈直短颈式。产地：云南曲靖廖角山；层位：志留系罗德洛统卢德福特阶妙高组（陈均远，1981，图版37，图11–12）。

8，12　规则似斜环角石 *Obliocycloceroides regulare* Chen，1981

8.正模，纵切面（登记号：NIGP35780）；12.副模，纵切面（登记号：NIGP35781）。主要特征：直壳；体管细小，在腹边缘；隔壁颈直短颈式。产地：云南曲靖廖角山；层位：志留系罗德洛统卢德福特阶妙高组（陈均远，1981，图版38，图20–21）。

9　曲靖直环角石 *Euthyocycloceras qujingense* Chen，1981

正模，纵切面（登记号：NIGP35763）。主要特征：壳亚圆柱形，早期短锥形；体管细，偏中心；隔壁颈直短颈式。产地：云南曲靖廖角山；层位：志留系罗德洛统卢德福特阶妙高组（陈均远，1981，图版27，图2）。

11　收缩云南角石 *Yunnanoceras contractum* Chen，1981

正模，纵切面（登记号：NIGP35428）。主要特征：微弱外腹式弯曲，体管在腹边缘，梯级状。产地：云南曲靖潇湘水库；层位：志留系罗德洛统卢德福特阶妙高组（陈均远，1981，图版3，图26）。

图版 7-98 说明

1 假隔壁潇湘角石 *Xiaoxiangoceras pseudoseptatum* Chen，1981

正模，纵切面（登记号：NIGP35788）。主要特征：壳体小型，近直，或微弱内腹式弯曲，体管亚中心稍偏腹部，隔壁颈微弱内斜。产地：云南曲靖潇湘水库；层位：志留系罗德洛统顶部至普里道利统玉龙寺组（陈均远，1981，图版38，图7）。

2 简单古圈角石 *Palaeospyroceras simplex* Chen，1981

正模，纵切面（登记号：NIGP35791）。主要特征：直壳，体管亚中心稍近腹部，隔壁颈亚直颈式，连接环微弱膨大。产地：云南曲靖潇湘水库；层位：志留系罗德洛统顶部至普里道利统玉龙寺组（陈均远，1981，图版38，图12）。

3，6 廖角山圆柱角石 *Kionoceras liaojiaoshanense* Chen，1981

3.副模，纵切面（登记号：NIGP35464）；6.正模，纵切面（登记号：NIGP35463）。主要特征：个体中等，直角石式壳，体管亚中心，缝合线近横直。产地：云南曲靖廖角山；层位：志留系罗德洛统顶部至普里道利统玉龙寺组（陈均远，1981，图版7，图24–25）。

4 奇异单沟角石 *Monofoveoceras peculare* Chen，1981

正模，纵切面（登记号：NIGP35782）。主要特征：直壳，体管细小、居中，隔壁颈直短颈式。产地：云南曲靖廖角山；层位：志留系罗德洛统顶部至普里道利统玉龙寺组（陈均远，1981，图版38，图3）。

5 卵形近祖角石 *Plesiorizosceras ovatum* Chen，1981

正模，侧视（登记号：NIGP35429）。主要特征：直壳，短锥形；体管细小，在腹边缘。产地：云南曲靖廖角山；层位：志留系罗德洛统顶部至普里道利统玉龙寺组（陈均远，1981，图版4，图1）。

7 迭部圆柱角石 *Kionoceras diebuense* Chen，1981

正模，纵切面（登记号：NIGP35646）。主要特征：直壳，体管居中，隔壁颈亚直颈式，连接环微膨大。产地：甘肃迭部县城附近；层位：志留系罗德洛统顶部至普里道利统玉龙寺组（陈均远，1981，图版27，图2）。

8 云南始坚耳角石 *Eostereotoceras yunnanense* Chen，1981

正模，侧视（登记号：NIGP35427）。主要特征：环角石式壳；体管细小，在腹边缘；体管节中部膨大状。产地：云南曲靖廖角山；层位：志留系罗德洛统顶部至普里道利统玉龙寺组（陈均远，1981，图版3，图22）。

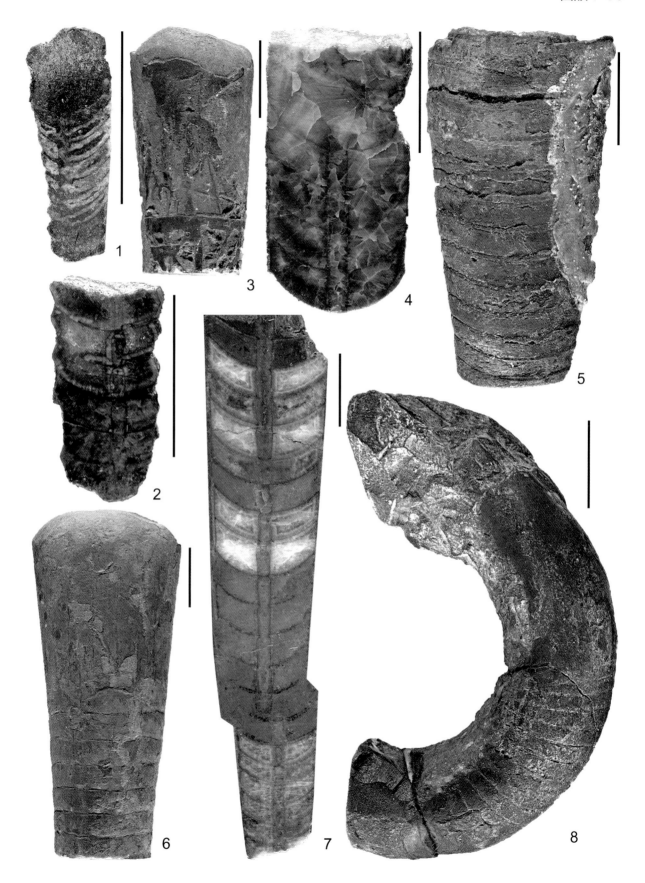

图版 7-99 说明

1　印迹云南角石 *Yunnanoceras impressum* Chen，1981

正模，侧视（登记号：NIGP35422）。主要特征：壳外弯，体管在腹边缘且细小，体管节微弱膨大。产地：云南曲靖廖角山；层位：志留系罗德洛统顶部至普里道利统玉龙寺组（陈均远，1981，图版3，图6）。

2　廖角山外弓角石 *Ectocyrtoceras liaojiaoshanese* Chen，1981

正模，纵切面（登记号：NIGP35438）。主要特征：壳外弯，体管在腹边缘且细小。产地：云南曲靖廖角山；层位：志留系罗德洛统顶部至普里道利统玉龙寺组（陈均远，1981，图版5，图16）。

3　梯状云南角石 *Yunnanoceras scalarilorme* Chen，1981

正模，侧视（登记号：NIGP35446）。主要特征：个体外腹式弯曲，体管位于腹边缘，背缘梯级状。产地：云南曲靖廖角山；层位：志留系罗德洛统顶部至普里道利统玉龙寺组（陈均远，1981，图版6，图12）。

4　平背云南角石 *Yunnanoceras planodorsum* Chen，1981

正模，纵切面（登记号：NIGP35426）。主要特征：壳外腹弯曲；体管细，位于壳的腹边缘。产地：云南曲靖廖角山；层位：志留系罗德洛统顶部至普里道利统玉龙寺组（陈均远，1981，图版3，图19）。

5　扁圆粗根角石 *Euryrizoceras depressum* Chen，1981

正模，侧视（登记号：NIGP35441）。主要特征：壳小，外腹式弯曲，扩大甚快；体管细小，在腹边缘。产地：云南曲靖廖角山；层位：志留系罗德洛统顶部至普里道利统玉龙寺组（陈均远，1981，图版5，图19）。

6　密壁沃氏角石 *Worthenoceras densum* Chen，1981

正模，侧视（登记号：NIGP35434）。主要特征：壳近直，体管在腹边缘。产地：云南曲靖廖角山；层位：志留系罗德洛统顶部至普里道利统玉龙寺组（陈均远，1981，图版4，图20）。

7　大型拜垒角石 *Byronoceras amplum* Chen，1981

正模，侧视（登记号：NIGP35799）。主要特征：个体较大，外腹式弯曲，扩大缓慢；体管在腹边缘。产地：云南曲靖廖角山；层位：志留系罗德洛统顶部至普里道利统玉龙寺组（陈均远，1981，图版34，图2）。

8　曲靖拜垒角石 *Byronoceras qujingense* Chen，1981

正模，侧视（登记号：NIGP35436）。主要特征：壳体外腹式弯曲；体管细小、中空，在腹的近边缘；连接环轻微膨大。产地：云南曲靖廖角山；层位：志留系罗德洛统顶部至普里道利统玉龙寺组（陈均远，1981，图版5，图4）。

7.8 苔藓虫

7.8.1 结构术语解释及插图

苔藓虫，又称苔虫，几乎全都是固着的或非移动的悬浮摄食海生群体动物，包括内肛动物和外肛动物。然而，内肛动物的数量很少，没有化石记录，其与外肛动物系统演化关系不清，因此，苔藓虫通常也被称为外肛动物。外肛动物是海洋无脊椎动物中一个超大的门类，包括三个纲（狭唇纲、裸唇纲和被唇纲）和七个目（爱沙尼亚目、变口目、管孔目、隐口目、泡孔目、窗孔目、栉口目和唇口目）。

苔藓虫自奥陶纪早期出现以来，繁盛至今。绝大多数苔虫具有钙质骨骼容易保存为化石，因此化石记录丰富，用于地层划分和对比上的潜力很大。狭唇纲中的爱沙尼亚目、变口目、隐口目和泡孔目以及宽唇纲中的窗孔目都是现已灭绝的苔虫目一级的分类群，它们灭绝于古生代末之前的晚二叠世吴家坪期，在三叠系少量发现的只是一些古生代的"滞留者"。因此，这四个目通常也称为古生代苔虫，尤其是变口目，在早古生代地层，特别是在对以勘探开发石油和天然气为研究目的的井下地层的划分和对比上有很大的应用价值。

1. 苔藓虫的基本形态结构

苔藓虫为群生生物，由1个或具有联系的多个类型一致的个虫以及个虫外骨骼构造部分组成（插图7.29）。古生物学中，这些骨骼构造的形态特征是苔藓动物系统分类的重要基础。个虫外部硬壳称为虫室，常为管状，也可以是锥状、筒状等；具有取食功能的为自虫室，否则为异虫室。在泡孔目中，其虫室的外口处后方体壁上，常具有月牙构造。在虫室内部常具有横板，这些横板将虫室分成许多长短不等的段。在虫管的一边有时具有弯曲的互相叠覆的横板结构，名为泡孔；虫室与虫室之间有许多种属也可以发育类似自虫室的间隙孔等。在体壁上，尤其是虫室和虫室的接触角处常具有刺状结构，称为刺突，在横切面呈圆点状或圆圈状。

2. 主要结构术语名词解释

自虫室：个虫的骨骼部分，是构成硬体的最基本单元。

间隙孔：个虫间个虫外充填的空间构造。

泡孔：个虫外的骨骼构造，通常发育于泡孔类中，由相邻的或叠覆的小泡骨质构成。

刺突：群体表面生长的个虫外的刺或结节，大致平行于相邻的虫室，由致密的骨质柱状体或一般没有特色的方解石的核部及其包绕的环状支撑的细鞘片层组成；一般集中在个虫界壁内，明显突出于群体表面。

横板：虫室内的横向骨质分隔部分，穿越整个自虫室，是虫体生命退化和再生周期的标志。

内区：群体中由自虫室外体壁至群体的表面部分。

外区：群体中由自虫室内体壁构成的部分。

月牙构造：泡孔目中，自虫室体壁边缘突出于群体表面的月牙形构造。

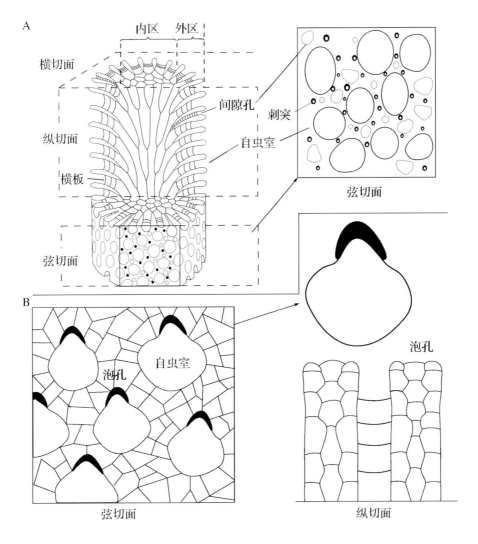

插图 7.29　变口目（A）和泡孔目（B）的主要形态特征［修改自 Ernst *et al.*（2015）］

中板：在隐口目中，平行于群体生长方向的直立群体的体壁，多个个虫由此背对背长出，形成叶状群体。

7.8.2 图版及图版说明

除特殊注明外，所有标本均保存在中国科学院南京地质古生物研究所（图版7-100~7-106）。

图版 7-100 说明

1—2　精美霍尔氏苔藓虫 *Hallopora elegantala* Hall，1852

1.登记号：104598；1a.横切面（比例尺=500 μm）；1b.纵切面（比例尺=500 μm）；2.登记号：104599；弦切面（比例尺=200 μm）。主要特征：群体枝状；自虫室管状，具内区与外区分化：内区体壁薄，叠层状，横板少量发育或缺失，而外区横板较多；间隙孔发育，形状多样，内发育丰富横板，呈竹节状或串珠状；室口圆形、次圆形；体壁内有壁刺（mural spines）发育。产地：安徽含山县陈夏村；层位：志留系兰多维列统特列奇阶陈夏村组（夏凤生和齐敦伦，1989，图版 I，图1–7；图版 II，图1）。

3　少板霍尔氏苔藓虫 *Hallopora raritabulata* Xia，1989

副模，登记号：104601。3a.横切面（比例尺=500 μm）；3b.纵切面（比例尺=500 μm）；3c.弦切面（比例尺=500 μm）。主要特征：群体枝状；自虫室管状，具内区与外区分化：内区体壁薄，叠层状，横板少量发育或缺失，而外区短，横板少量；间隙孔发育，形状多样，内发育丰富横板，呈竹节状或串珠状；室口圆形、次圆形；体壁内无壁刺发育。产地：安徽含山县陈夏村；层位：志留系兰多维列统特列奇阶陈夏村组（夏凤生和齐敦伦，1989，图版 I，图8；图版 II，图2–5；图版 III，图9）。

4　含山霍尔氏苔藓虫 *Hallopora hanshanensis* Xia，1989

副模，登记号：104603。4a.横切面（比例尺=1000 μm）；4b.纵切面（比例尺=500 μm）；4c.弦切面（比例尺=200 μm）。主要特征：群体枝状；自虫室管状，具内区与外区分化：内区体壁薄，叠层状，横板少量发育或缺失，而外区体壁厚，有少量横板；间隙孔发育，形状多样，内发育丰富横板，呈竹节状或串珠状；室口圆形、次圆形；体壁内无壁刺发育。产地：安徽含山县陈夏村；层位：志留系兰多维列统特列奇阶陈夏村组（夏凤生和齐敦伦，1989，图版 II，图6；图版 III，图1–8）。

5　退潮洞苔藓虫 *Trematopora reflua* Xia，1989

正模，登记号：104604。5a.横切面（比例尺=1000 μm）；5b.纵切面（比例尺=1000 μm）；5c.弦切面（比例尺=200 μm）。主要特征：群体枝状；虫室具内、外区分化：内区体壁薄，呈不规则或波状弯曲，横板较少，平直，而外区窄，体壁向外加厚，叠层状结构，横板较多；间隙孔发育，具较多横板，多内凹，呈串珠状；室口大，因发育壁刺或者刺突常呈花瓣状。产地：安徽含山县陈夏村；层位：志留系兰多维列统特列奇阶陈夏村组（夏凤生和齐敦伦，1989，图版 IV，图1–7）。

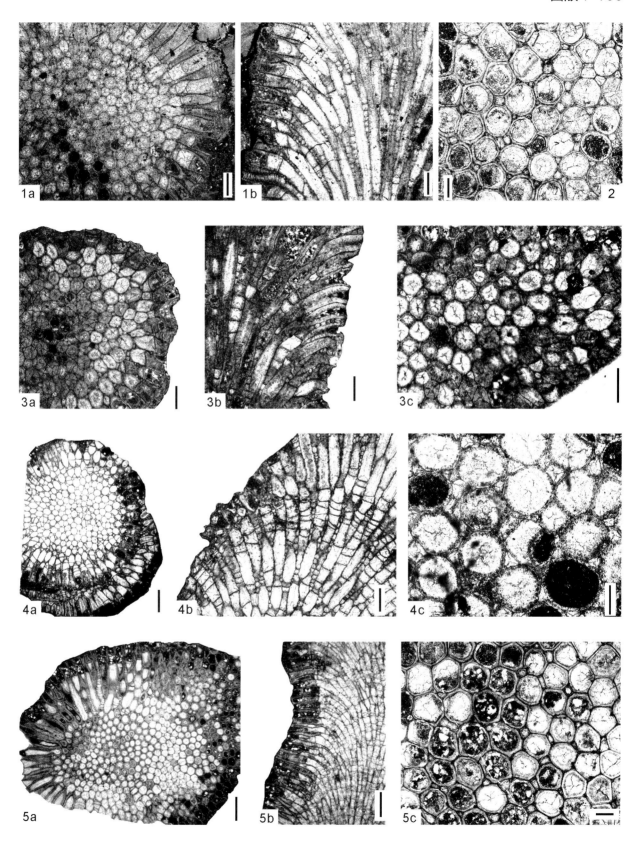

图版 7-101 说明

1 宁强笛苔藓虫 *Fistulipora ningqiangensis* Hu，1990

正模，登记号：112558。1a.横切面（比例尺=1000 μm）；1b.纵切面（比例尺=200 μm）；1c.弦切面（比例尺=200 μm）。主要特征：群体呈薄层状；室口呈次圆形或圆形，具有月牙构造，体壁为均质颗粒状组织；泡孔组织十分发育，呈不规则多角形，叠瓦状排列于虫室底部，近硬体边缘则呈短柱状；横板发育，薄且平直。产地：陕西宁强；层位：志留系兰多维列统特列奇阶宁强组（胡兆珣，1990，图版 I，图1–4）。

2 密集圆孔苔藓虫 *Cyclotrypa solidescens* Hu，1990

正模，登记号：112559。2a.横切面（比例尺=200 μm）；2b.纵切面（比例尺=500 μm）。主要特征：群体团块状；虫管多层发育，室口小，圆形，具月牙构造；体壁薄，呈颗粒状组织；泡孔组织发育，不规则多边形，紧密叠覆排列；横板稀少，平直，间距较大。产地：陕西宁强；层位：志留系兰多维列统特列奇阶宁强组（胡兆珣，1990，图版 I，图5–7）。

3 花瓣形汉尼克苔藓虫 *Hennigpora petaliformis* Hu，1982

登记号：112560。3a.横切面（比例尺=500 μm）；3b.纵切面（比例尺=1000 μm）；3c.弦切面（比例尺=200 μm）。主要特征：群体枝状；虫室花瓣状，大小相近，规则分布；横板较少；泡孔组织发育，圆形或多边形，分布在虫室之间；虫室体壁在外区略微加厚，呈粒状构造；刺突发育。产地：陕西宁强大竹坝；层位：志留系兰多维列统特列奇阶宁强组（胡兆珣，1990，图版 I，图8）。

4 华美光枝苔藓虫 *Leioclema speciose* Hu，1982

登记号：112561。4a.横切面（比例尺=500 μm）；4b.纵切面（比例尺=500 μm）；4c.弦切面（比例尺=100 μm）。主要特征：虫管具内区和外区分化，内区呈钝角向外区弯曲；室口圆形或卵形；体壁在内区薄，略弯曲，在外区稍加厚；间隙孔存在，具有较多横板，平直且厚；刺突较少。产地：陕西宁强大竹坝；层位：志留系兰多维列统特列奇阶宁强组（胡兆珣，1990，图版2，图4–6）。

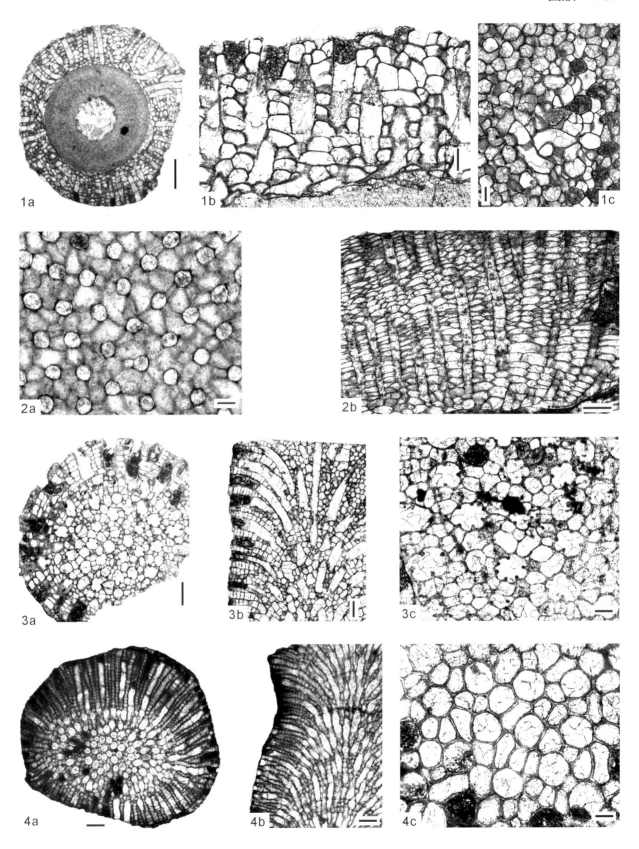

图版 7-102 说明

1　宁强同苔藓虫 *Homotrypa ningqiangensis* Hu，1990

正模，登记号：112563。1a.横切面（比例尺=1000 μm）；1b.弦切面（比例尺=200 μm）；1c.纵切面（比例尺=500 μm）。主要特征：群体枝状，室口为圆角多边形，大小近似，彼此相连；间隙孔少、小，位于自虫室之间；体壁在外区明显加厚，呈叠层状构造，在内区较薄，颗粒状；刺突发育，位于自虫室交角处；横板十分发育，多平直，弯曲横板呈叠瓦状排列。产地：陕西宁强；层位：志留系兰多维列统特列奇阶宁强组（胡兆珣，1990，图版 III，图2–4）。

2　穆氏奥比尼氏苔藓虫 *Orbignyella mui* Yang，1951

登记号：112566。2a.弦切面（比例尺=500 μm）；2b.弦切面放大（比例尺=200 μm）；2c.纵切面（比例尺=500 μm）。主要特征：硬体枝状，自虫室室口的群聚或组合；自虫室室口多边形，体壁厚薄不均匀；间隙孔或发育不全的小的虫室缺失；刺突小，不明显；内、外带内有少量的弯曲横板，有时在外带内平直的横板向中间弯曲有形成漏斗横板的趋向。产地：陕西宁强大竹坝；层位：志留系兰多维列统特列奇阶宁强组（胡兆珣，1990，图版 IV，图1–2）。

3　陕西单苔藓虫 *Monotrypa shaanxiensis* Hu，1990

副模，登记号：112565。3a.横切面（比例尺=1000 μm）；3b.纵切面（比例尺=1000 μm）。主要特征：群体团块状，虫管呈放射状排列发育；室口为多边形；横板较少，薄且平直，间距大。产地：陕西宁强；层位：志留系兰多维列统特列奇阶宁强组（胡兆珣，1990，图版 III，图5–7）。

4　波驼峰苔藓虫 *Cyphotrypa undulata* Hu，1990

正模，登记号：112568。4a.纵切面（比例尺=500 μm）；4b.横切面（比例尺=2000 μm）；4c.放大纵切面（比例尺=500 μm）。主要特征：室口为五边或六边形，大小近似；虫管横板发育丰富，平行排列；体壁薄；刺突稀少，位于相邻两虫室交角处。产地：陕西宁强；层位：志留系兰多维列统特列奇阶宁强组（胡兆珣，1990，图版 IV，图5–6）。

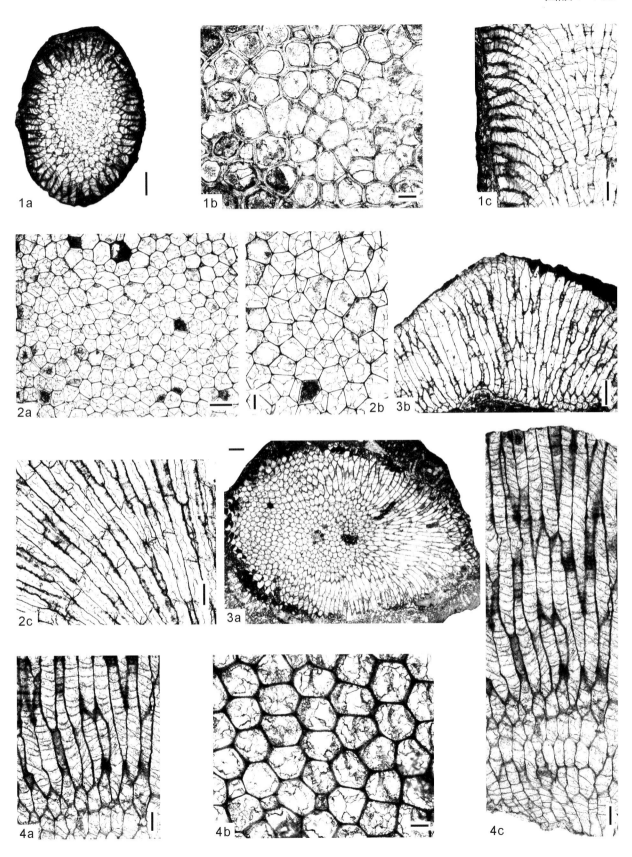

图版 7-103 说明

1 陕西单苔藓虫 *Monotrypa shaanxiensis* Hu，1990

正模，登记号：112564。1a.横切面（比例尺=1000 μm）；1b.弦切面（比例尺=200 μm）；1c.纵切面（比例尺=500 μm）。主要特征：群体团块状，虫管呈放射状排列发育；室口为多边形；横板较少，薄且平直，间距大。产地：陕西宁强；层位：志留系兰多维列统特列奇阶宁强组（胡兆珣，1990，图版 III，图5-7）。

2 无刺攀苔藓虫 *Batostoma inospinosus* Yang and Xia，1976

正模，登记号：31583。2a.横切面（比例尺=500 μm）；2b.弦切面（比例尺=200 μm）；2c.纵切面（比例尺=500 μm）。主要特征：群体枝状、分叉、表面具突起；自虫室与间虫室构成；自虫室具内、外区分化，内区较外区宽；内体体壁薄，具波状弯曲。产地：云南曲靖；层位：志留系罗德洛统妙高组（杨敬之和夏凤生，1976，图版 I，图3-4）。

3 曲靖攀苔藓虫 *Batostoma qujingense* Yang and Xia，1976

正模，登记号：31579。3a.横切面（比例尺=500 μm）；3b.弦切面（比例尺=500 μm）；3c.纵切面（比例尺=500 μm）。主要特征：群体枝状、分叉，表面有突起；自虫室具内、外区分化，内区无横板，外区横板发育；间隙孔多，发育有丰富的横板，泡沫状；虫室交角处有刺突。产地：云南曲靖；层位：志留系罗德洛统妙高组（杨敬之和夏凤生，1976，图版 I，图1-2）。

4 宽边攀苔藓虫 *Batostoma peripherolatus* Yang and Xia，1976

正模：登记号：31585。4a.横切面（比例尺=500 μm）；4b.弦切面（比例尺=100 μm）；4c.纵切面（比例尺=500 μm）。主要特征：群体枝状、分叉，表面明显突起结构；自虫室虫管具内、外区分化，内区体壁薄，横板少，而外区体壁加厚，横板丰富；外区发达，可形成三个生长层；间隙孔发育，形状多样，大小与分布不均；横板发达，使间隙孔呈串珠状或泡沫状；自虫室间无刺突。产地：云南曲靖；层位：志留系罗德洛统妙高组（杨敬之和夏凤生，1976，图版 I，图7-9）。

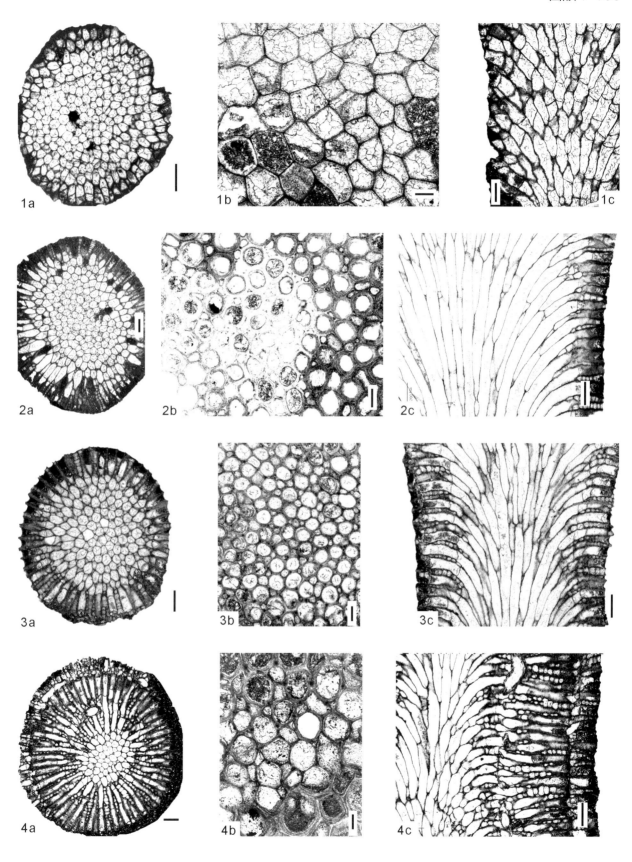

图版 7-104 说明

1　宣恩霍尔氏苔藓虫 *Hallopora xuanenense* Yang and Xia，1976

正模，登记号：31586。1a.横切面（比例尺=200 μm）；1b.弦切面（比例尺=200 μm）；1c.纵切面（比例尺=200 μm）。
主要特征：群体枝状；自虫室具内、外区分化，内区较窄，体壁薄，呈微波状弯曲，而外区宽，体壁加厚；横板在外区
发育，较多；间隙孔发育，次圆形或不规则形，内有较多平直横板。产地：湖北宣恩高罗；层位：兰多维列统（杨敬之
和夏凤生，1976，图版 I，图5–6）。

2　美攀苔藓虫 *Batostoma bellus* Yang and Xia，1976

正模，登记号：31587。2a.横切面（比例尺=500 μm）；2b.纵切面（比例尺=500 μm）；2c.弦切面（比例尺=200 μm）。
主要特征：群体枝状、分叉，表面具突起；内区体壁薄，微波状弯曲，横板缺失；外区体壁不规则加厚，有横板发育；
自虫室室口次圆形或圆角多变形；间隙孔形状和大小不一，分布不均，内有较密横板；虫室间具刺突。产地：云南曲
靖；层位：志留系罗德洛统妙高祖（杨敬之和夏凤生，1976，图版 I，图10–12）。

3　椭圆斜苔藓虫 *Eridotrypa elliptica* Yang and Xia，1976

正模，登记号：31598。3a.横切面（比例尺=200 μm）；3b.纵切面（比例尺=200 μm）；3c.弦切面（比例尺=100 μm）。
主要特征：群体细枝状，底部匍匐寄生，表面平；自虫室具有内、外区分化，内区较宽，体壁薄，而外区体壁加厚；横
板发育，尽在外区出现；室口椭圆形，纵向和斜向成行排列；虫室周围有刺突，粒状。产地：云南曲靖；时代：志留系
普里道利统玉龙寺组（杨敬之和夏凤生，1976，图版 II，图1–4）。

4　喇叭珊瑚葱苔藓虫 *Prasopora codonophylloides* Yang and Xia，1976

正模，登记号：31599。4a.横切面（比例尺=200 μm）；4b.纵切面（比例尺=200 μm）；4c.放大纵切面（比例尺=100
μm）。主要特征：群体半球状、不规则团块状等，表面具有大虫室和间隙孔组成的斑点或突起；自虫室虫管菱柱形，发
育横板和泡沫板；室口圆形或卵形；间隙孔多边形，内有紧密分布的横板；刺突发育。产地：贵州桐梓韩家店；层位：
志留系兰多维列统埃隆阶石牛栏组（杨敬之和夏凤生，1976，图版 II，图5–6）。

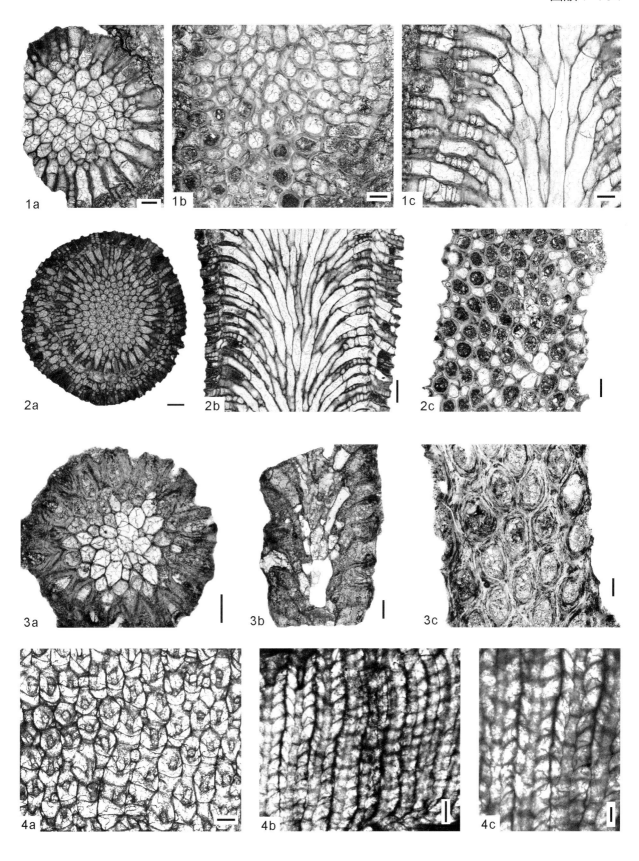

图板 7-105 说明

1 链光枝苔藓虫 *Leioclema catenatus* Yang and Xia，1976

正模，登记号：31600。1a.横切面（比例尺=1000 μm）；1b.弦切面（比例尺=100 μm）；1c.纵切面（比例尺=500 μm）。主要特征：群体团块状，表面具由较大的虫室形成的斑点；虫管横板少，有时缺失；间隙孔发达且横板多；室口次圆形至多边形（以四边形和五边形为主）；刺突较多，每一虫室周围有5~7个，个别的可达9个，粒状，位于室口或室口与间隙孔的交角处。产地：云南曲靖；层位：志留系罗德洛统妙高祖（杨敬之和夏凤生，1976，图版II，图7–8）。

2 中国笛枝苔藓虫 *Fistuliramus sinensis* Astrova，1960

登记号：31601。2a.横切面（比例尺=1000 μm）；2b.弦切面（比例尺=100 μm）；2c.纵切面（比例尺=500 μm）。主要特征：群体分叉枝状，表面平，无突起；虫管具内、外区分化，内区体壁较薄，外区体壁无明显加厚；泡状组织在内区大，呈拉长多边形，在外区小；横板发育，一般平直；室口次圆形，具月牙构造。产地：云南曲靖；层位：志留系普里道利统玉龙寺组（杨敬之和夏凤生，1976，图版II，图13–14）。

3—4 无刺孔菱苔藓虫 *Rhombopora inermis* Yang and Xia，1976

3.正模，登记号：31602。3a.横切面（比例尺=200 μm）；3b.弦切面（比例尺=200 μm）；3c.纵切面（比例尺=500 μm）。4.副模，登记号：31603。4a.横切面（比例尺=500 μm）；4b.弦切面（比例尺=200 μm）；4c.纵切面（比例尺=500 μm）。主要特征：硬体枝状，表面卵形至椭圆形的室口排列规则；"主虫管"由下至上虫管逐渐变细，其他虫管从"主虫管"上分叉长出，在横切面中呈辐射状分布，与硬体表面斜交；内区体壁薄，而外区体壁加厚，融合现象明显；刺孔少；间隙孔、横板和半隔板缺失。产地：贵州石阡；层位：志留系兰多维列统（杨敬之和夏凤生，1976，图版II，图15–17）。

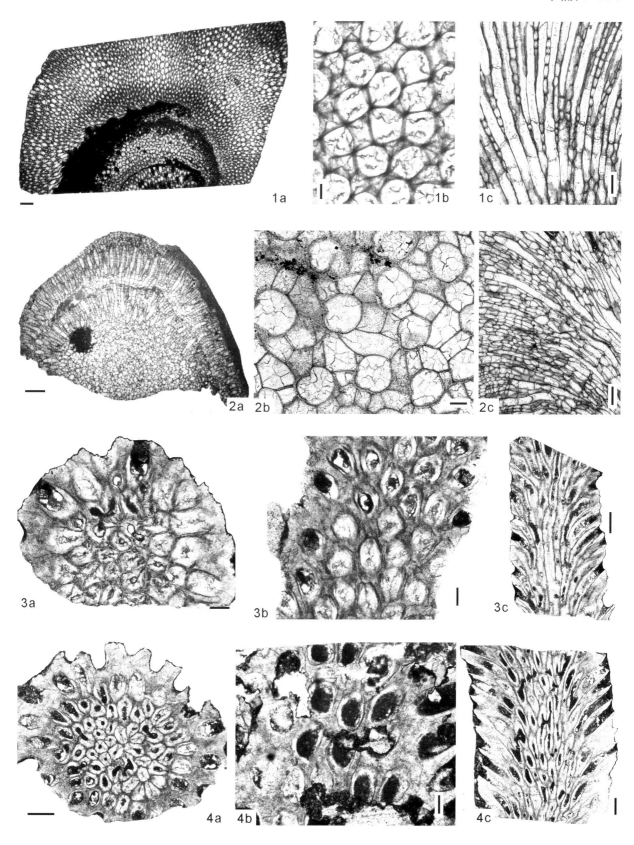

1a 1b 1c
2a 2b 2c
3a 3b 3c
4a 4b 4c

图版 7-106 说明

1　妙高疣苔藓虫 *Helopora miaogaoensis* Yang and Xia，1976

正模，登记号：31604。1a.横切面（比例尺=100 μm）；1b.弦切面（比例尺=100 μm）；1c.纵切面（比例尺=500 μm）。主要特征主要特征：群体细棒状，表面平滑；室口清晰，纵斜交错排列；内区宽，体壁薄，而外区体壁厚；横板少，仅分布在外区；室口卵形，纵斜交错排列；刺孔发育，大，粒状。产地：云南曲靖；层位：志留系罗德洛统妙高组（杨敬之和夏凤生，1976，图版III，图6）。

2　棒疣苔藓虫 *Helopora clavatula* Yang and Xia，1976

正模，登记号：31605。2a.横切面（比例尺=100 μm）；2b.纵切面（比例尺=500 μm）；2c.纵切面放大（100 μm）；2d.弦切面（比例尺=100 μm）。主要特征：群体细棒状，表面平，室口纵斜交错分布；内区宽，约占硬体直径的1/2，体壁薄，而外区体壁厚，有的甚至融合；横板完全缺失；室口卵形，纵斜交错排列；无刺孔。产地：云南曲靖；层位：志留系普里道利统玉龙寺组（杨敬之和夏凤生，1976页，图版II，图1–2，3a，4，5a）。

3　舌状乌尔里克柱苔藓虫 *Ulrichostylus lingulatus* Yang and Xia，1976

正模，登记号：31606。3a.横切面（比例尺=200 μm）；3b.纵切面（比例尺=500 μm）；3c.弦切面（比例尺=200 μm）。主要特征：群体分叉枝状，主枝有8行纵向排列的室口；虫管由内区螺旋状分叉向外倾斜伸至硬体表面，与生长轴方向大致形成20°~30°夹角；内区宽，体壁薄，而外边缘区窄，体壁显著加厚，叠层状；室口卵形至椭圆形，纵向排列；室口下端呈舌状加厚。产地：云南曲靖；层位：志留系罗德洛统关底组（杨敬之和夏凤生，1976，图版III，图7–9）。

4　石阡笔网苔藓虫 *Graptodictya shiqianensis* Yang and Xia，1976

正模，登记号：31607。4a.横切面（比例尺=500 μm）；4b.纵切面（比例尺=500 μm）；4c.放大纵切面（比例尺=100 μm）。主要特征：群体带状，表面平整，室口纵向排列成行；中板稍直，虫管不长，与中板形成55°夹角，倾斜伸至硬体两侧；体壁往往融合；未见横板和半横板；内区和外区不明显；室口卵形，分布规则，纵斜交错排列成行；口围宽，卵形至椭圆形环绕室口；室口间毛细管很发育；纵向室口之间有连续或不连续的2~3条线纹，有时往往穿过毛细管。产地：贵州石阡县赵家湾；层位：志留系兰多维列统（杨敬之和夏凤生，1976，图版III，图10–12）。

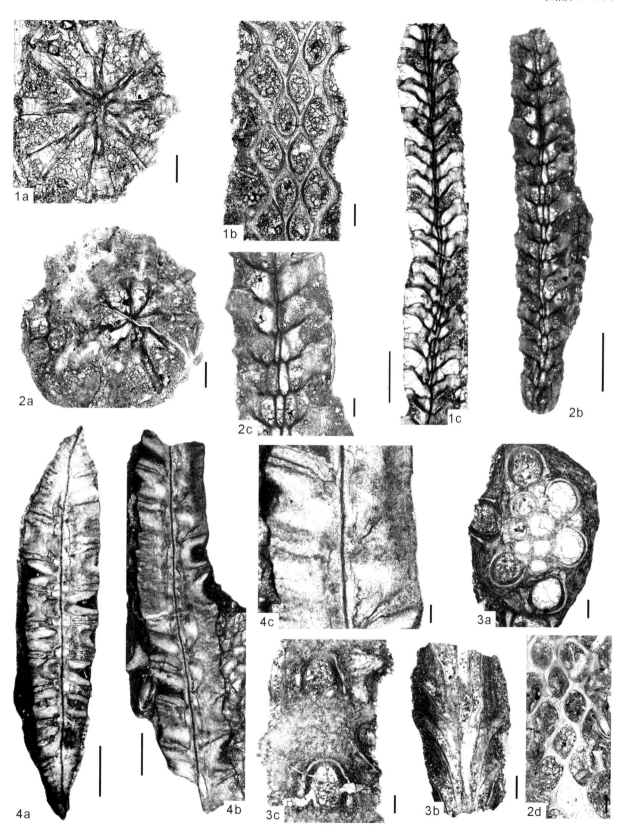

7.9 古植物与孢粉

7.9.1 结构术语解释及插图

7.9.1.1 早期陆生维管植物

早期陆生维管植物形态结构简单，是陆生维管植物演化中的早期类型，主要类型有瑞尼蕨类、工蕨类、裸蕨类和石松类，我国志留纪发育的主要为前三类（插图7.30）。目前世界上已知最早的陆生维管植物大化石产自志留系温洛克统下部。

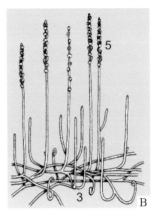

插图 7.30　志留纪常见的 3 种早期陆生维管植物类型。A，瑞尼蕨类；B，工蕨类；C，裸蕨类。1.二歧分叉；2.假单轴分枝；3.K 型或 H 型分叉；4.孢子囊；5.孢子囊穗；6.根状茎

主要结构术语名词解释：

二歧分叉：植物体枝顶芽一分为二，向两个方向生成，可均等也可不等。

假单轴分枝：植物体主枝顶端芽一分为二，一个沿主枝方向继续向上生长，形成主轴；另一枝侧向生长，形成侧枝。

K型或H型分叉：植物体枝的分叉形态呈"K"或"H"形状。

孢子囊：植物制造并容纳孢子的结构。

孢子囊穗：孢子囊集生呈穗状。

根状茎：属于茎，发挥根的作用，可生长于地表，也可生长于地下。

营养枝系：由多次分叉的枝组成，为植物体生长提供营养。

生殖枝系：由多次分叉的枝组成，枝系末端着生孢子囊，起繁衍后代的作用。

7.9.1.2 隐孢子

隐孢子是具有分化明显的接触区、不具有射线特征的无缝孢，外壁光滑或发育各种纹饰。隐孢子产自隐孢植物，是一种类似现代苔藓的植物，其主要分布地质时代从中奥陶世到早泥盆世，属于全球广布类群。依据形态特征，隐孢子可分为四大类型（插图7.31）。四分体（插图7.31A）：4个分体结合一体；二分体（插图7.31B）：2个分体结合一体；假二分体（插图7.31C）：似2个分体结合一体，实为一个个体；单分体（插图7.31D）：只有一个个体。

7.9.1.3 三缝孢

三缝孢来自植物体的孢子囊，是植物繁衍后代的主要器官（插图7.32）。孢子囊成熟后开裂，散生而保存在地层中。三缝孢在地层划分和对比上具有重要意义，也在确定早期陆生维管植物出现、演化和多样性上发挥重要作用。从目前资料来看，早期三缝孢出现于晚奥陶世，在志留纪已具多种类型。

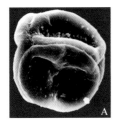 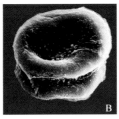 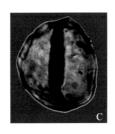 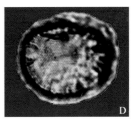

插图 7.31　隐孢子的四种类型。A，四分体；B，二分体；C，假二分体；D，单分体

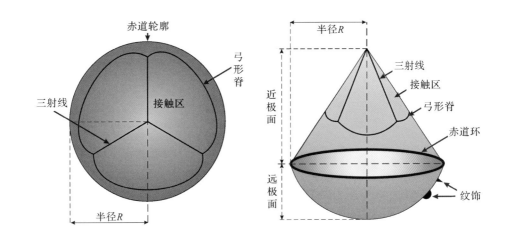

插图 7.32　三缝孢基本形态结构示意［修改自 Playford and Dettmann（1996）］

主要结构术语名词解释：

赤道轮廓：孢子极面观的边缘轮廓。

三射线：从近极点辐射出的三条脊或裂缝。

弓形脊：从三射线末端延伸出的且完全包围近极面的一条脊。

半径：孢子中心点到赤道边缘的距离。

接触区：孢子在四分体时期，四个孢子在近极面彼此接触、以射线与弓形脊边为界圈闭的区域。

近极面：通过赤道把孢子分为两个面，靠近四分体中心的一个面为近极面。

远极面：通过赤道把孢子分为两个面，远离四分体中心的一个面为远极面。

赤道环：孢子外壁在赤道形成的加厚。

纹饰：孢子外壁的突出物，依据形状不同有颗粒、刺、锥刺、瘤、脊、网纹等。

7.9.2 图版及图版说明

所有标本均保存在中国科学院南京地质古生物研究所（图版7-107~7-118）。

图版 7-107 说明

1—3　麦地那四合隐孢 *Tetrahedraletes medinensis* Strother and Traverse emend. Wellman and Richardson，1993

主要特征：隐孢子，四分体，表面光滑。

4　瘤饰具膜四分隐孢（接合四分隐孢）*Velatitetras*（*Nodospora*）*rugosa*（Strother and Traverse）Steemans，Le Hérissé and Bozdogan，1996

主要特征：隐孢子，四分体，外膜具有乳瘤纹饰。

5—6　中等分离光滑单分隐孢 *Laevolancis divellomedium*（Chibrikova）Burgess and Richardson，1991

主要特征：隐孢子，单分体，表面光滑。

7　薄层类三缝隐孢 *Imperfectotriletes patinatus* Steemans，Higgs and Wellman，2000

主要特征：隐孢子，四分体，类似弓形脊三缝孢。

8—9　瓦夫多瓦类三缝隐孢 *Imperfectotriletes vavrdovae*（Richardson，1988）Steemans，Higgs and Wellman，2000

主要特征：隐孢子，四分体，赤道轮廓圆形，类似弓形脊三缝孢，"三缝"开裂，外壁光滑。

10—12　最早－微弱光面盾环孢孢型 Morphon *Ambitisporites avitus-dilutus* sensu Steemans，Le Hérissé and Bozdogan，1996

主要特征：赤道轮廓亚圆或圆三角形，三射线微弯曲，具唇或无，长接近孢子半径，弓形脊完全，射线末端内凹并加厚与赤道重合呈赤道环，外壁光滑。

1—12.样品号：KM 1-3；比例尺为10 mm；产地：云南墨江；层位：志留系兰多维列统特列奇阶漫波组；引自Wang and Zhang，2010，图5a–d，g–i，k–o。

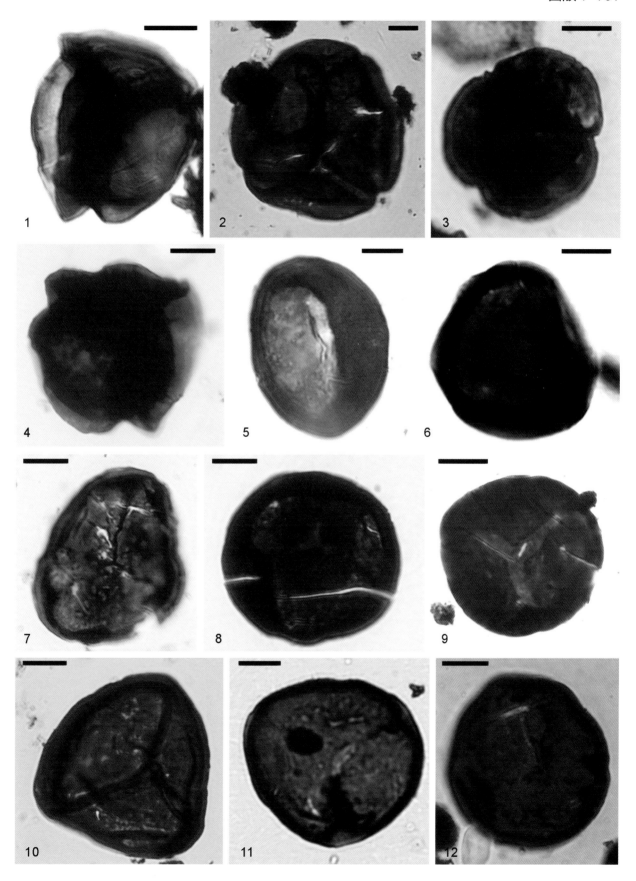

图版 7-108 说明

1—3　光滑具膜四分隐孢 *Velatitetras laevigata* Burgess，1991

主要特征：隐孢子，四分体，外膜光滑。

4—6　光滑二分隐孢 *Dyadospora murusattenuata* Strother and Traverse emend. Burgess and Richardson，1991

主要特征：隐孢子，二分体，表面光滑。

7—8　中等分离光滑单分隐孢 *Laevolancis divellomedium*（Chibrikova）Burgess and Richardson，1991

主要特征：隐孢子，单分体，表面光滑。

9—11　短放射脊阿特莫隐孢 *Artemopyra brevicosta* Burgess and Richardson 1991

主要特征：隐孢子，二分体，具有放射脊纹饰。

12　瘤面喜派迪隐孢 *Hispanaediscus verrucatus* Cramer，1966 emend. Burgess and Richardson，1991

主要特征：隐孢子，二分体，具有瘤状纹饰。

13　光滑假二分隐孢 *Pseudodyadospora laevigata* Johnson，1985

主要特征：隐孢子，假二分体，表面光滑。

14　脊饰假二分隐孢 *Pseudodyadospora petasus* Wellman and Richardson 1993

主要特征：隐孢子，假二分体，表面具有脊状纹饰。

1—14.样品号：SG-5，SG-6。2—3.比例尺为20 mm，其他的比例尺为10 mm；产地：四川广元；地层：志留系罗德洛统上部车家坝组；引自Wang *et al.*，2005，图版 I，图1—3，4—11，13—15。

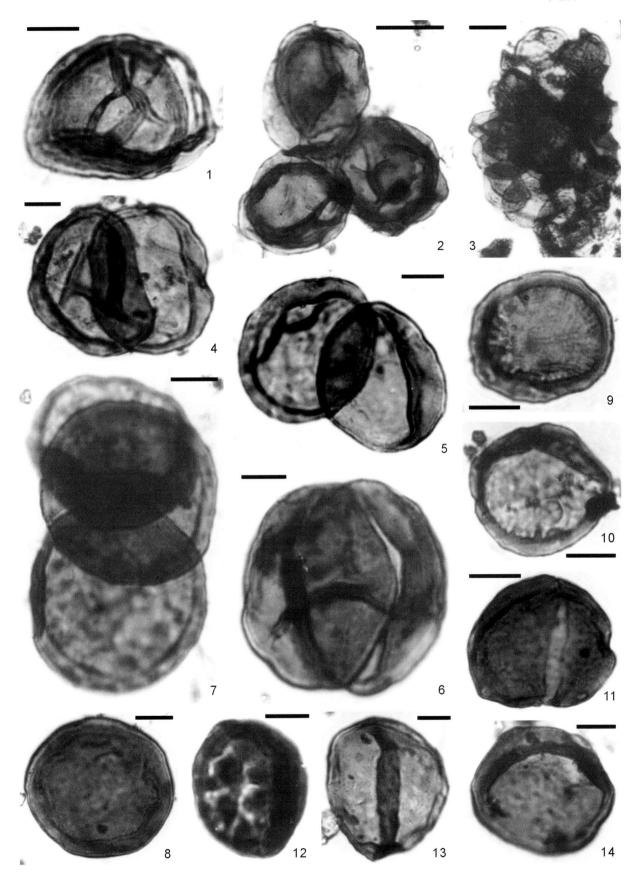

图版 7-109 说明

1 瓦氏弓脊孢（比较种）*Retusotriletes* cf. *warringtonii* Richardson and Lister 1969

主要特征：赤道轮廓亚三角形；三射线弯曲，长度与孢子半径几乎相等，伴有唇；弓形脊与赤道完美重合，表面光滑。

2 弓脊孢（未定种 A）*Retusotriletes* sp. A

主要特征：赤道轮廓亚圆形；三射线稍弯曲，伴有唇，延伸达整个孢子半径；弓形脊发育，外壁表面光滑。

3 细小弓脊孢（比较种）*Retusotriletes* cf. *minor* Kedo，1963

主要特征：赤道轮廓圆形；三射线延伸达半径的2/3~5/6，开裂；弓形脊曲线，外壁表面光滑。

4 唐尼锡拉孢 *Scylaspora downiei* Burgess and Richardson，1995

主要特征：赤道轮廓亚圆形；三射线稍弯曲，伴有唇，延伸达整个孢子半径；弓形脊发育，外壁表面具有颗粒纹饰。

5 可疑弓脊孢（比较种）*Retusotriletes* cf. *dubius*（Eisenack）Richardson 1965

主要特征：赤道轮廓亚三角形；三射线直或稍弯曲，稍有开裂，延伸达孢子半径的2/3~3/4；弓形脊完美，接触区具有一个三角形暗区。

6，11 微弱光面盾环孢 *Ambitisporites dilutus*（Hoffmeister）Richardson and Lister 1969

主要特征：赤道轮廓亚三角形；三射线直或稍弯曲，具唇，延伸达孢子半径的2/3~3/4；弓形脊完美，赤道不等加厚，外壁表明光滑。

7 辐纹弓脊孢（未定种）*Emphanisporites* sp.

主要特征：赤道轮廓圆形；三射线直，延伸达孢子半径的3/4，具唇；脊肋分布于远端面赤道处，基本呈放射状；近极面发育瘤状纹饰。

8 放射脊锡拉孢 *Scylaspora scripta* Burgess and Richardson 1995

主要特征：赤道轮廓圆三角形；三射线直，具唇，延伸达整个孢子半径；外壁远极面部分放射状脊，近极面发育颗粒纹饰。

9 大穴孢（未定种）*Bochotriletes* sp.

主要特征：赤道轮廓亚三角形；三射线稍弯曲，伴有唇，延伸达整个孢子半径；外壁发育孔穴纹饰。

10 具饰弓脊孢（未定种）*Apiculiretusispora* sp.

主要特征：赤道轮廓圆形到亚圆形；三射线直或稍弯曲，开裂，伴唇，延伸达孢子半径的3/4~8/9；接触区域光滑，具有弓形脊；远极区发育小刺。

12 杂饰盾环孢（未定种）*Synorisporites* sp.

主要特征：赤道轮廓亚三角形；三射线缝线明显，稍弯曲，伴有唇，延伸等于或接近孢子半径；弓形脊曲线与赤道完美重合，赤道和远端覆盖有小瘤。

13—14 无脉蕨具环孢（未定种）*Aneurospora* sp.

主要特征：赤道轮廓圆形或三角形；三射线稍弯曲，延伸达孢子半径4/5~5/6，有唇；弓形脊发育，具有赤道环；圆锥体纹饰发育于赤道和远极区。

15 稀饰杯栎孢 *Cymbosporites sparseus* Y. Wang and J. Li，2000

主要特征：赤道轮廓三角形；三射线直，延伸达孢子半径的1/2~2/3；圆锥体纹饰发育于赤道和远极区，双形；基部为宽而尖锐的锥形，具有扁平或圆形的顶端，或具刺的顶端。

1—4，6，8，11，13—14.样品号：SG-6；比例尺为10 mm；产地：四川广元；地层：志留系罗德洛统上部车家坝组；引自Wang *et al.*，2005，图版 II，图2-4，7，9—12。

5，7，9，10，12，15.样品号：NC-2-4-1，-2-4-2，-2-4-3，-2-4-5，-2-4-6；比例尺为10 mm；产地：江苏大丰；地层：志留系罗德洛统上部至普里道利统下部小溪组；引自Wang and Li，2000，图版 I，图4，10，15；图版 II，图6，10，12。

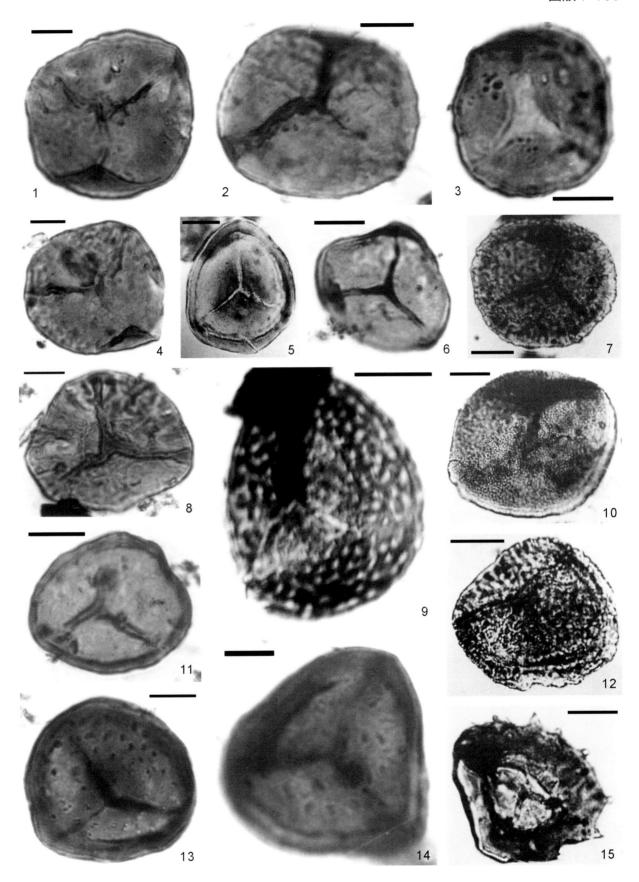

图版 7-110 说明

1—3, 5 光滑光壁管 *Laevitubulus plicatus* Burgess and Edwards, 1991
主要特征：植物管状体，直径17~35 mm，外壁光滑，较薄，出现有褶皱纹。

4 纤细光壁管 *Laevitubulus tenus* Burgess and Edwards, 1991
主要特征：植物管状体，直径15~25 mm，外壁光滑，薄而均一。

6 拉克斯光壁管 *Laevitubulus laxus* Burgess and Edwards, 1991
主要特征：植物管状体，直径小于10 mm，外壁表面光滑，多为许多管状体集中保存。

7 鸡冠紧束管 *Constrictubulus cristatus* Burgess and Edwards, 1991
主要特征：植物管状体，直径小于10 mm，外壁外部具有环状排列的加厚纹。

8 微环纹波卡特管 *Porcatitubulus microannulatus* Wellman, 1995
主要特征：植物管状体，直径40~50mm，管壁内具细微加厚纹，呈环形紧密排列。

9 类型 I Type I from Wang *et al.*, 2004
主要特征：植物中化石，由叶状体和枝组成，叶状体表面具有孔，枝着生叶状体上，表面光滑，中间加厚带。

10 类型 III Type III from Wang *et al.*, 2004
主要特征：植物中化石，枝表面光滑，二歧分叉至少三次。

11—12 类型 II Type II from Wang *et al.*, 2004
主要特征：植物中化石，只保存枝，枝表面发育刺。

1，3. 样品号：AXU-525。1.比例尺为100 mm；3.比例尺为50 mm。产地：重庆秀山；地层：志留系罗德洛统上部到普里道利统下部小溪组；引自王怿等，2011，图5–1–2。
2，9—12. 样品号：SG-6。9.比例尺为100 mm；10.比例尺为50 mm；其余的比例尺为10 mm。产地：四川广元；地层：志留系罗德洛统上部车家坝组；2.引自Wang *et al.*, 2005，图版 II，图14；9–12.引自王怿等，2004，图版 I，图2，4–5，7。
4—8. 样品号：NC-2-4-1, -2-4-2, -2-4-3, -2-4-5。7.比例尺为100 mm，其余的比例尺为10 mm；产地：江苏大丰；地层：志留系罗德洛统上部到普里道利统下部小溪组；引自王怿和李军，2001，图版 II，图6，10，14，13，12。

图版 7-111 说明

1—10　植物类表皮（罗德洛 – 普里道利世）

主要特征：植物中化石，植物表皮碎片由多个细胞组成，细胞多等大小或少有变化，一般多角形（多为六角形）或不规则形，不规则出现有穿孔结构，穿孔结构由中间的孔和两侧的护翼组成。1–3，6，9.样品号：ZWY-46，-50，SZ-29，ZWY-64；产地：湖南张家界；地层：志留系罗德洛统上部到普里道利统下部小溪组；引自王怿等，2010，插图4-1，2，4，5，3。7–8，10.样品号：AXU-516，510，525；产地：重庆秀山；地层：志留系罗德洛统上部到普里道利统下部小溪组；引自王怿等，2011，插图5-4，3，6。4.样品号：SG-6；产地：四川广元；地层：志留系罗德洛统上部车家坝组；引自Wang *et al.*，2005，图版Ⅱ，图16。5.样品号：NC-2-4-1；产地：江苏大丰；地层：志留系罗德洛统上部到普里道利统下部小溪组；引自王怿和李军，2001，图版Ⅰ，图2。1–2，9.比例尺为20 mm；3–4，6.比例尺为50 mm；5.比例尺为10 mm；7.比例尺为100 mm；8，10.比例尺为80 mm。

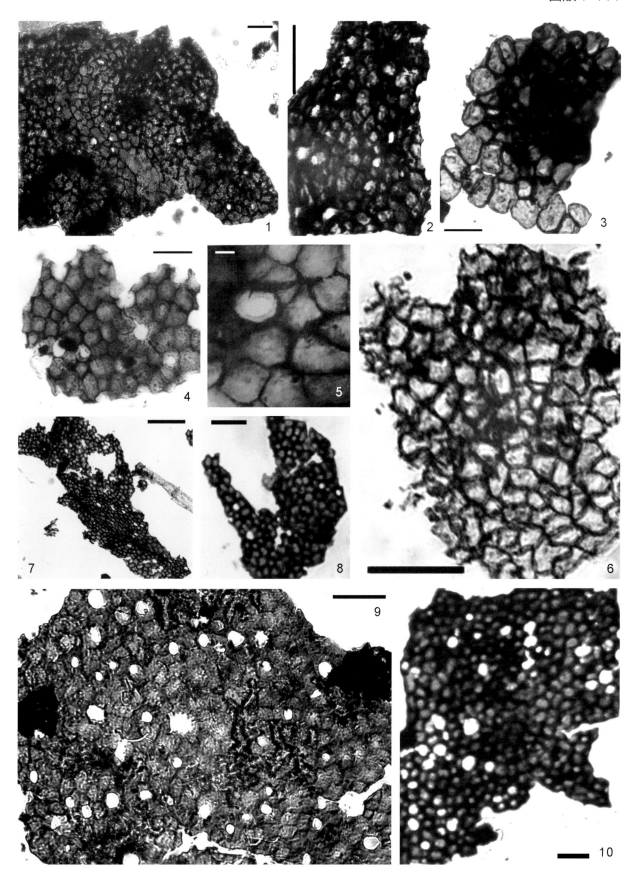

图版 7-112 说明

1　瓦氏弓脊孢（比较种）*Retusotriletes* cf. *warringtonii* Richardson and Lister 1969

主要特征：赤道轮廓近三角形；三射线清楚，具唇，接近整个孢子半径长；弓形脊完全，接近赤道；外壁光滑，薄，多皱。

2　瓦氏弓脊孢 *Retusotriletes warringtonii* Richardson and Lister 1969

主要特征：赤道轮廓近三角形；三射线清楚，直，具唇，接近孢子半径长；弓形脊完全，接近赤道；射线顶端微向内凹，外壁光滑。

3　微弱光面盾环孢 *Ambitisporites dilutes*（Hoffmeister）Richardson and Lister 1969

主要特征：赤道轮廓亚三角形；三射线具唇，接近孢子半径长；具有加厚的弓形脊，与赤道完全重合呈赤道环；外壁光滑。

4　加厚辐纹弓脊孢 *Emphanisporites epicautus* Richardson and Lister 1969

主要特征：赤道轮廓圆三角形至亚圆形；三射线清楚，开裂，长大于孢子半径的2/3；弓形脊完整，接触区具有辐射状细肋条纹饰，外壁光滑。

5　针刺具饰弓脊孢 *Apiculiretusispora spicula* Richardson and Lister 1969

主要特征：赤道轮廓圆形至亚圆形；三射线清楚，长为孢子半径的2/3~8/9；弓形脊完整，接触区光滑，外壁具有锥刺。

6　皱粒具饰弓脊孢 *Apiculiretusispora plicata*（Allen）Streel，1976

主要特征：赤道轮廓亚三角形至亚圆形，三射线清楚，具唇，长大于孢子半径的2/3，弓形脊完整，接触区光滑，外壁具有颗粒-锥刺状纹饰。

7—8　锥刺具饰弓脊孢 *Apiculiretusispora synorea* Richardson and Lister 1969

主要特征：赤道轮廓圆形至亚圆形，三射线清楚，直，具唇，长为孢子半径的1/2~3/4，弓形脊完整，射线末端内凹，与赤道重合，接触区光滑，外壁具有低矮或尖锐的锥刺纹饰。

9　多刺杯栎孢 *Cymbosporites echintus* Richardson and Lister 1969

主要特征：赤道轮廓圆三角形，三射线具唇，延伸达赤道边缘，接触区光滑，外壁在赤道和远极具有加厚，具有明显的双型锥瘤纹饰。

10　迪顿杯栎孢 *Cymbosporites dittonensis* Richardson and Lister 1969

主要特征：赤道轮廓圆三角形，三射线具唇，长大于孢子半径的2/3，接触区光滑，外壁在赤道和远极具有加厚，具有不规则、基部相连的块瘤或锥瘤纹饰。

11　瘤面杂饰盾环孢 *Synorisporites verrucatus* Richardson and Lister 1969

主要特征：赤道轮廓亚三角形，三射线具明显唇，延伸达赤道边缘，弓形脊完整，加厚成赤道环，接触区光滑，远极面具有不规则的圆瘤。

12—13　麦 地 那 四 合 隐 孢 *Tetrahedraletes medinensis* Strother and Traverse emend. Wellman and Richardson，1993

主要特征：隐孢子，四分体，表面光滑。

14　瘤面喜派迪隐孢 *Hispanaediscus verrucatus* Cramer，1966 emend. Burgess and Richardson，1991

主要特征：隐孢子，二分体，表面发育瘤状纹饰。

1—14.样品号：XXS 7，10，27，29，32，44，46，51，XT 3，9；比例尺为10 mm；产地：云南曲靖；层位：志留系普里道利统上部下西山村组到西屯组下部；1—11，14.引自Tian *et al.*，2011，图版 I，图4-5，15，17，19—20，24，27，29，31–32；图版 II，图6；12–13.引自田家杰，2009，图版5，图1–2。

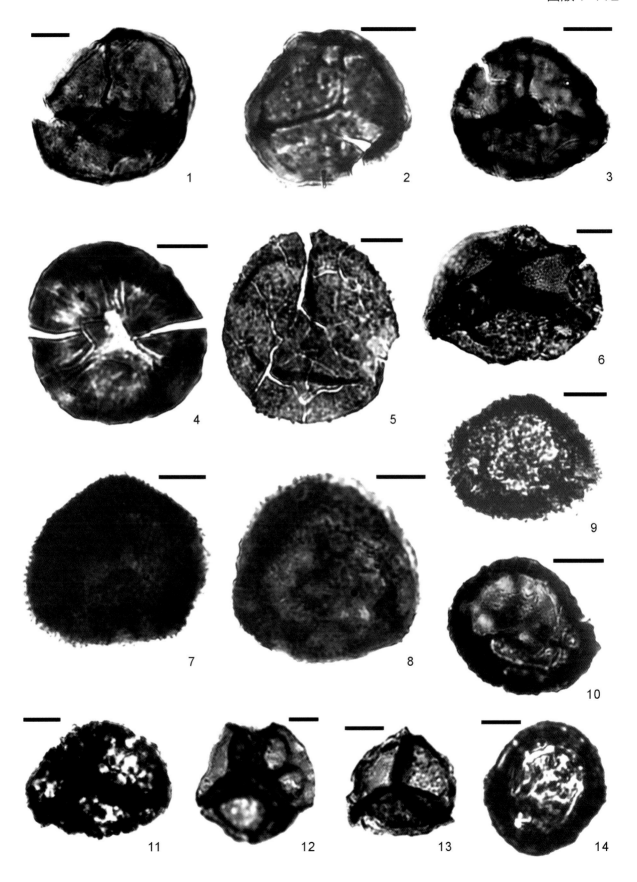

图版 7-113 说明

1—8　线形植物化石（罗德洛 – 普里道利世）

主要特征：多保存为植物茎干，不分叉；自下而上茎干直径变小，直径一般小于30 mm；茎表面具有不明显的纵向纹，发育分布不规则的横向"脊"。1–5.产地：安徽宿松；地层：志留系罗德洛统上部至普里道利统下部小溪组；1.引自王怿等，2017a，图2-7；2–5分别引自王怿等，2018a，图5-4，1，3，5。6.产地：江西瑞昌；层位：志留系罗德洛统上部至普里道利统下部小溪组；引自王怿等，2018b，图4-7。7.样品号：HXT9-1；产地：湖北通山；层位：志留系罗德洛统上部至普里道利统下部小溪组；引自王怿等，2017b，图3-1。8.产地：四川广元；层位：志留系罗德洛统上部车家坝组；引自王怿等，2017a，图2-5。比例尺为20 mm。

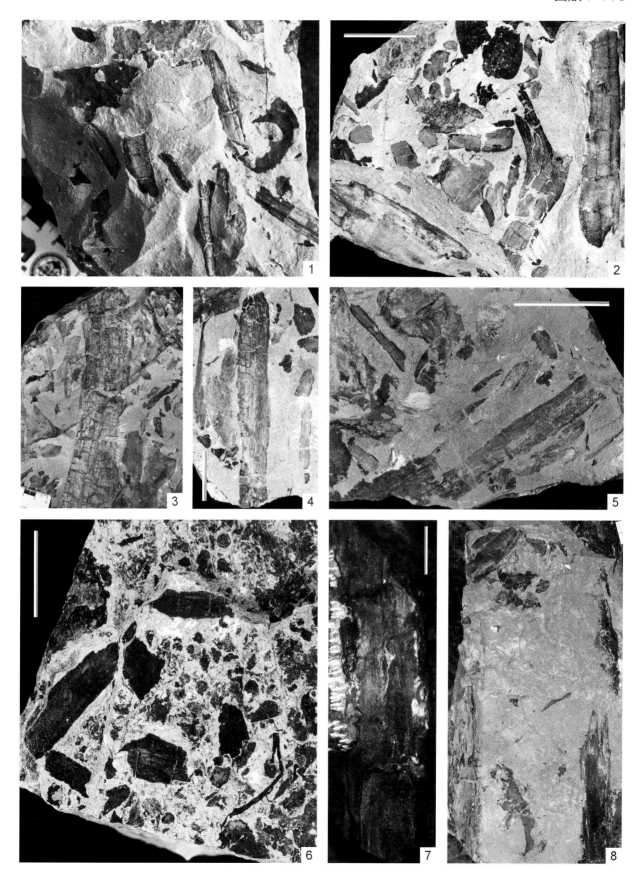

图版 7-114 说明

1—7　曲靖工蕨 *Zosterophyllum qujingense* Hao，Xue，Liu and Wang，2007

登记号：PUH-QS01-1，-1'，-2。标本均保存于北京大学地球与空间科学学院。1，3，5.比例尺为10 mm；2，4，7.比例尺为2 mm；8.比例尺为1 mm。主要特征：植物体茎表明光滑，下部呈K型或H型分叉，向上为等二歧分叉，末端着生孢子囊穗；孢子囊穗由2~3列孢子囊螺旋排列构成，有3~13个孢子囊；孢子囊楔形，基部具有短柄，边缘加厚。产地：云南曲靖；层位：志留系普里道利统玉龙寺组上部；引自Hao *et al.*，2007，图3a，e，c，d，b，g。

310

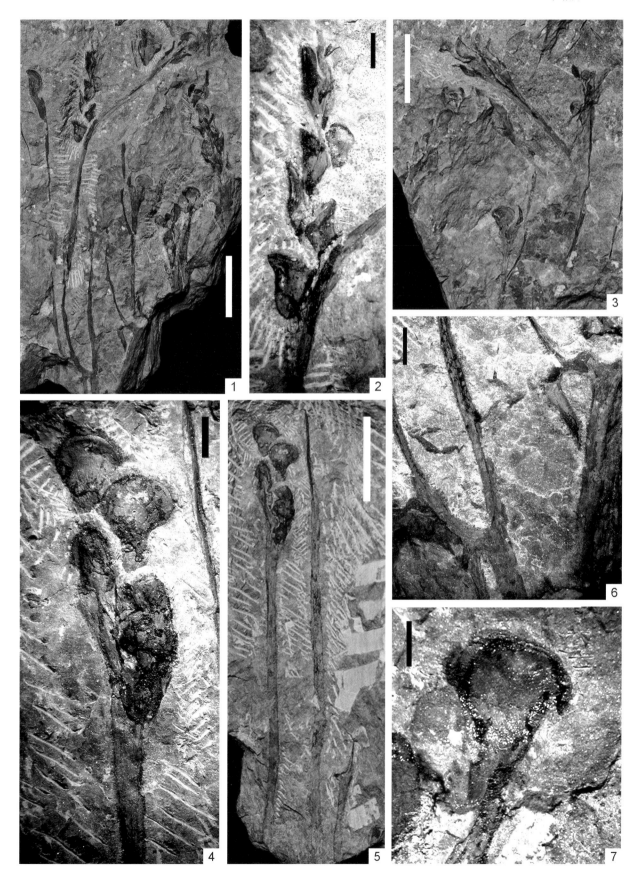

1—6　西山工蕨 *Zosterophyllum xishanense* Hao，Xue，Liu and Wang，2007

登记号：PUH-QX02-1、2、3、4、5、6。标本均保存于北京大学地球与空间科学学院。1.比例尺为10 mm；2.比例尺为4 mm；3–4.比例尺为5 mm；5–6.比例尺为2 mm。主要特征：植物由根状茎和直立枝系组成，根状茎多次K型或H型分叉，而直立枝系下部K型或H型分叉，向上二歧分叉，末端着生孢子囊穗；孢子囊穗由孢子囊螺旋排列4列构成，有6~10个孢子囊；孢子囊圆形，具短柄，沿着边缘发育狭窄加厚。产地：云南曲靖；层位：志留系普里道利统顶部下西山村组下部；引自Hao et al.，2007，图4a，h，c，b，d，e。

图版 7-116 说明

1—11　简单纤细蕨 *Filiformorama simplexa* Wang，Hao and Cai，2006

登记号：PB 20336-338、340、345、346。1–4.比例尺为10 mm；5–6.比例尺为3 mm；7–9.比例尺为2.5 mm；8.比例尺为2 mm；10–11.比例尺为1 mm。主要特征：植物纤细，枝表面光滑，至少四次二歧分叉；一次二歧分叉中，一枝末端着生孢子囊，另一枝继续生长并发生新的一次二歧分叉；典型孢子囊呈圆形，可有肾形、舌状或不规则形。产地：新疆准噶尔盆地西北缘；层位：志留系普里道利统上部乌吐布拉克组；1–4，9，5–8，10，11分别引自Wang *et al.*，2006，插图1A–D，G，3A–B，J，H，C，A放大。

314

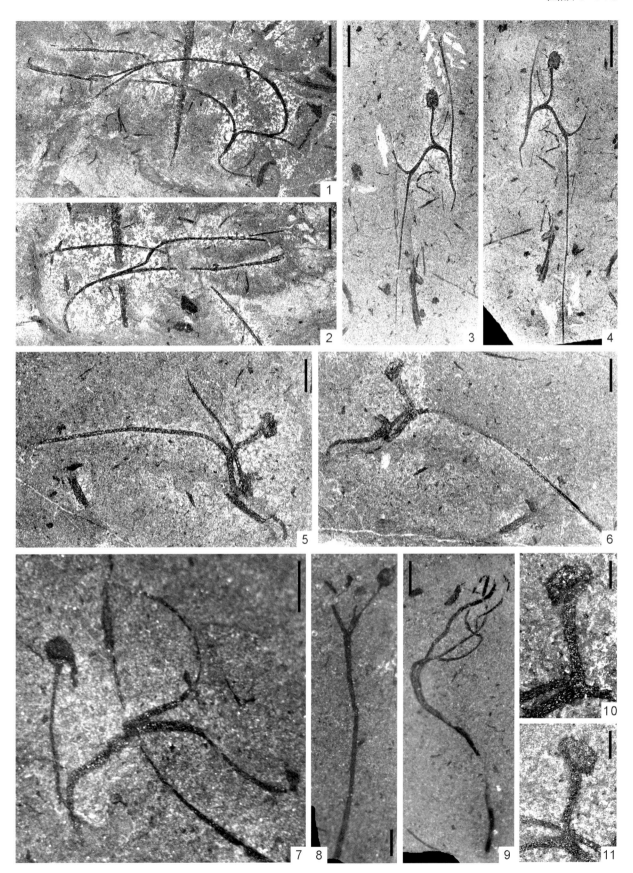

图版 7-117 说明

1—8　多叉乌吐布拉克蕨 *Wutubulaka multidichotoma* Wang，Fu，Xu and Hao，2007

登记号：PB20301、302、304-306。1–2，8.比例尺为1.5 mm；3–4.比例尺为10 mm；5–7.比例尺为1 mm。主要特征：植物具有至少二级枝系；一级枝，假单轴分枝，互生二级枝；二级枝互生生殖和营养枝系，二歧分叉4~5次，生殖枝系的末端着生2枚孢子囊；孢子囊成长椭圆形，顶端圆，基部渐狭。产地：新疆准噶尔盆地西北缘；层位：志留系普里道利统上部乌吐布拉克组；1–2，5–8，3–4分别引自Wang *et al.*，2007，插图4A–B，G，F，E，D，1A–B。

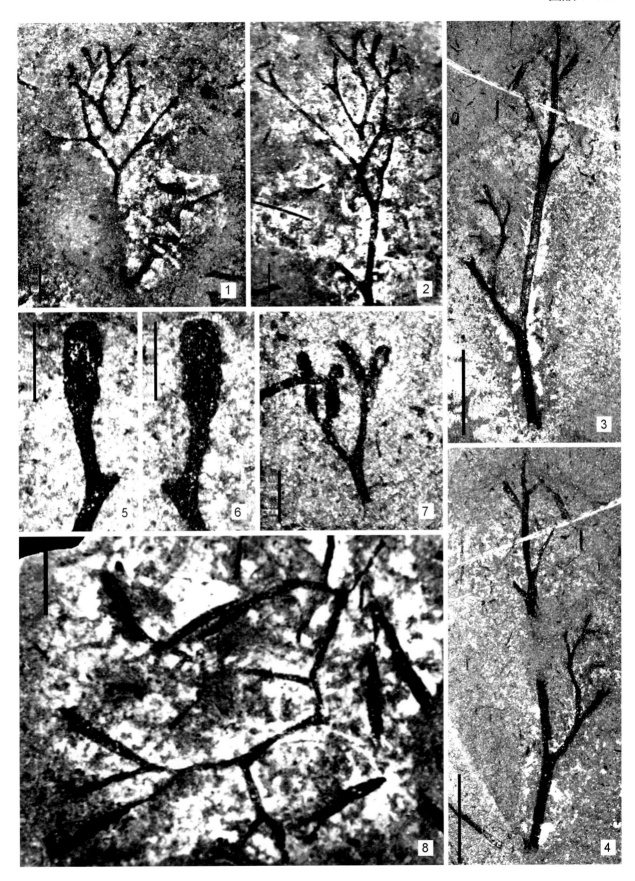

图版 7-118 说明

1—8　圆形始库逊蕨 *Eocooksonia sphaerica*（Senkevitsch）Doweld，2000

登记号：PKUB 14901-03、06、09、10、13。标本保存于北京大学地球与空间科学学院。1，4，6—7.比例尺为5 mm；2–3，5，8.比例尺为1 mm。主要特征：植物由直立主枝和侧生枝系组成，主枝假单轴分枝，互生侧生枝系；侧生枝系等二歧分叉多次，末端着生1枚孢子囊；孢子囊呈圆形或肾形，成熟孢子囊外缘发育刺。产地：新疆准噶尔盆地西北缘；层位：志留系普里道利统上部乌吐布拉克组；1，4，6—7，2–3，5，8分别引自Xue *et al.*，2015，插图1a，d，b，f，4a，e，d，c）。

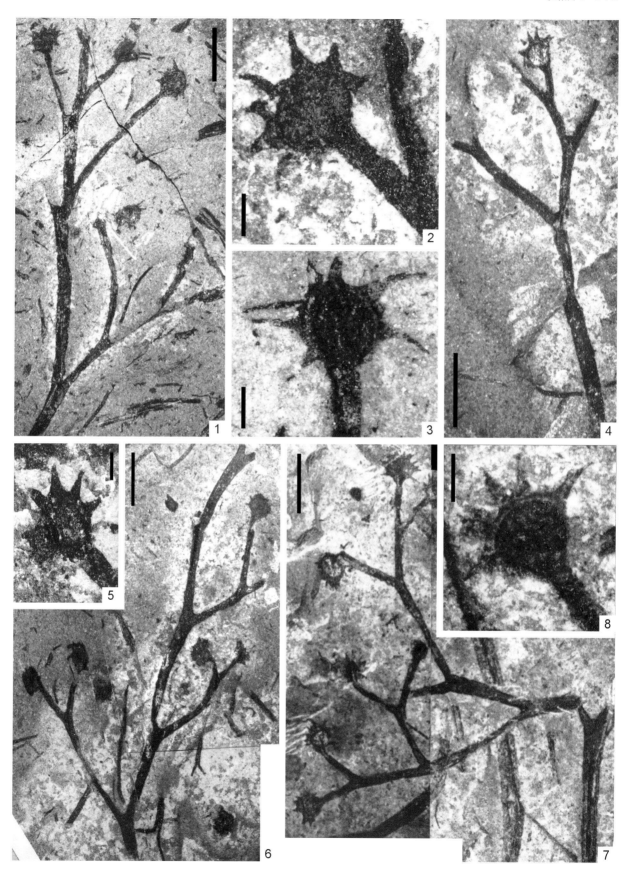

7.10 疑源类

7.10.1 结构术语解释及插图

疑源类是Evitt（1963）提出的非正式分类单元，用以包括不同形态、大小和未知生物亲缘关系的有机质壁微体化石。它被Evitt（1963）定义为："未知和可能来自不同生物亲缘关系的微体化石，中央腔被一层或多层主要为有机成分的壁包围；它们的对称性、形状、结构和装饰多种多样，其中央腔封闭，或以孔状、撕裂状不规则破裂、圆形开口（圆口）等多种方式与外部相通。"

疑源类的化学成分类似于孢粉素，大多数类型可能是海生真核浮游生物的休眠囊孢。

大多数疑源类由有机质壁围成的空壳体或中心体及外围修饰的突起、网脊、隔壁、翼或膜等组成（图7.33）。有些壳体壁和突起还有表面装饰。当描述疑源类时，不仅要清楚描述表面的纹饰，而且要描述表面元素的密度和分布，以及它们在壳体或突起上是否相同。因此，疑源类的形态学鉴定特征主要在于膜壳、壳壁、附生物（突起等）、脱囊开口等不同特征。

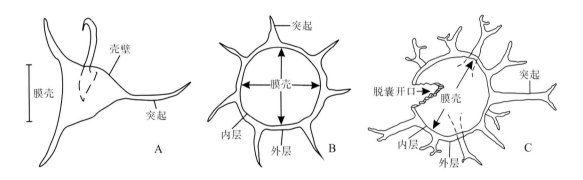

图 7.33　疑源类结构示意图。A，*Veryhachium europaeum*；B，棘刺亚类［改自 Williams（1998）］；C，疑源类的一般形态特征［改自尹磊明（2006）］

1.特征描述

（1）膜壳

疑源类的尺寸变化范围很大（从小于10 μm到大于1 mm，大多数种在15~80 μm），形态各异。描述疑源类的形态时，应该包括它的对称性、轮廓形态、突起的分布以及其他一些外部特征。另外，许多形态间是过渡的，因此用大量标本去确定同一分类单元中的形态差异很重要。同一种疑源类标本会因为被压扁或其他成岩作用而在形态上产生差异。

疑源类的膜壳一般中空，壳体形态多样，如球形、椭球形、纺锤形、新月形、衬垫形、豆形、蛋形、枕垫形等均有发现，此外还有圆柱形、长颈瓶形、梨形及星形等。

（2）壳壁

疑源类的壁及其数目、化学组成、超微结构都是影响基本分类的差别和生物学亲缘关系的重要的典型特征。大多数疑源类只有一层壁，但也有通常不等厚的两层壁，一些种甚至有自己的内囊孢。

疑源类膜壳外壁表面光滑或有纹饰，如颗粒状、蜂巢状等，还有突起、脊和翼缘状顶饰，顶饰可以彼此连接，形成其他复杂形式。由于疑源类的纹饰与化石花粉粒、孢子及沟鞭藻的表面纹饰相似，因此，对疑源类壳壁表面纹饰的描述大多沿用以上微体化石类群业已建立的术语，比如光滑、皱、粗糙、条纹、网状、丝状或纤毛状、颗粒、齿状或棘刺、疣、棒杆或基柱、棒瘤、鲛粒等。

（3）突起

突起是从膜壳表面突出的线性附生物，是疑源类分类、命名的重要形态特征。疑源类突起的大小和形态、与壳体的自然连接方式、表面装饰等差异很大，需要用大量的术语描述。一般地，突起从简单的圆柱体或锥体到非常复杂、精细的末梢。突起可以是中空的或是实心的，直接或间接与壳体相连。突起上有时也会有雕饰，它们与壳体上的雕饰相同或不同。在一个壳体上，突起的类型可能是一种、两种或更多。突起的数目和分布也很重要，它们会影响疑源类的对称性。

（4）脱囊结构

许多疑源类具有休眠状态原生质体脱囊的证据，在膜壳壁上表现为各种形状的开口。疑源类的脱囊开口有几种类型：壳体壁上简单的部分裂口；壳体上近均裂的开口；有时带有口盖的圆口；盘形开口。

如果脱囊的过程和脱囊结构的组成是在细胞产生疑源类（囊孢）的控制下，那么脱囊结构保存的类型对疑源类的生物亲缘关系有指示作用。许多疑源类并不出现脱囊结构，这些囊孢可能简单代表了同一物种死亡的囊孢。

2. 主要结构术语名词解释

　　膜壳：由有机质外壁围成的壳体。

　　壳壁：疑源类壳体的壁，可单层、双层甚至三层。

　　纹饰：疑源类壳壁表面的装饰，用于描述疑源类壳壁的表面特征。

　　突起：从膜壳表面延伸出的一种构造，为线性附生物，一般长于5 μm。

　　脱囊结构：营养原生质从囊孢溢出的原生开口。

7.10.2 图版及图版说明

（图版7-119）

图版 7-119 说明

1　发球藻（未定种）*Comasphaeridium* sp.

采集号：XT6-4。主要特征：膜壳轮廓近圆形，突起密集分布于膜壳上，细长实心，直或微弯曲，末端简单不分叉。产地：云南曲靖西山村水库；层位：志留系普里道利统西屯组（Tian *et al.*，2011，图版 II，图17，27）。

2　波缘盔藻（未定种）*Cymatiogalea* sp.

采集号：XXS46-2。主要特征：膜壳球形，壳壁饰颗粒，未见明显多角区域，巨大的圆形开口，具口盖。产地：云南曲靖西山村水库；层位：志留系普里道利统玉龙寺组、下西山村组和西屯组（Tian *et al.*，2011，图版 II，图21，32）。

3　光秃锅形藻 *Caldariola glabra* Molyneux in Molyneux and Rushton，1988

采集号：XXS29-3。主要特征：膜壳球形，表面光滑或饰颗粒，具大圆口，可见口盖。产地：云南曲靖西山村水库；层位：志留系普里道利统玉龙寺组和下西山村组（Tian *et al.*，2011，图版 II，图26）。

4　卡勃特指梭藻 *Dactylofusa cabottii*（Cramer，1971）Fensome *et al.*，1990

采集号：XXS29-1。主要特征：膜壳卵形或椭圆形，壳腔中空，壳壁单层，表面具螺旋状纹饰。产地：云南曲靖西山村水库；层位：志留系普里道利统玉龙寺组、下西山村组和西屯组（Tian *et al.*，2011，图版 II，图12–13）。

5　萨洛普波缘球藻？ *Cymatiosphaera ?salopensis* Mullins，2001

采集号：XXS10-3。主要特征：膜壳球形，表面具窄的膜，将膜壳分为多角区域。产地：云南曲靖西山村水库；层位：志留系普里道利统玉龙寺组（Tian *et al.*，2011，图版 II，图33）。

6　罗森波缘球藻 *Cymatiosphaera lawsonii* Mullins，2001

采集号：XXSll-1。主要特征：膜壳球形或椭圆形，表面具膜，被分成多角区域。产地：云南曲靖西山村水库；层位：志留系普里道利统玉龙寺组（Tian *et al.*，2011，图版 II，图28）。

7　棘突球藻（未定种）*Gorgonisphaeridium* sp.

采集号：XXS29-1。主要特征：膜壳球形，表面光滑，突起短，实心，锥形，末端尖锐，少数分叉。产地：云南曲靖西山村水库；层位：志留系普里道利统下西山村组（Tian *et al.*，2011，图版 II，图19，24）。

8　网格藻（未定种）*Dictytidium* sp.

采集号：XXS45-2。主要特征：膜壳球形，壳壁厚，表面被膜划分为六边形区域。产地：云南曲靖西山村水库；层位：志留系普里道利统下西山村组（Tian *et al.*，2011，图版 II，图16，20）。

9　赫克林藻（未定种）*Hoegklintia* sp.

采集号：XT7-1。主要特征：膜壳球形，突起圆柱形，粗壮，末端分叉。产地：云南曲靖西山村水库；层位：志留系普里道利统西屯组（Tian *et al.*，2011，图版 II，图31）。

10　光面花瓣藻（未定种）*Leiovalia* sp.

采集号：XXS43-3。主要特征：膜壳长卵形，表面光滑，两端圆平。产地：云南曲靖西山村水库；层位：志留系普里道利统下西山村组（Tian *et al.*，2011，图版 II，图30）。

11　古刺球藻（未定种）*Palaeohystrichosphaeridium* sp.

采集号：XXS36-l。主要特征：膜壳球形，双层壁，突起中空，与壳腔不连通，末端开口。产地：云南曲靖西山村水库；层位：志留系普里道利统下西山村组（Tian *et al.*，2011，图版 II，图14–15）。

12　瘤球藻（未定种）*Tylotopalla* sp.

采集号：XXS47-l。主要特征：膜壳球形，表面饰颗粒，众多圆锥状短突起，中空。产地：云南曲靖西山村水库；层位：志留系普里道利统玉龙寺组和下西山村组（Tian *et al.*，2011，图版 II，图9–10，18）。

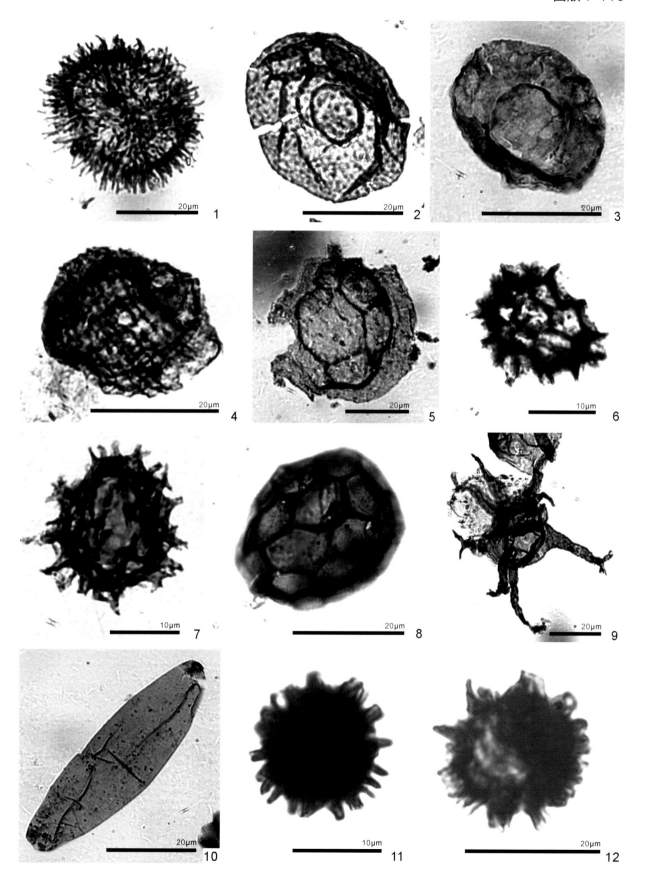

7.11　遗迹化石

7.11.1 结构术语解释及插图

（略）

7.11.2 图版及图版说明

所有标本均保留在产地剖面中（图版7-120）。

图版 7-120 说明

1—8　志留纪晚期（Ludlow–Pridoli）大型虫管遗迹化石

主要特征：潜穴以及化石，管状体，具有复杂分枝，管体横切面圆形，直径5~15 mm，管壁表面光滑。在地层中大量产出，形成虫管砂岩。1，3，5.产地：四川广元；地层：罗德洛统上部车家坝组；3.引自王怿等，2017a，图3-2。2，4.产地：湖南张家界；地层：罗德洛统上部到普里道利统下部小溪组；4.引自王怿等，2010，图2-6。6.产地：重庆秀山；地层：罗德洛统上部到普里道利统下部小溪组。7.产地：湖南保靖；地层：罗德洛统上部到普里道利统下部小溪组。8.产地：贵州石阡；地层：罗德洛统上部到普里道利统下部小溪组。

参考文献

安徽省地质局区域地质调查队，1982. 安徽笔石化石 . 合肥：安徽科学技术出版社 .

蔡土赐，1999. 新疆维吾尔自治区岩石地层 . 武汉：中国地质大学出版社 .

蔡习尧，窦丽玮，王怿，唐鹏，张智礼，魏玲，成俊峰，2012. 塔里木盆地沙雅隆起托甫2井志留系划分对比 . 岩石学报，28(8):2584–2590.

曹仁关，1993. 新疆库鲁克塔格土什布拉克组的时代问题 . 地层学杂志，17(1):76–77.

曹仁关，1994. 云南曲靖志留系的划分与对比 . 地层学杂志，18(2):149–153.

曹宣铎，1975. 皱纹珊瑚 // 李耀西，宋礼生，周志强，等（编），大巴山西段早古生代地层志 . 北京：地质出版社，pp. 179–195.

陈贵英，韩乃仁，罗瑞，2011. 高罗王冠虫（*Coronocephalus gaoluoensis* Wu，1979）的再研究 . 古生物学报，50(3):284–303.

陈建强，何心一，唐兰，2005. 滇东北大关地区志留纪兰多维列世晚期（Telychian 期）的四射珊瑚动物群 . 古生物学报，44(2):229–246.

陈均远，1975. 珠穆朗玛峰地区的鹦鹉螺化石 // 中国科学院西藏科学考察队（编），珠穆朗玛峰地区科学考察报告古生物（第一分册）. 北京：科学出版社，pp. 267–308.

陈均远，刘耕武，1974. 志留纪鹦鹉螺 // 中国科学院南京地质古生物研究所（编），西南地区地层古生物手册 . 北京：科学出版社，pp. 190–194.

陈均远，刘耕武，陈挺恩，1981. 华中及西南地区志留纪鹦鹉螺动物群 . 中国科学院南京地质古生物研究所集刊，13:1–104.

陈挺恩，1981. 西藏一些鹦鹉螺化石 // 中国科学院青藏高原综合科学考察队（编），西藏古生物第三分册 . 北京：科学出版社，pp. 261–282.

陈孝红，危凯，张淼，张保民，周鹏，2017a. 湖北宜昌志留系龙马溪组几丁虫及其年代和生物复苏意义 . 地质学报，91(12):2595–2607.

陈孝红，张淼，李志宏，张保民，彭中勤，周鹏，危凯，2017b. 湖北宜昌地区志留系罗惹坪组几丁虫及其年代意义 . 地层学杂志，41(3):266–272.

陈孝红，张淼，王传尚，李志宏，2018. 湖北宜昌志留系纱帽组几丁虫生物地层学 . 中国地质，45(6):1259–1270.

陈旭，1984. 陕南及川北志留纪笔石并论单笔石科的分类 . 中国古生物志新乙种，20:1–102.

陈旭，林尧坤，1978. 黔北桐梓下志留统的笔石 . 中国科学院南京地质古生物研究所集刊，12:1–76.

陈旭，戎嘉余，1988. 亚洲东部的志留系 . 现代地质，2(3):328–341.

陈旭，戎嘉余，1996. 中国扬子区兰多维统特列奇阶及其与英国的对比 . 北京：科学出版社 .

陈旭，方宗杰，耿良玉，王宗哲，廖卫华，夏凤生，乔新东，1990. 志留系 // 周志毅，陈丕基（编），塔里木生物地层和地质演化 . 北京：科学出版社，pp. 130–157.

陈旭，戎嘉余，伍鸿基，邓占球，王成源，徐均涛，丘金玉，耿良玉，陈挺恩，胡兆珣，1991. 川陕边境广元宁强间的志留系 . 地层学杂志，15(1):1–25.

陈旭，戎嘉余，周志毅，张元动，詹仁斌，刘建波，樊隽轩，2001. 上扬子区奥陶－志留纪之交的黔中隆起和宜昌上升. 科学通报，46(12):1052–1056.

陈旭，樊隽轩，陈清，唐兰，侯旭东，2014. 论广西运动的阶段性. 中国科学：地球科学，44(5):842–850.

陈旭，樊隽轩，张元动，王红岩，陈清，王文卉，梁峰，郭伟，赵群，聂海宽，2015. 五峰组及龙马溪组黑色页岩在扬子覆盖区内的划分与圈定. 地层学杂志，39(4):351–358.

陈旭，樊隽轩，王文卉，王红岩，聂海宽，石学文，文治东，陈冬阳，李文杰，2017. 黔渝地区志留系龙马溪组黑色笔石页岩的阶段性渐进展布模式. 中国科学：地球科学，47(6):720–732.

邓小杰，王冠，李越，2012. 黔北桐梓志留系石牛栏组顶部特征指示的海岸线位置. 地层学杂志，36(4):718–722.

邓占球，1986. 记述几种早古生代珊瑚. 古生物学报，25(6):648–656.

丁春鸣，1988. 滇东曲靖地区志留纪四射珊瑚的动物群特征及地层时代的讨论. 地球科学——武汉地质学院学报，2(1):20–33.

丁梅华，李耀泉，1985. 陕西宁强地区志留纪牙形石及其地层意义. 地球科学，10(2):9–20.

丁文江，王曰伦，1937. 云南马龙曲靖之寒武纪及志留纪地层. 中国地质学会志，16(1):1–28.

樊隽轩，李超，侯旭东，2018. 国际年代地层表（2018/08 版）. 地层学杂志，42(4):365–370.

方润森，朱相水，1974. 腕足类 // 云南省地质局（编），云南化石图册. 昆明：云南人民出版社，pp. 285–480.

方润森，江能人，范健才，曹仁关，李代芸，1985. 云南曲靖地区中志留世－早泥盆世地层及古生物. 昆明：云南人民出版社.

方一亭，梁诗经，张大良，余金龙，1990. 江西省武宁县梨树窝组及其笔石. 南京：南京大学出版社.

方宗杰，蔡重阳，王怿，李星学，高联达，王成源，耿良玉，王尚启，王念忠，李代芸，1994. 滇东曲靖志留－泥盆系界线研究的新进展. 地层学杂志，18(2):81–90.

傅力浦，1982. 腕足动物门 // 地质矿产部西安地质矿产研究所（编），西北地区古生物图册（一）前寒武纪－早古生代部分. 北京：地质出版社，pp. 95–179.

傅力浦，1983. 陕西紫阳巴蕉口志留纪地层. 中国地质科学院西安地质矿产研究所所刊，6:1–18.

傅力浦，宋礼生，1986. 陕西紫阳地区（过渡带）志留纪地层及古生物. 西北地质科学，14:1–198.

傅力浦，张子福，耿良玉，2000. 紫阳志留系笔石带及几丁虫带对中国志留系建阶的意义 //《第三届全国地层会议论文集》编委会（编），第三届全国地层会议论文集. 北京：地质出版社，pp. 76–82.

傅力浦，张子福，耿良玉，2006. 中国紫阳志留系高分辨率笔石生物地层与生物复苏. 北京：地质出版社.

葛梅钰，1990. 四川城口志留纪笔石. 中国古生物志新乙种，26:1–157.

葛梅钰，郑绍昌，李玉珍，1990. 宁夏及其邻近地区奥陶纪、志留纪笔石地层及笔石群. 南京：南京大学出版社.

葛治洲，俞昌民，1974. 志留纪珊瑚 // 中国科学院南京地质古生物研究所（编），西南地区地层古生物手册. 北京：科学出版社，pp. 165–173.

葛治洲，戎嘉余，杨学长，刘耕武，倪寓南，董得源，伍鸿基，1979. 西南地区的志留系 // 南京地质古生物所（编），西南地区碳酸盐生物地层. 北京：科学出版社，pp. 155–220.

耿良玉，1986. 贵州道真巴渔、湖北宜昌大中坝下志留统几丁虫化石. 古生物学报，25(2):117–128.

耿良玉，1990. 黔北石阡雷家屯志留系埃隆阶－特列奇阶界线附近几种胞石之记述. 古生物学报，29(5):623–636.

耿良玉，1993. 塔里木板块北缘早古生代地质发展几个问题的探讨. Palaeoworld，2:211–233.

耿良玉，蔡习尧，1988. 扬子区志留纪兰多维列统胞石序列. 古生物学报，27(2):249–255.

耿良玉，蔡习尧，1996. 塔里木盆地奥陶纪胞石带 // 童晓光等（编），塔里木盆地石油地质研究新进展. 北京：科学出版社，pp. 17–25.

耿良玉，李再平，1984. 云南曲靖玉龙寺组的几丁虫化石. 微体古生物学报，1(1):101–104.

耿良玉，英埃·格朗，钱泽书，1987. 江苏兴化大垛 DI-2 井兰多维列期胞石. 古生物学报，26(6):728–734.

耿良玉，张允白，蔡习尧，钱泽书，丁连生，王根贤，刘春莲，1999. 扬子区后 Llandovery 世（志留纪）胞石的发现及其意义. 微体古生物学报，16(2):111–151.

古生物学名词审定委员会，2009. 古生物学名词（第二版）. 北京：科学出版社.

郭胜哲，苏养正，池永一，黄本宏，1992. 吉林、黑龙江东部地槽区古生代生物地层及岩相古地理 // 南润善，郭胜哲等（编），内蒙古 – 东北地槽区古生代生物地层及古地理，pp. 71–144.

何心一，陈建强，2004. 滇东曲靖地区晚志留世四射珊瑚动物群. 古生物学报，43(3):303–324.

何心一，陈建强，2006. 扬子区奥陶纪、志留纪四射珊瑚分类、生物地层与生物古地理新认识. 地学前缘，13(6):145–152.

何原相，1978. 皱纹珊瑚亚纲 // 西南地质科学研究所（编），西南地区古生物图册 四川分册 1（震旦纪 – 泥盆纪）. 北京：地质出版社，pp. 98–178.

何原相，钱咏臻，2000. 四川盐边稗子田志留系与泥盆系的界线划分及地质意义. 沉积与特提斯地质，20(1):98–112.

黑龙江省区域地层表编写组，1979. 东北地区区域地层表——黑龙江省分册. 北京：地质出版社.

侯德封，王现衍，1939. 川北广元南江间地质. 四川地质调查所地质丛刊，2:1–46.

侯鸿飞，王士涛，1988. 中国地层——中国的泥盆系. 北京：地质出版社.

胡兆珣，1982. 川北、陕南志留纪的苔藓虫. 古生物学报，21(3):290–301.

胡兆珣，1990. 陕西宁强兰多维列世特列奇期苔藓动物群. 古生物学报，29(5):601–611.

胡兆珣，龚联瓒，杨绳武，王洪第，1983. 贵州石阡奥陶 – 志留系分界地层新知. 地层学杂志，7(2):140–142.

黄冰，戎嘉余，王怿，2011. 黔西赫章志留纪晚期小莱采贝动物群的发现及其古地理意义. 古地理学报，13(1):30–36.

黄冰，王怿，唐鹏，魏鑫，张小乐，王光旭，吴荣昌，张雨晨，詹仁斌，戎嘉余，2017. 湖北西部建始地区志留系秀山组顶部地层新观察. 地层学杂志，41(4):375–385.

黄智斌，邓胜徽，杜品德，张师本，谭泽金，卢远征，杨芝林，董宝清，杨先茂，景秀春，2009. 塔里木盆地奥陶纪地层研究新进展 // 周新源（编），塔里木油田会战 20 周年论文集（勘探分册）. 北京：石油工业出版社，pp. 172–186.

贾承造，张师本，吴绍祖等，2004. 塔里木盆地及周边地层（上册）. 北京：科学出版社.

江大勇，郝维城，白顺良，王新平，姚建新，2001. 新疆塔里木盆地晚奥陶世 – 早石炭世地层划分对比研究新突破. 北京大学学报（自然科学版），37(4):529–536.

江大勇，皮学军，孙作玉，陈颖，吴飞翔，郝维城，2006. 新疆柯坪大湾沟剖面柯坪塔格组中段底部笔石生物地层初步分析. 地层学杂志，30(3):253–257.

江西省地质矿产局，1984. 江西省区域地质志. 北京：地质出版社.

江西省区域地层表编写组，1980. 华东地区区域地层表——江西省分册. 北京：地质出版社.

金淳泰，叶少华，江新胜，李玉文，喻洪津，何原相，易庸恩，潘云唐，1989. 四川二郎山地区志留纪地层及古生物. 中国地质科学院成都地质矿产研究所所刊，11:1–224.

金淳泰，万正权，叶少华，陈继荣，钱詠蓁，1992. 四川广元、陕西宁强地区志留系 . 成都：成都科技大学出版社 .

金淳泰，万正权，陈继荣，钱咏蓁，1996. 四川北川桂溪地区晚志留亚纪地层的发现 . 地球学报，17(1):99–104.

金淳泰，万正权，陈继荣，1997. 上扬子地台西北部志留系研究新进展 . 沉积与特提斯地质，21:144–181.

金淳泰，钱泳蓁，王吉礼，2005. 四川盐边地区志留纪牙形石生物地层及年代地层 . 地层学杂志，29(3):281–294.

孔磊，黄蕴明，1978. 四射珊瑚亚纲 // 贵州地层古生物工作队（编），西南地区古生物图册 贵州分册 1（寒武纪 – 泥盆纪）. 北京：地质出版社，pp. 35–160.

赖才根，1964. 扬子角石（*Jangziceras*）——一个志留纪新鹦鹉螺属 . 古生物学报，12(1):116–125.

李积金，1999. 安徽南部下志留统笔石 . 中国科学院南京地质古生物研究所丛刊，14:70–157.

李积金，葛梅钰，1981. 尖笔石类的发育型式及其系统分类位置 . 古生物学报，20(3):225–234.

李军，朱怀诚，方宗杰，1997. 新疆柯坪志留系塔塔埃尔塔格组微体化石 . 古生物学报，36（增刊）:138–143.

李文国，戎嘉余，董得源，1985. 内蒙古达尔罕茂明安联合旗巴特敖包地区志留 – 泥盆纪地层与动物群 . 呼和浩特：内蒙古人民出版社 .

李耀西，宋礼生，周志强，杨景尧等，1975. 大巴山西段早古生代地层志 . 北京：地质出版社 .

李毓尧，1933. 江西北部修水流域地质 . 中央研究院丛刊，3:18–41.

李再平，耿良玉，1985. 南京江宁坟头组几丁虫化石及其时代意义 . 古生物学报，24(6):596–603.

梁定益，张宜智，聂泽同，奚成德，1991. 阿里地区地层 // 郭铁鹰等（编），西藏阿里地质 . 武汉：中国地质大学出版社，pp. 1–109.

林宝玉，1979. 中国的志留系 . 地质学报，3:173–191.

林宝玉，郭殿珩，汪啸风等，1984. 中国地层（6）——中国的志留系 . 北京：地质出版社 .

林宝玉，苏养正，朱秀芳，戎嘉余，1998. 中国地层典——志留系 . 北京：地质出版社 .

林天瑞，1987. 湖南西部早志留世缨盾壳虫科（Thysanopeltidae）三叶虫二个新属 . 古生物学报，26(6):746–752.

刘第墉，许汉奎，梁文平，1983. 腕足动物门 // 地质矿产部南京地质矿产研究所（编），华东地区古生物图册（1）早古生代分册 . 北京：地质出版社，pp. 254–286.

刘时藩，1993. 中华棘鱼（*Sinacanthus*）化石的古地理意义 . 科学通报，38(21):1977–1978.

刘时藩，1995. 塔里木西北的中华棘鱼化石及地质意义 . 古脊椎动物学报，33(2):85–98.

刘亚光，1997. 江西省岩石地层 . 武汉：中国地质大学出版社 .

刘玉海，朱敏，林翔鸿，卢立伍，盖志琨，2019. 新疆塔里木盆地志留纪盔甲鱼类新知 . 古脊椎动物学报，57(4):253–273.

卢立伍，潘江，赵丽君，2007. 新疆柯坪中古生代无颌类及鱼类新知 . 地球学报，28(2):143–147.

罗惠麟，余家桢，龙鹏光，1985. 云南东部上志留统三叶虫序列兼论志留系 – 泥盆系界线 . 地层学杂志，9(3):220–223.

吕勇，山克强，谢运球，尹福光，胡志鹏，肖玲，廖家飞，2014. 滇西潞西（芒市）的奥陶系和志留系 . 地层学杂志，38(2):161–169.

马会珍，王雪华，2014. 黔东北志留纪晚期小溪组沉积环境研究 . 地球科学进展，29(7):859–864.

莽东鸿，裴士强，1964. 吉林张家屯志留系的发现 . 地质论评，22(6):488.

穆恩之，1964. 中国的志留系 // 全国地层委员会（编），全国地层会议学术报告汇编——中国的志留系 . 北京：科学出版社，pp. 1–95.

穆恩之，陈旭，1962. 多枝中华反向笔石（新属新种）及其发育阶期. 古生物学报，10(2):143–154.

穆恩之，文世宣，王义刚，章炳高，尹集祥，1973. 中国西藏南部珠穆朗玛峰地区的地层. 地质科学，8(1):13–36.

穆恩之，陈旭，倪寓南，戎嘉余，1982. 关于中国志留系的划分与对比问题 // 中国科学院南京地质研究所（编），中国地层表及其说明书. 北京：科学出版社，pp. 73–89.

穆恩之，李积金，葛梅钰，林尧坤，倪寓南，2002. 中国笔石. 北京：科学出版社.

倪超，李越，邓小杰，2015. 黔东北石阡香树园剖面"龙马溪组"灰岩中的生物多样性. 微体古生物学报，32(1):105–113.

倪寓南，1978a. 湖北宜昌早志留世笔石. 古生物学报，17(4):387–416.

倪寓南，1978b. 申扎早志留世笔石. 中国科学院南京地质古生物研究所丛刊，11:233–268.

倪寓南，1984. 云南保山上奥陶统笔石. 古生物学报，23(3):320–327.

倪寓南，1997. 云南施甸志留纪霍梅晚期（Late Homerian）笔石. 古生物学报，36(3):310–320.

倪寓南，林尧坤，2000. 云南施甸志留纪上人和桥组笔石. 古生物学报，39(3):343–355.

倪寓南，宋礼生，2002. 西北地区志留纪温洛克世晚期 – 罗德洛世早期的一些笔石. 古生物学报，41(3):361–371.

倪寓南，陈挺恩，蔡重阳，李国华，段彦学，王举德，1982. 云南西部的志留系. 古生物学报，21(1):119–132.

潘江，王士涛，高联达，侯静鹏，1978. 华南陆相泥盆系 // 中国地质科学院地质矿产研究所（编），华南泥盆系会议论文集. 北京：地质出版社，pp. 240–269.

彭辉平，刘锋，朱怀诚，2016. 滇东曲靖、沾益地区下、中泥盆统岩石地层单位沿革概况及修订建议. 地层学杂志，40(3):318–334.

邱洪荣，1985. 西藏志留纪牙形石. 中国地质科学院地质研究所所刊，11:23–38.

邱洪荣，1988. 西藏早古生代牙形石生物地层. 地层古生物论文集，19:185–208.

全国地层委员会，1981. 中国地层指南及中国地层说明书. 北京：科学出版社.

全国地层委员会，2001. 中国地层指南及中国地层说明书（修订版）. 北京：科学出版社.

全国地层委员会，2015. 中国地层指南及中国地层说明书（2014 年版）. 北京：科学出版社.

全国地层委员会，2017. 中国地层指南及中国地层说明书（2016 年版）. 北京：科学出版社.

饶靖国，张正贵，杨曾荣，1988. 西藏志留系、泥盆系及二叠系. 成都：四川科学出版社.

戎嘉余，1985. 论我国志留系的建阶问题. 地层学杂志，9(2):96–107.

戎嘉余，杨学长，1978. 西南地区志留系的石燕及其地层意义. 古生物学报，17(4):357–384.

戎嘉余，杨学长，1980. 滇东曲靖上志留统妙高组腕足化石群. 古生物学报，19(4):263–288.

戎嘉余，杨学长，1981a. 简论滇东的志留纪地层. 地层学杂志，5(1):66–69.

戎嘉余，杨学长，1981b. 西南地区早志留世中、晚期腕足动物群. 中国科学院南京地质古生物研究所集刊，13:163–278.

戎嘉余，詹仁斌，2004. 华南志留纪早期腕足动物的残存与复苏 // 戎嘉余，方宗杰（编），生物大灭绝与复苏——来自华南古生代和三叠纪的证据. 合肥：中国科学技术大学出版社，pp. 97–126.

戎嘉余，许汉奎，杨学长，1974. 志留纪腕足动物 // 中国科学院南京地质古生物研究所（编），西南地区古生物手册. 北京：科学出版社，pp. 195–208.

戎嘉余，苏养正，李文国，1984. 晚志留世始石燕类新属——巴特石燕（*Baterospirifer* gen. nov.）. 古生物学报，23(1):62–68.

戎嘉余，苏养正，李文国，1985. 内蒙古达尔罕茂明安联合旗上志留统西别河组的腕足类 // 李文国，戎嘉余，董得源（编），内蒙古达尔罕茂明安联合旗巴特敖包地区志留 – 泥盆纪地层与动物群 . 呼和浩特：内蒙古人民出版社，pp. 27–55.

戎嘉余，陈旭，王成源，耿良玉，伍鸿基，邓占球，陈挺恩，徐均涛，1990. 论华南志留系对比的若干问题 . 地层学杂志，14(3):161–177.

戎嘉余，陈旭，王怿，2000. 第四章 志留系 // 中国科学院南京地质古生物研究所（编），中国地层研究二十年 (1979 – 1999). 合肥：中国科学技术大学出版社，pp. 59–72.

戎嘉余，陈旭，詹仁斌，樊隽轩，王怿，张元动，李越，黄冰，吴荣昌，王光旭，刘建波，2010. 贵州桐梓县境南部奥陶系 – 志留系界线地层新认识 . 地层学杂志，34(4):337–348.

戎嘉余，王怿，张小乐，2012a. 追踪地质时期的浅海红层——以上扬子区志留系下红层为例 . 中国科学：地球科学，42(6):862–878.

戎嘉余，王怿，詹仁斌，唐鹏，黄冰，吴荣昌，王光旭，李越，邓小杰，2012b. 论桐梓上升——志留纪埃隆晚期黔中古陆北扩的证据 . 地层学杂志，36(4):679–691.

戎嘉余，王怿，詹仁斌，樊隽轩，黄冰，唐鹏，李越，张小乐，吴荣昌，王光旭，魏鑫，2019. 中国志留纪综合地层和时间框架 . 中国科学：地球科学，49:93–114.

山克强，吕勇，潘明，2013. 云南保山熊洞村志留系栗柴坝组笔石新材料 . 地层学杂志，37(4):609.

邵卫根，万红，1993. 关于江西西北部志留系的几个问题 . 江西地质，7(3):184–191.

盛怀斌，1975. 四川广元志留纪小无洞贝（Atrypella）层腕足类 . 地层古生物论文集，2:78–180.

盛莘夫，1964. 川黔晚奥陶世三叶虫的研究并讨论上奥陶统的上下界线问题 . 古生物学报，12(4):553–563.

时言，龚大明，1992. 滇西保山施甸地区泥盆系研究新知 . 成都地质学院学报，19(3):21–32.

四川区域地层表编写组，1978. 西南地区区域地层表（四川省分册）. 北京：地质出版社 .

苏养正，1981. 论图瓦贝 Tuvaella 的时空分布和生态环境 . 古生物学报，20(6):567–576.

苏养正，戎嘉余，李文国，1985. 内蒙古达尔罕茂明安联合旗上志留统巴特敖包组的腕足类 // 李文国，戎嘉余，董得源（编），内蒙古达尔罕茂明安联合旗巴特敖包地区志留 – 泥盆纪地层与古生物 . 呼和浩特：内蒙古人民出版社，pp. 79–102.

苏养正，张海驷，浦全生，1987. 小兴安岭西北部的志留系 // 地质矿产部沈阳地质矿产研究所（编），中国北方板块构造论文集（第二集）. 北京：地质出版社，pp. 151–164.

孙云铸，1933. 中国奥陶纪及志留纪之笔石 . 中国古生物志乙种，14(1):1–69.

孙云铸，司徒穗卿，1947. 云南保山地质概要 . 国立北京大学地质系研究录，32:1–25.

孙云铸，王鸿祯，1946. 云南东部马龙曲靖之志留纪地层 . 中国地质学会志，26:83–99.

谭雪春，董致中，秦德厚，1982. 滇西保山地区下泥盆统兼论志留、泥盆系的分界 . 地层学杂志，6(3):199–208.

唐克东，苏养正，1966. 小兴安岭西北部古生代地层的新资料及其意义 . 地质学报，46(1):14–28.

唐兰，何心一，陈建强，2008. 扬子区志留纪十字珊瑚类属种的修订及其新资料 . 古生物学报，47(4):427–443.

唐鹏，黄冰，王成源，徐洪河，王怿，2010. 四川广元志留系 Ludlow 统的再研究兼论车家坝组的含义 . 地层学杂志，34(3):241–253.

田家杰，2009. 滇东晚志留世至中泥盆世孢粉生物地层 . 博士学位论文，中国科学院研究生院 .

万正权，金淳泰，1991. 四川广元地区晚志留世地层的发现及其意义 . 地层学杂志，15(1):53–55.

汪啸风，1965. 黔北早志留世晚期和中志留世笔石群的发现及其意义 . 古生物学报，13(1):118–127.

汪啸风，倪世钊，周天梅，徐光洪，项礼文，曾庆銮，赖才根，李志宏，1987. 志留系 // 汪啸风，等（编），长江三峡地区生物地层学（2）早古生代分册 . 北京：地质出版社，pp. 143–197.

汪啸风，陈孝红，王传尚，李志宏，2004. 中国奥陶系和下志留统下部年代地层单位的划分 . 地层学杂志，28(1):1–17.

王宝瑜，张梓歆，戎嘉余，王成源，蔡土赐，2001. 新疆南天山志留纪 – 早泥盆世地层与动物群 . 合肥：中国科学技术大学出版社 .

王成源，1980. 云南曲靖上志留统牙形刺 . 古生物学报，19(5):369–378.

王成源，1981. 云南曲靖玉龙寺组时代的新认识 . 地层学杂志，5(3):195–196.

王成源，2001. 云南曲靖地区关底组的时代 . 地层学杂志，25(2):125–127.

王成源，2011. 再论华南志留系红层的时代 . 地层学杂志，35(4):440–447.

王成源，2013. 中国志留纪牙形刺 . 合肥：中国科技大学出版社 .

王成源，王志浩，2016. 中国牙形刺生物地层 . 杭州：浙江大学出版社 .

王成源，曲永贵，张树岐，郑春子，王永胜，2004. 西藏申扎地区晚奥陶世 – 志留纪牙形刺 . 微体古生物学报，21(3):237–250.

王成源，王平，杨光华，谢伟，2009. 四川盐边稗子田志留系牙形刺生物地层的再研究 . 地层学杂志，33(3):302–317.

王成源，陈立德，王怿，唐鹏，2010. *Pterospathodus eopennatus*（牙形刺）带的确认与志留系纱帽组的时代及相关地层的对比 . 古生物学报，49(1):10–28.

王传尚，汪啸风，陈孝红，2005. 志留系 // 汪啸风，等（编），中国各地质时代地层划分与对比 . 北京：地质出版社，pp. 155–193.

王光旭，邓占球，詹仁斌，2011. 川东华蓥山志留系兰多维列统白云庵组的珊瑚动物群 . 古生物学报，50(4):450–469.

王鸿祯，1978. 论中国地层分区 . 地层学杂志，2(2):81–104.

王举德，1977. 云南的志留系 . 云南省地质科学研究所 .

王俊卿，2000. 玉龙寺组的时代——兼论滇东的志留系 – 泥盆系界线 . 地层学杂志，24(2):144–150.

王俊卿，王士涛，2002. 新疆柯坪志留纪兰多维列世无颌类化石 . 古脊椎动物学报，40(4):245–256.

王俊卿，王念忠，朱敏，1996. 塔里木盆地西北缘中、古生代脊椎动物化石及相关地层 // 童晓光，梁狄刚，贾承造（编），塔里木盆地石油地质研究新进展 . 北京：科学出版社，pp. 8–16.

王念忠，张师本，1998. 新疆巴楚早志留世软骨鱼类微体化石 . 古脊椎动物学报，36(4):257–267.

王朴，胡继宗，宋杉林，杨笑春，1988. 新疆柯坪地区 *Sinacanthus* 的发现及其地层意义 . 新疆地质，6(3):47–50.

王齐政，1989. 川东南武隆早志留世的三叶虫 . 河北地质学院学报，12(4):422–440.

王庆同，杨宝忠，姜文钦，周发侨，张枭，王卫国，2014. 新疆色帕巴衣地区志留纪柯坪塔格组笔石的发现 . 地质通报，33(1):19–25.

王尚启，刘正明，李治本，1992. 云南曲靖晚志留世和早泥盆世介形类 . 微体古生物学报，9(4):363–389.

王欣，王健，张举，2017. 扬子台地西北缘志留纪笔石 *Oktavites spiralis*（Geinitz，1842）发育过程研究 . 古生物学报，56(1):54–67.

王雪，1995. 滇东曲靖上志留统关底组若干腕足动物居群的生态特征 . 古生物学报，34(6):742–754.

王怿，李军，2001. 江苏北部晚志留世"植物碎片"的研究 . 古生物学报，40(1):51–60.

王怿，朱怀诚，李军，2004. 四川广元晚志留世植物碎片 . 微体古生物学报，21(1):25–31.

王怿，戎嘉余，徐洪河，王成源，王根贤，2010. 湖南张家界地区志留纪晚期地层新见兼论小溪组的时代 . 地层学杂志，34(2):113–126.

王怿，张小乐，徐洪河，蒋青，唐鹏，2011. 重庆秀山志留系小溪组的发现与迴星哨组的厘定 . 地层学杂志，35(2):113–121.

王怿，戎嘉余，唐鹏，吴荣昌，2013. 志留纪早期上扬子海域南部桐梓上升的新证据 . 地层学杂志 (2):129–138.

王怿，戎嘉余，唐鹏，王光旭，张小乐，2016. 四川盐边稗子田剖面志留系新认识 . 地层学杂志，40(3):225–233.

王怿，蒋青，唐鹏，张小乐，黄冰，詹仁斌，2017a. 湖北通山志留纪晚期地层的发现 . 地层学杂志，41(4):386–391.

王怿，唐鹏，张小乐，刘建波，张雨晨，燕夔，王光旭，黄冰，詹仁斌，2017b. 四川广元志留纪晚期车家坝组中线形植物的发现及其意义 . 地层学杂志 (4):368–374.

王怿，蒋青，唐鹏，张小乐，黄冰，詹仁斌，2018a. 安徽宿松坐山志留纪晚期地层的研究 . 地层学杂志，42(2):159–166.

王怿，蒋青，唐鹏，张小乐，黄冰，詹仁斌，孙存礼，戎嘉余，2018b. 赣西北志留纪晚期地层的发现和西坑组的厘定 . 地层学杂志，42(3):257–266.

王怿，唐鹏，张小乐，张雨晨，黄冰，戎嘉余，2018c. 志留纪晚期小溪组在湖北宜昌纱帽山的发现 . 地层学杂志，42(4):371–380.

王钰，1938. 下志留纪三叶虫 Encrinurus (Coronocephalus) rex 及其地理上之分布与地层上之位置 . 中国地质学会志，18:9–32.

王钰，1955. 腕足类的新属 . 古生物学报，3(2):83–114.

王钰，1956. 腕足类的新种 II . 古生物学报，4(3):387–407.

王钰，1962. 腕足类 // 中国科学院南京地质古生物研究所（编），扬子区标志化石手册 . 北京：科学出版社，pp. 7–73，75–76，84–88，92–93.

王钰，戎嘉余，杨学长，1980. 中国西南地区的仿无洞贝（Atrypoidea）及其地层意义 . 古生物学报，19(2):41–58.

王竹泉，1930. 江西修水流域地质矿产报告 . 中央地质调查所地质汇报，14:143–159.

魏鑫，詹仁斌，2018. 贵州湄潭志留纪初期三叶虫动物群及其意义 . 古生物学报，57(1):25–39.

吴望始，1958. 内蒙白云鄂博附近志留纪珊瑚化石 . 古生物学报，6(1):61–67.

伍鸿基，1977. 西南地区志留 – 泥盆纪三叶虫的新属种及其地层意义 . 古生物学报，16(1):95–117.

伍鸿基，1979. 西南地区志留纪彗星虫科三叶虫 . 古生物学报，18(2):125–152.

伍鸿基，1985. 内蒙古达尔罕茂明安联合旗志留纪三叶虫 // 李文国，戎嘉余，董得源（编），内蒙古达尔罕茂明安联合旗巴特敖包地区志留 – 泥盆纪地层与动物群 . 呼和浩特：内蒙古人民出版社，pp. 175–184.

伍鸿基，1990. 论志留纪王冠虫 Coronocephalus Grabau. 古生物学报，29(5):527–547.

西藏地质局综合普查大队，1980. 西藏申扎地区古生代地层的新发现 . 地质论评，26(2):162.

夏凤生，齐敦伦，1989. 安徽含山早志留世晚期陈夏村组的苔藓动物化石 . 微体古生物学报，6(1):75–90.

夏广胜，1982. 安徽笔石化石 . 合肥：安徽科学技术出版社 .

夏树芳，陈云棠，张大良，等，1991. 塔里木盆地北缘志留系与泥盆系分界问题的研究 // 贾润胥（编），中国塔里木盆地北部油气地质研究（第一辑）沉积地层 . 武汉：中国地质大学出版社，pp. 57–63.

鲜思远，江宗龙，1978. 腕足动物门 // 贵州地层古生物工作队（编），西南地区古生物图册 贵州分册 1（寒武纪 – 泥盆纪）. 北京：地质出版社，pp. 251–337.

谢家荣，赵亚曾，1925a. 湖北西部罗惹坪志留系之研究. 中国地质学会志，4:39–44.

谢家荣，赵亚曾，1925b. 湖北宜昌兴山秭归巴东等县地质矿产. 地质汇报，7:5–67.

新疆维吾尔族自治区区域地层表编写组，1981. 西北地区区域地层表——新疆维吾尔族自治区分册. 北京：地质出版社.

薛春汀，苏养正，张海驷，崔革，1980. 小兴安岭西北部晚志留世及早泥盆世地层. 地层学杂志，4(1):1–12.

闫冠州，2019. 四川盐边稗子田志留纪早 – 中期牙形刺动物群. 合肥：中国科学技术大学.

闫国顺，汪啸风，1978. 志留系 // 湖北省地质局长江三峡地层研究组（编），峡东地区震旦纪至二叠纪地层古生物. 北京：地质出版社，pp. 73–90.

阎春波，张保民，杨博，2019. 滇西保山熊洞村栗柴坝组牙形石的发现及其地质意义. 地质通报，38(6):922–929.

杨达铨，倪寓南，李积金，陈旭，林尧坤，俞剑华，夏广胜，焦世鼎，方一亭，葛梅钰，穆恩之，1983.（六）半索动物门，笔石纲 // 地质矿产部南京地质矿产研究所（编），华东地区古生物图册（一）早古生代分册. 北京：地质出版社，pp. 353–508.

杨敬之，夏凤生，1976. 云南曲靖等地的志留纪苔藓虫. 古生物学报，15(1):41–54.

杨武旭，李光暄，1978. 滇东泥盆系的几个问题 // 中国地质科学院地质矿产研究所（编），华南泥盆系会议论文集. 北京：地质出版社，pp. 167–171.

杨学长，戎嘉余，1982. 川黔湘鄂边区志留系秀山组上段的腕足类化石群. 古生物学报，21(4):417–434.

尹恭正，李善姬，1978. 三叶虫纲 // 贵州省地层古生物工作队（编），西南地区古生物图册 贵州分册 1（寒武纪 – 泥盆纪）. 北京：地质出版社，pp. 385–595.

尹磊明，2006. 中国疑源类化石. 北京：科学出版社.

尹赞勋，1949. 中国南部志留纪地层之分类与对比. 中国地质学会志，29:1–61.

尹赞勋，1980. 二十年来我国地层工作的进展. 地层学杂志，4(3):161–190.

尹赞勋，路兆洽，1937. 云南施甸之奥陶纪与志留纪地层. 中国地质学会志，16:41–56.

俞昌民，林尧坤，章森桂，陈挺恩，朱兆玲，1988. 宁强组时代的再认识. 地层学杂志，12(3):210–215.

俞剑华，夏树芳，方一亭，1976. 江西修水流域的奥陶系. 南京大学学报（自然科学版），2:57–77.

俞剑华，方一亭，梁诗经，刘怀宝，1984. 江西武宁奥陶系与志留系界线. 南京大学学报（自然科学），3:533–544.

袁文伟，周志毅，1997. 塔里木盆地北部的几个奥陶纪三叶虫. 古生物学报，36（增刊）:170–183.

云崖，1978. 滇东泥盆系的划分与对比 // 中国地质科学院地质矿产研究所（编），华南泥盆系会议论文集. 北京：地质出版社，pp. 151–166.

曾庆銮，胡昌铭，1997. 江西玉山王家坝早志留世早期（Early Llandoverian）新腕足动物群的发现及其意义. 古生物学报，36(1):1–17.

张淼，陈孝红，王传尚，李志宏，张保民，陈绵琨，2012. 黔北桐梓戴家沟志留纪几丁虫生物组合及其对比. 地层学杂志，36(4):710–717.

张全忠，1982. 华东地区中部志留纪三叶虫. 中国地质科学院南京地质矿产研究所所刊，3(4):99–106.

张日东，俞昌民，陆麟黄，张遴信，1959. 新疆天山南麓古生代地层. 中国科学院南京地质古生物研究所集刊 (2):1–43.

张师本，1992. 志留系和泥盆系 // 张师本，高琴琴（编），塔里木盆地震旦纪至二叠纪地层古生物（Ⅱ）柯坪—巴楚地区分册 . 石油工业出版社，北京，pp. 62–78.

张师本，2001. 志留系 // 周志毅，赵治信，胡兆珣，陈丕基，张师本，雍天寿（编），塔里木盆地各纪地层 . 北京：科学出版社，pp. 81–102.

张师本，王成源，1995. 从牙形刺动物群论依木干他乌组的时代 . 地层学杂志，19(2):133–135.

张师本，席与华，1998. 塔里木盆地西北缘早古生代红层腹足类化石 . 古生物学报，36（增刊）:146–156.

张师本，高琴琴，陈钦保，蔡习尧，梁西文，刘劼，1996. 塔里木盆地奥陶纪胞石带西北缘志留 – 泥盆纪地层研究新进展 // 童晓光，梁狄刚，贾承造（编），塔里木盆地石油地质研究新进展 . 北京：科学出版社，pp. 54–66.

张文堂，1974. 西南地区志留纪三叶虫 // 中国科学院地质研究所（编），西南地区地层古生物手册 . 北京：科学出版社，pp. 173–187.

张文堂，范嘉松，1960. 祁连山奥陶纪及志留纪三叶虫 // 中国科学地质古生物研究所（编），祁连山地质志（第4卷 第1分册）. 北京：科学出版社，pp. 83–148.

张雄华，章泽军，2000. 江西修水地区早志留世早期笔石动物群研究 . 江西地质，14(4):256–258.

张雄华，蔡雄飞，章泽军，1998. 江西修水地区志留纪腕足动物及生态环境 . 中国区域地质，17(4):398–401，448.

张永辂，刘冠邦，边立曾等，1988. 古生物学（上）. 北京：地质出版社，pp. 1–363.

张元动，Lenz，A.C.，2001. 云南南部及其邻区志留系对比 . 地层学杂志，25(1):1–7，12.

张远志，1996. 云南省岩石地层 . 武汉：中国地质大学出版社 .

张智礼，李慧莉，李晓剑，陈梦雪，2018. 新疆塔里木板块巴麦地区志留系对比与时空分布 . 微体古生物学报，35(4):436–443.

赵金科，梁希洛，邹西平，赖才根，张日东，1965. 中国的头足类化石 . 北京：科学出版社 .

赵文金，朱敏，2014. 中国志留纪鱼化石及含鱼地层对比研究综述 . 地学前缘，21(2):185–202.

赵文金，王士涛，王俊卿，朱敏，2009. 新疆柯坪 – 巴楚地区志留纪含鱼化石地层序列与加里东运动 . 地层学杂志，33(3):225–240.

赵文金，朱敏，刘升，潘照晖，贾连涛，2016. 湖南澧县山门水库周边志留纪含鱼地层新知 . 地层学杂志，40(4):349–358.

赵治信，谭泽金，唐鹏，肖继南，2000. 塔里木盆地覆盖区奥陶系划分与对比 //《第三届全国地层会议论文集》编委会（编），第三届全国地层会议论文集 . 北京：地质出版社，pp. 69–75.

中国科学院南京地质古生物研究所，1965. 扬子区标志化石手册 . 北京：科学出版社 .

中国科学院南京地质古生物研究所，1974. 西南地区地层古生物手册 . 北京：科学出版社 .

钟端，陈挺恩，郝永祥，1990. 志留系 // 钟端，郝永祥（编），塔里木盆地震旦纪至二叠纪地层古生物（Ⅰ）库鲁克塔格地区分册 . 南京：南京大学出版社，pp. 105–108.

周希云，翟志强，鲜思远，1981. 贵州志留系牙形刺生物地层及新属种 . 石油与天然气地质，2(2):123–140.

周志毅，甄勇毅，周志强，袁文伟，2008. 中国奥陶纪地理区划纲要 . 古地理学报，10(2):175–182.

Aldridge, R.J., 1972. Llandovery conodonts from the Welsh boderland. Bulletin of the British Museum Natural History, Geology, 22:125–231.

Aldridge, R.J., 1979. An upper Llandovery conodont fauna from Peary Land, eastern north Greenland. Rapport Grønlands geologiske Undersøgelse, 91:7–23.

Armstrong, H.A., 1990. Conodonts from the Upper Ordovician–Lower Silurian carbonate platform of north Greenland. Grønlands geologiske undersøgelse Bulletin, 159:1–151.

Aung, A.K, Cocks, L.R.M., 2017. Cambrian–Devonian stratigraphy of the Shan Plateau, Myanmar (Burma). Geological Society, London, Memoirs, 48(1):317–342.

Badarch, G., Cunningham, W.D., Windley, B.F., 2002. A new terrane subdivision for Mongolia: Implications for the Phanerozoic crustal growth of Central Asia. Journal of Asian Earth Sciences, 21(1):87–110.

Baily, W.H., 1871. Palaeontological remarks. In: Traill, W.A., Egan, F.W. (eds), Explanatory Memoir to Accompany Sheets 49, 50 and Part of 61 of the Maps of the Geological Survey of Ireland Including the Country Around Downpatrick, and the Shores of Dundrum Bay and Strangford Lough, County of Down. Dublin and London:Alexander Thom, pp. 22–23.

Barrande, J., 1850. Graptolites de Bohême. Prague:Théophile Haase Fils.

Barrande, J., 1865–1877. Systême Silurien du centre de la Bohême vol. 2. Prague:Cephalopod.

Barrande, J., 1879. Système Silurien du centre de la Bohême. Iére partie. Recherches paléontologiques, Vol. 5, Classe de Mollusques, Ordre des Brachiopodes. Published by the Author, Prague and Paris.

Bassett, M.G., 1985. Towards a "common language" in stratigraphy. Episodes, 8(2):87–92.

Bischoff, G.C.O, Sannemann, D., 1958. Unterdevonische conodonten aus dem Frankenwald. Notizblatt des Hessisches Landesamt für Bodenforschung zu Wiesbaden, 86:87–110.

Bischoff, G.C.O., 1986. Early and Middle Silurian conodonts from midwestern New South Wales. Courier Forschungsinstitut Senckenberg, 89:1–337.

Bouček, B., Přibyl, A., 1941. Ueber die Gattung Petalolithus Suess aus dem böhmischen Silur. Mitteilungen der Tschechischen Akademie der Wissenschaften, 51:1–17.

Branson, E.B., Branson, C.C., 1947. Lower Silurian conodonts from Kentucky. Journal of Paleontology, 21:549–556.

Branson, E.B., Mehl, M.G., 1933a. Conodonts from the Bainbridge (Silurian) of Missouri. University of Missouri Studies, 8:39–52.

Branson, E.B., Mehl, M.G., 1933b. Conodonts from the Joachim (Middle Ordovician) of Missouri. University of Missouri Studies, 8:77–100.

Branson, E.B., Mehl, M.G., 1933c. Conodonts from the Plattin (Middle Ordovician) of Missouri. University of Missouri Studies, 8:101–119.

Brongniart, A., 1822. Les trilobites. In: Brongniart, A., Desmarest, A.G. (eds), Histoire naturelle des Crustacés fossiles. Paris and Strasbourg:F.G. Levrault, pp. 1–65.

Brown, J.C., 1913. Contributions to the geology of the Province of Yunnan in western China (3): Notes on the stratigraphy of the Ordovician and Silurian beds of western Yunnan. Records of the Geological Survey of India, 3:327–334.

Buch, L.V., 1834. Ueber Terebrateln, mit einem Versuch, sie zu classificiren und zu beschreiben. Abhandlungen der Koeniglichen Akademie der Wissenschaften zu Berlin, 1833:21–144.

Bulman, O.M.B., 1970. Graptolithina. In: Teichert, C. (eds), Treatise on Invertebrate Paleontology. Part V. Second Edition. New York and Lawrence:Geological Society of America and University of Kansas Press, pp. V1–V163.

Bunopas, S., 1982. Palaeogeographic history of western Thailand and adjacent parts of Southeast Asia— A plate tectonics interpretation. Geological Survey Paper, 5:1–810.

Carruthers, W., 1868. A revision of the British graptolites, with descriptions of the new species, and notes on their affinities. Geological Magazine, 5(45):125–133.

Chaletzkaya, O.N., 1960. The new species of Llandovery graptolites from Central Asia. In: Markovskii, B.P. (Ed.), The Species of Fossil Plant and Invertebrate Fossils of the USSR. Moscow:Gosgeoltechizdat, pp. 373–375.

Chang, K.H., 1974. Origin of multiple stratigraphic classification and an unpublished 1932 manuscript of H.D. Hedberg. Geological Society of America Bulletin, 85(8):1301–1304.

Chen, X., Rong, J.Y., Fan, J.X., Zhan, R.B., Mitchell, C.E., Harper, D.A.T., Melchin, M.J., Peng, P.A., Finney, S.C., Wang, X.F., 2006. The Global Boundary Stratotype Section and Point (GSSP) for the base of the Hirnantian Stage (the uppermost of the Ordovician System). Episodes, 29:183–196.

Chen, Z.Y., Wang, C., Fan, R., 2016. Restudy of the Llandovery conodont biostratigraphy in the Xiushan area. Canadian Journal of Earth Sciences, 53(7):651–659.

Chernyshev, V.V., 1937. Silurian brachiopods of Mongolia and Tuva. Trudy Mongol. Kom., 29(5):1–94.

Churkin, M., Carter, C., 1970. Early Silurian graptolites from southeastern Alaska and their correlation with graptolitic sequences in North America and the Arctic. U.S. Geological Survey Professional Paper, 653:1–51.

Clarkson, E.N.K., 1998. Invertebrate Paleontology and Evolution, 4th Edition. Oxford:Blackwell Science.

Cocks, L.R.M., Torsvik, T.H., 2013. The dynamic evolution of the Palaeozoic geography of eastern Asia. Earth-Science Reviews, 117:40–79.

Cocks, L.R.M., Fortey, R.A., Lee, C.P., 2005. A review of Lower and Middle Palaeozoic biostratigraphy in west peninsular Malaysia and southern Thailand in its context within the Sibumasu Terrane. Journal of Asian Earth Sciences, 24(6):703–717.

Cramer, B.D., Brett, C.E., Melchin, M.J., Männik, P., Kleffner, M.A., McLaughlin, P.I., Loydell, D.K., Munnecke, A., Jeppsson, L., Corradini, C., Brunton, F.R., Saltzman, M.R., 2011. Revised correlation of Silurian Provincial Series of North America with global and regional chronostratigraphic units and $\delta^{13}C_{carb}$ chemostratigraphy. Lethaia, 44(2):185–202.

Cramer, F.H., 1970. Angochitina sinica, a new Siluro–Devonian chitinozoan from Yunnan Province, China. Journal of Paleontology, 44(6):1122–1124.

Cramer, F.H., 1971. Distribution of selected Silurian acritarchs. An account of the palynostratigraphy and paleogeography of selected Silurian acritarch taxa. Revista Españ ola de Micropaleontologia Numero extraordinario, 1:1–203.

Dalman, J.W., 1828. Upställning och Beskrifning af de i sverige funne Terebratuliter. Kongliga Vetenskapsakademien Handlingar för År, 1827:85–155.

Davidson, T., 1848. Memoire sur les Brachiopodes du Systeme Silurien superieur de l'Angleterre. Societe geologique de France, Bulletin (Paris), 2(5):309–338.

Davidson, T., 1871. Silurian. British Fossil Brachiopoda, Vol. III, Part 7, No. 4. London:Palaeontographical Society, pp. 249–397.

Davidson, T., 1883. A Monograph of the British Fossil Brachiopoda, Vol. V, Silurian Supplement, Part 2. London:Palaeontographical Society, pp. 135–242.

Davies, K.A., 1929. Notes on the graptolite faunas of the Upper Ordovician and Lower Silurian. Geological Magazine, 66(1):1–27.

Drygant, D.M., 1974. Prostyle konodonty Silura I nizov Devona Volyno-Podolya. Paleontologishe Siborny Lvov Universitaet, 10:64–70.

Eichwald, E.V., 1842. Neuer Beitrag zur Geognosie Estlands und Finlands, 2. Die Urwelt Russlands.

Eisel, R., 1899. Ueber die Zonenfolge ostthüringischer und vogtländischer Graptolithenschiefer. Jahresbericht der Gesellschaft von Freunden der Naturwissenschaften in Gera (1896–1899):39–42, 49–62.

Eisenack, A., 1931. Neue Mikrofossilien des baltischen Silurs I. Palaeontologische Zeitschrift, 13:74–118.

Eisenack, A., 1932. Neue Mikrofossilien des baltischen Silurs II. Palaeontologische Zeitschrift, 14:257–277.

Eisenack, A., 1959. Neotypen baltischer Silur-Chitinozoen und neue Arten. Neues Jahrbuch fur Geologie und Palaontologie, Abhanlungen, 108:1–20.

Eisenack, A., 1964. Mikrofossilien aus dem Silur Gotlands. Neues Jahrbuch fur Geologie und Palaontologie, Abhanlungen, 120:308–342.

Eisenack, A., 1968. Uber Chitinozoen des Baltischen Gebietes. Palaeontographica A, 131:137–198.

Elles, G.L., 1897. The subgenera *Petalograptus* and *Cephalograptus*. Quarterly Journal of the Geological Society, 53:186–212.

Elles, G.L., 1900. The zonal classification of the Wenlock Shales of the Welsh Borderland. Quarterly Journal of the Geological Society, 56:370–414.

Ernst, A., Wyse Jackson, P.N., Aretz, M., 2015. Bryozoan fauna from the Mississippian (Visean) of Roque Redonde (Montagne Noire, southern France). Geodiversitas, 37(2):151–213.

Evitt, W.R., 1963. A discussion and proposals concerning fossil dinoflagellates, hystrichospheres, and acritarchs, II. Proceedings of the National Academy of Sciences of the United States of America, 49(3):298–302.

Fang, X., Ma, X., Li, W.J., Zhang, Y.D., Zhou, Z.Q., Chen, T.E., Lü, Y., Yu, S.Y., Fan, J.X., 2018. Biostratigraphical constraints on the disconformity within the Upper Ordovician in the Baoshan and Mangshi regions, western Yunnan Province, China. Lethaia, 51(2):312–323.

Fang, Z.J., 1994. Biogeographic constraints on the rift-drift-accretion history of the Sibumasu block. Journal of Asian Earth Sciences, 9(4):375–385.

Fensome, R.A., Willianms, G.L., Brass, J.M., Freeman, J.M., Hill, J.M., 1990. Acritarchs and Fossil Prasinophyte: An Index to Genera, Species and Infraspecific Taxt. American Association of Stratigraphic Palynologists.

Flower, R.H., 1939. *Harrisoceras*, a new structural type of orthochoanitic nautiloid. Journal of Paleontology, 13(5):473–480.

Geinitz, H.B., 1842. Über Graptolithen. Neues Jahrbuch für Mineralogie, Geognosie, Geologie und Petrefakten - Kunde, Stuttgart, Jahrgang, 1842:697–701.

Geng, L.Y., Cai, X.Y., 1995. Rhuddanian and Aeronian chitinozoans from Dazhongba of Yichang, western Hubei. Palaeontologia Cathayana, 6:375–406.

Geng, L.Y., Qian, Z.S., Ding, L.S., Wang, Y., Wang, G.X., Cai, X.Y., 1997. Silurian chitinozoans from the Yangtze region. Palaeoworld, 8(Special Issue):1–152.

Grabau, A.W., 1924. Stratigraphy of China, Part 1, Palaeozoic and older. Peking (Beijing):Geological Survey, Ministry of Agriculture and Commerce.

Grabau, A.W., 1925. Summary of the faunas from the Sintan Shale. Bulletin of the Geological Survey of China, 7:77–85.

Grabau, A.W., 1926. Silurian Faunas of Eastern Yunnan. Palaeontologia Sinica (Beijing), 3(2):1–85.

Grabau, A.W., 1928. Palaeozoic corals of China: Part 1, Tetraseptata, second contribution. Palaeontologia Sinica, Series B, 2(2):1–175.

Guo, X.Y., Gao, R., Keller, G.R., Xu, X., Wang, H.Y., Li, W.H., 2013. Imaging the crustal structure beneath the eastern Tibetan Plateau and implications for the uplift of the Longmen Shan range. Earth and Planetary Science Letters, 379:72–80.

Guo, X.Y., Keller, G.R., Gao, R., Xu, X., Wang, H.Y., Li, W.H., 2014. Irregular western margin of the Yangtze block as a cause of variation in tectonic activity along the Longmen Shan fault zone, eastern Tibet. International Geology Review, 56(4):473–480.

Guo, X.Y., Gao, R., Xu, X., Keller, G.R., Yin, A., Xiong, X.S., 2015. Longriba fault zone in eastern Tibet: An important tectonic boundary marking the westernmost edge of the Yangtze block. Tectonics, 34(5):970–985.

Hall, J., Clarke, J.M., 1894 [1895]. An introduction to the study of the genera of Palaeozoic Brachiopoda. Natural History of New York, Palaeontology, 8(2):319–394.

Hammarlund, E.U., Loydell, D.K., Nielsen, A.T., Schovsbo, N.H., 2019. Early Silurian $\delta^{13}C_{org}$ excursions in the foreland basin of Baltica, both familiar and surprising. Palaeogeography, Palaeoclimatology, Palaeoecology, 526:126–135.

Hao, S.G., Xue, J.Z., Liu, Z.F., Wang, D.M., 2007. *Zosterophyllum* Penhallow around the Silurian–Devonian Boundary of Northeastern Yunnan, China. International Journal of Plant Sciences, 168(4):477–489.

Harkness, R., 1851. Description of the graptolites found in the Black Shales of Dumfriesshire. Quarterly Journal of the Geological Society, 7:58–65.

Hayasaka, I., 1922. Paleozoic Brachiopoda from Japan, Korea and China: Part I. Middle and Southern China. Science Reports of the Tohoku Imperial University, 2nd Series, Geology, 6(1):1–13.

Hedberg, H.D., 1976. International Stratigraphic Guide: A Guide to Stratigraphic Classification, Terminology, and Procedure. New York:John Wiley and Sons.

Hill, D., 1981. Rugosa and Tabulata. In: Teicher, C. (Ed.), Treatise on Invertebrate Paleontology. Coelenterata, Part F, supplement 1. Boulder, Colorado and Lawrence, Kansas: The Geological Society of America and The University of Kansas Press, pp. F1–F762.

Hisinger, W., 1837. Lethaea Suecica, seu Prtrificata Sueciae. Supplementum, 1:1–124.

Hsü, S.C., 1934. The graptolites of the Lower Yangtze Valley. Monograph of the National Institute of Geology, Academia Sinica, Series A(4):1–106.

Huang, B., Rong, J.Y., 2010. Statistically differentiating *Katastrophomena* from *Strophomena* (Ordovician–Silurian strophomenid brachiopods). Memoirs of the Association of Australasian Palaeontologists, 39:245–259.

Huang, B., Rong, J.Y., Harper, D.A.T., 2013. A new survivor species of *Dicoelosia* (Brachiopoda) from Rhuddanian (Silurian) shallower-water biofacies in South China. Journal of Paleontology, 87(2):232–242.

Huang, B., Baarli, B.G., Zhan, R.B., Rong, J.Y., 2016a. A new early Silurian brachiopod genus, *Thulatrypa*, from Norway and South China, and its palaeobiogeographical significance. Alcheringa: An Australasian Journal of Palaeontology, 40(1):83–97.

Huang, B., Zhan, R.B., Wang, G.X., 2016b. Recovery brachiopod associations from the lower Silurian of South China and their paleoecological implications. Canadian Journal of Earth Sciences, 53(7):674–679.

Ivanovskiy, A.B., 1962. Dva novykh roda siluriyskikh rugoz [Two new genera of Silurian Rugosa]. Trudy Sibirskogo Nauchno-Issledovatel'skogo Instituta Geologii, Geofiziki i Mineral'nogo Syr'ya (SNIIGGIMS), 23:126–130.

Jaeger, H., 1959. Graptolithen und Stratigraphie des jüngsten Thüringer Silurs. Abhandlungen der Deutschen Akademie der Wissenschaften zu Berlin (Klasse für Chemie, Geologie und Biologie), 2:1–197.

Jones, B., 1979. Atrypoidea zonation of the Upper Silurian Read Bay Formation of Somerset and Cornwallis Islands, Arctic Canada. Canadian Journal of Earth Sciences, 16(12):2204–2218.

Jones, O.T., 1909. The Hartfell-Valentian succession in the district around Plynlimon and Pont Erwyd (North Cardiganshire). Quarterly Journal of the Geological Society, 65(1–4):463–537.

Kiaer, J., 1902. Etage 5, Asker ved Kristiania, Studier over den norske Mellemsilur. Norges Geologiske Undersogelse, 34(1):1–111.

Koren, T.N., 1968. Novye rannesiluriiskie graptolity yuzhnogo Urala:Akademiya Nauk SSSR. Paleontologicheskii Zhurnal, 4:101–103.

Kozlowski, R., 1929. Les Brachiopodes gothlandiens de la Podolie polonaise. Palaeontologia Polonica (Warsaw), 1:1–254.

Kul'kov, N.P., 1968. Brakhiopody i stratigrafiia silura Gornogo Altaia (The Silurian Brachiopoda and Stratigraphy of the Gorny Altai.). Moscow:Akademia Nauk SSSR, Sibirskoe Otdelenie.

Lakova, I., 1986. New chitinozoan taxa from the Gedinnian in Bulgaria. Review of Bulgarian Geological Society, 97:131–139.

Lapworth, C., 1876. On Scottish Monograptidae. Geological magazine, 3(2):308–321, 350–360, 499–507, 544–552.

Lapworth, C., 1877. On the graptolites of County Down. Proceedings of the Belfast Natural Field Club, Appendix, 1876–1877:125–l44.

Lapworth, C., 1880. On new British graptolites. Annals and Magazine of Natural History, 5(5):149–177.

Laufeld, S., 1974. Silurian chitinozoan from Gotland. Fossils and Strata, 5:1–130.

Lee, C.P., 2009. Palaeozoic stratigraphy. In: Hutchison, C.S., Tan, D.N.K. (Eds.), Geology of Peninsular Malaysia. Kuala Lumpur:University of Malaya and Geological Society of Malaysia, pp. 55–86.

Li, J.J., 1984. Graptolites across the Ordovician–Silurian boundary from Jingxian, Anhui. In: A.S. Nanjing Institute of Geology and Palaeontology (Ed.), Stratigraphy and Palaeontology of Systemic Boundaries in China, Ordovician–Silurian Boundary (1). Hefei:Anhui Science and Technology Publishing House, pp. 309–370.

Li, J.J., 1995. Lower Silurian graptolites from the Yangtze Gorge district. Palaeontologia Cathayana, 6:215–344.

Liu, J., Wang, Y., Zhang, X., Rong, J., 2016. Early Telychian (Silurian) marine siliciclastic red beds in the Eastern Yangtze Platform, South China:distribution pattern and controlling factors. Canadian Journal of Earth Sciences, 53(7):712–718.

Liu, Y.J., Li, W.M., Feng, Z.Q., Wen, Q.B., Neubauer, F., Liang, C.Y., 2017. A review of the Paleozoic tectonics in the eastern part of Central Asian Orogenic Belt. Gondwana Research, 43:123–148.

Loydell, D.K., Aung, K.P., 2017. The "Panghkawkwo graptolite bed" (Llandovery, Silurian), Myanmar and the location of the Sibumasu (or Sibuma) Terrane in the Silurian. Palaeogeography, Palaeoclimatology, Palaeoecology, 469:1–17.

Loydell, D.K., Štorch, P., Melchin, M.J., 1993. Taxonomy, evolution and biostratigraphical importance of the Llandovery graptolite *Spirograptus*. Palaeontology, 36(4):909–926.

M'Coy, F., 1850. On some new genera and species of Silurian Radiata in the collection of the University of Cambridge. Annals and Magazine of Natural History, 2(6):270–290.

Mabillard, J.E., Aldridge, R.J., 1983. Conodonts from the Coralliferous Group (Silurian) of Marloes Bay, South-West Dyfed, Wales. Geologica et Palaeontologica, 17:29–43.

Männik, P., 1994. Conodonts from the Pusku Quarry, lower Llandovery, Estonia. Proceedings of Estonian Academy of Sciences, Geology, 43:183–191.

Männik, P., 1998. Evolution and taxonomy of the Silurain conodont *Pterospathodus*. Palaeontology, 41(5):1001–1050.

Mansuy, H., 1912. Etude Geologique du Yun-Nan Oriental. Part 2 - Paleontologie by Mansuy. Service Geologique de l'Indochine, Memoires (Hanoi-Haiphong), 1(2):1–146.

Melchin, M.J., Sadler, P.M., Cramer, B.D., Cooper, R.A., Gradstein, F.M., Hammer, O., 2012. The Silurian Period. In: Gradstein, F.M., Ogg, J.G., Schmitz, M., Ogg, G. (Eds.), The Geologic Time Scale 2012. Elsevier, pp. 525–558.

Metcalfe, I., 1984. Stratigraphy, palaeontology and palaeogeography of the Carboniferous of Southeast Asia. Memoires de la Societe geologique de France, 147:107–118.

Metcalfe, I., 2009. Comment on "An alternative plate tectonic model for the Palaeozoic–Early Mesozoic Palaeotethyan evolution of Southeast Asia(Northern Thailand − Burma)" by O.M. Ferrari, C. Hochard and G.M. Stampfli, Tectonophysics 451, 346–365 (doi:10.1016/j.tecto.2007.11.065). Tectonophysics, 471(3):329–332.

Metcalfe, I., 2013. Gondwana dispersion and Asian accretion:Tectonic and palaeogeographic evolution of eastern Tethys. Journal of Asian Earth Sciences, 66:1–33.

Molyneux, S.G., Rushton, A.W.A., 1998. The age of the Watch Hill Grits (Ordovician), English Lake District:Structural and palaeogeographical implications. Transactions of the Royal Society of Edinburgh, Earth Sciences, 79:43–69.

Mullins, G.L., 2001. Acritarchs and prasinophyte algae of the Elton Group, Ludlow Series, of the type Ludlow area. Monograph of the Palaeontographical Society, 155(615):1–151.

Munnecke, A., Calner, M., Harper, D.A.T., Servais, T., 2010. Ordovician and Silurian sea–water chemistry, sea level, and climate:A synopsis. Palaeogeography, Palaeoclimatology, Palaeoecology, 296(3):389–413.

Murphy, M.A., Salvador, A., 1999. International stratigraphic guide - An abridged version. Episodes, 22(4):255–271.

Nestor, V., 1980. New chitinozoan species from the lower Llandoverian of Estonia. Proceedings of the Estonian Academy of Sciences/Geology, 29(3):98–107.

Nestor, V., 1982. New Wenlockian species of Conochitina from Estonia. Proceedings of the Estonian Academy of Sciences/Geology, 31(3):105–111.

Nicholson, H.A., 1867. On some fossils from the Lower Silurian rocks of the south of Scotland. Geological Magazine, 1(4):107–113.

Nicholson, H.A., 1868. On the graptolites of the Coniston Flags, with notes on the British species of the genus Graptolites. Quarterly Journal of the Geological Society, 24:521–524.

Nicholson, H.A., 1869. On some new species of graptolites. The Annals and magazine of natural history, 4(4):231–242.

Nicholson, H.A., 1876. On some fossils of the Lower Silurian rock of the South of Scotland. Geological Magazine, 4:107–113.

Nicoll, R.S., Rexroad, C.B., 1968. Stratigraphy and conodont paleontology of the Salamonie Dolomite and Lee Creek Member of the Brassfield Limestone (Silurian) in southeastern Indiana and adjacent Kentucky, Indiana Geological Survey.

Nikiforova, O.I., Yakovlev, D.I., 1937. Materialy k izucheniiu verkhnesiluriiskikh otlozhenii zapadnogo Pribalkhash'ia. , 35. Monografii po Paleontologii SSSR.

Nikolaeva, T.V., 1955. Podklass Rugosa ili Tetracoralla [Subclass Rugosa or Tetracoralla]. In: Nikiforova, O.I.(Ed.), Polevoy atlas ordovikskoy i siluriyskoy fauny Sibirskoy platformy [Field atlas of the Ordovician and Silurian fauna of the Siberian platform]. Moskva:Vsesoyuznyy Nauchno-Issledovatel'skiy Geologicheskiy Institut (VSEGEI), pp. 21–24, 238–241.

Nõlvak, J., Liang, Y., Hints, O., 2019. Early diversification of Ordovician chitinozoans on Baltica: New data from the Jägala waterfall section, northern Estonia. Palaeogeography, Palaeoclimatology, Palaeoecology, 525:14–24.

Norin, E., 1941. Geological reconnaissances in the Chinese T'ien-Shan: Reports from the Scientific expedition to the North-Western Provinces of China under the leadership of Dr. Sven Hedin. The Sino Swedish Expedition, 16(3(6)):1–229.

Obut, A.M., Sobolevskaya, R.F., Nikolaiyev, A.N., 1967. Graptolites and stratigraphy of the lower Silurian of the uplifts bordering the Kolyma Massif (Northeast USSR). Akademii Nauk SSSR:166.

Ogg, J.G., Ogg, G.M., Gradstein, F.M., 2016. 7 - Silurian. In: Ogg, J.G., Ogg, G.M., Gradstein, F.M., B. (Eds.), A Concise Geologic Time Scale. Elsevier, pp. 71–84.

Paris, F., 1988. New chitinozoans from the Late Ordovician–Late Devonian of northeast Liby. In: Arnauti, A.E., Thusu. B. and Owens, B. (Eds.), Subsurface Palynostratigraphy of Northeast Libya. Bengazi:Garyounis University, pp. 73–87.

Paris, F., Grahn, Y., Nestor, V., Lakova, I., 1999. A revised chitinozoan classification. Journal of Paleontology, 73(4):549–570.

Perner, J., 1895. Studie o ceskych graptolitech II. Prague:Leipzig.

Perner, J., 1897. Études sur les Graptolites de Bohême, IIIème Partie:Monographie des Graptolites de l'étage E, Section a. Raimund Gerhard. Prague:Leipzig.

Perner, J., 1899. Études sur les graptolithes de Bohême, IIIème Partie:Monographie des Graptolites de l'étage E, Section b. Raimund Gerhard. Prague:Leipzig.

Pollock, C.A., Rexroad, C.B., Nicoll, R.S., 1970. Lower Silurian conodonts from northern Michigan and Ontario. Journal of Paleontology, 44:743–764.

Purnell, M.A., Donoghue, P.C.J., Aldridge, R.J., 2000. Orientation and anatomical notation in conodonts. Journal of Paleontology, 74(1):113–122.

Reed, F.R.C., 1915. Supplementary Memoir on new Ordovician and Silurian fossils from the Northern Shan States. Palaeontologica Indica, N.S., 6:1–122.

Reed, F.R.C., 1917. Ordovician and Silurian fossils from Yun-nan. Palaeontologia Indica (New Series), 6(3):1–69.

Ren, J.S., Wang, Z.X., Chen, B.W., Jiang, C.F., Niu, B.G., Li, J.Y., Xie, G.L., He, Z.J., Liu, Z.G., 1999. The tectonics of China from a global view - A guide to the Tectonic Map of China and adjacent regions. Beijing:Geological Publishing House.

Rexroad, C.B., 1967. Stratigraphy and conodont paleontology of the Brassfield (Silurian) in the Cincinnati Arch area, Indiana Geological Survey.

Rhodes, F.H.T., 1953. Some British lower Palaeozoic conodont faunas. Royal Society of London, Philosophical Transactions Series B, 237:261–334.

Richthofen, F.F.V., 1882. China. Ergebnisse eigener Reisen und darauf gegründeter Studien, Band 2. Berlin:Dietrich Reimer.

Rickards, R.B., Wright, A.J., 2003. The *Pristiograptus dubius* (Suess, 1851) species group and iterative evolution in the Mid- and Late Silurian. Scottish Journal of Geology, 39(1):61–69.

Ridd, M.F., 2011. Lower Palaeozoic. In: Ridd, M.F., Barber, A.J., Crow, M.J. (Eds.), The Geology of Thailand. Geological Society of London, pp. 33–51.

Ridd, M.F., 2016. Should Sibumasu be renamed Sibuma? The case for a discrete Gondwana-derived block embracing western Myanmar, upper Peninsular Thailand and NE Sumatra. Journal of the Geological Society, 173(2):249–264.

Ridd, M.F., Crow, M.J., Morley, C.K., 2019. The role of strike-slip faulting in the history of the Hukawng Block and the Jade Mines Uplift, Myanmar. Proceedings of the Geologists' Association, 130(2):126–141.

Playford, G., Dettemann, M.E., 1996. Spores. In: Jansonius, J., McGregor, D.C. (Eds.), Palynology: Principles and Applications, Vol. 1. Dallas:American Association of Stratigraphic Palynologists, pp. 227–260.

Rong, J.Y., Chen, X., 2003. Silurian biostratigraphy of China. In: Zhang, W.T., Chen, P.J., Palmer, A.R. (Eds.), Biostratigraphy of China. Beijing:Science Press, pp. 173–236.

Rong, J.Y., Zhang, Z.X., 1982. A southward extension of the Silurian Tuvaella brachiopod fauna. Lethaia, 15(2):133–147.

Rong, J.Y., Boucot, A.J., Su, Y.Z., Strusz, D.L., 1995. Biogeographical analysis of Late Silurian brachiopod faunas, chiefly from Asia and Australia. Lethaia, 28(1):39–60.

Rong, J.Y., Chen, X., Su, Y.Z., Ni, Y.N., Zhan, R.B., Chen, T.E., Fu, L.P., Li, R.Y., Fan, J.X., 2003. Silurian paleogeography of China. New York State Museum Bulletin, 493:243–298.

Rong, J.Y., Melchin, M.J., Williams, S.H., Koren, T.N., Verniers, J., 2008. Report of the restudy of the defined global stratotype of the base of the Silurian System. Episodes, 31:315–318.

Rong, J.Y., Huang, B., Zhan, R.B., Harper, D.A.T., 2013. Latest Ordovician and earliest Silurian brachiopods succeeding the *Hirnantia* fauna in south-east China. Special Papers in Palaeontology, 90:1–142

Rong, J.Y., Jin, Y.G., Shen, S.Z., Zhan, R.B., 2017. Phanerozoic Brachiopod Genera of China. Beijing:Science Press.

Salter, J.W., 1851. List of some of the Silurian fossils of Ayrshire. Quarterly Journal Geological Society, London, 7:170–178.

Salvador, A., 1994. International Stratigraphic Guide: A Guide to Stratigraphic Classification, Terminology, and Procedure, Second Edition. IUGS and the Geological Society of America.

Sapelnikov, V.P., 1972. Novye taksonomicheskie gruppy v otriade Pentamerida (Brakhiopody) [New taxonomic groups in the order Pentamerida (brachiopods)]. Institut Geologii i Geokhimii, Uralskii Nauchnyi Tsentr. Sverdlovsk:Akademia Nauk SSSR, pp. 39–41.

Şengör, A.M.C., Natal'in, B.A., 1996. Paleotectonics of Asia:fragments of a synthesis. In: Yin, A., Harrison, M. (Eds.), The Tectonic Evolution of Asia. Cambridge:Cambridge University Press, pp. 486–646.

Şengör, A.M.C., Natal'in, B.A., Burtman, U.S., 1993. Evolution of the Altaid tectonic collage and Paleozoic crustal growth in Eurasia. Nature, 364:209–304.

Serpagli, E., Corradini, C., 1998. Taxonomy and evolution of *Kockelella* (Conodonta) from the Silurian of Sardinia (Italy). Bollettino della Società Paleontologica Italiana, 37(2/3):275–298.

Soufiane, A., Achab, A., 2000. Chitinozoan zonation of the Late Ordovician and the Early Silurian of the island of Anticosti, Québec, Canada. Review of Palaeobotany and Palynology, 109(2):85–111.

Sowerby, J.D.C., 1839. Mollusca and conchifers. In: Murchison, R.I. (Ed.), The Silurian System Part 2. London:Organic Remains, pp. 577–768.

Stauffer, C.R., 1940. Conodonts from the Devonian and associated clays of Minnesota. Journal of Paleontology:417–435.

Štorch, P., Mitchell, C.E., Finney, S.C., Melchin, M.J., 2011. Uppermost Ordovician (upper Katian–Hirnantian) graptolites of north-central Nevada, U.S.A. Bulletin of Geosciences, 86(2):301–386.

Suess, E., 1851. Über böhmische Graptolithen. Naturwissenschaftliche Abhandlungen von W. Haidinger, 4(4):87–134.

Sweet, W.C., 1988. The Conodonta:morphology, taxonomy, paleoecology, and evolutionary history of a long-extinct animal phylum. Oxford Monographs on Geology and Geophysics, 10. Oxford:Clarendon Press.

Tang, P., Xu, H.H., Wang, Y., 2010. Chitinozoan-based age of the Wengxiang Group in Kaili, southeastern Guizhou, Southwest China. Journal of Earth Science, 21(1):52–57.

Tang, P., Wang, J., Wang, C.Y., Wu, R.C., Yan, K., Liang, Y., Wang, X., 2015. Microfossils across the Llandovery–Wenlock boundary in Ziyang–Langao region, Shaanxi, NW China. Palaeoworld, 24(1–2):221–230.

Taugourdeau, P., 1963. Étude de quelques espèces critiques de Chitinozoaires de la région d'Edjelé et compléments à la faune locale. Revue de Micropaléontologie, 6(3):130–144.

Teichert, C., Kummel, B., Sweet, W.C., Stenzel, H.B., Furnish, W.M., Glenister, B.F., Erben, H.K., Moore, R.C., Nodine Zeller, D.E., 1964. Part K, Mollusca 3. In: Moore, R.C. (Ed.), Treatise on Invertebrate Paleontology. Boulder, Colorado, and Lawrence, Kansas:The Geological Society of America and the University of Kansas Press, pp. K1–K466.

Tian, J.J., Zhu, H.C., Huang, M., Liu, F., 2011. Late Silurian to Early Devonian palynomorphs from Qujing, Yunnan, Southwest China. Acta Geologica Sinica, 85(3):559–568.

Törnquist, S.L., 1890. Undersokningar öfver Siljansområdets graptoliter, 1. Lunds Universitets Årsskrift, 26:1–33.

Törnquist, S.L., 1899. Researches into the Monograptidae of the Scanian Rastrites Beds. Lunds Universitets Årsskrift, 35(1):1–25.

Torsvik, T.H., Cocks, L.R.M., 2017. Earth History and Palaeogeography. Cambridge:Cambridge University Press.

Trotter, J.A., Williams, I.S., Barnes, C.R., Männik, P., Simpson, A., 2016. New conodont δ^{18}O records of Silurian climate change: Implications for environmental and biological events. Palaeogeography, Palaeoclimatology, Palaeoecology, 443:34–48.

Tsegelnjuk, P.D., 1982. Silurian Chitinozoa from Podolia. Kiev:Naukova Dumka.

Tullberg, S.A., 1883. Skånes Graptoliter II. Graptolitfaunorna i Cardiolaskiffern och Cyrtograptusskiffrarne. Sveriges Geologiska Undersökning, Series C(55):1–43.

Umnova, N.I., 1976. Structural types of the prosome and operculum in the chitinozoa and their association with genera and species. Paleontological Journal, 4:393–406.

Uyeno, T.T., Barnes, C.R., 1983. Conodonts of the Jupiter and Chicotte formations (Lower Silurian), Anticosti Island, Québec. Geological Survey of Canada Bulletin, 355:1–49.

Verneuil, E.D., 1845. Paleontologie, Mollusques, Brachiopodes. In: Murchison, R.I., Verneuil, E., Keyserling, A. (eds), Geologie de la Russie d'Europe et des Montagnes de l'Oural. London:John Murray, pp. 17–395.

Walliser, O.H., 1964. Conodonten des Silurs. Hessischen Landesamtes fur Bodenforschung Abhandlungen, 41:1–106.

Walliser, O.H., Wang, C.Y., 1989. Upper Silurian stratigraphy and conodonts from the Qujing District, East Yunnan, China. Courier Forschungsinstitut Senckenberg, 110:111–121.

Wang, C.W., Li, N., Sun, Y.W., Zong, P., 2011. Distribution of Tuvaella brachiopod fauna and its tectonic significance. Journal of Earth Science, 22(1):11–19.

Wang, C.Y., Aldridge, R.J., 2010. Silurian conodonts from the Yangtze Platform, South China. Special papers in Palaeontology, 83:1–136.

Wang, G.X., Zhan, R.B., Percival, I.G., Huang, B., Li, Y., Wu, R.C., 2015. Late Hirnantian (latest Ordovician) carbonate rocks and shelly fossils in Shiqian, northeastern Guizhou, Southwest China. Newsletters on Stratigraphy, 48(3):241–252.

Wang, W.H., Muir, L.A., Chen, X., Tang, P., 2015. Earliest Silurian graptolites from Kalpin, western Tarim, Xinjiang, China. Bulletin of Geosciences, 90(3):519–542.

Wang, Y., Li, J., 2000. Late Silurian trilete spores from northern Jiangsu, China. Review of Palaeobotany and Palynology, 111(1–2):111–125.

Wang, Y., Zhang, Y.D., 2010. Llandovery sporomorphs and graptolites from the Manbo Formation, the Mojiang County, Yunnan, China. Proceedings of the Royal Society B, 277:267–275.

Wang, Y., Boucot, A.J., Rong, J.Y., Yang, X.C., 1987. Community Paleoecology as a Geological Tool:The Chinese Ashgillian-Eifelian (latest Ordovician through early Middle Devonian). Geological Society of America, Special Paper, 211:1–100.

Wang, Y., Zhu, H.C., Li, J., 2005. Late Silurian plant microfossil assemblage from Guangyuan, Sichuan, China. Review of Palaeobotany and Palynology, 133(3/4):153–168.

Wang, Y., Hao, S.G., Cai, C.Y., Xu, H.H., Fu, Q., 2006. A diminutive plant from the Late Silurian of Xinjiang, China. Alcheringa, 30(1):23–31.

Wang, Y., Fu, Q., Xu, H.H., Hao, S.G., 2007. A new Late Silurian plant with complex branching from Xinjiang, China. Alcheringa, 31(2):111–120.

Wedekind, R., 1927. Die Zoantharia Rugosa von Gotland (bes. Nordgotland) [The Zoantharia Rugosa of Gotland (especially Northern Gotland)]. Sveriges Geologiska Undersökning, Serie C(19):1–94, plates 1–30.

Wilde, S.A., 2015. Final amalgamation of the Central Asian Orogenic Belt in NE China: Paleo-Asian Ocean closure versus Paleo-Pacific plate subduction - A review of the evidence. Tectonophysics, 662:345–362.

Williams, A., 1951. Llandovery brachiopods from Wales with special reference to the Llandovery District. Quarterly Journal of the Geological Society of London, 107:85–136.

Williams, A., 1962. The Barr and Lower Ardmillan series (Caradoc) of the Girvan District south-west Ayrshire, with descriptions of the brachiopoda. Geological Society of London, Memoir, 3:1–267.

Williams, A., Brunton, C.H.C., MacKinnon, D.I., 1997. Morphology. In: Kaesler, R.L. (Ed.), Treatise on Invertebrate Palaeontology, Part H, Brachiopoda (Revised), Vol. 1. The Geological Society of America and the University of Kansas, Boulder, Colorado, and Lawrence, Kansas, pp. 322–422.

Williams, G.L., 1998. 13. Dinoflagellates, acritarchs and tasmanitids. In: Haq, B.U., Boersma, A. (eds), Introduction to Marine Micropaleontology. Amsterdam:Elsevier Science B.V., pp. 293–326.

Wood, E.M.R., 1900. The Lower Ludlow Formation and its graptolite fauna. Quarterly Journal of the Geological Society of London, 56:415–492.

Xiao, W.J., Windley, B.F., Sun, S., Li, J.L., Huang, B.C., Han, C.M., Yuan, C., Sun, M., Chen, H.L., 2015. A tale of amalgamation of three Permo-Triassic collage systems in central Asia:oroclines, sutures, and terminal accretion. Annual Review of Earth and Planetary Sciences, 43(1):477–507.

Xu, B., Zhao, P., Wang, Y.Y., Liao, W., Luo, Z.W., Bao, Q.Z., Zhou, Y.H., 2015. The pre-Devonian tectonic framework of Xing'an–Mongolia orogenic belt (XMOB) in north China. Journal of Asian Earth Sciences, 97:183–196.

Xue, J.Z., Wang, Q., Wang, D.M., Wang, Y., Hao, S.G., 2015. New observations of the early land plant *Eocooksonia* Doweld from the Pridoli (Upper Silurian) of Xinjiang, China. Journal of Asian Earth Sciences, 101:30–38.

Yin, T.H., 1966. China in the Silurian period. Journal of the Geological Society of Australia, 13(1):277–297.

Zaslavskaya, N.M., 1983. Silurian of Siberian Platform, Chitinozoa. Academy of Sciences of the USSR, Nauka, 518:1–91.

Zhan, R.B., Jin, J.S., 2007. Ordovician-Early Silurian (Llandovery) Stratigraphy and Palaeontology of the Upper Yangtze Platform, South China. Beijing:Science Press.

Zhang, X.L., Wang, Y., Rong, J.Y., Li, R.Y., 2014. Pigmentation of the Early Silurian shallow marine red beds in South China as exemplified by the Rongxi Formation of Xiushan, southeastern Chongqing, central China. Palaeoworld, 23(3/4):240–251.

Zhang, X.L., Liu, J.B., Wang, Y., Rong, J.Y., Zhan, R.B., Xu, H.H., Tang, P., 2018. Onset of the middle Telychian (Silurian) clastic marine red beds on the western Yangtze Platform, South China. Palaeogeography, Palaeoclimatology, Palaeoecology, 497:52–65.

Zhang, Y.D., Wang, Y., Zhan, R.B., Fan, J.X., Zhou, Z.Q., Fang, X., 2014. Ordovician and Silurian Stratigraphy and Palaeontology of Yunnan, Southwest China. Beijing:Science Press.

Zhao, W.J., Zhu, M., 2010. Siluro–Devonian vertebrate biostratigraphy and biogeography of China. Palaeoworld, 19(19):4–26.

Zhao, W.J., Wang, N.Z., Zhu, M., Mann, U., Herten, U., Lücke, A., 2011. Geochemical stratigraphy and microvertebrate assemblage sequences across the Silurian/Devonian transition in South China. Acta Geologica Sinica (English Edition), 85(2):340–353.

Zhou, J.B., Wilde, S.A., Zhao, G.C., Han, J., 2018. Nature and assembly of microcontinental blocks within the Paleo–Asian Ocean. Earth-Science Reviews, 186:76–93.

Ziegler, W., 1956. Unterdevonische Conodonten, insbesondere aus dem Schönauer und dem Zorgensis-Kalk. Notizblatt des hessischen Landesamtes für Bodenforschung, 84:93–106.

拉－汉种名索引

A

L

M

P

S